UN

MÉNAGE BOURGEOIS

UN
MÉNAGE BOURGEOIS

RECUEIL

DE RECETTES, FORMULES ET CONSEILS

POUR

LA BONNE TENUE DU MENAGE

PAR

E. HEILMANN

Chimiste industriel.

PARIS

LIBRAIRIE FISCHBACHER

(Société anonyme)

33, RUE DE SEINE, 33

1892

tan
ma
nap
con
l
qu
qui
cen
[illegible]

INTRODUCTION

Il existe un nombre respectable de volumes traitant des diverses branches de l'économie domestique, mais aucun de ceux qui sont répandus dans les ménages, aucun de ceux qui sont à la portée de tous, ne contient autre chose que sa spécialité.

Il nous a semblé utile de faire tenir en un seul ouvrage toutes les formules pratiques et les conseils qui peuvent trouver leur emploi chaque jour, à toutes occasions, au grand profit des ménagères.

Nous avons donc réuni, dans notre formulaire, avec les recettes de l'art culinaire, celles de la pâtisserie usuelle, la meilleure manière de traiter les fruits en confitures, en sirops, en conserves ; nous n'avons pas oublié les liqueurs, que nous n'avons traitées, comme tout le reste, qu'au seul point de vue de la fabrication dans le ménage. Enfin, nous y avons joint les conseils sur le bon entretien du linge, sur l'enlèvement des taches, sur le nettoyage de tous les ustensiles, des meubles, le chauffage et l'éclairage, et les premiers soins à donner aux blessés, aux malades, en attendant l'arrivée du médecin, avec la façon de préparer soi-même les médicaments simples et usuels;

ceci pour les personnes qui habitent la campagne, loin d'une pharmacie.

Dans nos recettes de ménage (je ne parle pas ici des recettes pharmaceutiques), nous avons dû donner à chaque article tout ce qu'on peut y mettre pour faire une cuisine bonne et relevée. Observons que tout cela n'est pas toujours indispensable, et que chacun est toujours libre de supprimer les accessoires de luxe qu'il n'a pas, truffes et champignons, par exemple ; la cuisine sera moins fine, mais le plat sera mangeable malgré cela, et même souvent fort bon.

Une formule de cuisine n'est pas invariable, tant s'en faut ; c'est à l'artiste qui l'exécute qu'il appartient de l'interpréter selon les ressources dont il dispose, et de faire valoir son talent, en faisant un bon plat avec le moins possible de frais. C'est en variant les accessoires et les assaisonnements que l'on obtiendra des produits excellents, nouveaux et dont la variété même ne sera pas la moindre qualité.

En publiant ce travail, qui renferme une foule de recettes de famille dont un grand nombre sont inédites, nous avons cru rendre un service réel à nos ménagères. Cependant, pour que ce service rende tout ce qu'il peut donner, il faut que l'ouvrage soit d'un format maniable, et que son prix soit à la portée de toutes les bourses. Nous nous sommes efforcé de suivre ce programme, et nous ne désirons qu'une chose, de voir notre travail apprécié.

L'Auteur.

UN

MÉNAGE BOURGEOIS

RECETTES, FORMULES ET CONSEILS

A

Abaisse. Morceau de pâte, aplatie au rouleau, qui forme le fond d'une tarte ou d'un pâté.

Abatis. Les débris de rebut d'une volaille, ce sont : les pattes, les ailes, le foie, le gésier.

Acétate d'alumine. Voyez *encre, lièvre et lapin*.

Agneau. Voyez *mouton*.

Alcarazas. On désigne sous ce nom espagnol des vases de terre cuite rougeâtre et poreuse, dans lesquels on met de l'eau et que l'on suspend ensuite dans un grand courant d'air. La porosité permet à l'eau de suinter légèrement par toute la surface du vase, et le courant d'air, si chaud qu'il soit, l'évapore à mesure. Cette évaporation rafraîchit l'eau contenue dans le vase, ce qui permet de boire frais sans avoir besoin de glace.

Par malheur, cette terre donne toujours à l'eau une légère odeur particulière, à laquelle on s'habitue, du reste, facilement.

On fabrique aussi des filtres pour eau avec la terre d'alcarazas.

Alcool. Voyez *trois-six* et *eau-de-vie*.

Alcoolats, alcoolatures. Se trouvent sous la rubrique *pharmacie* de ménage. Voyez aussi *alcoolés*.

Alcoolés. Dissolution de produits quelconques dans l'alcool, en tant que ce ne sont : ni des plantes fraîches, car ce seraient des alcoolatures; ni des plantes sèches, ce seraient des teintures ; ni des produits distillés avec l'alcool, car ce seraient des alcoolats. Les alcoolés sont donc, le plus souvent, une simple solution d'essences, de savon ou autres produits gras ou résineux, et servent à frictionner les parties malades.

En dissolvant les essences de citron, d'orange ou autres dans l'alcool, on en fait des alcoolés qui peuvent servir à aromatiser les mets et les pâtisseries. Ces essences ne rancissent plus, et le dosage devient plus facile, puisque le parfum en est moins concentré.

Aliments. Brillat-Savarin dit dans son ouvrage, *La physiologie du goût* : «Qu'entend-on par aliments? Ré-
«ponse populaire : l'aliment est tout ce qui nourrit. Ré-
«ponse scientifique : on entend par aliments les substances
«qui, soumises à l'estomac, peuvent s'animaliser par la di-
«gestion, et réparer les pertes que fait le corps humain par
«l'usage de la vie.
«Ainsi, la qualité distinctive de l'aliment consiste dans la
«propriété de subir l'assimilation animale. »

On ne pouvait le dire mieux. Quelles sont donc les pertes que subit le corps par l'usage de la vie? Elles sont de deux sortes : La perte de chaleur qui se fait toujours, même au repos, par suite du rayonnement et d'autres causes diverses.

La perte provenant de l'usure des muscles par suite du travail.

Pour la perte de chaleur, on la compense par l'usage des aliments hydrocarbonés, c'est-à-dire à base d'hydrogène et de carbone. Ce sont des combustibles que l'on introduit dans l'estomac, d'où ils passent par les poumons pour s'y oxygéner, ou mieux pour y brûler au contact de l'air de la respiration. Ces aliments sont : les huiles et graisses ; les fécules et amidons, les sucres, les parties ligneuses des végétaux, les alcools. Ils ont pour caractère commun de ne pas contenir d'azote.

L'usure des muscles se répare par les matières azotées, telles que la viande, le gluten ; le café, le thé et le chocolat contiennent aussi la caféine, théine ou théobromine, matières azotées identiques, douées de propriétés nutritives considérables.

Mais les aliments combustibles et azotés ne suffisent pas au corps humain. Il lui faut encore des sels calcaires, surtout du phosphate de chaux, partie importante des os, absorbée par la chair musculaire, probablement pour la leur transmettre. Puis, le sang contient des éléments minéraux nombreux, outre le fer, auquel il doit sa couleur rouge vif. Tous ces éléments se trouvent dans les aliments végétaux et animaux que nous nous assimilons, dans nos boissons, et même dans l'eau claire, qui n'est potable que lorsqu'elle contient une certaine dose de sels minéraux.

Il résulte de ce préambule que, pour être complète, la nourriture doit se composer des deux sortes d'aliments hydrocarbonés et azotés. Les parties minérales étant contenues en suffisantes proportions dans les céréales, viandes et légumes, nous n'aurons pas à en tenir compte. Mais les quantités respectives des deux sortes d'aliments devront varier selon les occupations des personnes et selon la dose d'exercice qu'elles se donnent. L'homme qui se donne beaucoup de mouvement engendre par là même une certaine quantité de calorique, et ses muscles s'usent. Il lui faut donc plus d'hydrocarburés et plus d'azotés qu'à celui qui ne fait rien ou dont les occupations sont sédentaires. Celui-ci ne perd pas de calorique et n'use pas ses muscles.

Lorsqu'on ne tient pas compte de ces principes, le résultat n'est pas long à se faire sentir. Un homme sédentaire, se nourrissant de féculents, et ne perdant pas assez de chaleur vitale pour avoir besoin de cette nourriture, le féculent ne peut se consumer et cherche une autre voie. C'est alors qu'il se convertit en matière grasse, qui se transporte, par la circulation du sang, dans les diverses parties du corps, et s'y fixe. Voilà une des principales causes d'*obésité* et voilà pourquoi tant de gens sédentaires sont obèses, tandis que vous n'en trouvez pas parmi les ouvriers qui travaillent fort de leurs bras. Cependant, c'est parmi eux que l'on rencontre le plus de mangeurs de pain, de pommes de terre, qui engendrent la graisse chez les sédentaires, tandis qu'ils donnent de la chaleur aux travailleurs qui l'usent par leur travail même.

L'homme, étant omnivore, est par cela même capricieux et a besoin d'une certaine variété dans sa nourriture. Il ne pourrait, tant à son goût que soit un aliment, ne manger qu'une seule et même chose à tous ses repas pendant un temps un peu long, sans que le dégoût lui en vienne.

Il est donc nécessaire de varier les plats, et plus la variété sera grande, plus grande sera la satisfaction des convives. Mais ceci ne suffit pas encore. Si l'homme est un animal, il a la prétention d'être raisonnable, et de ne pas manger sans discernement comme les autres animaux. Il lui faut une nourriture bien préparée, ayant bonne mine et bon goût. Tous ses sens doivent être satisfaits à la vue de l'aliment, pour exciter l'appétit et le plaisir de la table, et pour préparer les voies à une bonne digestion.

Brillat-Savarin dit encore ceci : « Tout le monde mange ; l'homme d'esprit seul sait manger. » Rien n'est plus vrai. Combien de bons dîners, bien soignés, bien appétissants, n'ont-ils pas été gâtés par la présence de convives qui ne savaient pas se conduire à table ?

Il faut que chacun se persuade que *le repas* est un moment de la journée où toute autre chose doit être oubliée. C'est un instant sacré qui ne doit servir qu'à la réparation des forces, ou bien à la satisfaction des sens et au plaisir d'être réunis.

Ceux qui profitent de cet instant pour se disputer sur des questions politiques, de ménage, d'intérêts, commettent une mauvaise action. Ils empêchent chez les autres et chez eux-mêmes toute manifestation du plaisir de la table ; ils gâtent tout ce que le repas a de bon ; ils peuvent occasionner à eux et aux autres des gastralgies, des dyspepsies et autres maux causés par une mauvaise digestion.

Lorsque tout le service, tous les plats, tous les vins sont artistement servis et de qualités irréprochables, il faut encore que la société soit agréable et de bonne compagnie, que la conversation soit animée sans excès, les dames gentilles, les messieurs aimables. Alors le repas sera parfait, chaque convive en gardera le meilleur souvenir ; il profitera, non seulement à l'estomac et au corps, mais aussi à l'esprit et au cœur de tous ceux qui y auront participé.

Je vous en souhaite souvent de semblables.

Aliments stimulants. Outre le *thé* et le *café* que nous traitons à leurs noms, il existe des produits peu connus encore. Nous avons pensé bien faire en en parlant ici.

Le *maté,* ou *thé du Paraguay,* a été présenté aussi sous

les noms de *thé des Jésuites, thé des missions*. On en a dit des merveilles, mais son usage ne s'étend pas beaucoup au delà de l'Amérique du Sud. Sa saveur est un peu amère sans astringence et son arome est entre le thé et le tilleul. C'est la feuille d'un houx américain que l'on torréfie un peu pour en développer les propriétés et l'arôme.

L'infusion de maté préparée comme celle de thé, est un stimulant énergique des forces. Par son usage, l'homme peut accomplir des prodiges de marche avec fort peu de nourriture, mais cela ne peut durer qu'un temps, car le maté maintient les forces sans remplacer l'usure des muscles.

La *noix de Kola* nous vient d'Afrique, des environs du Dahomey et sert aux mêmes usages. Elle est connue depuis très-peu de temps, mais les expériences qui en ont été faites sur des militaires, tant en France qu'en Allemagne, ne laissent aucun doute sur son efficacité beaucoup plus grande que celle du maté.

C'est avec une provision de quelques noix de Kola pour toute nourriture, que des nègres ont pu marcher à grande vitesse pendant plusieurs jours, et parcourir des distances considérables presque sans fatigue.

Ces deux produits sont encore assez difficiles à se procurer dans nos pays, et ne se trouvent guère que chez les pharmaciens. Ils arriveront bientôt dans la grande consommation, car ils le méritent. On prétend que la noix de Kola était le secret des jeûneurs tels que l'italien Succi.

La meilleure façon d'employer la noix de Kola est celle-ci : Commencez par pulvériser grossièrement les noix, puis mettez la poudre à infuser dans un vin généreux tel que le madère, le malaga, le muscat etc.; après quelques jours, décantez ou filtrez. La proportion est de 60 à 80 grammes par litre de vin.

On pourrait employer de même le maté.

L'action de ces matières végétales est due à une substance azotée identique comme composition à la théine ou à la caféine, mais qui n'exerce pas un effet aussi irritant sur le système nerveux que ces dernières. Elle aurait donc plutôt l'action de la théobromine du cacao.

Alouettes *et autres petits oiseaux*. Voir *gibier à plumes*. Videz-les et flambez-les pour en détruire les petites plumes et les poils qui restent. Remettez-leur le cœur et le foie, et garnissez-les de minces tranches de lard avant de les *mettre à la broche* au moyen de hâtelets.

Pour les *rôtir*, il est encore préférable de les orner, sur la poitrine, d'une mince tranche de citron, recouverte de lard, ce qui leur donne un goût exquis.

La **terrine d'alouettes de Pithiviers** est garnie d'une *farce* composée de chair désossée d'alouettes avec des truffes et jouit à bon droit d'une immense réputation.

En dehors de ces deux façons de servir les petits oiseaux, on pourrait encore les faire en salmis, en fricassée, à la façon des *pigeons* ou des *perdreaux*.

Ambigu. On nomme ainsi un repas sans potage, dont tous les plats sont sur la table au moment de l'arrivée des convives. Il se compose ordinairement de mets froids.

Amer. Voyez *bitter*.

Amidon. Voyez *farine*.

Angélique, la racine et les jeunes tiges, comme le cerfeuil bulbeux.

ANIMAUX NUISIBLES et UTILES.

La **limace** a grandement besoin d'humidité, mais elle est grand amateur de son. Mettez donc des petits tas de son, le soir, le long des endroits qu'elles ravagent, et relevez-les le matin de bonne heure. Vous y trouverez une foule de limaces empêtrées à ne plus pouvoir en sortir. Si vous attendez trop tard, un certain nombre auront disparu, grâce à la rosée du matin.

Le **limaçon** ou **escargot**. Il n'y a pas d'autre moyen que de les rechercher et de les écraser aux poules. Pas trop à la fois, car c'est pour elles un aliment trop échauffant.

La **taupe** n'est nuisible que dans les semis qu'elle soulève dans ses promenades souterraines. Partout ailleurs elle est même très utile, en dévorant les lombrics et les vers blancs. Le mieux serait donc de patienter, et de diriger sa course, ce qui peut se faire en plantant des bâtons en travers des directions qu'on voudrait lui interdire. Si l'on n'arrive pas à ce résultat, il y a lieu de se mettre en faction, entre dix heures et midi. Lorsqu'on voit le sol en mouvement à une taupinière, on s'en approche à pas de loup, et d'un seul coup de bêche bien appliqué, on fait sauter la taupe dehors. Elle n'a pas la vie dure, car une chiquenaude sur le nez la tue.

Les pièges à taupes ne sont bons que dans les prés.

Le **mulot** peut se détruire de même. Cependant les pièges à souris, à trous, peuvent lui être appliqués en mettant comme amorce un morceau de pain frais, dont il est très friand. Il n'aime pas la graisse, c'est un végétarien, qui ne mange de la viande que lorsqu'il ne trouve rien de mieux à se mettre sous la dent. Comme la taupe, il est excessivement vorace, mais il ne mange que des graines ou des plantes utiles, des fruits et des légumes ; il est donc très-nuisible.

Les **souris** et les **rats** se prennent le mieux dans ces mêmes pièges, en mettant un morceau de lard ou de biscuit comme amorce. Ils se nourrissent aussi bien de viandes que de végétaux.

Le **loir** est un noctambule et un fructivore. Il jette son dévolu sur les plus beaux fruits du jardin et les ronge pendant la nuit, puis il rentre chez lui, loin des regards, et dort tout le jour. En hiver, il dort d'un sommeil léthargique, et ne se réveille pas avant que la nature ait pourvu à sa subsistance. Comme il ne finit jamais le fruit qu'il a entamé, mais qu'il en attaque une série à la fois, ses dégâts sont immenses.

Le **lérot** est le cousin germain du *loir*. Il se conduit de même. Pour les prendre, il faut avoir recours à ces pièges en fil de fer, dans lesquels les rats peuvent entrer sans pouvoir en sortir, par des ouvertures en entonnoirs. On y met, pour amorce, un beau fruit d'une variété qui n'existe pas sur pied dans les environs immédiats. De cette façon, on est à peu près sûr de les prendre.

Les **fouines, renards** et autres carnassiers se prennent à des pièges spéciaux. Pour les détruire, le mieux est de faire préparer par le pharmacien, un moineau dans lequel il introduit une dose de strychnine, puis de le poser sur le parcours de ces animaux. Le moyen est infaillible. Tâchez cependant que vos chats ne trouvent pas le moineau.

Le **moineau** est excessivement nuisible dans les jardins, où il attaque tous les fruits, toutes les graines, tous les semis. Mais il est très rusé et surtout très hardi. Un moyen de l'éloigner consiste à tirer des coups de fusil, et laisser les morts sur place. Les autres s'enfuient. Un moyen très bon, mais qui ne les tue pas, consiste à tendre de gros fils blancs sur l'endroit à protéger. Les moineaux prennent cela pour un piège; ils se promènent tout autour, mais n'en approchent pas.

On fera bien aussi de détruire leurs jeunes couvées, ce qui est facile, puisque leurs nids sont toujours contre les maisons, dans les trous de murs, et même dans les greniers.

La **linotte** et le **chardonneret** ne font pas grand mal et sont très utiles dans les champs, où ils se nourrissent des graines de mauvaises herbes. Comme ils sont très timides, le moindre épouvantail les éloigne. — On emploie à cet effet une pomme de terre, dans laquelle on a piqué quelques plumes du poulailler; on l'attache avec une ficelle au bout d'une perche piquée en terre, et le vent, en l'agitant, lui donne le faux aspect d'un oiseau de proie qui plane.

Le **pigeon** ne permet pas qu'un seul grain de pois arrive à sortir de terre. On a le droit de le tirer, en le laissant couché sur place, et prévenant son propriétaire de le venir prendre. Un moyen moins carnassier consiste à couvrir les semis avec des branches de sapin, qu'on n'enlève que lorsque les pois sont à leurs secondes feuilles. Le pigeon n'a pas l'idée ou le moyen de les chercher là-dessous.

Les **oiseaux chanteurs** en général sont très utiles pour la grande destruction des chenilles et des vers. De plus leur présence dans un jardin, nous procure le plaisir d'entendre leurs jolis chants. Il est donc de l'intérêt du jardinier de les protéger et de les attirer par tous les moyens. Le meilleur est d'avoir de grands arbres.

Dans cet ordre, nous placerons les **fauvettes, rossignols, rouges-queues**, *si vous n'avez pas de ruches*, car ce sont de grands mangeurs d'abeilles, les **pinsons**, et autres.

Mais il ne faut pas avoir de **chats**, sans quoi, adieu les oiseaux ! D'ailleurs, pour ce que servent les chats...

Le **crapaud**, la **couleuvre** sont aussi dignes de toute notre sympathie et de notre protection par la chasse constante qu'ils font aux insectes nuisibles, vers et mouches, fourmis et larves de toutes sortes. Le **lézard** est à mettre sur le même rang. Ces animaux sont absolument inoffensifs, même le crapaud qui n'est pas beau; mais dites-moi, est-ce sa faute? Il est si utile, pardonnez à sa laideur.

Parmi les **insectes utiles,** il y en a encore beaucoup dont nous ne connaissons pas les mérites, mais nous pouvons citer la **coccinelle** ou **bête à bon Dieu,** que tout le monde connaît. Elle se nourrit des œufs ou larves de pucerons.

Le scarabée doré, qui court rapidement par les plates-bandes et disparaît subitement sous une touffe. Il ne mange que des vers, limaces, larves de fourmis, et son appétit est grand.

Mais le plus utile de tous les insectes, c'est **l'abeille,** qui visite une fleur après l'autre, pour en retirer le miel et la cire, et qui profite de l'occasion, sans le savoir peut-être, pour les féconder. Outre les produits succulents qu'elle nous offre dans sa ruche ; outre le plaisir scientifique qu'elle nous procure par l'étude de sa vie active, et de l'ordre parfait qui préside au gouvernement de ses républiques, elle augmente considérablement le produit de nos champs, de nos vergers et de nos porte-graines.

Je ne saurais trop engager nos lecteurs à se monter quelques ruches, si leur temps le permet. Ils y trouveront plaisir et profit, deux choses qui vont rarement ensemble.

L'apiculture a fait d'immenses progrès depuis ces dernières années et s'est élevée à la hauteur d'une exploitation raisonnée, ayant pour base une science exacte, produit d'observations nombreuses. Elle a donné, en Alsace principalement, des produits importants, et il s'y est fondé une Société d'apiculture, dont les sections nombreuses sont échelonnées dans tout le pays. Cette société fait une active propagande ; elle a raison, et remplit un vrai devoir patriotique vis-à-vis de l'agriculture et du jardinage. Elle a tout l'appui du gouvernement. Voyez *insecticides.*

Appétit. Apéritifs. Voyez *hygiène.*

Un bon appétit est, dit-on, un signe de bonne santé.

Aussi le médecin vous recommandera-t-il toujours de soigner cette partie de votre bien-être. Pour cela, il vous prescrira un exercice raisonné, des promenades au grand air, autant que vos occupations le permettront.

Si vous ne pouvez pas, pour une cause quelconque, faire ces promenades, il vous ordonnera les amers : quinquina gris, écorce d'orange, bois de quassia, centaurée, et surtout la racine de gentiane, et vous conseillera de les prendre une demi-heure avant le repas, sous la forme d'un vin de Malaga ou de Madère, chargé des principes d'une ou plusieurs de ces matières.

C'est dans le but de vous mettre en appétit que les spécialistes ont créé ce nombre fantastique de bitters, amers, vermouts, absinthes, vins de quina, etc., qui se disputent l'honneur et le profit de votre clientèle.

Argenterie. Tous les objets en argent, lors même qu'ils ne seraient qu'argentés. Il faut les entretenir avec le plus grand soin pour qu'ils soient toujours brillants et exempts d'oxyde. On leur donne le brillant en les frottant avec une peau de gant imbibée de blanc d'Espagne ou de Tripoli délayé dans de l'alcool. On essuie bien avec un linge doux pour ne pas rayer l'objet. Voyez *nettoyage*.

Aromates. On les confond souvent avec les épices, bien que leur but soit tout différent. Ils ne font que compléter les épices. Les fruits ou baies de coriandre, d'anis, de laurier, de carvi, de fenouil, de daucus, de genièvre, les feuilles, racines, essences, eaux distillées odorantes sont des aromates, ainsi que la vanille et la vanilline qui la remplace depuis peu, le musc, l'ambre ; en un mot, toutes les substances qui répandent une odeur et qui donnent un goût particulier aux préparations culinaires, aux liqueurs, aux confiseries, à la parfumerie.

terez dans l'eau bouillante salée. Il ne leur faut que quinze à vingt minutes de cuisson si elles sont de *bonne qualité*. Vous les dresserez sur un plat, dans une serviette.

On les accompagne d'une *sauce blanche*, mouillée avec l'eau de cuisson des asperges, ou d'une sauce à l'huile. Toute autre sauce s'accorderait mal.

Pour être de bonne qualité et bien tendres, les asperges doivent être aussi blanches que possible, même à la pointe. On doit donc les couper ou les casser sous terre (ces deux façons de les cueillir ont des partisans) avant que leur pointe ait vu la lumière. On trouve les asperges, avant qu'elles aient percé, par les fentes qu'elles ouvrent dans le sol, et qui n'échappent pas à l'œil exercé.

Lorsque le bout est devenu vert, ce qui arrive forcément à quelques-unes qui ont échappé, il faut les faire cuire **en petits pois.**

Coupez la partie colorée, gros comme des haricots, faites-la cuire à l'eau salée, comme ci-dessus, puis apprêtez-les comme les pois verts écossés. On les sert même en mélange avec les petits pois, lorsque la saison des asperges touche à sa fin, et que celle des pois commence. Ce mélange donne un légume délicieux, qui peut figurer avec honneur sur les meilleures tables.

Aspic. C'est un plat froid qu'on sert ordinairement comme entrée et qui se compose de filets et tranches de viandes, volailles, gibier, foie gras, poissons, etc., garnis de divers enjolivements et moulés dans une gelée transparente. On fait aussi des aspics aux fruits, au rhum, etc. Toutes les gelées moulées peuvent prendre ce nom. Voyez *terrine, pâtés, galantine.*

Aspic de foies gras. Il faut avant tout faire la **gelée.** Faites cuire ensemble 500 gr. jarret de bœuf; 500 gr. jarret de veau, une oreille de porc, deux pieds de veau et tout ce que vous possédez de carcasses de volaille, os de rôti, etc. Mouillez avec quatre bouteilles de petit vin blanc; ajoutez sel et poivre, laurier, carottes, oignons piqués de trois ou quatre clous de girofle, et bouquet garni. Laissez mijoter bien doucement cinq à six heures en marmite fermée. Il ne doit presque pas y avoir de réduction. Essayez d'en verser quelques gouttes sur une assiette froide pour voir si elle fige au bout d'un instant. Si non, il faudrait ajouter un peu de gélatine.

Passez la gelée, laissez refroidir, dégraissez et remettez au feu pour clarifier au blanc d'œuf. Voyez *gelée à l'article pot au feu.*

La gelée étant bien claire, versez-en un peu dans un moule d'une forme à votre gré et laissez-la figer. Recouvrez-la de quelques quartiers de blanc d'œuf durci, entre-croisés avec des queues d'écrevisses, olives, truffes, symétriquement rangés. Versez avec une cuillère un peu de gelée sur ces objets pour les fixer et recouvrir, figez. Vous y placerez un foie gras ou deux, cuits de la veille et piqués de truffes (Voyez *foie gras*) et les couvrirez de gelée.

Vous pouvez d'ailleurs orner cet aspic avec toutes sortes de préparations, cornichons entiers ou en tranches, petits pickles et autres enjolivements. L'essentiel est que ce plat soit composé de telle façon qu'il plaise à la vue avant, et qu'il flatte le goût après.

On le sert principalement dans les soupers froids des soirées dansantes.

Aspic de volailles. — La gelée se fait de la même façon; il est permis d'en rehausser la saveur en ajoutant un peu de vinaigre et les os des volailles.

La volaille étant rôtie, refroidie et désossée avec le plus grand soin, on en range symétriquement les chairs et les filets dans le moule, avec les mêmes ornements que l'aspic de foie gras. On y ajoute encore quelques minces tranches de jambon et de veau si l'on veut.

On sert un aspic après le rôti et avant le plat doux.

Aspic de fruits. Ceci est un plat de dessert, ou d'entremets, selon sa composition toute de fantaisie.

La *gelée* sera à base de gélatine, soit au rhum, soit à l'orange. Voyez *gelées*.

On dressera dans le moule, comme pour un autre aspic, en garnissant la gelée avec des fruits confits, ou des fruits entiers cuits dans leur jus. Ainsi l'on pourra y faire figurer des poires, quartiers de coings, fraises, mirabelles et reine-claudes, que l'on ornera avec des tranches ou des quartiers d'oranges et des petites cerises confites. Enfin, l'on opérera selon les ressources que l'on aura à sa disposition. L'essentiel est de n'y employer que des fruits intacts, bien préparés et assez compacts pour que leur jus ne liquéfie pas la gelée, ce qui serait déplorable.

Pour *démouler un aspic*, il suffit de passer sur le moule avec un linge imbibé d'eau chaude, puis de le retourner sur le plat sur lequel il sera servi.

Assaisonnement. L'ensemble des substances que l'on ajoute dans une cuisson, pour relever le goût du mets, en constitue l'assaisonnement. Ainsi, il ne s'agit pas seulement du poivre et du sel et des épices diverses. Les carottes, oignons et autres légumes peuvent aussi bien faire partie de l'assaisonnement d'un mets, par exemple le pot au feu. Cependant, dans l'usage, ce mot comprend les épices en général, et les aromates, pris dans l'ensemble de leur mélange du moment.

Pour faciliter le travail, on prépare des assaisonnements composés, en poudre ou en liquides.

Voici la recette d'une **essence d'assaisonnement** qui est employée depuis longtemps dans les bonnes cuisines, pour éviter des dosages nombreux. Tous les éléments utiles s'y trouvent concentrés à la fois.

Dans une marmite de terre avec couvercle, mettez 40 gr. de poivre entier, 125 gr. de sel ordinaire, deux ou trois muscades râpées ou concassées, 10 gr. macis, 10 gr. girofles, deux gousses d'ail et quelques échalottes hachées, puis un fort bouquet de persil, ciboule, laurier, thym et les herbes qui vous sont connues comme étant du goût de la maison. Vous pouvez y joindre quelques champignons ou morilles, un peu de zeste et de jus de citron. Recouvrez tout cela avec deux verres de vin blanc et un verre de vinaigre, laissez-le cuire doucement (mijoter) pendant quelques heures et passez avec une légère expression. Il ne doit pas y avoir de perte de liquide appréciable. Cette essence se conserve dans des petites bouteilles bien bouchées et sert à assaisonner les sauces, etc. On peut évidemment varier les doses selon le goût des consommateurs.

La *poudre de kari* et les *quatre épices* sont aussi des assaisonnements qu'on trouve tout préparés chez ses fournisseurs ordinaires. Voir ces mots et *épices*.

Assiette. Outre celles de porcelaine, on donne ce nom aux hors-d'œuvre et aux petits plats de dessert. Une assiette de radis, de macarons, de raisins, de poires.

Attiédir. Laisser refroidir une préparation jusqu'au degré où la main peut facilement tenir le vase qui la contient, sans éprouver une sensation trop forte de chaleur.

Aubergine. On les traite comme les *tomates farcies*.

Autographie ou **polygraphie.** Ce n'est pas précisément indispensable dans un ménage, mais on peut avoir besoin, dans un grand nombre de professions et dans le commerce, de distribuer un avis à un certain nombre d'exemplaires. Nous croyons donc qu'il ne sera pas déplacé de donner ici les procédés de polygraphie autographique violette.

Après s'être procuré une boîte quelconque, en fer-blanc ou en bois de longueur et largeur voulues, et de très peu de profondeur (un demi-centimètre suffit), on fait la composition qui servira de pierre autographique.

Pour cela, on se munit de colle-forte et de glycérine, les deux de qualité tout ordinaire, à poids égaux. On dissout la colle dans son poids d'eau, au bain-marie, et quand elle est fondue, on y mêle la glycérine froide. On remue le mélange jusqu'à ce qu'il soit bien homogène, et en évitant les bulles d'air. Il n'y a plus alors qu'à le verser dans la boîte et laisser figer.

L'encre se fait avec du violet d'aniline, 10 gr. à dissoudre dans 10 gr. alcool ou méthylène, puis on allonge de 100 gr. d'eau bouillante et on donne quelques bouillons pour chasser l'alcool.

Emploi : 1° Écrire sur un bon papier à lettres, avec cette encre, ce que l'on veut imprimer, laisser sécher. — 2° Poser le papier, l'écriture en dessous, sur la surface de la pâte, d'une façon bien lisse, et appuyer sur le verso avec un linge ou une brosse douce. Enlever le papier. — 3° Poser une feuille de papier blanc à la place exacte de la première et l'appuyer de même. En la retirant, on aura la première copie. On continuera à poser ainsi, l'une après l'autre, le nombre de feuilles voulu. On peut obtenir ainsi jusqu'à cent épreuves avec la même planche, sans jamais remettre d'encre.

B

Bain. On donne un bain à toute chose que l'on plonge dans l'eau ou dans un autre liquide qui le recouvre entièrement. Ainsi le poisson mis au court-bouillon ou la viande dans son pot au feu baignent. Un *demi-bain* se dit lorsque l'objet n'est qu'à moitié couvert.

Bain, Bain de pieds, voyez dans *pharmacie.*

Bain-marie. Chaudière de forme et de dimensions quelconques, contenant de l'eau ou un autre liquide, dans lequel on plonge un second vase, dont le contenu se trouve chauffé par le dit liquide. On s'en sert généralement pour chauffer lentement et graduellement une préparation délicate, que l'on craindrait de brûler sur le feu nu.

Pour se servir du bain-marie, on emploie ordinairement *l'eau pure ;* mais on obtient une température plus élevée en y ajoutant *du sel.* *L'eau salée* bout en effet au delà de 100 degrés. Si l'on désire encore augmenter la température, on se servira d'huile et on aura alors le *bain d'huile.* Au delà encore, on emploie le sable séché au four, et on le nomme *bain de sable.*

Par extension, on donne le nom de *bain-marie* à des préparations de fruits, légumes, viandes, sauces, que l'on cuit au *bain-marie* dans des vases clos pour les conserver d'une saison à l'autre. Nous traitons cet article dans le corps de l'ouvrage et au mot *conserves.*

Il existe aussi des appareils à *vapeur* qui sont de véritables *bains-marie,* dans lesquels un jet de vapeur remplace l'eau. Ils sont beaucoup plus commodes que ceux à l'eau, puisqu'on peut les régler en ouvrant ou fermant un robinet; mais ils exigent une chaudière générateur, ce qui n'est pas à la portée de tous les ménages. Nous les recommandons aux hôtels, restaurants, et même aux grandes maisons. S'adresser aux principaux chaudronniers.

Balai. On se sert d'un petit balai d'osier pour battre les œufs ou la crème en neige. On peut aussi faire un balai à battre avec deux fourchettes que l'on pose l'une sur l'autre. Il existe maintenant dans le commerce différents ustensiles qui portent le nom de **batte,** faits de fil de fer galvanisé enroulé sur lui-même et fonctionnant soit avec une manivelle, soit avec un ressort.

Baptiser. Se dit du vin ou de tout autre liquide auquel on mêle de l'eau. On dit aussi *mouiller*.

Bardes. Tranches de lard plates et très minces qui servent à envelopper une pièce à rôtir, ou garnir le fond d'une casserole, d'un plat, d'un pâté.

Bec-figues, comme les *alouettes.* V. *gibier.*

Beignets. On donne ce nom à certains articles frits, enveloppés de *pâte à frire.* A ce mot, nous avons donné *notre* formule de pâte sans œufs ; on est libre d'y ajouter des œufs, mais à notre avis, cela ne sert à rien ; au contraire, notre pâte est ferme, après la friture, ce qui est dû à l'action du vinaigre sur le gluten de la farine.

Beignets aux pommes. Pelez et videz de belles pommes, et coupez-les en rondelles d'un centimètre d'épaisseur. Trempez-les dans la pâte à frire, et faites-les dorer dans une friture au beurre ou à l'huile d'olive. Saupoudrez de sucre avant de servir.

Beignets aux pêches, aux abricots. Ces fruits doivent être pris un peu durs et coupés en quartiers au lieu de tranches, afin qu'ils tiennent mieux leur fermeté.

Beignets de sureau. On laisse les branches de sureau en fleurs après l'arbre, on les trempe à la même pâte, puis on tient la poêle à friture au-dessous, de façon que l'arbre se trouve garni de beignets. C'est assez original, et ce n'est pas mauvais.

Beignets au riz, à la semoule. Pour utiliser un resté de riz au lait ou de semoule, on y incorpore quatre jaunes d'œufs par litre, et un peu de farine, si la bouillie n'est pas assez épaisse; puis on en forme des rondelles ou des boulettes que l'on roule un peu dans la farine avant de frire. On sucre ou sale à volonté.

Beignets de pommes de terre. Ils se font avec la purée de pommes de terre de la veille, absolument comme les précédents. On les sale.

Beignets soufflés. Mettez sur le feu, dans une casserole assez grande, un demi-litre de lait, et faites cuire. Ajoutez 100 grammes de beurre frais, 100 gr. de sucre cassé, et laissez fondre ensemble. Pendant que cela bout, travaillez bien le mélange, en y incorporant peu à peu 130 grammes de farine, puis neuf œufs l'un après l'autre, et après que le précédent a été bien mélangé. Battez la masse avec ardeur, et laissez reposer.

Au dernier moment, la friture étant chaude et en quantité largement suffisante, mettez-y la pâte divisée par petites cuillerées, de façon à ce que tous les morceaux baignent bien. Faites frire successivement, par parties; égouttez, puis saupoudrez de sucre et servez bien chaud. Dans la friture, la pâte gonfle beaucoup et l'intérieur reste vide; aussi cette proportion donne-t-elle un plat formidable.

Les beignets soufflés portent vulgairement le nom de

paix de nonnes. L'histoire dit que la discorde régnant dans un couvent, une sœur fit un grand plat de cette pâtisserie, et toutes furent d'accord pour la trouver délicieuse. On en profita pour les mettre d'accord aussi sur les autres questions, et la paix entre les nonnes fut rétablie.

On leur donne encore le nom de *talmouses*.

Beignets allemands *dits* **Dampfnudeln.** Préparez la veille un kilo de farine, et pétrissez-en quelques poignées avec du levain et du lait, pour le laisser la nuit en lieu chaud, que la pâte lève bien.

Le lendemain matin, pétrissez le reste avec 150 grammes de beurre, trois quarts litre de lait, du sel en suffisante quantité et après un travail convenable, vous y incorporerez deux œufs, puis la pâte de la veille, et vous placerez en lieu chaud.

Une heure avant le repas, saupoudrez une planche avec farine, étendez-y la pâte en lui donnant une épaisseur d'un demi-centimètre, et découpez-y des sujets à l'emporte-pièce. Faute de mieux, on peut se servir d'un verre à boire. Faites frire ces morceaux dans du beurre très chaud, jusqu'à ce qu'ils aient pris belle couleur. La graisse ou l'huile peuvent remplacer le beurre. On les sert salés comme légume, ou comme entremets en les saupoudrant de sucre. Dans les deux cas, il faut un bon estomac pour les digérer. Plus on met de beurre dans la pâte, plus elle devient fragile et indigeste.

Betteraves. On les cuit à l'eau salée, on les coupe en tranches et on les met au vinaigre avec sel et assaisonnement convenable. La *betterave rouge* ainsi traitée sert d'ornement aux salades et de hors-d'œuvre.

On les traite aussi en *fricassée* en faisant cuire les

tranches avec beurre, ciboules, persil, oignons, sel et poivre, un peu de farine et un filet de vinaigre.

On peut encore les traiter comme les *carottes* ou les navets.

Beurre. Le beurre est la partie grasse du lait. Pour en faire, on bat le lait très longtemps avec une batte spéciale (dans les grandes exploitations, cette opération marche à la force hydraulique ou à la vapeur). Les parties grasses se rassemblent en un bloc, dans lequel se trouve de l'eau intercalée. On l'en sort par pression. Le meilleur beurre se fait avec la crème.

Les herbages, qui servent de nourriture au bétail, et les conditions hygiéniques dans lesquelles il se trouve, jouent un grand rôle dans la qualité du beurre. C'est à ces causes qu'il faut attribuer la grande préférence donnée au beurre de Normandie. Sans jouir d'une telle réputation, d'autres contrées fournissent des beurres peut-être aussi fins, qu'elles livrent à des conditions moindres. C'est donc au cuisinier à goûter et comparer. Le beurre frais, aussi frais que possible, est une des meilleures et la plus sûre base d'une bonne cuisine. On ne doit jamais en employer d'autre pour les mets délicats ; et de plus il donne une réelle économie, car il en faut moins. Le beurre fondu ou salé peut cependant servir pour des sauces brunes, des fritures, etc., mais seulement quand on ne peut faire autrement.

Pour accompagner les *hors-d'œuvre,* on servira toujours le beurre le plus frais, en le moulant en forme de coquilles, et passant à l'eau fraîche.

Le beurre *rancit* très vite par son oxydation au contact de l'air. Pour l'éviter, on le comprime dans des pots de terre, et on le recouvre d'un peu d'eau fraîche.

Beurre fondu. Pour éviter le vert-de-gris ou la rouille, faites fondre votre beurre dans un vase en terre ou en fer-blanc de préférence. La terre vernissée est du reste recouverte d'un vernis vitreux, souvent à base de plomb, qui serait pire que le vert-de-gris.

Il n'est pas indispensable de faire bouillir, mais cela aiderait à écumer. Il faut seulement savoir que la fusion a pour but d'évaporer toute l'eau que le beurre peut contenir et d'en sortir les matières albumineuses qui forment écume à sa surface. Il faut donc le tenir assez longtemps en fusion pour arriver à ce résultat.

Le beurre fondu se verse chaud dans des pots de grès ou de fayence pour y refroidir à son aise. On les bouche avec une vessie mouillée et on les conserve à la cave.

Beurre salé. Lavez-le en le pétrissant dans l'eau fraîche pour en sortir le petit-lait. Comprimez-le ensuite pour en retirer l'eau interposée. Puis, mettez-le par couches que vous saupoudrerez de gros sel à raison de 30 grammes pour demi-sel et 60 grammes pour salé par kilo de beurre. Pétrissez bien avec le sel, remplissez-en des pots, sans laisser de vide, et gardez comme le précédent.

Beurre d'ail. Ayoli. Délice des provençaux. On le fait en pilant des gousses d'ail avec de l'huile d'olive, de façon à former une pâte consistante.

Beurre d'anchois. On pile quelques anchois avec du beurre frais, sans eau ni autre ingrédient. Hors-d'œuvre et assaisonnement.

Beurre d'écrevisses. On emploie à cet usage toutes les parties de l'écrevisse qui ne se mangent pas, même la coquille. Pilez tout cela ensemble dans un mortier de porcelaine, ensuite vous le ferez cuire une vingtaine de minutes avec du beurre frais, dans une casserole. Pendant qu'il est bouillant, vous le passerez à l'étamine au-dessus d'une terrinée d'eau, dans laquelle il se figera en tombant, et

viendra surnager. C'est la base de plusieurs mets; assaisonnement de sauces et de potage.

Beurre de homards. Opérez de même avec les œufs du
homard.

Beurre rôti. Prenez un morceau de beurre frais de 150
à 200 grammes selon la dimension que vous voudrez lui
donner, et embrochez-le devant un bon feu bien ardent.

Vous aurez préparé d'avance une véritable montagne de
chapelure en poudre que vous tiendrez toujours à portée de
la main, ainsi qu'une provision de sel fin, lors même que
vous auriez pris la précaution de saler votre beurre.

Lorsque le beurre est exposé au feu, tournez la broche
constamment pour qu'il ne tombe aucune goutte au fond de
de la rôtissoire et jetez sans cesse de la chapelure sur le
beurre. Cette chapelure s'y attache et finit par former un
seul morceau que vous détacherez pour le servir chaud.

Vous pouvez aussi, pour augmenter la saveur et faciliter
la digestion, y jeter de temps à autre une poudre mélangée
au sel et que vous composerez avec poivre, girofles, cannelle,
muscades, etc.

Ce mets est d'origine normande.

Bière. C'est la boisson populaire de l'Allemagne, de la
Belgique, et en général des pays du Nord, où la vigne ne
peut mûrir ses fruits. Elle doit se composer uniquement
de malt, ou orge germée, et de houblon, mais on y mélange
le plus souvent d'autres grains, ou des glucoses, ou encore
d'autres amers que le houblon.

L'*orge* humectée et abandonnée à une température convenable (de 20 à 30 degrés centigrades) se met à germer.
Il se développe, dans le grain même, une matière azotée,
nommée *diastase*, qui jouit de la propriété de changer l'a-
midon et la fécule en sucre. C'est ce grain germé, puis

légèrement torréfié et débarrassé du germe, que l'on nomme *malt*.

Pour fabriquer de la bonne bière, on prend donc du malt, on le passe au moulin pour le diviser ou le concasser, sans le réduire en farine, puis on le traite par l'eau chaude vers 70 degrés. En Alsace, on le fait cuire en plusieurs fois avec d'autres eaux. L'eau, que l'on emploie, doit être aussi pure et aussi peu chargée que possible de calcaire. Lorsque la cuisson du moût est suffisante, on y ajoute la dose dé houblon, et l'on maintient la température suffisamment pour en extraire les parties utiles, sans cuire trop, ce qui en évaporerait le parfum.

On soutire ensuite le moût en le passant, pour le séparer de la *drèche* ou résidu du malt, et on le fait circuler par un serpentin dans un rafraîchissoir. Enfin, on le reçoit dans de grandes cuves pour y mêler la levure et le faire fermenter à une température de 15 à 20 degrés en France et en Alsace; à une température de 4 à 5 degrés en Bavière. Cela se nomme *fermentation haute* et *fermentation basse*.

Après trois ou quatre jours, on transvase la bière dans des tonnes où elle s'éclaircit après y avoir subi la fermentation secondaire, puis on la livre à la consommation.

Pour bien conserver la bière, on la garde en futailles dans des caves, dont la température doit être toujours maintenue le plus près possible de zéro. C'est pour cela que les brasseurs consomment tant de glace.

Comme il existe des bières de compositions on ne peut plus variables, il nous serait impossible de donner une recette impeccable. Disons seulement que l'on obtient un produit très potable avec 10 kilos d'orge et 500 grammes de houblon par hectolitre d'eau.

La brasserie emploie d'ailleurs d'autres grains ou féculents en mélange avec le malt, selon les pays. De ce nombre ont les graines de blé, de seigle, d'avoine, de riz, l'amidon, la fécule de pommes de terre ou de maïs, le sucre, le glucose. Parfois même, on alcoolise la bière pour faciliter la conservation, lorsqu'elle est destinée à faire de grands voyages en pays chauds.

Dans ces derniers temps, il s'est établi un grand courant d'exportation de bière en bouteilles, que l'on a passées pleines dans l'appareil à vapeur, comme pour les conserves.

Somme toute, la bière est une boisson saine et diurétique, mais qui, lorsqu'on en abuse, pousse à l'engraissement. Elle est rafraîchissante et agréable à boire, mais le vin lui sera toujours préféré à table, au moins en France.

Biscuits. Voyez *pâtisserie*.

Bitter ou **Amer**. Liqueur amère qui se prend en général avant les repas comme apéritif. Le vin de quinquina est évidemment le plus sain des amers, mais il en faut pour tous les goûts et c'est ce qui a engendré une foule de combinaisons, dans lesquelles il entre un peu de tout.

Les *amers* sont plutôt des vins chargés de quinquina et d'autres substances. Leur force spiritueuse varie de 15 à 18 degrés.

Les *bitters* sont des eaux-de-vie, trois-six coupés, distillés ou infusés avec des matières végétales qui leur donnent leur amertume et leur bouquet spécial, puis légèrement sucrés pour leur donner le moelleux, et définitivement colorés par le caramel, le campêche ou le bois rouge. Le principal aromate et le meilleur pour les *bitters* est l'écorce d'orange fraîche ou séchée, à laquelle on ajoute quelques-uns des végétaux qui suivent : bois de quassia, racines d'angélique, feuilles de sauge, mélisse, absinthe, chardon-bénit, menthe, racines de gentiane, de calamus, de réglisse, de zédoaire, baies de genièvre, grains d'anis, de coriandre, d'angélique, écorces de quinquina, de cannelle, grains de girofles, fleurs de centaurée, de sureau, racines d'aunée, cubèbes, aloès, camomilles, etc. etc.

La force spiritueuse des bitters varie entre 30 et 45 degrés. Le public les demande forts en couleur ; c'est une erreur de sa part. S'il demandait du bitter blanc transparent, il lui serait forcément servi un pur distillé d'écorces d'oranges, ne contenant rien d'autre, sain et parfait. C'est son affaire s'il veut être drogué, et le distillateur se fait aussi teinturier si le public l'exige. Il en est ainsi.

Blanc. Voyez *sauce blanche*.

Blanchiment. C'est l'art de blanchir les fibres textiles, c'est-à-dire de leur retirer leur nuance écrue naturelle, tandis que le **blanchissage** est l'art de les nettoyer lorsqu'elles sont salies. Pour le blanchissage, voyez *lessive*.

Le blanchiment des *laines, soies, cheveux, poils* quelconques *d'origine animale* ne peut se faire au chlore qui les rongerait. On les trempe (si c'est en petit) dans l'eau oxygénée ou bioxyde d'hydrogène, qui n'est pas un corrosif, et dont l'action est assez rapide. C'est par ce moyen très inoffensif que l'on peut s'offrir à tout âge une chevelure blanche.

Si c'est en grand, on opère à meilleur compte, et même avec une facilité de manipulations, en humectant les fibres ou les tissus, et les soumettant à l'action du gaz acide sulfureux, dans une chambre close, caisse ou barrique.

Pour produire l'acide sulfureux, on peut brûler du soufre, ou des mèches soufrées. On peut aussi traiter du bisulfite de soude par un acide énergique, tel que l'acide sulfurique, et le gaz sulfureux, qui s'en dégage, sera dirigé sur les pièces à blanchir. Il est encore plus simple d'acheter l'acide sulfureux liquide chez un droguiste, de l'allonger d'eau et d'en humecter les pièces. On les passe à la rivière lorsque le blanchiment est terminé.

Les *chapeaux de paille* se blanchissent de même, en retirant, bien entendu, les coiffes, cuirs et rubans. Comme ils sont déformés par le trempage, on les remet sur la forme pour les sécher, et les regarnir ensuite. On leur donne un *apprêt* à la gomme de cerisier, ou avec du vernis gommeux.

Les *toiles de chanvre, lin, coton,* ou autres *fibres végétales,* sont moins sensibles à l'action corrosive du chlore, et d'ailleurs l'acide sulfureux les blanchirait mal. L'eau oxygénée d'un autre côté est trop chère. Il ne reste donc plus que le chlore pour l'emploi duquel il faut prendre de grandes précautions, ou le blanchiment sur le pré.

Par le chlore, on se servira du chlorure de chaux. Ce chlorure ayant été délayé en pâte avec de l'eau froide en quantité suffisante, on l'allonge de cinquante fois son poids d'eau, et on laisse déposer vingt-quatre heures. On décante le clair dans les cuves à blanchiment, et c'est dans cette eau que l'on passe les pièces, en ayant soin de les tenir constamment en mouvement, pour que le chlore ne puisse pas se fourrer dans des poches à air. Après cette manipulation, qui doit durer quelques heures, on passe les pièces dans une eau légèrement acidulée à l'acide sulfurique ou à l'acide chlorhydrique, après quoi on les rince à la rivière. Lorsque l'opération est bien conduite, il est impossible à l'action corrosive du chlore de se faire sentir. On renouvelle cette opération deux ou trois fois, si c'est nécessaire, pour obtenir un beau blanc.

Sur le pré. On tend les pièces à terre, sur l'herbe même, et on les arrose matin et soir, même entre temps, avec de l'eau propre en pluie fine. La pomme d'arrosoir est à peu près le meilleur diviseur de l'eau.

La rosée du matin aidant à l'action de l'eau, de l'air et du soleil, le blanchiment se fait en quelques semaines. On explique cette action de décoloration, en admettant la formation d'ozône ou d'eau oxygénée, par l'action combinée du soleil et de l'air sur le tissu humecté.

Dans les Vosges, où il existe de grands établissements de blanchiment de toiles, on opère sur le pré, mais on finit souvent par un passage léger au chlore, dans le but d'obtenir un blanc plus parfait.

L'*apprêt* se donne aux toiles au moyen d'un empois de fécule, que l'on charge souvent d'une légère addition d'alun et de sulfate de cuivre. L'addition a pour but de conserver l'empois à l'abri de la pourriture. D'après cela, il est bon de laver les tissus avant de s'en faire confectionner des chemises ou autres effets de lingerie.

Blanchir. *Fruits* : Jetez-les dans l'eau bouillante ; aussitôt qu'ils surnagent, retirez-les avec une écumoire, et jetez-les dans l'eau froide alunée ou vinaigrée. Cette opération sert à ramollir leur surface et permet de les peler sans laisser la trace d'un couteau, puisque la peau s'enlève d'une seule pièce. Si on veut les ramollir, on les laisse plus longtemps.

Légumes : Comme les fruits, mais plus longtemps, car il s'agit de les ramollir. Ne jetez pas à l'eau froide qui les durcirait.

Viandes : Plongez dans l'eau tiède seulement pour aider à en enlever le sang et les peaux.

Poissons : A l'eau bouillante avec un filet de vinaigre, pour faciliter le nettoyage des parties visqueuses, des écailles, etc.

Linge. Voyez *lessive* et blanchiment.

Blanc-manger. Mettez cuire, dans un litre de lait, 500 grammes sucre ; 250 grammes amandes pilées ; un bâton de vanille coupé et 15 grammes colle de poisson (que vous pouvez remplacer par 30 de gélatine) préalablement dissoute avec un peu d'eau. Passez par une étamine, mettez dans un moule et laissez au frais jusqu'à ce que la masse se soit prise en gelée. Pour retourner le moule, il suffit de passer dessus avec un linge imbibé d'eau chaude.

Autre recette. Mettez cuire un demi-litre de crème avec les jaunes de huit œufs, ajoutez les blancs en neige, puis 15 grammes colle de poisson préalablement dissoute, un verre de kirsch ou de marasquin et du sucre à volonté. La masse chaude, mais non bouillante, se met en moule et s'achève comme ci-dessus.

Divers. Vous pouvez faire des compositions du même ordre avec *toutes les crèmes*, en y ajoutant de la gélatine ou de la colle de poisson, comme il est dit ci-dessus, et les faisant figer au froid.

Voyez : *crème, gelée*.

Bleu. C'est un court-bouillon fait avec du vin rouge. Voyez *court-bouillon* et *poissons*.

BŒUF. Voyez *viande, pot-au-feu*.

Le morceau que l'on a le plus souvent disponible, c'est le **bouilli**, dont la cuisson a enlevé presque tous les sucs, et que, bien souvent, l'on ne consomme que par devoir, et sans aucun plaisir. Il y a cependant une foule de moyens pour le faire passer sans qu'on le reconnaisse, ou bien tout au moins pour lui donner un aspect appétissant. Nous allons donc commencer par là.

Bouilli en vinaigrette. Coupez-le en tranches minces et toujours en travers des fibres, disposez ces tranches dans un saladier. Par-dessus, vous l'ornerez d'un dessin de toutes couleurs, dont les éléments se composeront de betteraves rouges, cornichons en tranches, tiges de céleri, oignon haché, ciboulette, quelques anchois et des fleurs ouvertes de capucines. Vous pourrez y ajouter nombre de jolies choses sans que je vous les nomme. Pour que la sauce soit bien répartie, il vaut mieux la préparer dans une tasse, et la verser toute battue sur la viande.

Cette préparation est améliorée lorsqu'on y ajoute quelques fines tranches de jambon, cervelas, veau ou volaille de la veille. Elle admet tous les restes de viandes. Une *sauce moutarde*, *rémoulade* ou *cosaque* fait aussi très bien.

Bouilli au gratin, ou **au pauvre homme.** Coupez en belles tranches sans os, et rangez-les sur un plat allant au feu. Pour assaisonnement, fines herbes hachées avec ail, oignons, ciboule, etc., champignons, sel, poivre. Mettez quelques morceaux de beurre par-dessus les tranches, et couvrez d'un couvercle garni de braises.

Laissez cuire plus d'une demi-heure, que ce soit gratiné dessus et dessous. Pour le servir, on pose ce même plat sur un autre, on orne de quelques ronds de cornichons et de quelques pickles.

Bouilli en miroton. Mettez dans la casserole quelques gros oignons en tranches avec du beurre et faites jaunir. Ajoutez un peu de farine, sel et poivre, et faites cuire un peu votre bouilli coupé en tranches dans cette sauce.

Si vous aimez la sauce, mouillez avec un peu de bouillon, ajoutez un filet de vinaigre et un peu de moutarde.

Bouilli en ragoût. Dans du beurre chaud, faites revenir des navets entiers s'ils sont petits, en quartiers s'ils sont gros, accompagnez-les de quelques tranches de jambon, puis ajoutez le bouilli coupé en tranches. Lorsqu'il aura pris couleur, retirez-le et faites un roux que vous mouillerez avec du bouillon, ajoutez l'assaisonnement et le bouquet garni, remettez votre viande et laissez cuire autant que c'est nécessaire. Vous y ajouterez navets, carottes, pommes de terre, que vous rangerez autour de la viande sur le plat, et verserez la sauce sur le tout. Les pommes de terre peuvent cuire sur la viande, mais sans la toucher trop, pour qu'elles n'absorbent pas toute la sauce. On recouvre d'un couvercle pour maintenir la vapeur.

Bouilli sur le gril. On le trempe dans du beurre fondu assaisonné de poivre et sel, on le grille, et on le sert avec du beurre manié de persil haché comme pour le beefsteak.

D'autres font cette préparation dans la poêle, le produit peut en être aussi bon.

Bouilli en boulettes. La composition est la même que le *godiveau* ou *quenelles de foie*, mais il faut y joindre du jambon haché et l'épicer fortement, puisque le bouilli, par lui-même a fort peu de goût.

On peut aussi l'utiliser dans les *hachis*.

Aloyau. Il ne doit pas être fraîchement abattu pour avoir tendre. Il vaut donc mieux le garder trois ou quatre jours. Si l'on craignait l'influence de la chaleur, on le frotterait bien avec du sel, et le mettrait mariner deux jours dans le vin avec aromates, ce qui ne pourrait qu'améliorer la finesse de son parfum. Avant de le traiter, on en sort les peaux, nerfs, os et cartilages, on le larde convenablement.

L'aloyau est ensuite rôti à la broche devant un feu ardent, ou selon la mode d'Alsace, à la casserole.

Rosbeef. Filet. Pour rôtir, se traitent absolument comme l'aloyau.

Bœuf à l'écarlate. Se traite comme la langue. On emploie à cela la culotte, de préférence.

Les restes de bœuf rôti, aloyau, filet, ou autres, peuvent se couper en tranches proprement présentées, et se réchauffer. On les sert avec une sauce tomate ou une sauce rémoulade. Ce plat est très présentable.

Filet à l'étouffé. Piquez, marinez au vin, puis mettez-le dans une casserole à couvercle avec un morceau de lard gras, un quart litre de vin, laurier, oignons, bouquet, sel et poivre et quelques carottes coupées. Laissez mijoter deux bonnes heures. Passez le jus en y mêlant un peu de tomate ou quelques cornichons hachés et un peu de moutarde.

On le sert comme entrée.

Bœuf braisé. Prenez un bon morceau de bœuf sans os, du filet de préférence, bien qu'on puisse employer beaucoup d'autres parties. Piquez-le de lardons et mettez-le à la casserole avec un peu de graisse pour lui faire prendre couleur, en le tournant souvent.

Otez la graisse et remplacez-la par deux verres de bon vin blanc, du jus ou à défaut du bouillon, carottes, oignons, persil, laurier, thym, poivre et sel. Laissez mijoter quatre heures et tâchez que le jus soit serré et corsé.

Dressez votre morceau sur un plat, arrosez-le de son jus que vous aurez passé et garnissez-le de petites pommes de terre marjolaine cuites au sel et jaunies dans le beurre.

Filet rôti aux tomates ou autre sauce. Piquez le filet avec de beaux lardons serrés. Faites-le rôtir et servez-le en le posant sur un plat par-dessus une sauce aux tomates.

On le traite de même pour servir avec toute autre sauce, avec salade ou légume quelconque.

On sert le *filet froid* avec une sauce piquante.

Beefsteaks. Coupez un filet de bœuf en tranches arrondies, de l'épaisseur d'un doigt, ôtez les peaux et les nerfs et battez la viande pour l'aplatir et l'attendrir.

Parsemez chaque tranche de sel fin mêlé d'un peu de poivre moulu, sur les deux côtés, et mouillez avec un peu de bonne huile d'olives ou de beurre frais. Couchez-les sur le gril, que vous placerez sur un bon feu ardent de braises. Au bout de peu de temps quand ils seront dorés, tournez-les et cuisez de même de l'autre côté.

La cuisson est bonne si la tranche devient élastique sous la pression du doigt; ou si, en la piquant avec une four-chette il n'en sort plus de sang.

Dressez vos beefsteaks sur un plat allongé, et mettez sur le milieu de chacun un morceau de beurre frais préalable-ment travaillé à froid avec sel, poivre et persil haché fin, un peu de jus de citron.

On peut aussi les servir avec pommes de terre frites, avec cresson, beurre d'anchois, et autres garnitures. D'au-cuns les font cuire dans la poêle au lieu de les mettre sur le gril. Ce procédé est également bon, quoique moins apprécié des gourmets, pourvu qu'on ne se serve que de beurre frais et qu'on les cuise à point, plus ou moins sai-gnants selon le goût du consommateur.

On peut *conserver longtemps des tranches de filet* pour beefsteaks, si on les empile dans un pot de grès en les sau-poudrant de sel entre deux, et les recouvrant avec de bonne huile à manger un peu tiédie. Comprimer un peu pour en sortir les bulles d'air. On se crée ainsi une très bonne res-source à la campagne où l'on est parfois loin de ses four-nisseurs.

L'entrecôte se met sur le gril, après avoir été préparée comme les beefsteaks. On la sert de même, ou avec une sauce tomate.

Filet aux champignons. Trempez les tranches de filet dans du beurre, et dorez-les seulement sur le gril, puis retirez-les et les mettez dans la préparation suivante : Dans la casserole, mettez du beurre avec une cuillerée de farine, tournez et laissez prendre couleur. Ajoutez du bouillon et des champignons, les petits en entier, les gros coupés.

Assaisonnez et mettez-y votre viande. Servez avec tranches de citron autour.

Filet à la chicorée. Pour utiliser un reste de la veille, coupez le filet en tranches que vous chaufferez sans bouillir dans du bouillon, puis vous dresserez ces tranches sur une chicorée et mettrez quelques croûtons rôtis comme ornement.

Filet aux olives. Aux olives, vous le préparez comme aux champignons en les remplaçant par des olives dont on a sorti les noyaux.

Filet à la jardinière. Après avoir rôti le filet, on le dresse entier sur un plat, en l'entourant d'un assortiment de légumes primeurs cuits à part, et que l'on dresse par petits groupes de chaque, de manière à former une jolie ornementation. Vous pouvez employer à cela des petits pois, haricots verts, choux-fleurs, carottes, et tous les autres petits légumes que vous aurez dans la saison. Ce plat se sert comme entrée.

Filet au Madère. Piquez le filet, et rôtissez comme à l'ordinaire, mais aux trois-quarts de cuisson seulement. Faites un roux avec deux cuillerées de farine, mouillez avec deux bons verres de Madère, ou de vin blanc généreux, un oignon, une échalotte ou deux, une pointe d'ail, bouquet de persil, sel, poivre, muscade. Lorsque cette sauce aura jeté quelques bouillons, mettez-y le filet, et achevez sa cuisson, en mijotant deux heures. Passez la sauce, ajoutez-y deux ou trois truffes en tranches, donnez-leur un peu de cuisson, avec la viande. On peut se passer des truffes, le filet n'en sera pas moins mangeable.

Côte de bœuf en papillotes. Parez une côte de bœuf et cuisez-la à petit feu dans du bouillon avec poivre et sel. Après la cuisson, réduisez la sauce qui doit toute s'attacher à la côte. Marinez-la ensuite avec de l'huile contenant, finement hachés, oignons, ciboules, champignons, persil, ail et échalotes. La marinade se met ensuite avec la côte, enveloppée dans un papier blanc beurré, sur le gril. On retourne au moment voulu. On sert dans le papier.

Langue de bœuf. *Manière de la saler.*

Faites un mélange de 30 grammes de salpêtre avec quatre grosses poignées de sel et y ajoutez de l'ail haché, quelques grains de poivre et de coriandre. Frottez bien la langue en tous sens avec ce mélange, et laissez-la tranquille une bonne heure ou deux. Après cela, mettez-la dans une terrine, ou un pot de grès à la cave, et recouvrez-la de vin blanc ou rouge. Visitez-la soir et matin en la retournant chaque fois, pendant quinze jours.

Cuisson. Retirez la langue de sa saumure et faites-la cuire dans de l'eau additionnée de tous les ingrédients d'un bon pot au feu, et le même temps.

Le *bouillon* qui en résulte peut servir de base aux potages comme celui de bœuf, qu'il remplace dans tous ses emplois.

Langue fumée. Faites le même mélange de sel, salpêtre et autres, que pour la langue salée. Après l'avoir bien frottée et pénétrée de ce mélange, déposez la langue dans une terrine fermant bien, et la coucherez sur un lit du même sel qui l'entourera de toutes parts. Retirez-la toutes les vingt-quatre heures, pour la frotter de même, et laissez-la ainsi au moins dix jours. Laissez-la se ressuyer à l'air en la suspendant dans un local bien aéré, mais à l'abri des mouches, puis mettez-la à la cheminée, comme les *jambons.*

On peut d'ailleurs traiter la langue fumée absolument comme les jambons, et en même temps qu'eux, ce qui marchera ensemble ; le seul inconvénient serait d'avoir trop d'articles fumés à la fois dans les provisions du ménage. Il est vrai qu'ils se conservent quelques semaines.

Rundbeef. Roulade de bœuf. Prenez une culotte de bœuf, traitez-la absolument comme la langue ci-dessus.

Après la salaison, vous la fumerez ou la laisserez au naturel selon votre bon plaisir.

On la sert froide avec une sauce à la moutarde. C'est un bon morceau à emporter pour les parties de campagne, de même que la langue.

Langue de bœuf à la Magenta.

Mettez la langue au pot au feu. Lorsqu'on peut la peler facilement, retirez-la et pelez-la, puis laissez refroidir. Coupez-la en tranches minces ; couvrez chaque tranche d'une couche de farce de godiveau ; passez sur la farce avec un couteau trempé dans l'œuf. Roulez les morceaux, enveloppez-les d'une barde de lard, et embrochez-les dans un hatelet. Lorsqu'elles seront presque rôties, saupoudrez-les de mie de pain finement pulvérisée et faites prendre belle couleur.

Servez avec sauce piquante.

Langue rôtie.

Préparez la langue comme ci-dessus, mais faites-la cuire deux bonnes heures. Piquez-la de lardons, puis laissez-la à la broche, une heure. On la sert avec une sauce tomate ou une sauce piquante.

Langue au gratin.

Après l'avoir cuite deux heures au pot au feu, et pelée, coupez en tranches saupoudrées de mie de pain. Puis, mettez au fond de la casserole, beurre, mie de pain, fines herbes, oignons et échalotes hachées, et faites gratiner vos tranches par-dessus. Mouillez avec du bouillon et un verre de vin. Servez chaud avec un jus de citron ou un filet de vinaigre.

Gras double ou tripes. Il faut avant tout, les laver dans plusieurs eaux, les gratter avec le plus grand soin ; puis les faire cuire dans un court-bouillon pour lequel on peut se contenter d'eau avec sel et poivre. Dans les localités un peu importantes, on achète la préparation toute faite chez les tripiers ; ailleurs, il faut bien la faire soi-même, et cela vaut peut-être mieux, si l'on tient à la propreté des manipulations.

En cuisant le gras double, on peut y ajouter de la tête et des pieds de veau, pieds de mouton, tétine de vache, oreille de porc, ce qui ne peut que le rendre plus fin. C'est après cette cuisson que nous le prendrons pour toutes les façons de l'apprêter. Ajoutons seulement que ce mets exige une forte dose d'assaisonnement et que le poivre ne doit pas y manquer. C'est même ce qui le distingue.

Tripes à la mode de Caen. Dans le fond d'une braisière, mettez une bonne couche de lard, que vous couvrirez avec oignons, carottes, persil, girofle, poivre, muscade râpée, sel, laurier, thym, et vos tripes par-dessus, avec un jarret de jambon. Arrosez-les avec du vin blanc coupé d'un tiers d'eau de façon à les baigner. Fermez le couvercle, et lutez-le avec des bandes de papier collées à l'entour, ou bien en intercalant de la pâte aux bords. Mettez au four, et laissez-le cuire doucement cinq ou six heures. Il faut le servir dans sa braisière, très chaud. Dans les restaurants de Paris qui en font un *plat du jour*, on les sert sur une assiette posée sur un petit réchaud ; si cela ne se fait pas partout, je l'ai vu au moins dans plusieurs bonnes maisons, et même dans une pension ouvrière.

Gras double à la Provençale. Cuisez-le comme il est dit. Prenez ensuite un plat à gratiner, avec couvercle. Beurrez le fond, et garnissez-le d'une couche de mie de pain à laquelle vous mêlerez persil, ail, échalote, oignon hachés, jus de citron, girofle, poivre pilé, sel, et une cuillerée de bonne huile d'olives. Sur cette couche, posez le gras double, couvrez-le de la même composition, versez encore un peu d'huile dessus, et mettez au four de campagne ou au feu avec braise sur le couvercle. Faites cuire une demi-heure, et gratiner dessous et dessus. Servez dans ce même plat avec citron.

Gras double à la lyonnaise. Dans une casserole, faites frire de gros oignons coupés en tranches, avec sel et poivre entier. Mettez-y les morceaux de gras double cuits à l'eau et faites-leur prendre belle couleur. Servez avec citron.

Gras double grillé. Cuisez toujours de même. Coupez-les en lanières, trempez-les dans le beurre, saupoudrez de sel, poivre, chapelure et faites griller. Servez avec une sauce piquante ou remoulade.

Gras double à la poulette. Coupez-le en petits morceaux, mettez-le à la casserole avec sel, poivre, beurre, champignons, persil haché, faites cuire, liez avec jaunes d'œufs et ajoutez un jus de citron ou un filet de vinaigre.

Palais de bœuf à la ménagère. Nettoyez-le. Blanchissez-le à l'eau bouillante, ce qui facilitera pour enlever la peau et les parties noires, puis lavez avec soin. Coupez en bandes de 3 à 4 centimètres de large, que vous mettrez dans une casserole avec bardes de lard, sel, poivre et oignons. Ajoutez laurier. Cuisez lentement six heures, égouttez, dressez en couronne sur un plat, et une sauce à la moutarde au milieu.

Rognons de bœuf sautés. Coupez les rognons en menues tranches, larges et minces. Faites revenir dans le beurre quelques champignons en tranches, avec oignons, persil, sel et poivre. Lorsqu'ils seront cuits, ajoutez-y les rognons et poussez le feu vivement. Dès qu'ils auront pris couleur, ce qui ne doit pas durer plus de cinq minutes, liez avec une pincée de farine, ajoutez-y du bouillon coupé de vin blanc ou rouge, et retirez du feu sans faire bouillir. Ajoutez un peu de jus de citron.

Au Madère. Faites de même. Au lieu d'ajouter du bouillon coupé de vin, ajoutez un verre de Madère.

A la bourgeoise. La façon est encore la même ; on supprime le champignon, on remplace le vin par du bouillon et le citron par un filet de vinaigre.

Le cœur, la cervelle, le foie se traitent comme ceux du veau. La cervelle de veau est plus délicate que celle du bœuf. Le foie fait très bien dans les *quenelles de foie,* un des plats nationaux de l'Alsace.

Queue de bœuf à la Sainte-Menehould. Coupez-la en morceaux que vous ferez cuire dans le pot au feu cinq ou six heures. Trempez-les deux fois dans le beurre fondu, panez et faites griller. Pour faire la sauce, on emploie du bouillon de la cuisson.

Boiseries. Voyez *nettoyage.*

Bonbons fondants. Cette préparation se fait à froid et peut se servir *dans des petites corbeilles artistiques en papier.* Pour faire de telles corbeilles, il suffit d'avoir deux poids rentrant l'un dans l'autre ; par exemple un poids de 50 et un de 30 grammes en cuivre. On couvre le poids de 50 grammes d'un carré de papier blanc écolier ; on pose le poids de 30 grammes par-dessus, et on le fait entrer de force dans l'autre avec le papier dont on égalise le haut au moyen de ciseaux.

Après trois ou quatre essais cela ira tout seul.

Voici la pâte des fondants :

Mondez, au moyen de l'eau chaude, des amandes douces, des noisettes, des noix ou des avelines. Laissez-les égoutter, et pilez-les bien finement avec du sucre de manière à en faire une pâte douce et ferme.

Vous y ajouterez un parfum à votre goût, orange, citron, vanille, rose ou autre, et une couleur adaptée au parfum.

Comme variante, vous pouvez battre cette pâte en neige avec du blanc d'œuf, et en faire toutes sortes de jolis objets, en les faisant plutôt sécher que cuire au four. La cuisson les changerait en macarons mal réussis.

Bonheur conjugal. Voici une recette communiquée par une personne amie. Il est regrettable que nous ne connaissions pas le nom de son auteur.

> Mettez d'abord dans un bocal
> Deux ou trois livres d'espérance ;
> Puis vous y joindrez un quintal
> De petits soins de complaisance ;
> Une mesure de bonté ;
> Un quarteron de confiance ;
> A discrétion de la gaîté ;
> Quatre ou cinq pots d'obéissance ;
> Cinq ou six livres de douceur ;
> Et crainte de monotonie,
> Ajoutez à la bonne humeur,
> Un kilogramme de folie.
> Quant au sel, n'en mettez qu'un grain,
> Car si vous passiez l'ordonnance,
> Au lieu d'une once, il faudrait bien
> En mettre deux de patience.
> Cuire le tout à petit feu,
> D'une chaleur bien soutenue.
> Qu'Amour et Amitié, tous deux
> Ne le perdent jamais de vue.
> Vous obtiendrez par ce moyen
> Une pâte bien durcie,
> Dont une dose, chaque matin,
> Suffit pour embellir la vie.

Bouillie. Voyez *farinages*.

Bouillon. Voyez *pot au feu ; poissons* pour *le court-bouillon ; potages ; légumes.*

Boulettes. Voyez *quenelles*.

Bouquet. Paquet d'herbes liées ensemble par une grosse ficelle, qu'on met dans les sauces ou les bouillons, et qui se compose ordinairement de ciboules, laurier, persil, thym. On le retire avant de servir.

Bouquet garni. C'est la même chose, seulement on y ajoute encore quelques aromates supplémentaires. On confond généralement ces deux termes.

Braise. Cuisson sur la braise, c'est-à-dire, à feu doux.
Braisé. Mets cuit sur la braise.
Braisière. Casserole spéciale pour mettre sur la braise ; elles sont avec ou sans couvercle.

Brider. Lier les membres d'une volaille avec du gros fil. Se dit aussi des rôtis autour desquels on bride des bardes de lard.

Brioche. Voyez *pâtisserie*.

Broche. Lame de fer pointue qui sert à passer au travers des pièces à rôtir. Il y en a de dimensions variées selon la grosseur des pièces. Du côté opposé à la pointe, on fixe une manivelle ou un mouvement d'horlogerie qui fait tourner la broche constamment et présente les diverses faces de la pièce alternativement devant le brasier. Dans les bonnes cuisines, la broche se fixe à une **rôtissoire** métallique. C'est une boîte d'une forme spéciale qui renferme la pièce à rôtir et recueille le jus. Elle concentre la chaleur autour du rôti et n'est ouverte que du côté même du brasier. Un nouveau système mécanique reprend le jus, au fond de la rôtissoire, par le moyen de deux cuillères et le reverse constamment sur le rôti. Il est certain que cet arrosage automatique doit donner un bien meilleur résultat que tous les anciens procédés à la main, où l'inattention d'un jeune aide de cuisine pouvait être cause d'un rôti brûlé. Or le rôti est presque toujours la pièce principale d'un dîner, et celle qui demande par conséquent la plus parfaite cuisson et les meilleurs soins.

Brosses. On emploie en ménage diverses sortes de brosses. Parmi la brosserie commune, la brosse de racines ou chiendent sert au lavage des gros ustensiles en bois, au nettoyage de l'évier, des barriques, etc.

Les **plumeaux** sont aussi des brosses communes que l'on peut faire soi-même avec les plus grandes plumes d'ailes ou de queues d'oies, de coqs et d'autres oiseaux de forte taille ; on les range en bouquet au bout d'un manche auquel on les attache solidement. Ils servent à chasser les mouches, épousseter les meubles, et même à remplacer un éventail.

Il y a encore les **brosses d'écurie** pour les chevaux, les voitures, les harnais, dont nous ne parlons qu'incidemment.

Les **balais** font partie de la brosserie. On les fabrique en crins pour les appartements ; en chiendent, ils sont utilisés de préférence pour les tapis ; en paille de sorgho et même en jeunes branches de bouleau ou de genêt pour balayer les cours et les rues.

Les **brosses-décrottoirs** en crins durs ou soies de sangliers sont très bonnes pour mettre à l'entrée des maisons.

La **brosserie fine** est fabriquée avec des fibres animales ou végétales de choix. On y emploie les soies de porcs, de sanglier, les crins de cheval, les poils de chèvre, de blaireau, les fibres végétales tirées du Mexique et qui sont noires, grises, jaunes, blanches ou belles-blanches. On les classe aussi selon leur longueur, leur force. Il y a pour ces classements des outils spéciaux dont nous n'avons pas à parler ici

Tous ces poils ou fibres sont bien épluchés, lessivés et lavés avant leur emploi pour la brosserie.

C'est dans la brosserie fine que se rangent les brosses à dents, les brosses à cheveux, à habits, avec des montages plus ou moins riches en bois, os, corne, ivoire, métaux, etc.

Les brosses à chaussures sont dans la grosse brosserie.

Pour **nettoyer** *les brosses* à cheveux, à dents, à habits, il faut d'abord les débarrasser des matières qui s'y trouvent renfermées. Pour cela, on y passe en long et en large un outil quelconque pointu, même un clou, qui en retire ces matières. Ensuite, on peut laver la brosse avec une eau de savon tiède ou une eau alcaline légère, aux cristaux de soude. On rince à l'eau pure pour finir.

Les brosses en fibres végétales se lavent de même, mais on peut employer une eau alcaline plus chargée, puisqu'elle ne les attaque pas. La bonne précaution à prendre, est de ne pas employer une eau trop chaude, qui ferait fondre la colle ou la résine, et démolirait la brosse.

Les **pinceaux** des peintres et des maçons font aussi partie de la brosserie, mais ce ne sont pas des objets du ménage, et nous n'avons donc pas à nous en occuper dans cet ouvrage. Lorsqu'ils sont imprégnés de couleur à l'huile fraîche ou sèche, on les nettoie en les lavant avec l'essence de térébenthine ou la benzine.

Buisson. Plat dressé en pyramide. Exemple : un buisson d'écrevisses.

C

Cacao. Voyez *chocolat.*

Café. On plante le caféier dans tant de pays, on en obtient des cafés de tant de variétés, qu'il y a de quoi s'y perdre. Cependant, parmi ces nombreuses sortes, il y en a quelques-unes qui sont toujours les plus recommandables. Disons que tous les cafés sont bons, lorsqu'ils sont sains et surtout *vieux.* On fera donc toujours une bonne opération en achetant des provisions de café pour un ou deux ans, et même plus, dans les moments où les prix sont bas. On mettra sa provision au grenier, bien au sec, elle ne fera que gagner en qualité.

Pour *café au lait* du matin, on obtient un bon mélange en grillant séparément du café Brésil, ou Rio et du Java jaune, puis les mêlant à raison d'un bon tiers de Java. Il est recommandé de faire son infusion très forte, afin de ne pas allonger inutilement le lait. Celui des laitiers contient d'habitude assez d'eau, sans que vous en ajoutiez encore par un café trop faible.

Pour *café noir*, l'infusion ne doit pas être si forte, ce serait mauvais, mais elle a besoin d'être plus bouquetée. Il faut donc choisir d'autres sortes : Bons mélanges : Martinique, Bourbon, Moka ; ou Java fin vert, Bourbon ; ou café dit plantations avec Java jaune et Moka.

Un bon café est rarement beau à l'œil. Ainsi, le Moka véritable, qui est le meilleur, le plus parfumé et le plus rare, a les fèves plates, difformes et bien souvent brisées.

Comme beaucoup de cafés sont teints, on a proposé de les laver à l'eau tiède avant de les griller. Cette opinion est très soutenable. Il faut évidemment les ressécher.

Torréfaction. Chaque sorte de café doit être grillée à part, parce que chacune se grille plus ou moins rapidement, et que le produit ne serait pas du tout égal, si on les mélangeait auparavant. L'opération se fait sur un feu ardent, et si possible, dans une marmite en fonte, par doses de un à deux kilos selon la consommation journalière. Elle doit commencer assez rapidement, puis lorsqu'elle est bien en train, que les grains ont déjà pris une teinte dorée, on doit ralentir un peu le feu, de crainte de les brûler. Les grains seront constamment en mouvement, soit qu'on se serve d'un grilloir à cylindre que l'on tourne à la manivelle, soit que l'on remue avec une cuillère de bois ou une spatule.

Dès que les grains de café ont pris la teinte brune bien à point, ce que l'œil exercé doit savoir reconnaître, on sort le café du torréfacteur et on le verse dans une caisse de bois, ou sur un plateau de tôle. On l'agite encore un moment, puis il n'y a plus qu'à le laisser refroidir.

La perte de poids varie, selon les sortes, entre un cinquième et un quart du poids du café employé.

Certaines personnes prétendent qu'il ne faut *moudre* le café qu'à mesure qu'on le consomme. Il y a beaucoup de vrai dans cette opinion ; il perd toujours un peu de son arôme lorsqu'on le conserve moulu. Cependant on peut le conserver ainsi quelque temps, si l'on prend la précaution de le mettre en vase bien clos. Une boîte de métal, dont le couvercle est hermétique, est pour cet objet le meilleur récipient.

Infusion. Pour faire une bonne infusion de café, il faut avant tout que l'eau soit bien bouillante, c'est-à-dire qu'elle soit versée sur le café moulu, au moment où elle bout à gros bouillons. Il ne suffit pas qu'elle laisse échapper quelques petites bulles ou qu'elle ait bouilli.

Il existe un nombre assez considérable de systèmes de cafetières, et je ne saurais en recommander aucun plutôt que les autres. Tous sont bons lorsqu'on sait s'en servir, que l'on n'emploie que de bons cafés, et qu'on y met les soins voulus.

Un moyen simple, primitif même, et qui n'est pas mauvais, consiste à chauffer l'eau dans une casserole à couvercle. Quand elle bout, on y jette la dose de café moulu et on recouvre en laissant au chaud sans bouillir pendant quelques minutes. Après cela, on verse le tout sur un filtre de toile ou de flanelle, et l'on a un bon café.

Pour café au lait, on a l'habitude dans nombre de ménages d'employer un tiers de chicorée. Ne discutons pas cette méthode. Évidemment le café ne peut que perdre par ce mélange en qualité, mais il prend plus de couleur et un goût qui n'est pas désagréable par le mélange au lait.

Pour café noir, on doit proscrire la chicorée.

Enfin certaines personnes recuisent le marc de café de la veille pour en verser l'infusion, ou mieux le décocté sur le café frais. C'est une économie qui n'a pas grande importance, et que l'on ne peut appliquer qu'au café au lait. Ce décocté prend un goût amer sans arôme de café, et ne serait pas du tout agréable pour café noir.

Cailles. Pour les rôtir, on les vide, on supprime le gésier, on les enveloppe de feuilles de vigne, recouvertes d'une barde de lard. On sert sur croûtons grillés et imbibés de leur jus.

En salmis. Cuire, dans une braisière, sur des bardes de lard, avec accompagnement d'un peu de beurre, sel, vin blanc, tranches de veau, ris de veau. On cuit doucement.

Ensuite on dégraisse la sauce, et l'on dresse ses cailles avec les ris de veau et autres de leur cuisson.

Autrement. A la façon des pigeons.

Canard à la broche. On l'embroche au naturel, sans le larder ni piquer ; on le met devant un feu très vif et l'on tourne jusqu'à ce qu'il soit bien doré. La cuisson doit être menée très rapidement, qu'il soit bien cuit en dehors, et encore saignant en dedans, pour l'avoir parfaitement tendre.

On sert avec citron ou sauce piquante.

Canard aux olives. Donnez au canard une forme arrondie, raccourcissez les pattes, frottez-le de jus de citron, et faites-le revenir avec du beurre. Lorsqu'il sera bien coloré, mouillez avec une bonne dose de bouillon chaud et achevez la cuisson.

Tournez des olives, pour en sortir les noyaux, faites-les blanchir rapidement à l'eau bouillante salée, et mettez-les dans la sauce du canard sans bouillir. Dressez sur le plat avec les olives à l'entour.

Canard aux oignons. Se prépare comme aux navets, en remplaçant ceux-ci par une dizaine de gros oignons cuits à l'étouffé.

Selon le même principe, on préparera :

Canard aux champignons,

Canard aux morilles,

en remplaçant les olives du canard aux olives, par des morilles ou des champignons préalablement accommodés avec une sauce au Madère, ou simplement sautés au beurre.

Canard aux truffes, en y ajoutant un *ragoût de truffes* préparé d'avance et laissant mijoter le canard un moment avec cet assaisonnement, pour bien le pénétrer du parfum des truffes.

On peut aussi faire le **canard farci** comme *l'oie,* et de la même façon.

Salmi de canards. Mettez dans une casserole du beurre que vous laisserez fondre, puis mettez-y le canard, et rôtissez-le jusqu'à ce qu'il soit devenu jaune. Liez la sauce avec farine et chapelure, mouillez avec un verre de vin rouge ; ajoutez girofles, sel, poivre, oignons, laurier, bouquet garni, et faites achever la cuisson. Un peu avant de servir, écrasez le foie, et délayez-le dans la sauce préalablement passée. Mettez-y encore des croûtons frits et ornez le contour du plat de rondelles de citron.

Canards à la daube. Mettez les canards vidés et nettoyés dans une casserole garnie de beurre, et faites prendre couleur. Otez-les ; faites un roux avec la sauce et de la farine, une demi-cuillerée de sucre pilé, une tranche de citron, sel et poivre, un verre de bouillon et un verre de vin rouge. Remettez les canards et achevez la cuisson. Passez la sauce pour la verser sur les canards dressés sur un plat.

Canards aux petits pois. Faites comme à la daube, et ajoutez un litre de petits pois verts, que vous ferez cuire dans la sauce, lorsque vous remettrez les canards. Dressez-les sur les pois.

Canard aux navets. Cuisez le canard comme en salmis, et au moment de le remettre dans la casserole, vous l'y accompagnerez de navets que vous aurez fait sauter dans du beurre jusqu'à ce qu'ils soient devenus blonds, et égouttez. Continuez la cuisson lentement, dégraissez la sauce et dressez le canard sur un plat, environné de navets, et la sauce sur le tout. Garnissez de croûtons frits.

Voyez aussi : *foie gras*, et *volaille*.

Capilotade. Voyez *volaille*.

Caramel. Sucre brûlé. Pour l'obtenir, il suffit de jeter du sucre en menus morceaux sur une plaque de fer rougie au feu. Ce moyen ne peut s'adapter à la cuisine, car il donne un produit mêlé de charbon. Dans une casserole en cuivre non étamé, mettez un peu d'eau et ajoutez le sucre de manière à faire un sirop épais. Laissez évaporer l'eau et ne retirez du feu qu'après qu'il aura pris une belle couleur dorée, en répandant une odeur caractéristique.

Le caramel sert à colorer les sauces, les viandes, les crèmes et plats doux, les liqueurs, etc., même le vin et le vinaigre au besoin. Inutile de dire que c'est une couleur tout à fait inoffensive.

Les confiseurs préparent des bonbons dits *caramels* qui se composent de sucre plus ou moins caramélisé que l'on verse bouillant sur une table de marbre pour le travailler et lui donner la forme voulue. On y combine des parfums divers et l'on y ajoute quelques gouttes d'ammoniaque liquide pour saturer les acides du sucre et l'empêcher de s'*intervertir*.

Cardon d'Espagne. Coupez-les à 10 centimètres de longueur et cuisez une demi-heure dans de l'eau salée. En les épluchant, il faut avoir soin de retirer les tiges creuses, et gratter le duvet. Si les cardons sont frais et tendres, un quart d'heure de cuisson sera suffisant, mais s'ils ont été conservés en cave pour l'hiver, il leur faudra jusqu'à deux heures pour s'attendrir. Lorsqu'ils sont cuits, retirez les morceaux avec l'écumoire et rangez-les en ordre sur un plat avec une sauce blanche dessus.

A la bourgeoise. Après les avoir traités de même, faites un roux mouillé de bouillon, cuisez-y encore vos cardons en assaisonnant convenablement. Faites réduire la sauce que vous verserez dessus. N'oubliez pas d'y ajouter un bon coulis si vous le pouvez.

Au gratin. Pour utiliser un reste de cardons de la veille, on en hache une partie avec champignons. On prend un plat allant au feu, on le garnit de beurre, puis on y verse de ce hachis et le reste des cardons dessus. On recouvre du même hachis, puis d'un morceau de beurre. On couvre et on met sur un feu doux dessus et dessous. Avant de les servir, on y verse quelques cuillerées de jus de rôti ; à moins qu'ils ne soient destinés à un repas maigre.

Carotte. Toutes les jeunes carottes sont délicates. Lorsqu'on a fait un semis, et que les racines sont d'une suffisante grosseur, il faut l'éclaircir en arrachant les plus belles, dans tous les endroits les plus touffus. C'est ainsi qu'on fait de la place aux autres, en même temps que l'on se fournit d'un plat d'excellente primeur. Dans le cours de la saison, ou de l'hiver, les meilleures variétés pour légumes sont la courte de Hollande, la jaune de Flandre, la blanche à collet vert. Pour la conservation en hiver, il faut leur couper le collet, sans quoi, elles prendraient un goût trop fort.

Jeunes carottes au lait. Grattez-les légèrement, faites-les sauter au beurre avec un peu de farine, mouillez avec du lait, laissez mijoter doucement. Lorsqu'elles sont tendres, liez avec jaunes d'œufs et servez. On ne met ni sel, ni poivre, ni sucre, et chacun ajoute ce qu'il veut selon son goût.

A la poulette. De même, mouillez de bouillon.

A la maître d'hôtel. Cuisez-les dans de l'eau avec sel et un peu de beurre. Ensuite achevez-les dans une autre casserole avec beurre, sel et poivre, persil et oignon ou ciboule hachés.

Au persil. Comme à la maître d'hôtel pour la cuisson. Dans la casserole, mettez du beurre avec deux cuillerées de fécule et faites un roux auquel ajouterez sel et poivre et persil haché. Mouillez avec bouillon et faites y sauter vos carottes avec filet de vinaigre.

Au gras. De même en ajoutant dans le beurre, du lard gras en tranches et mouillant avec du jus.

Frites. Coupez en ronds, faites blanchir et égoutter, puis mettez-les frire. Ne s'applique qu'aux primeurs.

En salade. On emploie les carottes du pot au feu. Coupez-les en ronds et assaisonnez. Se sert avec le bouilli, ou comme hors-d'œuvre.

Carottes pour entremets. Les tailler en rondelles aussi minces que possible, les cuire en casserole avec beurre frais, mijoter un quart d'heure en remuant souvent. Réduire de moitié, lier avec une cuillerée de farine, ajouter un litre de lait. Cuire encore doucement, sucrer. Lorsque cela forme une sorte de crème, servez chaud.

Carottes à la Vichy. Recommandé aux estomacs fatigués. Lavez avec soin et épluchez environ deux litres de jeunes carottes. Coupez-les en tranches très minces, et faites-les revenir avec 125 grammes de beurre, sel, poivre, deux cuillerées de sucre. Surveillez la cuisson, qu'elle soit égale partout, et remuez souvent. Elle durera environ une demi-heure. Découvrez alors, et laissez roussir un peu les carottes sans les brûler.

Cataplasmes. Voyez *pharmacie*.

Cave. Voyez à la fin de l'article *vin*.

Caviar. Œufs d'esturgeon salés. Vient de Russie.

Le *caviar* se sert d'une façon assez compliquée ; pour être parfait, il a besoin d'un accompagnement énergique. Chaque convive prépare d'ailleurs son mets dans les proportions conformes à son goût.

Sur une tranche mince de pain (de seigle chez les Allemands), on étend une ample couche de beurre frais, que l'on recouvre d'une couche de caviar, puis d'une couche d'oignons crus hachés. On fait une seconde tartine de beurre et de caviar de mêmes dimensions, mais sans oignons, et les deux tartines sont superposées de la façon d'un sandwich dont l'oignon occupe le milieu. De cette façon le caviar n'est pas désagréable; il est même très bon, accompagné de bonne bière de Strasbourg.

Céleri. Le céleri à côtes ou plein blanc, après avoir été bien proprement lavé, est débarrassé de toutes les parties vertes. Les branches blanches sont fendues en long, coupées en lanières de telle longueur qui convient, et s'emploient en salade. On les mange au naturel comme hors-d'œuvre, ou bien on les mélange avec la doucette ou mâche dont le céleri relève le goût. Les parties blanches seules sont tendres.

Frit. Trempez dans la pâte à frire et faites frire.

Le **céleri-rave** s'emploie principalement comme légume de pot au feu. Il lui communique une saveur spéciale. En dehors de cet emploi, pour lequel les feuilles suffisent, la *racine tubéreuse* peut se traiter comme le *navet*. On peut aussi la *frire* en la coupant en tranches trempées dans la pâte à frire. Voyez *cerfeuil*.

Ceps. Voyez *champignons*.

Cérat. Voyez *pharmacie*.

Cerf. Se traite comme le *chevreuil*.

Cerfeuil bulbeux. On le sert de même façon que les *tubercules* ou *racines de l'igname de Chine*, du *stachys tubéreux*, du *persil à grosses racines*, et de quelques *autres racines féculentes* et aromatiques, parmi lesquelles nous rangerons le *céleri-rave*, la *racine de fenouil doux*, d'*angélique*, etc.

Ces légumes, en général assez rares, servent de garniture pour entourer un rôti ; ou bien entrent dans l'accompagnement d'une viande en sauce, que leur arôme particulier relève agréablement.

On les cuit **à la vapeur** comme les pommes de terre, ou bien on les pose *par-dessus une cuisson* couverte. On peut aussi les traiter absolument comme les *pommes de terre à la maître d'hôtel* ou aux diverses sauces ; mais c'est toujours *dans un ragoût* que leur place est le mieux indiquée.

Cervelles. Voyez *veau.*

Champignon. Le **champignon** de **couche** (agaric comestible) est le seul agaric qu'on peut employer sans crainte ; encore doit-il être fermé. Lorsque son chapeau s'est ouvert et que les lamelles de dessous sont noires, il faut absolument s'en méfier. Ce même agaric se trouve souvent dans les prés, à l'état sauvage, mais on y trouve également deux ou trois variétés qui lui ressemblent à s'y tromper si l'on n'est pas un fin connaisseur, et qui sont très dangereuses.

La culture du champignon comestible est aisée. Voyez *jardin.*

Bolet comestible. Cep. Aucun champignon vénéneux ne peut être confondu avec celui-ci, qui se trouve dans les bois et prés en mai et juin, puis reparaît à l'automne. Sous son chapeau, au lieu de lames minces, il est garni de petits tubes serrés qui ressemblent à une série de petits trous ronds. Son chapeau épais et arrondi contient une chair blanche lorsqu'on le coupe ou qu'on le brise. Les tubes sont blanc laiteux ou bien jaune soufre, et cette couleur reste sans changement lorsqu'on l'expose à l'air.

Toutes les autres variétés de bolet vénéneuses se colorent

autrement à l'air, en vert, bleu, noir, violet, rouge et répandent une odeur vireuse qui ne peut tromper personne. L'odeur du bolet comestible est délicate.

Sa couleur extérieure varie du fauve clair au marron foncé, et son chapeau peut atteindre jusqu'à 20 centimètres de diamètre.

Le **bolet bronzé** est également bon et se reconnaît aux mêmes caractères.

La **Chanterelle** est encore plus facile à reconnaître. Sa nuance est jaune d'or, son odeur se rapproche de celle de la violette. Elle se trouve dans les bois et les prés de juin à Octobre. Lorsqu'elle sort de terre, sa forme est arrondie et convexe ; puis en se relevant, son chapeau remonte et prend des bords frisés et festonnés. Elle n'a, sous le chapeau, ni lames ni tubes et se trouve comme ridée. On la trouve toujours en compagnie. Elle porte encore les noms de *chevrette, jaunelet, gyrole*. Il n'existe aucune espèce dangereuse qui corresponde à ce signalement.

A côté des champignons, nous placerons les **Morilles**. On les trouve dans les bois, au pied des ormes et des frênes, dans les prés en pente et de préférence dans des lieux peu humides. Elles ont assez l'apparence d'une éponge brune posée sur une tige blanche. On ne peut non plus les confondre avec aucun champignon.

On *peut* **sécher** les *champignons* et *morilles* au soleil ou à l'étuve. Ordinairement on les enfile en chapelets.

Epluchage. Les *champignons de couche* doivent être pelés ; ordinairement on coupe la tige et le champignon en dés.

Les *ceps* : On retranche les pédicules, en ne gardant que ceux qui sont pleins et fermes ; on ôte les tubes du chapeau, ce qui va tout seul.

Les *chanterelles* : On les passe un moment à l'eau bouillante, après les avoir épluchées et lavées.

Les *morilles* : Coupez-les en deux, lavez soigneusement.
Les alvéoles contiennent presque toujours du sable qu'il
faut sortir. Égouttez-les avant de les employer.

En ragoût. Faites-les cuire avec du beurre fin, jus de
citron, sel, poivre, muscade. Après une demi-heure de
cuisson, mouillez avec bouillon, vin blanc ou madère ; liez
au jaune d'œuf.

A l'Italienne. Remplacez le beurre par l'huile, ajoutez
persil, ail, oignon, échalote. Le reste de même.

En fricassée. Faites-les blanchir, égoutter, essuyez-les.
Traitez-les légèrement avec un morceau de beurre, farine,
sel, poivre, bouillon et jaune d'œufs, comme pour toute
autre fricassée, et jus de citron ou vinaigre au moment de
servir.

A la provençale. Otez les tiges pour les hacher. Marinez
les chapeaux à l'huile. Les queues seront hachées avec ail,
persil, chair à saucisses, un jaune d'œuf. Dressez les champignons sur un plat à feu, avec la farce à l'entour et dessus.
Mouillez d'huile d'olives et faites cuire sous le four de
campagne.

Croûte aux champignons. Mettez-les sans tiges dans
une casserole avec beurre et faites-les sauter vivement.
Versez-y un jus de citron, sel, poivre, épices, une idée d'ail.
Quand ils sont cuits, liez avec jaunes d'œufs et posez-les
sur des croûtons frits au beurre.

Tous les champignons servent d'assaisonnement journalier *à toutes sauces*, dans la cuisine de choix.

Chapelure. Croûte de pain rapée plus ou moins finement.
On peut en faire avec les restes de pain, en les séchant au
four avant de les râper, mie et croûte.

Charcuterie. Voyez *porc*.

Charlotte russe. Garnissez un moule avec des biscuits à la cuillère, puis emplissez-le avec une crème à la fécule, à la vanille, au chocolat, selon votre goût. Tenez au frais, et ne démoulez qu'au moment de servir.

Charlotte aux fruits. Faites de même, en remplaçant la crème par une marmelade ou une compote de fruits quelconque. Le plus souvent, on la garnit d'une purée de pommes combinée à des raisins de Corinthe ; ou de quartiers de pommes cuits au beurre que l'on divise entre les biscuits.

Charlotte glacée. Elle se prépare aux fruits, et se fait très-bien avec la marmelade de pommes, dans laquelle on a fait cuire quelques grains de raisins secs.

Avant de garnir le moule, on le graisse un peu avec du beurre, que l'on saupoudre fortement de sucre. C'est sur ce sucre que l'on bâtit les biscuits et la compote. On met ensuite au four pour faire dorer le contour. Si cela ne suffisait pas, faute d'avoir mis assez de sucre, on pourrait y remédier en démoulant, garnissant d'une forte couche de sucre en poudre, et mettant au four de campagne avec feu dessus. On fait tenir le sucre au moyen d'un peu de blanc d'œuf. L'inconvénient de cette retouche est de faire s'affaisser la charlotte, sans que cela nuise d'ailleurs à son goût.

On peut aussi l'humecter d'un filet de rhum avant de servir.

Chataigne. Voyez *marrons*.

Chauffage et ventilation. Nous n'entendons traiter ces questions qu'au point de vue des appartements, et non des grands édifices publics ou industriels. Pour ces derniers, il existe des appareils spéciaux, plus ou moins compliqués qui n'ont aucune application possible dans le logement.

Le chauffage et la ventilation sont étroitement liés au point de vue hygiénique. Il ne suffit pas, en effet, de chauffer son logis pour y être à son aise et se bien porter, mais il faut encore que l'air s'y renouvelle assez pour être toujours sain, et pour chasser au dehors l'air respiré plus ou moins chargé de miasmes. C'est pour cela que nous avons réuni ces deux mots en un seul article.

Le chauffage des appartements peut se faire au moyen de *cheminées*, de *poêles* ou de *braseros*.

Le *brasero*, le plus ancien procédé, consiste en un feu ouvert, dont les émanations restent dans la chambre, et dont le type est un simple réchaud de charbon. Inutile d'ajouter que c'est un moyen éminemment insalubre, et qui ne tend à rien moins qu'à asphyxier en chauffant. Il est donc à rejeter. Tout au plus peut-on admettre ce moyen en plein air, pour se dégourdir un peu les mains lorsqu'il fait très froid.

La *cheminée* est presque aussi ancienne. Elle consiste en un âtre, ou base de la cheminée, où se fait le feu, et un conduit qui enlève les produits de la combustion, la fumée, pour les conduire au dehors. On peut y brûler du bois ou de la houille. La cheminée n'est donc que le brasero perfectionné.

La cheminée est un objet de luxe ; c'était le mode de chauffage des châteaux au moyen âge, qui nous a légué des spécimens remarquables au point de vue artistique et décoratif. C'est aussi le mode de chauffage le plus coûteux, comme dépense de combustible, puisque ce dernier ne rend guère que 10 à 12 pour cent de la chaleur qu'il produit, le reste étant enlevé par le tirage et versé dans l'atmosphère. Par contre, la cheminée est le plus sain parmi les modes de

couleur. La cuisson finie, on passe par un filtre ou un tamis fin, on reprend la cochenille par une seconde, puis une troisième eau de la même façon. Enfin on évapore pour concentrer le décocté à trois fois le poids de la cochenille employée, on le refroidit et on y ajoute un litre de trois-six 90 degrés pour chaque deux litres d'extrait. On laisse en repos huit jours, on filtre et on conserve pour l'usage.

Cette couleur est très soluble et très solide. L'ébullition en a chassé toute l'ammoniaque.

Safranum. Voyez jaune.

Bois rouges connus sous les noms de *Fernambouc, Sainte-Marthe, Brésil.* Pour faire des *couleurs insolubles,* ou *laques,* ou *rouge végétal,* on les traite absolument comme les bois jaunes quercitron, fustel, etc.

Pour *colorer le curaçao,* on les fait macérer à froid avec de l'eau-de-vie au même degré alcoolique que celui de la liqueur, et sans y rien ajouter. Ainsi la liqueur devient jaune et transparente, et rougit lorsqu'on y mêle de l'eau tant soit peu calcaire.

Quelques distillateurs emploient le *campêche,* mais il donne un rose moins beau et plus violacé.

On peut encore employer comme rouge soluble, les sucs de fruits foncés, *cerises noires, myrtilles, sureau* qui ne demandent aucune préparation spéciale.

L'*orseille* en extrait alcoolisé, comme la cochenille, donne aussi une teinte très riche.

La *racine d'orcanette* se traite également à l'alcool ainsi que le *bois de santal* dont la couleur n'est soluble que dans les spiritueux et les liquides alcalins. Les acides la précipitent.

Le *carmin* est à considérer comme insoluble. C'est une laque à base de cochenille et d'alun. On l'emploie en confiserie en le délayant dans quelques gouttes d'ammoniaque.

La *racine de garance* n'est guère applicable à l'art culinaire, son extraction est difficile et ses produits ne peuvent que faire double emploi avec d'autres que nous avons décrits déjà. Mais l'*alizarine artificielle* en solution alcoolique mérite d'attirer l'attention et sera un jour une bonne ressource.

Bleu. Comme *bleu insoluble,* on ne peut guère recommander que *l'outremer* qui se compose d'oxydes d'aluminium et de cobalt, ce qui lui a valu aussi le nom de *bleu de cobalt* et sa belle nuance si pure, *bleu d'azur.*

Comme *bleu soluble,* il n'y a guère que l'*indigo.* Il faut le piler et passer au tamis de soie le plus fin, puis on le recouvre d'acide sulfurique à 66 degrés, mêlé avec de l'acide sulfurique de Saxe, qui est encore plus concentré. On remue de temps à autre la masse avec une baguette de verre, et on laisse en macération jusqu'à ce que l'indigo ait disparu et que le liquide soit bien coloré en bleu. L'acide employé doit être chimiquement pur. On a ainsi ce qu'on nomme *sulfate d'indigo* ou *bleu en liqueur.* Pour s'en servir, il faut en sortir l'acide sulfurique. Pour cela, on y ajoute dix fois son poids d'eau, puis on le met dans une grande terrine et on y jette peu à peu de la craie bien pure en poudre, jusqu'à ce qu'il ne se produise plus d'effervescence. On agite sans discontinuer pendant cette opération.

La craie (carbonate de chaux) neutralise l'acide sulfurique et se change en sulfate de chaux (plâtre) qui se dépose au fond du liquide. On laisse reposer, on décante, on lave le dépôt à l'eau chaude, on laisse refroidir, on mêle les liquides et on les alcoolise à 20 degrés centigrades si on veut les conserver longtemps sans moisissure.

Enfin on embouteille et on bouche bien. On obtient ainsi une *solution de carmin d'indigo* qui donne une jolie et solide teinte bleu de ciel.

Vert. Pour *vert soluble* et solide, il n'y a que le moyen de mêler ensemble un jaune et un bleu.

Le *jaune curcuma* ou *safran* combiné avec la *solution d'indigo* donne un bon résultat.

Pour un *vert végétal* pouvant servir aux préparations de la cuisine, on peut employer les feuilles d'orties ou d'épinards. Ce vert, qui n'est pas soluble, est très bon pour colorer des sauces ou des purées. On cuit les épinards à l'eau, on les exprime, puis on les réduit en pâte en les forçant à travers un tamis. Il est connu sous le nom de *vert d'épinards*.

Brun. S'obtient avec le *caramel* en excès, le *café* et le *chocolat* selon le cas. Cette nuance convient rarement hors des arômes de café et de chocolat. L'*oignon brûlé, carotte brûlée*.

Violet. Outre les *couleurs d'aniline*, qu'il ne faut jamais employer qu'avec la garantie du fabricant (voir au rouge), les violets se font par *mélange de rouge et de bleu*, en tant que couleur soluble.

On obtient une *laque violette* au *campêche*, en le traitant comme les bois jaunes, par coction et en le précipitant de la même manière à l'alun.

L'*orseille*, additionnée d'un excès d'ammoniaque, donne une teinte violette très jolie et très riche, mais l'ammoniaque empêche de l'utiliser, et dès qu'elle disparaît, la teinte revient au rouge brun.

Toutes les **autres nuances** s'obtiennent par mélanges de jaune, bleu et rouge en proportions quelconques, et pour lesquelles les essais de l'opérateur pourront seuls servir de guide.

Compote. Sorte de confiture dans laquelle on met moins de sucre qu'il n'en faut pour la conserver. On la sert donc de suite. On peut toutefois la conserver en vase clos, par le *bain-marie*. Voyez *conserves* et *confitures*.

On fait aussi des *compotes* de viandes et surtout de volailles, pigeons, canards, gibier à plumes.

Comptabilité. Le but de la comptabilité, dans un ménage, est de se rendre compte de ses dépenses, de leur nature, de leur importance pour chaque article, et de pouvoir par suite supprimer un luxe inutile ou exagéré, eu égard aux sommes dont on dispose.

On doit donc s'attacher, autant que possible, à noter ses dépenses de façon à se trouver en mesure de classer les sorties d'argent selon leurs causes, et cela sans compliquer les écritures.

Je propose de tenir deux livres ; ce n'est pas trop.

Le premier sera un simple cahier étroit et haut, qui n'aura qu'une seule colonne de chiffres. La ménagère y inscrira en détail, jour par jour, ses menues dépenses, pour les reporter de là au second livre.

Ce sera donc un *carnet de dépenses*, rien de plus.

Le second, auquel nous donnerons le nom de *comptes* sera folioté et suivi d'un répertoire alphabétique pour s'y retrouver. Encore peut-on se passer du répertoire. Nous y ouvrirons des comptes que nous nommerons l'un après l'autre en expliquant pourquoi.

Compte de caisse. C'est le plus important, et c'est de lui que dépendront tous les autres, puisqu'ils en seront extraits.

Au *Doit* nous inscrirons toutes les rentrées d'argent. Caisse les doit, puisqu'elle les a reçues.

A l'*Avoir* nous noterons toutes les dépenses, et en une ligne, nous en dirons la cause. A chaque fin de mois, nous ferons l'addition des deux colonnes, et en ajoutant aux dépenses le montant en caisse, nous aurons deux totaux égaux.

Les fonds qui alimentent la caisse sont tous ceux qui

rentrent *au ménage* pour une cause quelconque, dans le but d'être employés à son profit. Ordinairement la comptabilité du ménage est tenue par la femme, qui perçoit un fixe par mois pour ses dépenses ; elle doit donc se baser sur ses rentrées pour établir son budget.

De ce compte de caisse, nous reporterons nos dépenses sur d'autres pages, selon leur nature, et nous noterons ce report, en posant le folio (numéro de la page de notre autre compte) avant la colonne des chiffres, ou après, si nous voulons.

Nous ouvrirons donc des comptes de...

Main d'œuvre, auquel nous inscrirons les dépenses faites en paiement de travail courant, gages de la servante, étrennes et pourboires, etc.

Dépenses de bouche ou *provisions*, comprendra la boucherie, la boulangerie, etc., tout ce qui se mange y compris l'épicerie.

Liquides. Ce compte renfermera les achats de vin, de boissons diverses, spiritueux.

Costumes, où l'on reportera ce qui a rapport à l'habillement, chapeaux, chaussures.

Combustibles, auquel on pourrait joindre l'éclairage.

Lessives et entretien du linge.

On ouvrira ainsi des comptes aux principaux chapitres de dépenses, et l'on pourra, en les examinant en détail, voir mois par mois, les dépenses que l'on a faites. On pourra donc, d'après le passé, corriger les dépenses à venir, et faire des économies sur les articles que l'on jugera superflus ou exagérés.

Ainsi, nous aurons encore les comptes de *Contributions et assurances*. On réunit ces deux dépenses forcées.

Compte de loyer. Compte de mobilier. Compte de jardin. Compte de plaisirs.

Et ainsi d'autres selon le besoin. L'essentiel est que le compte de caisse soit toujours juste, et que le solde existant, réel, soit le même que celui trouvé par le calcul.

S'il y avait une *erreur de caisse*, c'est-à-dire s'il y avait en caisse une somme moindre ou plus élevée que celle fournie par les écritures, il faudrait chercher d'où provient cette différence, et la retrouver. Il ne doit ni ne peut y avoir d'erreur si l'on a tout noté ; cela proviendrait donc d'un oubli.

La comptabilité est aussi nécessaire dans un ménage, tant modeste qu'il soit, que dans une maison de commerce ou une exploitation agricole. Sans la comptabilité, on ne sait jamais le montant exact de ses dépenses ; on les croit insignifiantes, puisqu'on ne voit sortir que des sommes minimes, et l'on est stupéfait lorsqu'on voit tout à coup qu'à force de payer des sous et des francs, on est obligé de s'endetter pour finir l'année. D'où provient le déficit ? On n'en peut rien savoir si l'on n'a pas inscrit ses dépenses. On ne peut donc non plus y parer pour l'avenir, ne sachant pas sur quels articles il serait utile d'économiser. Enfin, l'on est tenté de se croire volé, et l'on accuse tout le monde, lorsqu'on est seul coupable de négligence ou de paresse. C'est cependant un petit travail qui n'exige que vingt à trente minutes par jour pour le courant, et une demi-heure au plus par semaine pour reporter ses chiffres aux comptes. Ce n'est rien en comparaison du résultat obtenu par l'ordre dans les finances du ménage.

Concasser. Réduire une substance en petits fragments par un moyen mécanique.

Concombre. Pour les cuire ou s'en servir crus, il faut les peler, car la peau est ordinairement amère.

Fendez en quatre, sortez les parties à pépins, et passez les quartiers au rabot, pour les mettre **crus en salade**.

Commencez par les saler à forte dose, puis un quart d'heure après vous verserez l'eau qui se sera formée, et achèverez d'assaisonner la salade. Ajoutez persil et ciboulette hachés, un peu d'estragon, de la moutarde.

Cuits. Coupez les concombres épluchés, en morceaux, et faites cuire à l'eau salée ; c'est vite fait. Retirez-les et mettez-les égoutter en les couvrant, qu'ils restent chauds. Ceci fait, vous pouvez les achever d'une façon suivante :

A la maître d'hôtel. Mettez-les dans une casserole avec beurre, faites sauter, ajoutez persil haché, poivre et sel et un filet de vinaigre.

Au jus. Sautez avec beurre fariné, mouillez avec jus, laissez un peu réduire.

Concombres farcis. Pelez-les, et coupez un bout. Videz-les au moyen d'une cuillère de bois ou d'argent, remplissez le vide avec une farce de viande à laquelle vous mêlerez de l'œuf. Remettez le bout et fixez-le par une cheville de bois ou deux. Faites cuire dans l'eau salée avec du lard ou jambon, sel, poivre, bouquet garni. Faites réduire ce bouillon, ajoutez-y un roux et du jus, puis achevez la cuisson.

Concombres au sel, au vinaigre. Traitez-les comme il est dit en tête de l'article, passez-les au rabot ou coupez-les en tranches, en dés, en lanières, puis mettez-les confire au vinaigre ou salez fortement avec addition de poivre, un peu de girofle et de genièvre. Ils se conservent longtemps et remplacent *de loin* les cornichons.

CONFITURES, COMPOTES, GELÉES, MARMELADES, PATES DE FRUITS, *Généralités*.

Tous ces noms s'appliquent à des formes différentes d'une

seule et même espèce de préparations, à savoir des fruits
au sucre, capables de se conserver. Les confitures en général
constituent une des meilleures ressources du ménage ; elles
ne coûtent pas plus, et même souvent moins que tous les
autres desserts, et sont toujours disponibles.

Pour faire de belles confitures, bien transparentes et
de bonne garde, il faut observer avec soin les conditions
suivantes : 1° ne se servir que de bon et beau sucre raffiné
en pains ou de sucre cristallisé en gros grains. N'employer
jamais de rebuts ni de sucre brut, encore moins le sucre
en poudre, qui ne se clarifie plus ; 2° ne se servir que de
fruits sains, sans taches de pourriture, et les prendre mûrs,
mais avant qu'ils soient devenus mous. Éviter de les couper
avec des instruments de fer ou d'acier soit pour les peler,
soit pour les diviser. En retirer toutes les parties inutiles,
tiges, trognons, noyaux, etc. ; 3° ne pas lésiner sur le
sucre, il n'est jamais perdu ; mais n'en pas mettre trop
non plus, et ne pousser la cuite que jusqu'au point voulu.
C'est même à ce dernier point que l'on reconnaît la capacité de l'artiste qui sait discerner le moment où la préparation a subi la cuisson, sans l'avoir dépassée.

Une confiture, faite à point, doit se conserver plusieurs
années en lieu sec, sans se gâter ni moisir. Si elle est préparée d'une façon défectueuse, la fermentation s'y met, et
le mal est bien difficile à réparer.

La cuisson terminée, on laissera toujours **refroidir** la
confiture hors de la bassine de cuivre qui aura servi à la
cuire, afin qu'il n'y entre pas de vert-de-gris. Ce n'est
qu'après son refroidissement (sauf pour les gelées ou celles
qui doivent figer) que la confiture sera mise en pots ; encore cette clause n'est-elle pas indispensable, et l'on réussit en empotant chaud. Il est de bonne précaution de
chauffer les pots, si l'on veut y verser la confiture chaude.

On laisse découvert pendant 8 à 10 jours, puis on ferme. Pour **couvrir les pots,** on taille des ronds de papier blanc de la dimension voulue, on les imbibe d'eau-de-vie (cognac ou kirsch), puis on applique chaque rond à plat, de façon qu'il couvre toute la surface d'un pot ou vase à confiture, sans dépasser cette dernière. On laisse en l'état pendant une heure environ, puis on couvre le pot avec un autre papier blanc dont on colle les bords sur le pot même, on le découpe ensuite le long du verre; ou bien on le plisse en le retroussant le long des parois du vase. Enfin on peut aussi l'y fixer au moyen d'une ficelle.

Les pots sont ensuite rangés dans une armoire, bien au sec sans être exposés à la chaleur; et l'on ferme à clef pour mettre à l'abri des amateurs indiscrets.

Les pots de confiture doivent être remplis à pleins bords, le niveau baisse un peu en refroidissant.

Pour les **pâtes de fruits,** Voyez *coings,* dans ce chapitre.

Les **pâtes pectorales,** qui sont aussi des confitures, si l'on veut, se trouvent dans l'article *pharmacie.*

Voyez encore *fruits, suc, sirop.*

Abricots. 70 beaux abricots ont été jetés par portions à l'eau bouillante, repêchés aussitôt qu'ils ont paru à la surface, et jetés à l'eau froide alunée à 10 grammes d'alun par litre. Ensuite ils ont été pelés (la peau partant en un morceau, sans couteau) et jetés à l'eau froide alunée comme auparavant.

Ces 70 abricots, coupés en deux, et privés de leurs noyaux ont pesé 2 kilo 600 grammes. On les a rangés dans une terrine, en les entremêlant de 2 kilo 600 grammes de beau sucre raffiné cassé en morceaux, et laissés là jusqu'au lendemain. Le sucre ayant fondu dans le jus de fruit, on a fait cuire le tout dans une bassine de cuivre non étamé, jusqu'à transparence, tout en restant en quartiers entiers. On y a jeté quelques amandes mondées d'abricots pour donner encore deux ou trois bouillons, puis l'on a rangé cette **marmelade** en pots de faïence. Le produit avait un poids net de 4 kilos 525 grammes. On en a gardé 4 ans en parfait état de conservation.

Pâte d'abricots. Faites bouillir un moment les fruits et passez-les au tamis avec pression pour les pulper. Cuisez la pulpe à feu doux pour la dessécher, et retirez du feu lorsqu'elle commence à épaissir. Faites cuire du sucre au *grand cassé*, jetez-y la pulpe et donnez quelques bouillons pour l'imprégner de sucre, jusqu'à ce que la combinaison soit bien homogène. Laissez alors refroidir, et dressez sur des feuilles de papier pour sécher à l'étuve.

Si le papier n'est pas facile à enlever après dessication, on porte la pâte à la cave pour que l'humidité gonfle le papier qui s'enlève alors aisément.

Les **pêches** se traitent comme les abricots.

La **gelée d'abricots** se fait comme celle de coings. Lorsqu'elle est cuite, il est bon d'y mettre quelques petits morceaux d'écorce d'orange zestée avec soin, et de laisser faire un ou deux bouillons avant de retirer du feu. On y laisse ces écorces.

Carottes. Confiture très recommandée et très fine. Coupez en lanières un demi kilogramme de jeunes carottes. Mêlez cela avec 500 grammes de sucre cristallisé en grains, et le zeste et le jus de trois citrons. Mettez le tout dans une bassine de cuivre, et recouvrez d'eau, puis cuisez à point en marmelade.

Gelée de roses. Coupez en tranches minces, avec une lame d'argent, cent pommes de reinette, et cinquante poires de Calville, après les avoir pelées. Jetez les tranches dans une eau fraîche un peu alunée, pour qu'elles restent blanches. Faites cuire en marmelade avec un peu d'eau, séparez le jus au moyen d'un tamis, sans presser.

Faites une gelée avec ce jus et son poids de sucre, plus le jus d'un citron pour 5 kilos de gelée. Au moment de retirer du feu, ajoutez un peu d'eau de roses triple et un peu de teinture de cochénille, pour lui donner le parfum et une belle nuance.

Cerises. *Confiture*. Choisissez de belles cerises aigres de Montmorency ou des griottes. Retirez les queues et les noyaux, puis pesez-les et ajoutez-y un poids égal de sucre cassé en morceaux assez petits. Laissez-les ainsi dans une terrine jusqu'au lendemain, puis cuisez-les une bonne demi-heure avec ce sucre fondu dans leur jus. La confiture est alors terminée, et bonne à mettre en pots.

Pour améliorer cette confiture, on devrait y ajouter un quart de jus de groseilles, du poids des cerises, et mettre le sucre poids pour poids comme il est dit. De cette façon, le goût serait plus parfumé et la confiture figerait, ce qui lui donne toujours une meilleure apparence.

Confiture de cerises composée, ou des quatre fruits. Mondez de leurs queues et de leurs noyaux, des cerises aigres et des cerises noires à poids égaux; soit un kilogramme de chaque sorte ; ajoutez-y un demi-kilo de groseilles et un demi-kilo de framboises bien épluchées, et cuisez-les ensemble avec un poids de sucre cassé égal au poids total des fruits. Faites cuire doucement, à petit feu, pendant une demi-heure, écumez et laissez refroidir hors du cuivre, avant de mettre en pots.

La proportion des fruits que nous donnons ici est celle que nous avons toujours employée avec un bon résultat. Il est évident qu'elle n'a rien d'absolu et que l'on peut forcer l'un ou l'autre selon les quantités que l'on en possède.

Coings. Gelée. Essuyez les coings pour enlever le duvet, coupez-les en quartiers, sortez tout le trognon. Pelez-les, si vous voulez, en ne pelant pas, la gelée sera plus parfumée et plus foncée. Mettez ces morceaux, avec de l'eau, à cuire en marmelade que vous ferez égoutter sur un tamis, sans presser.

Le jus qui en sortira limpide, sera cuit avec son poids de sucre jusqu'au moment où il se prendra en gelée, en en laissant tomber quelques gouttes sur une assiette froide. Retirez, mettez en pots.

Quartiers de coings. Ici il faut peler les coings, en sortir le cœur et tout ce qui est pierreux. On fera cuire les pelures et parties pierreuses avec l'eau, mais non le trognon, on passera au tamis sans presser. Puis on remettra cette eau sur le feu avec les quartiers et le poids de sucre égal à celui des fruits, on laissera cuire jusqu'à ce que les quartiers, encore entiers, se soient ramollis en se teintant de rouge. On versera chaud dans les pots pour que la gelée se fige autour des quartiers.

Pâte de coings. Essuyez, coupez en quartiers, pelez, sortez le trognon, et cuisez la chair avec un peu d'eau. Passez au tamis avec force après avoir égoutté. Pour 2 k. 500 de cette pulpe, cuisez 1 k. 500 de sucre au petit cassé avec de l'eau ayant servi à la cuisson des coings, si vous en avez assez, et mettez-y la pulpe qui doit cuire jusqu'à transparence. Poudrez des plaques de fer-blanc avec du sucre tamisé et versez la pâte par-dessus, mettez sécher à l'étuve, et conservez ensuite en boîtes de métal, et en lieu sec. On peut donc faire la *pâte de coings* avec la pulpe qui reste sur le tamis, après avoir laissé égoutter le suc dont on se sert pour la gelée ; mais alors il faut peler les fruits.

Faites de même les **pâtes de pommes, de poires, de mirabelles, de prunes, de reines-Claude** et autres fruits du même genre.

Cynorrhoddons, fruits de l'églantier, en confiture.
C'est une confiture alsacienne très fine, en forme de purée. On cueille les fruits lorsqu'ils sont bien rouges sans
être mous, on les ouvre et l'on en sort avec soin les pépins
et le poil à gratter qu'ils renferment ; on lave les fruits légèrement, on les égoutte, puis on les cuit avec très peu
d'eau, à seule fin de les ramollir assez pour les pulper. Pour
cela, on les passe avec pression par un tamis sur lequel
restent les peaux.

C'est cette pulpe qui se vend en Alsace, par des marchands colporteurs sous le nom de *Buttenmuss*. Ils la fre-
latent souvent avec de la farine, de la pulpe de pommes de
terre, etc. Il est donc prudent de la préparer soi-même,
malgré la besogne que cela donne.

Pour faire la confiture, on prend le poids de la pulpe en
sucre, on le cuit au grand boulé, puis on y introduit la
pulpe en remuant la masse assez longtemps. On laisse cuire
un bon quart d'heure à petit feu en surveillant que cela ne
s'attache pas. Ordinairement, on y ajoute quelques morceaux
de vanille ou de zeste de citron.

La pulpe de cynorrhoddons est employée par la pharmacie de certains pays, comme excipient des médicaments à
prendre en pilules, ou pour mieux dire, comme extrait inerte
pilulaire.

Épine-vinette. On doit toujours la prendre un peu avant
sa parfaite maturité et l'égrener avec soin. On peut en faire
de la confiture de deux façons.

1° **en grains entiers**, en faisant cuire les baies, épluchées
de leurs tiges, dans un sirop cuit au petit cassé et les y
laissant jusqu'à leur transparence ; concentrant le sirop,
pour le verser aussi chaud que possible sur les baies rangées
dans les petits pots. On peut les fermer après refroidissement.

2° **en marmelade**, en faisant cuire les baies avec une

petite quantité d'eau, puis les passant au tamis avec expression. Cette façon sépare les pépins et les pellicules. On fait alors cuire la pulpe avec poids égal de sucre comme toute autre confiture. Elle se prend en gelée.

En gelée, en la traitant comme la groseille.

Fraises des bois en compote. Rangez les fraises entières et crues sur un compotier. Faites un sirop avec poids égaux de sucre et de vin rouge, et versez-le bouillant sur les fraises, sans les écraser. Laissez refroidir.

Confiture de fraises entières. Choisissez les plus grosses, les plus saines, parmi les belles fraises de jardin, privez-les de leurs queues et rejetez toutes celles qui sont tachés. On doit les prendre un peu avant la parfaite maturité. Sur un kilogramme de fraises ainsi préparées, prenez un kilogramme de sucre raffiné concassé et cuisez-le en sirop avec un demi-litre d'eau ; écumez et faites concentrer au *grand boulé*. Mettez-y les fraises sans les écraser, et laissez-les cuire jusqu'à ce qu'elles soient devenues bien transparentes ; c'est l'affaire de quelques minutes. Sortez les fraises avec l'aide de l'écumoire, et rangez-les dans les pots jusqu'à moitié de la hauteur ; puis concentrez le sirop au petit boulé, et versez-le sur les fraises pour remplir les pots. Soulevez un peu les fraises pour les répartir également dans le sirop.

Croûtes aux fraises. Coupez des tranches de pain au lait en deux, et faites frire ces morceaux dans le beurre. Faites-en des tartines avec une couche de fraises des bois pétries avec du sucre, ou tout simplement de la compote comme celle de l'avant-dernier article.

Framboises en marmelade. Cuisez, à poids égaux, des framboises entières avec du sucre raffiné, sans eau, pendant dix minutes. Mettez en bocaux et recouvrez de vessies le lendemain. Cela se conserve bien.

Confiture de framboises entières. On la fait comme celle de fraises, mais il faut prendre encore plus de précautions, à cause de la fragilité du fruit.

Croûtes aux framboises. Comme aux fraises.

Framboises ou **fraises à la crème.** Ce dessert se prépare ordinairement par chaque convive sur sa propre assiette. Il est d'une digestion assez pénible s'il n'est pas assaisonné d'assez de sucre.

On écrase les fruits avec une fourchette, et l'on mêle cette pâte avec du sucre et de la crème, même du fromage blanc à la crème, pour l'épaissir davantage. Cela donne une pâte rose d'une couleur qui n'est pas des plus jolies, mais la saveur en est délicieuse.

Il est prudent de boire ensuite un petit verre d'un spiritueux sec, tel que le rhum, pour aider à la digestion.

La **framboise** peut entrer *en combinaison* avec les groseilles, mûres, myrtilles, cerises, etc., dans toutes leurs préparations. Elles ne peuvent que gagner par l'adjonction de ce fruit, qui leur communique un agréable bouquet.

Voyez encore le mot *framboise à l'article fruits.*

Groseilles perlées. Il faut choisir de belles grappes et de beaux fruits d'une maturité uniforme.

On laisse les grappes entières, on les lave à grande eau fraîche, puis on les égoutte (dans un panier à salade, si l'on veut ou sur un tamis).

Lorsqu'elles sont bien propres, on les humecte légèrement avec du blanc d'œuf frais battu avec moitié eau, on les laisse un moment sur un tamis. Ensuite, on roule une grappe après l'autre dans du sucre cristallisé en grains, ou dans du sucre pilé en semoule. On les range sur des papiers, et on laisse sécher à l'air, ce qui prend une demi-heure au plus.

Les groseilles perlées forment un très joli plat de dessert

Groseilles (**gelée de**). Sans contredit, c'est la confiture la plus importante du ménage. On fera bien d'en soigner l'approvisionnement en assez grande quantité, car c'est celle qui s'accorde le mieux avec tous les emplois de la pâtisserie, et c'est une des meilleures à servir telle.

Égrenez ou n'égrenez pas les groseilles, cela n'y fait rien, mêlez-y une dose de un quart environ de leur poids de framboises épluchées, et mettez ces fruits sur le feu, dans une bassine de cuivre, dont le fond soit garni d'un peu d'eau. Laissez les se crever et dégager leur jus, puis placez-les sur un tamis de crin sans les écraser, seulement pour égoutter. Remettez le suc sur le feu, dans la même bassine, avec poids égal de sucre, et cuisez en gelée (voyez coings). Il est convenu que l'on peut mélanger les groseilles rouges et blanches avec cerises ou framboises, ou traiter seules les rouges, et seules les blanches pour avoir la *gelée de groseilles blanches*.

La **confiture de Bar-le-Duc** se fait avec des grains entiers de groseilles rouges ou blanches, dont on sort les pépins, en pratiquant une petite ouverture invisible près de la tige. On les confit en leur donnant à peine quelques bouillons dans un sirop de sucre ; on les retire, on concentre le sirop, puis on le verse sur les fruits. C'est un procédé analogue à celui des *fraises entières*.

Myrtille ou **airelle**. On en fait une assez bonne confiture en la cuisant avec son poids de sucre. Cette marmelade est très vantée contre la diarrhée, c'est même un remède populaire en Alsace. Nous parlons de la myrtille noire.

L'airelle rouge, cuite en marmelade avec sucre et vinaigre, se sert en Allemagne comme hors-d'œuvre pour accompagner le bouilli. Cette marmelade a un goût mêlé de sucre, d'acide et d'amertume qui ne saurait plaire à tout le monde.

Oranges. Compote crue. Salade d'oranges. Épluchez cinq belles oranges en enlevant tout ce qui n'est pas chair, divisez-les en quartiers. Versez dessus un verre de kirsch ou de marasquin, que vous pouvez d'ailleurs remplacer par un bon rhum ou cognac, puis un sirop de sucre froid, et dressez sur un compotier.

J'en ai préparé une meilleure que celle-ci et qui sera fortement prisée des gourmets.

Les oranges étant coupées en tranches minces, j'en ai sorti les pépins seulement et j'ai rangé les tranches dans un saladier en les saupoudrant fortement de sucre. J'ai laissé ce sucre se dissoudre tout seul, puis au moment de servir, j'ai arrosé mes oranges avec le contenu d'une bouteille de bon champagne mousseux. Il est vrai que j'ai nommé la chose *salade d'oranges* et non compote.

Une autre fois, n'ayant pas de champagne à ma disposition, je l'ai remplacé par un bon verre de rhum et l'on en a été tout aussi satisfait.

Il faut remarquer que les pépins d'oranges donnent une saveur amère qui n'a rien d'agréable ; aussi fera-t-on bien de les retirer chaque fois que l'on voudra faire une préparation de ce fruit. Il en est de même des pépins de citron.

Gelée d'oranges. Faites la *gelée de pommes* en ajoutant au jus de pommes une égale quantité de jus d'oranges, et réduisant de moitié par la cuisson avant d'y mettre le sucre. Ornez la gelée en y cuisant quelques morceaux de zeste, ce qui en augmente le parfum.

Oranges (compote cuite). Épluchez les oranges en enlevant avec soin toute la peau blanche, et divisez-les en quartiers. Faites un sirop de sucre dans les proportions du sirop simple, soit de 800 grammes de sucre pour 500 d'eau et cuisez-le. Versez-le chaud, mais non bouillant, sur les quartiers, déjà dressés sur un compotier.

Avant de verser le sirop sur les quartiers, il est bon d'y ajouter un verre de marasquin ou de kirsch. Il serait aussi bon de sortir les pépins sans endommager les quartiers, mais c'est une opération délicate.

Confiture d'écorces d'oranges, de citrons, cédrats et autres fruits de même famille.

Zestez les fruits, en ne laissant aucune partie blanche collée au zeste; mettez les zestes à l'eau bouillante pour les ramollir, et jetez-les brusquement dans l'eau froide ; laissez-les égoutter.

Faites un sirop simple dans les proportions ordinaires, mettez-y les zestes pour leur donner quelques bouillons, mais ne prenez que la quantité de sirop strictement nécessaire pour baigner les zestes. Laissez refroidir dans le sirop. Le lendemain, remettez à l'ébullition, sortez les zestes avec l'écumoire et faites-les sécher au four à douce chaleur.

La **confiture d'angélique** se fait de même, avec les tiges de la plante encore herbacée.

On se sert de ces préparations pour orner des plats de dessert, gâteaux, aspics de fruits, ou crèmes, et des pâtisseries.

On pourrait confire ainsi beaucoup de petits fruits, cerises, épine-vinette, etc., pour le même usage, et même des gros fruits tels que les poires de rousselette, les prunes de reines-Claude et de mirabelle, les jeunes cerneaux avant que le bois de la coquille ne soit formé, et généralement tous les fruits que l'on trouve dans le commerce, à l'état de confits. On pique ces fruits avec une épingle d'argent afin que le sirop les pénètre mieux.

Poires (compote de). Faire blanchir les poires à l'eau bouillante, les jeter dès qu'elles viennent surnager, dans l'eau froide, les peler et les jeter dans une eau froide légèrement alunée. Laissez-les entières, ou coupez-les en quartiers, selon leur grosseur.

Faites un sirop à parties égales d'eau et de sucre, et écumez-le. Lorsqu'il est écumé et bouillant, mettez-y les poires, et cuisez-les, en y ajoutant le suc d'un citron pour qu'elles conservent leur blancheur. Réduisez un peu le sirop et servez chaud ou froid.

Confiture de poires. On peut employer à cet effet toutes les sortes de poires, et les plus fondantes de préférence, mais il ne faut pas mêler les sortes, car les unes restent blanches, et les autres rougissent à la cuisson.

Pelez les poires, coupez-les en quartiers, sortez les trognons si vous voulez, ce sera mieux. Mettez les quartiers dans une terrine, et mélangez-les avec du sucre cristallisé en grains, à raison de 800 grammes par kilogramme de fruits. Laissez-leur tirer leur jus pendant la nuit, ce qui fera fondre le sucre.

Mettez le tout dans la bassine, et faites cuire à petit feu, jusqu'à ce que les poires soient bien transparentes. Ajoutez le suc d'un citron pour chaque kilo de fruits, et un peu de vanille, si vous voulez, dans la cuisson, pour relever le goût un peu fade de cette confiture. Comme épices, elle supporte fort bien un peu de girofles et même de muscade.

Pommes (gelée de, pâte de). Opérez comme pour le coing. On peut d'ailleurs mélanger ces deux fruits ou leurs sucs.

Compote de pommes. La Calville est la meilleure. Pelez et coupez les pommes en deux, sortez les trognons, et jetez les quartiers dans l'eau alunée. Égouttez-les et mettez-les dans le sirop simple bouillant. Lorsqu'ils sont devenus tendres, sans être mous, dressez-les et versez le sirop dessus.

Compote portugaise. On la fait de même, on l'orne de fruits confits, puis on la recouvre à froid d'une mince nappe de gelée de pommes préalablement coulée dans une forme.

Compote aux meringues. Pelez vos pommes entières ;
avec un emporte-pièce, sortez les cœurs. Rangez les fruits
sur un plat beurré, avec un morceau de beurre manié de
sucre dans le trou de chaque pomme. Lorsqu'elles seront
cuites au four, garnissez l'intérieur de marmelade d'abricots. Battez des blancs d'œufs en neige avec du sucre pilé
tamisé et vanillé, faites-en des meringues, et posez-en une
sur chaque pomme, au moment de servir.

Compote meringuée. Faites une compote de pommes
avec sucre, cannelle, vanille ; laissez-la réduire à consistance
et passez-la. Ajoutez-y quelques raisins de Corinthe, et
dressez-la en pyramide sur un plat.

Battez en neige très ferme quatre blancs d'œufs avec
quatre bonnes cuillerées de sucre un peu vanillé, posez cette
neige sur la compote, égalisez la surface, saupoudrez d'une
épaisse couche de sucre et faites dorer au four.

Prunes au vinaigre. Vous étant assuré que les prunes
ne sont pas véreuses ni tachées, essuyez-les et piquez-les
de trous avec une épingle d'argent.

Pour 2 kilos de prunes ainsi traitées et posées dans un
plat profond, mesurez trois quarts de litre de vinaigre blanc
et cuisez-le avec 1 kilogramme de sucre raffiné, et un peu
d'eau, quelques clous de girofles entiers et morceaux de
cannelle. Versez ce sirop bouillant sur les prunes. Au bout
de deux jours, décantez le sirop et recuisez-le, pour le reverser sur les fruits. Enfin deux jours après, remettez le
sirop sur le feu, mettez-y les prunes pour les y cuire, puis
concentrez le sirop pour le verser une dernière fois sur les
fruits, dans un bocal.

Pâte de prunes. Voyez *coings*.

Compote de prunes. Pour un cent de prunes, mettez un
verre d'eau et 150 grammes de sucre cassé. Faites cuire jusqu'à ce que les fruits soient ramollis, et servez chaud ou froid.

Les **reines-Claude, etc., mirabelles en compote** se traitent de même.

En **confiture**, les **reines-Claude** et **mirabelles,** ainsi que les autres prunes se traitent ainsi : sortez les noyaux, employez 2 kilo 250 grammes de sucre pour 3 kilos de fruits, et travaillez comme la marmelade ou confiture d'abricots.

Les **pêches** se traitent aussi de cette façon, mais il faut autant de sucre que de fruit, car le fruit lui-même en contient fort peu.

Raisiné de Bourgogne. Prenez du moût de raisin non fermenté, au pressoir, et faites-le réduire par la cuisson jusqu'à consistance sirupeuse, soit jusqu'à ce qu'il marque 31 degrés au pèse-sirop. Lorsqu'il sera réduit à moitié de son volume primitif, jetez-y des poires à cuire pelées, vidées, et coupées par quartiers ; continuez la cuisson jusqu'à concentration voulue.

On peut se rendre compte du *dégré de cuisson*, sans le pèse-sirop. Il suffit de tremper l'écumoire dans le sirop, ou la confiture liquide et bouillante, pour l'en mouiller sur toute sa surface ; la retourner deux ou trois fois lestement au-dessus de la bassine ; puis reverser le sirop. S'il est à bonne cuite, il tombera en forme de nappe, au lieu de couler en filets.

Les tiges de rhubarbe, pelées et coupées en tronçons, puis cuites dans un sirop au petit boulé, donnent une espèce de confiture dont le goût se place entre la pomme et l'abricot. Elle est très bonne pour garnir des tartes. Lorsqu'on l'emploie fraîche, il faut moins de sucre, il suffit d'en faire une compote, ou même de la placer sur la pâte avec sucre pilé tout autour.

On peut faire aussi des **confitures** de **fleurs d'oranger,** de **pétales de roses,** de **violettes,** en traitant ces fleurs comme il est dit aux grosses fraises de jardin, ou comme les groseilles en grains entiers, on peut aussi candir ces fleurs en les saupoudrant de sucre et faisant sécher à l'étuve à une température de 40 degrés au.plus, afin de ne pas leur faire perdre leur parfum.

Confiture de tomates. Elle a une grande analogie avec celle de l'églantier ou cynorrhoddon.

Après avoir choisi et essuyé de belles tomates bien mûres, faites-les blanchir à l'eau bouillante, pressez-les et égouttez-les dans une serviette sans presser.

Cuisez la pulpe ainsi obtenue, avec son poids de beau sucre, et ajoutez un parfum tel que la vanille, la citronnade ou l'orangeade.

Conserves. Légumes, fruits, viandes, etc., conservés pour être utilisés dans les saisons où l'on ne pourrait se les procurer, ou pour les pays qui ne les produisent pas. C'est une admirable ressource, dans bien des cas, pour les ménages qui habitent la campagne, loin des magasins où l'on s'approvisionne. Cette découverte toute moderne de l'art de conserver les substances alimentaires, est devenue le point de départ d'une immense industrie pour l'exportation, et fait vivre des milliers d'ouvriers.

Le mode de conservation le plus anciennement connu est le *procédé Appert.* Il consiste tout simplement à mettre la matière à conserver dans des bouteilles, bocaux, boîtes, à fermer ces récipients hermétiquement, puis à cuire le tout dans une chaudière avec de l'eau qui baigne les vases en entier. Ces vases sont plongés d'abord dans la chaudière garnie d'eau froide. Quelques bottes de paille empêchent les bocaux de toucher la chaudière afin qu'ils n'éclatent point. Puis on chauffe graduellement l'eau jusqu'à l'ébullition et on l'y laisse jusqu'à ce que l'intérieur des bocaux ait atteint près de 100 degrés centigrades. Alors on retire le feu, et on ne sort les conserves de la chaudière qu'après refroidissement. Tous les ferments sont tués, et la conserve est à point.

Il est évident que, s'il s'agit d'un liquide, les bouteilles devront conserver un certain vide pour que la dilatation du liquide et la tension de l'air chauffé dans la bouteille ne fassent pas sauter cette dernière.

Les bouchons, pour la même cause, devront être solidement ficelés.

Une amélioration considérable a été portée à ce procédé par l'invention de *l'armoire à vapeur*. Avec cette dernière, on peut cuire des centaines de flacons à la fois. La vapeur, lâchée à jet continu dans l'armoire, y entre de partout par des tuyaux placés dans les angles de l'armoire, et percés d'un grand nombre de petits trous. L'on est beaucoup plus maître de la conduire que lorsqu'il s'agit d'eau directement chauffée; un robinet plus ou moins ouvert, et tout est réglé; de plus, elle est munie de ses thermomètres qui indiquent constamment où en est l'opération. Le seul inconvénient de l'armoire à vapeur, c'est la nécessité d'avoir une chaudière générateur, ce qui n'est pas de mise dans un ménage.

Autre nouveau procédé *au soufre*. Les substances à conserver sont d'abord cuites; puis, avant de les enfermer dans leurs bocaux, on y brûle un petit morceau de mèche soufrée. De même on passe à la vapeur de soufre brûlé, les vessies humides, bouchons et autres articles qui serviront à enfermer la conserve. On traite surtout ainsi des fruits en compotes ou au sel et des tomates.

Certaines préparations se conservent *à la graisse*. Ainsi, la pulpe concentrée de tomates ou de feuilles d'oseille, placée dans des bocaux après cuisson, et encore très chaude, aurait des tendances à moisir. Pour l'empêcher, on recouvre ces conserves d'une petite couche de graisse fondue, ce qui les met à l'abri de l'air. Il est évident que les préparations ainsi traitées doivent être consommées dans un temps relativement court, et que la graisse ne dispense pas d'un autre bouchage.

De même, si l'on verse une couche d'huile à la surface du vin, dans un fût en vidange, on arrête le développement des fleurs, et le vin se garde mieux. Il faut cependant noter que les aromates et les bouquets sont solubles dans l'huile, et que cette dernière les prend facilement aux produits qu'elle recouvre. Ils perdent donc de leur qualité.

Les confitures, les sirops, les fruits confits, les pickles, cornichons, olives au sel, choucroûte, sont des conserves aussi.

On traite aujourd'hui presque tout en conserve. Outre les fruits et légumes, on fabrique des terrines de foies gras, de gibier, de volaille qui se gardent parfaitement d'une année à l'autre et même plusieurs années.

Consommé. Bouillon concentré.

Coq de bruyère. Se traite comme le faisan.

Coquillages. Les coquillages que l'on emploie pour la nourriture de l'homme sont assez nombreux.

L'**huître** se mange principalement crue, bien que parfois, on la fasse cuire au court-bouillon pour orner quelque plat de poissons. On la sert avec un citron.

La **moule**, sa voisine, se mange cuite. Voyez *moule*.

Si l'*huître* ne doit être consommée que dans les mois où il y a un R, c'est parce qu'elle est en train de frayer pendant les autres mois de mai, juin, juillet, août. Il n'y a donc que quatre mois pendant lesquels il est prudent de s'en abstenir, et ce sont précisément les mois les plus chauds, pendant lesquels elle garderait difficilement sa fraîcheur en voyageant. De même, il est prudent de s'abstenir des *moules* durant ces mêmes mois, et pour la même cause. Les moules sont même plus dangereuses que les huîtres. Si vous en êtes incommodé, prenez un fort verre de rhum ou autre spiritueux corsé. C'est un remède certain.

Escargot. Il y a des personnes qui en raffolent. Moi, je n'en suis pas du tout toqué, il ne me dit rien. C'est un mets gras et indigeste.

Lorsque vos escargots sont sortis, qu'ils circulent déjà, et que vous voulez les nettoyer des sucs qu'ils renferment, parquez-les dans une grande barrique ou une caisse d'où ils ne puissent s'échapper, mais laissant cependant renouveler l'air par quelques petits trous. Vous les y nourrirez avec du son pendant une bonne quinzaine de jours, et vous les trouverez parfaitement propres et dépouillés de leur dégoûtante viscosité. Voyez *escargot* à la lettre E.

Les amateurs en mangent toute l'année.

Crabe, Crevette, Écrevisse, Homard, Langouste. Tous ces crustacés sont de la même famille au point de vue culinaire. Vous les connaissez aussi bien que moi, je suppose. Je me bornerai donc à vous dire qu'on les cuit au court-bouillon. Voyez *poissons*.

Cornichons. Pour les confire, voyez *pikles*.

Pour les cultiver, semez la variété dite concombre à cornichons, sous chassis et sur couches dès le commencement de mai. Peu après, on repique le plan en pépinière, également sur couches et sous panneaux. Dès qu'il est repris, on peut donner un peu d'air. Vers la fin mai, ou le commencement juin, on le relève en motte et on le met en place en pleine terre à la distance de 60 cm. l'un de l'autre. On couvre de cloches pendant les premiers jours, et on abrite des rayons trop vifs du soleil. Forte fumure et bons arrosages s. v. p.

On peut aussi semer le cornichon directement en pleine terre en le couvrant de cloches de verre et en l'empêchant d'être brûlé par les rayons du soleil. On récoltera un peu plus tard.

Il est bon de ramer les cornichons pour éviter le contact de la terre humide.

Tout ce que nous disons du *cornichon* peut s'appliquer au *concombre*, à cela près qu'il est un peu moins rustique que le cornichon. Il exige donc un peu plus de soins.

Couleurs. Voyez *colorants*.

Coulis. Jus qui tombe d'un rôti dans la *lèche frite*.

Court-bouillon. Voyez *poissons*.

Cuisine. Pour avoir un bon foyer de cuisine, voir l'annonce de la maison Delaroche aîné, à la fin du volume.

La cuisine est à la cuisinière ce que le laboratoire est au chimiste ; mais si la propreté est nécessaire au laboratoire, elle est de rigueur à la cuisine. Tous les ustensiles, luisant de l'aspect du neuf, doivent se trouver à leurs places d'ordonnance dès qu'ils ne sont plus en mains. Que rien ne traîne si l'on ne veut perdre la plus grande partie de son temps en recherches infructueuses pour le moindre objet.

Cette explication doit être suffisante pour les casseroles, les cuivres, la ferblanterie, les balances et tout ce qui se voit de suite en entrant. Elle s'applique aussi aux menus objets qui se placent dans les tiroirs et cela d'autant plus qu'ils sont plus petits et cachés.

Le linge de cuisine doit être disposé selon son usage, et toujours en double. Le plus sale des deux objets étant destiné au nettoyage de l'extérieur, et le plus propre à l'intérieur des objets, à la partie qui touche ce que l'on mangera. On le renouvelle le plus souvent possible.

Une cuisinière vraiment propre, ne touche rien de son service sans se laver et rincer proprement les mains. Elle ne doit jamais les avoir humides de transpiration pendant le travail. Elle doit veiller avant toute autre chose à ce que tout chez elle soit tellement propre et joli, que les maîtres trouvent un plaisir à faire voir la cuisine à leurs amis et invités, ce que l'on n'oserait si la moindre partie laissait à désirer.

Pour mettre ces conseils en usage, voyez l'article *nettoyage* qui vous donnera la meilleure manière de tenir chaque objet propre. Avec l'habitude prise, ce sera un jeu pour la cuisinière, et pour les maîtres un plaisir.

Crème. Partie grasse du *lait* naturel et non cuit, et qui vient surnager par le repos. Lorsqu'on l'a retirée, le lait est *écrémé.*

On peut battre la *crème en neige* avec du sucre pilé et des arômes choisis. Lorsque la neige ne se forme pas, on y remédie en ajoutant du blanc d'œuf ou même un peu de gomme adragante pulvérisée.

En ajoutant un peu de crème aux potages maigres, aux sauces blanches etc., on les améliore sensiblement en leur communiquant une grande finesse de goût.

Crème aux amandes, aux pistaches. Échaudez et pelez, puis pilez bien fin 100 grammes d'amandes douces avec 15 grammes d'amandes amères et du sucre. Incorporez-les à une crème à la gélatine ou à la vanille. Vous pourrez ajouter un peu de vanille ou d'eau de fleurs d'oranger ou de kirsch. On peut remplacer les amandes par des pistaches.

Au café. Faites une infusion de café très concentrée, un vrai extrait, sans le faire bouillir, pour qu'il garde tout son arôme. Incorporez-le dans une crème à la gélatine, mais en supprimant la vanille, et travaillez de même.

Au caramel. Caramélisez 3 cuillerées de sucre avec un peu d'eau, ajoutez un litre de lait, 120 grammes de sucre, une gousse de vanille en petits morceaux.

Battez quatre œufs entiers et un jaune, ajoutez-y une cuillerée de fécule ou de crème de riz. Lorsque le lait bout, on le verse par petites doses sur les œufs en battant fortement, on laisse reposer un moment, enfin on passe au tamis.

On peut aussi caraméliser la surface comme la crème à la vanille.

Au chocolat.

170 grammes de chocolat.

1,50 litre de lait.

60 grammes de sucre caramélisé.

On verse le lait sur le sucre qu'on vient de caraméliser, on chauffe. Lorsqu'il est bouillant, on ajoute le chocolat râpé et on laisse cuire jusqu'à solution.

Après refroidissement suffisant, on ajoute six jaunes d'œufs qu'on mélange bien à la masse. On chauffe de nouveau, mais sans bouillir, afin que la crème ne tourne pas.

Pour l'aromatiser, on peut ajouter un peu de vanille ou de vanilline, ou même un peu de cannelle en poudre. Cette dernière n'est pas du goût de tout le monde.

Aux fruits. Battez en neige cinq blancs d'œufs avec quatre cuillerées de sucre en poudre, incorporez-y trois cuillerées de compote de framboises, battez-le fort et assez longtemps pour que le mélange soit homogène. Bâtissez cette crème sur un plat.

On peut remplacer la compote de framboises par toute autre compote ou confiture qui se prête à ce mélange et surtout par la gelée de groseilles, de pommes, de coings et varier ainsi, presque à l'infini, la saveur de cette crème. On peut aussi y ajouter de la crème douce bien épaisse avec les œufs, ce qui ne peut qu'en améliorer la finesse.

Autre. Battez de bonne crème douce avec du sucre et incorporez-y vos fruits écrasés en bouillie, mais sans les cuire. Il faut beaucoup de sucre.

On peut employer ainsi les fraises, framboises, pêches et surtout les fruits à forte saveur.

Pour les groseilles, abricots et certains autres, il vaudra mieux employer la gelée ou la compote du fruit que le fruit frais. C'est une affaire de goût pour chaque cas particulier.

Lorsqu'on le peut, on dresse sa crème avec soin, et on l'orne de quelques fruits choisis parmi ceux qui entrent dans sa composition.

Crème fouettée au *kirsch, cognac, rhum.*

1 litre de crème douce.

40 grammes de gomme pulvérisée bien propre.

150   »   de sucre en poudre.

2 petits verres de kirsch, ou autre spiritueux.

Fouettez le tout bien activement et enlevez la mousse à mesure qu'elle se forme. Dressez en pyramide et servez avec un biscuit.

A la gélatine. 15 grammes de gélatine dissoute dans un peu d'eau, trois quarts litre de lait bouilli avec sucre et vanille, sept jaunes d'œufs bien battus.

Versez le lait tiède sur les œufs et chauffez pour épaissir ; ajoutez alors la gélatine et un quart de litre de bonne crème douce battue en neige. Mélangez et versez dans un moule pour refroidir.

Faites ensuite une crème ordinaire avec un litre de lait, six jaunes d'œufs, sucre et vanille.

Au moment de servir, démoulez et versez la seconde crème à l'entour.

Crème mousseline au chocolat. Deux raies de chocolat à la vanille fondu dans le moins d'eau possible ;

5 blancs d'œufs battus en neige avec un peu de sucre en poudre.

Un demi-bol de crème douce.

Battez les blancs et la crème, incorporez le chocolat et continuez à battre le mélange jusqu'en neige épaisse. Dressez sur un plat.

On peut l'orner de petits biscuits ou macarons.

Crème à la vanille. Dans un litre de lait ajoutez une cuillerée et demie de fécule, quatre œufs entiers, 150 grammes de sucre fin et deux bâtons de vanille bien divisés ou une quantité proportionnée de vanilline.

Quand ces matières sont délayées d'une façon homogène, chauffez doucement jusqu'à ce que la crème ait épaissi convenablement, laissez-la refroidir. Ensuite saupoudrez-la d'une épaisse couche de sucre en poudre sur laquelle vous passerez un fer chauffé au rouge pour caraméliser la surface.

Un nègre en chemise. 125 grammes de chocolat rapé ; autant d'amandes pilées ; autant de sucre. Travaillez 125 grammes de beurre à le rendre coulant ; prenez sept jaunes d'œufs que vous travaillerez avec les autres ingrédients ci-dessus. Battez les blancs en neige avec sucre et vanille, posez-les sur la crème au chocolat et cuisez au bain-marie.

Saupoudrez de sucre avant de servir.

Vous pouvez aussi le recouvrir de crème fouettée sucrée, que vous ajouterez après le refroidissement de la crème au chocolat.

Crème garnie. Mélangez bien 500 grammes de sucre avec cinq œufs entiers et trois jaunes en plus, du lait et une petite dose de vanilline. Placez dessus de minces tartines de beurre sucré, le beurre en haut, et mettez au four de suite.

Crème au suprême praliné. Pilez fin 250 grammes de pralines roses, et ajoutez-y six cuillerées de sucre en poudre pour faciliter la pulvérisation. Mêlez cette poudre avec six blancs d'œufs en neige très ferme. Versez cela dans un moule bien garni de caramel et cuisez deux heures au bain-marie.

Renversez sur un plat et servez avec une crème à la vanille versée à l'entour.

Crème sans lait. Prenez 200 grammes de sucre en morceaux que vous frotterez sur l'écorce d'un citron jusqu'à user le zeste. Dissolvez-le dans un litre et quart d'eau tiède, versez-y le jus du citron et deux grandes cuillerées de rhum. Cassez six œufs, travaillez-les bien pendant un quart d'heure et versez-y peu à peu l'eau sucrée en remuant sans cesse. Mettez cette composition dans le plat où elle sera servie et faites-la cuire au bain marie. Elle doit avoir la consistance tremblottante d'une crème sucrée.

Crêpes. Voyez *omelettes, farinages.*

Croûtes. Voyez *pâte, pâtisserie.*

Croûtons. On coupe des morceaux de pain de la veille, en dès ou en carrés, losanges, ronds, ovales, petits ou grands, selon l'usage auquel on les destine. On les fait frire au beurre ou à l'huile. On les égoutte.

Les croûtons sont destinés à garnir un légume d'épinards, chicorée ou autre, un ragoût, un rôti. Quelquefois, on s'en sert pour les couvrir d'une farce ou même d'une marmelade de fruits.

Lorsqu'on ne peut ou ne veut se donner la peine de les frire, et qu'ils doivent avoir une certaine surface, on les remplace parfois par des tranches de pain grillées.

Cuirs. Voyez *cirage imperméable, vaseline.*

Cuivres. Voyez *nettoyage des métaux.*

D

Daim. Se traite comme le *chevreuil*. Il est moins estimé.

Décanter. Soutirer avec soin la partie claire d'un liquide pour la séparer de la lie.

Décoction. Traiter une substance par un liquide que l'on fait bouillir et qui se charge des principes de cette substance. On emploie ordinairement l'eau.

On nomme aussi *décoction* le liquide chargé, produit de l'opération. Son vrai nom est *décocté*.

Découpage. Le soin de servir et découper appartient, dans les grandes maisons au maître d'hôtel ou premier sommelier. Dans les maisons plus bourgeoises, c'est le maître ou la maîtresse de la maison qui se charge de découper, et ce n'est pas une mince besogne dans un dîner sérieux.

Viandes en carrés, rôtis sans os, bœuf. Très faciles avec un bon couteau tranchant. On les coupe en travers des fibres de la viande, en laissant les tranches juste assez épaisses pour qu'elles ne se désunissent pas. On doit veiller aussi à ce que chaque tranche ait sa part de gras et de maigre.

Viandes avec os. On sépare les os aussi nettement que possible, puis on fait les tranches comme ci-dessus, en tâchant toujours qu'elles soient également composées.

Les **gigots et jambons**. On tient le bout de l'os, au moyen d'un manche spécial, dans la main gauche, et le couteau bien aiguisé dans la main droite, puis on taille des tranches aussi minces qu'il est possible, du côté où la viande est plus épaisse. Les parties de derrière ne sont pas aussi fines et ne doivent pas être servies si c'est possible.

Le jambon se coupe encore plus mince que le gigot. Les tranches sont d'autant plus tendres qu'elles sont plus minces.

Les **volailles,** *chapon, poulet, dinde* ou *canard* se servent dressées sur le ventre. On enlève d'abord la cuisse gauche, ce qui s'obtient en la tenant avec la fourchette, pendant que le couteau enlève la jointure. L'aile gauche s'enlève de la même façon en la soulevant ensuite avec la fourchette pour arracher le blanc qui doit y adhérer. On retourne la bête et l'on opère de même de l'autre côté, puis on coupe ces membres en plusieurs morceaux s'il s'agit d'une forte pièce. Ensuite on coupe le croupion et la carcasse qui ne doit pas être servie dans un repas de cérémonie.

L'oie se découpe autrement. On la pose sur le dos, puis on enlève des filets ou tranches sur la poitrine, autant qu'on en peut faire depuis le cou jusqu'à l'extrémité opposée.

Ce sont les plus fins morceaux. Ensuite on découpe les cuisses et les ailes comme aux volailles.

Les **pigeons, perdrix, bécassines, cailles** et autres oiseaux de même taille se coupent en deux dans toute la longueur, puis si l'on veut, encore chaque morceau en travers pour en faire quatre portions.

Les **bécasses** se traitent comme les volailles.

Le **lièvre** et le **lapin** rôtis se divisent ainsi : On commence par le rable, morceau le plus estimé, qui va de l'échine aux cuisses ; on le coupe en tronçons égaux. Ensuite on découpe les cuisses et le reste. Le mieux est de reporter la pièce à la cuisine où cela se fait beaucoup mieux au moyen d'un couperet et d'un marteau, sur une planche à hacher.

Les **poissons** se servent avec une truelle et jamais avec un couteau. D'ailleurs il leur faut déjà une certaine taille pour mériter la truelle, les petits étant simplement servis à l'aide d'une cuillère.

Le **brochet**. Avec la truelle, coupez la tête, taillez une ligne de la tête à la queue en suivant l'épine dorsale, divisez ce côté en tranches coupées en travers et levez-les sans enlever l'arête. Tournez la pièce et traitez de même l'autre côté.

La **truite**, la **carpe** et *autres poissons de formes semblables* se traitent de la même façon.

La **sole** et ses congénères se servent à la cuillère.

Le **turbot** se sert le ventre en haut. On le divise à la truelle, en traçant une ligne dans la longueur et une autre dans la largeur, jusqu'à l'arête. Puis en partant du centre, on coupe la chair en triangles jusqu'aux barbes, et on les enlève. La pièce retournée, on opère de même de l'autre côté.

Dégorger. Débarrasser une viande du sang qui la souille. Pour cela, on la trempe dans l'eau tiède (pas chaude), que l'on renouvelle selon le besoin. L'eau froide peut également servir, mais elle dissout moins bien le sang.

Dégoût. Jus qui tombe d'une viande qu'elle rôtit. C'est la même chose que le *coulis*.

Désinfection. Il arrive parfois qu'une *viande*, une *volaille* que l'on a gardée trop longtemps, prenne un goût désagréable sans être corrompue encore. Si elle est corrompue, je ne vous conseille pas d'en faire usage, il vaut mieux l'enterrer au jardin au pied d'un arbre où cela servira encore d'engrais.

Si la pièce n'a qu'une odeur peu prononcée, vous pourrez l'utiliser en la mettant baigner dans de l'eau fraîche avec quelques morceaux de charbon de bois que vous essuierez bien auparavant.

Pour la cuire, introduisez dans la carcasse ou dans le morceau de viande quelques charbons bien brossés, qui absorberont le reste de l'odeur.

Pour **désinfecter les fosses d'aisance** ou de *purin*, *les égoûts*, etc., on y verse une dissolution de sulfates métalliques parmi lesquels les sulfates de fer et de zinc. Ils agissent par leur propriété de décomposer le sulfhydrate d'ammoniaque des matières fécales et de former avec lui des sulfures insolubles à base de fer ou de zinc, qui n'ont aucune odeur.

Pour **désinfecter les appartéments** il ne sert à rien d'y brûler du sucre qui ne fait que masquer l'odeur. Il vaut mieux se servir d'eau phéniquée au moyen d'un pulvérisateur, ou d'un autre agent antiseptique selon le cas. Tels sont le chlore, l'acide thymique. Ce dernier a le grand avantage de ne pas être dangereux et de ne pas répandre d'odeur désagréable. On l'emploie comme l'acide phénique, en dissolution dans l'eau.

Dissolvez dix grammes dans dix d'acool, complétez 1000 grammes avec l'eau distillée ou de l'eau ordinaire.

Désosser. Sortir d'une viande ses os; d'un poisson, ses arêtes.

Dessert. Dernier service d'un repas. Il se compose de fruits crus ou cuits, pâtisseries, fromages. C'est le moment de servir le champagne et de porter les toasts; pour les hommes politiques, c'est l'heure des discours.

Il paraît que c'est un mal périodique nécessaire dans les pays civilisés. Tant pis ! Enfin, buvez à la santé de qui vous voudrez, mais soyez gais, c'est de rigueur au dessert, tout en restant gens de bonne compagnie, d'ailleurs.

Digestifs. Digestion. Après le repas, se fait la digestion, c'est-à-dire la conversion des aliments en parties solubles et assimilables au corps humain. C'est le suc gastrique qui se charge de dissoudre les aliments et de leur permettre ainsi de passer dans la circulation générale où ils se changent en chair, muscles, os, cheveux, etc. Le reste, partie insoluble ou non assimilable, est rejeté à l'état d'excréments ou d'urine.

C'est bien la plus belle et la plus compliquée de toutes les opérations chimiques, et le moindre animal fait cette superbe opération sans en avoir conscience. Nous qui nous donnons à nous-mêmes le monopole de la raison, savons-nous bien comment tout cela se passe ? Lorsqu'un chimiste arrivera à changer dans un saladier ou dans ses cornues un dîner complet en sang frais et résidus que vous savez, alors, mais alors seulement, on connaîtra tout le secret de l'assimilation des aliments.

En attendant, nous savons que l'on aide à la digestion de différentes manières.

Lorsqu'il y a aigreurs d'estomac, elles sont causées par un acide que l'on combat au moyen d'une pincée de bicarbonate de soude, dans la première cuillerée de potage.

Les paresses d'estomac sont combattues par la pepsine ; voyez dans l'article *pharmacie*, vin de pepsine, de présure.

Lorsqu'il y a mauvaise digestion accidentelle, on prend un verre de bonne liqueur, de spiritueux, et si le cas est grave on couche le malade et on lui sert du thé de camomille.

Après le repas, un exercice léger est bon, mais il ne faut pas de suite en prendre trop. Il est encore plus mauvais de se laisser habituer au sommeil au sortir de table, cela alourdit le sang. Le mieux est de prendre une tasse de bon café noir bien chaud, avec un fin cognac, et de faire ensuite une courte promenade.

Dinde. On peut préparer la dinde comme l'oie rôtie, en la garnissant d'une farce aux marrons, aux oignons, aux champignons, ou autre combinaison. On peut aussi la laisser nue ou la piquer de lardons. Enfin, elle remplace, sauf sa taille, les poulets dans toutes leurs sauces, et ne leur est inférieure en rien. Vous l'apprêterez donc comme s'il s'agissait d'une grosse *volaille*.

Dinde truffée. Il faut à peu près un kilogramme de truffes. Lavez-les lestement, après les avoir brossées pour en enlever la terre, pelez-les, et mettez les pelures de côté.

Retirez de la dinde le plus de graisse que vous pourrez, sans entamer la peau, en la prenant dans l'intérieur, pendant que vous la viderez. Dans une casserole, vous mettrez les truffes avec un morceau de beurre, la graisse pilée et quelques morceaux de lard hachés ; cuisez et laissez refroidir. Introduisez cela dans le corps de la dinde, en le poussant jusque dans le cou, bridez la dinde, cousez-la, et laissez-la tranquille pendant deux ou trois jours, selon la température, pour que le parfum la pénètre bien. Il est même des personnes qui introduisent des tranches minces de truffes entre la peau et la chair, pour parfumer toutes les parties extérieures.

La dinde truffée se met à la broche, entourée si l'on veut d'un papier beurré. On peut aussi la cuire dans une braisière ou au four, en l'accompagnant de quelques débris de veau et de lard, et la cuisant à petit feu.

On la sert alors avec un roux garni de truffes hachées. Les peaux de truffes hachées sont très bonnes pour parfumer une farce, ou la sauce qui accompagne la dinde.

Domestiques. Les domestiques, qui nous entourent journellement, qui sont de la famille par le fait sans en être membres, et qui peuvent la quitter d'un jour à l'autre, par un caprice d'eux ou de vous, sont des hommes libres. Ils sont vos égaux devant la loi, s'ils ne le sont pas par leur rang dans la société.

Leur contrat de louage vous permet d'user de leur travail, vous rend maître de l'emploi de leur temps, moyennant salaire. Il ne vous permet pas de les traiter en esclaves, mais en hommes libres comme vous et ayant droit à tous vos égards.

Lors même que ce ne serait pas un droit pour eux, je vous conseillerais de les traiter convenablement. Ces gens vous voient constamment, ils connaissent la plupart des actions de tous les membres de la famille. Votre intérêt est donc de vous les attacher, lorsque vous êtes satisfait de leurs services, et d'en changer le moins possible.

Par exemple, je ne comprends pas une dame qui mesure parcimonieusement la dose de nourriture à sa cuisinière, et lui met toutes les provisions sous clef. La façon des mets s'en ressentira certes. Mais je comprends encore moins la cuisinière qui se plaint d'être mal nourrie. J'admets qu'elle aurait le droit de prélever sa part avant les maîtres, si ceux-ci ne lui donnent pas de bon cœur la nourriture *à laquelle elle a droit*, comme partie intégrante de son salaire. Nourrissez donc vos domestiques, cela vaudra mieux que de les pousser à vous dérober ce qui leur revient de droit. Il est même utile de donner à la cuisinière un peu de tout ce qui est servi aux maîtres, afin qu'elle puisse juger par elle-même de la qualité de sa cuisine, et de la valeur des observations que vous pourriez lui faire à ce sujet. Si vous voulez avoir une bonne cuisinière, il faut lui inculquer des idées culinaires artistiques et le premier point est de lui faire goûter tout ce qu'elle confectionne, surtout les mets plus fins que vous tirez de spécialistes, lors des grandes occasions, afin qu'elle soit capable d'en discerner la qualité, et qu'elle essaie de les imiter chez vous.

Par contre, les domestiques doivent à leurs maîtres, outre leur travail régulier, de donner tous leurs soins les plus minutieux à la bonne tenue de la maison. Ils ne doivent pas raconter au dehors ce qu'ils voient dans l'intimité de la famille.

Les vertus d'un parfait domestique sont la sobriété, l'assiduité, l'exactitude, la bonne conduite, la politesse en tout, la discrétion, la propreté, la prévenance, etc., etc. Il y en a tant à lui demander, que l'on peut affirmer qu'un domestique parfait n'existe pas sur terre.

Tout ce qu'on peut souhaiter, c'est qu'il se rapproche un peu de ce type, qu'il ait un petit morceau de chacune de ces vertus, et que ses défauts (car nous en avons tous) ne soient ni exagérés, ni nuisibles surtout à son service Si vous en trouvez un qui ait quelques-unes de ces qualités, ne le laissez pas échapper.

Je ne veux pas dire par là que la classe des serviteurs ne se compose que de gens de mauvaise vie et ornés des plus grands défauts ; je dis simplement que là comme partout ailleurs où l'on a affaire à des hommes, les défauts sont plus nombreux que les qualités, et qu'il est bon d'être indulgent du côté des maîtres, lorsqu'on fait preuve de bonne volonté du côté des domestiques.

Ces gens n'ont pas reçu une éducation soignée comme la vôtre, ils ne fréquentent pas votre monde ; c'est donc à vous à les dresser, à les éduquer selon ce que vous avez à leur demander. Vous devez aussi leur donner l'exemple en tout sans oublier le proverbe : *Tel maître, tel domestique.*

Dorer. C'est peindre une pâtisserie avec du jaune d'œuf, du caramel, à l'aide d'un pinceau ou d'une barbe de plume. C'est aussi cuire une viande jusqu'à la belle nuance dorée. On peut y aider en la couvrant d'une légère couche de caramel.

Dorure. Voyez *nettoyage, vernis*.

Dresser le couvert, c'est garnir la table de son service.

E

Eaux. Voyez *pharmacie*.

Eaux-de-vie. Voyez aussi *trois-six*. Théoriquement, tout les spiritueux dont la force est entre 40 et 55 degrés, et qui ne sont pas sucrés sont des eaux-de-vie. Tels les

Cognacs, eaux-de-vie de vin, qui se divisent en classes diverses, selon le terroir, la provenance, la finesse ;

Kirsch, eau-de-vie distillée de la cerise fermentée ;

Rhum qui provient de la canne à sucre ;

Tafia qui s'extrait des mélasses de canne à sucre ;

Quetsch retiré de la prune bleue ordinaire.

Ajoutez à cela les eaux-de-vie de *sorbes*, de *framboises*, de *myrtilles*, de *mirabelles*, de *cidre*, et de tous les fruits sucrés.

Le *Genièvre* est une eau-de-vie de grains, avec laquelle on distille des baies de genièvre. Le *Kornschnaps* des Allemands est de l'eau-de-vie de seigle accompagnée le plus souvent du parfum de fenouil ou de cumin.

Le *Coumis* (*kumis*) est préparé en Russie par la fermentation et la distillation du lait de jument.

Le *Gin* des Anglais est une variété de *genièvre*.

L'*eau-de-vie de marc*, obtenue par la distillation des marcs de raisins dont on a extrait le vin par le pressoir, est un article de grande consommation en France et en général dans les pays vinicoles. Il est démontré aujourd'hui que c'est un des plus dangereux parmi les spiritueux, à cause des quantités d'alcools supérieurs que renferme cette eau-de-vie lorsqu'elle n'a pas été rectifiée. Or si on la rectifiait, elle perdrait ce goût de marc si recherché de ses amateurs.

L'*eau-de-vie de lie de vin* contient encore plus d'alcools nuisibles à la santé. C'est, n'en déplaise à ses partisans, la plus dangereuse, la plus empoisonnée de toutes. Par contre c'est la meilleure pour frictionner les foulures, les rhumatismes, les nerfs forcés, précisément parce qu'elle renferme des essences en dissolution.

Ce que nous disons des *eaux-de-vie de marc et de lie de vin* s'applique également aux *eaux-de-vie de marc et de lie de cidre*.

Si vous avez un jardin fruitier, ayez un tonneau dans un coin de remise, avec une bonde carrée assez grande pour y passer la main, et jetez-y jour par jour tous les fruits gâtés ou tombés, même les non mûrs, pour les faire distiller à la fin de la saison. Vous obtiendrez par ce moyen une *eau-de-vie de fruits* de très bonne qualité, et vous aurez tiré parti de fruits sans autre valeur que celle-ci.

J'en passe, et des meilleures, peut-être même des plus mauvaises, car il y aurait un dictionnaire spécial à faire sur ce seul mot *eau-de-vie*. Aucun produit ne donne lieu à tant d'études, car c'est sur celui-ci que se basent les gouvernements de presque tous les pays du monde, pour équilibrer leurs budgets. C'est la matière imposable la plus élastique, et l'on voit cette singulière chose : combattre d'une part l'usage de l'eau-de-vie, et d'autre part souhaiter qu'on en consomme afin de procurer à l'État les sommes dont il a besoin.

Le tabac seul partage cet honneur avec l'eau-de-vie. Il est vrai qu'ils ont toujours fait bon ménage.

Eaux minérales. Ici nous n'entrerons pas dans le domaine médical, nous resterons humblement à côté, en ne parlant que des eaux de table naturelles ou factices.

Parmi les naturelles les plus dignes d'être notées, il ne figure que des eaux gazeuses contenant principalement du bicarbonate de soude, le sel le plus actif pour faciliter la digestion. Le gaz carbonique y est très bien dissout, fixé, et ne s'échappe que par petites bulles, comme à regret, tandis qu'il se sauve à gros bouillons des eaux factices.

Notons donc les noms glorieux des établissement de :

Alet, Aude, bicarbonatée gazeuse ;
Condillac, Drôme, acidule gazeuse ;
Orezza, Corse, ferrugineuse ;
Saint-Denis-les-Blois, Loir-et-Cher, ferrugineuse ;
Saint-Gervais, Haute-Savoie, saline ;
Soulzbach, Alsace, ferrugineuse gazeuse ;
Soulzmatt, Alsace, alcaline gazeuse ;
Vic-le-Comte, Puy-de-Dôme, saline gazeuse ;
Vic-sur-Cère, Cantal, acidule gazeuse ;
Vichy, Allier, bicarbonatée gazeuse, diverses sources;
Vittel, Vosges, saline ;
Wattwiller, Alsace, saline ferrugineuse ;
Vals, Ardèche, gazeuse, diverses sources.

Cette liste est loin d'être complète; aussi n'avons-nous voulu que montrer les noms des sources les plus usuelles, les plus recommandables.

En Alsace, nous ne voulons connaître que Soulzmatt pour la table et Soulzbach lorsqu'il faut y joindre le ferrugineux réconfortant.

La chimie est venue au secours des sources gazeuses incapables de suffire à la consommation sans cesse grandissante. Après les *appareils industriels* qui vous fabriquent les siphons par milliers, avec l'aide d'un moteur au gaz ou à la vapeur, sont venus les *appareils de table*. Ainsi, nous avons l'appareil Briet qui produit le gaz carbonique par l'action de l'acide tartrique sur le bicarbonate de soude. L'eau gazeuse ne contient que le gaz, le tartrate de soude restant dans la petite boule de l'appareil.

Avec cet instrument, on vous vend des *paquets bleus* et des *paquets blancs*; les bleus sont de l'acide tartrique et les blancs, du bicarbonate de soude. La proportion exacte, calculée chimiquement est de 21 grammes de bicarbonate pour 18 grammes d'acide tartrique, dose que l'on divise en dix paquets égaux.

Après l'appareil Briet, sont venus une foule de systèmes plus perfectionnés les uns que les autres ; puis on a remplacé, par économie, l'acide tartrique passablement cher, par le bisulfate de soude.

Si vous voulez produire l'eau gazeuse dans une bouteille sans appareil autre, vous pourrez y arriver, avec le petit inconvénient d'y introduire un sel légèrement purgatif. L'acide tartrique seul troublerait le liquide puisque le tartrate est peu soluble. L'acide citrique seul a l'inconvénient de donner un goût amer en produisant du citrate de soude. En combinant les deux, le citrotartrate de soude est soluble et n'a pas le goût amer du citrate. Par contre, *il purge légèrement*. Il y a des personnes qui seront enchantées de recourir à ce moyen excellent et peu coûteux.

Nous remplirons donc une bouteille d'eau, et nous choisirons une bouteille à Champagne, résistant à la pression du gaz ; nous y ajouterons :

Acide tartrique 0,5 gramme.
Acide citrique 0,5 gramme.
Bicarbonate sodique 1,25 grammes.
pour faire de l'eau gazeuse.

Si nous préférons une bonne limonade gazeuse,
Acide tartrique 1 gramme.
Acide citrique 2 grammes.
Bicarbonate 1,25 grammes.
Zeste de citron un peu.
Sucre 50 à 60 grammes.

Nous nous hâterons de boucher la bouteille avec la machine aussitôt que le bicarbonate, conservé pour la fin, y sera jeté, et nous ficellerons le bouchon. Nous coucherons la bouteille dans un coin frais pendant une ou deux heures en la retournant deux ou trois fois en passant, et nous serons servis.

En remplaçant le zeste et l'eau de notre limonade par un bon vin ordinaire, nous ferons même un *vin mousseux* fort appétissant, ma foi, et dont nous pourrons être larges à bon compte. Ce mousseux, présenté par nous dans certaine occasion, a été fort bien reçu. Mais nous porterons la dose d'acide citrique à 1/2 gramme au lieu de trois, pour ne pas donner au vin une acidité qui ne fait bien que dans la limonade, et nous lui laisserons le sucre, ajoutant même un peu de bon cognac, si le vin est faible.

ÉCLAIRAGE. L'éclairage des habitations se divise en *éclairage* **de jour** ou **naturel**, et en *éclairage* **artificiel**.

L'éclairage naturel est l'art d'utiliser la lumière du soleil, et cela exige bien quelques connaissances. En effet, s'il faut de la lumière, pas trop n'en faut, sous peine de perdre la vue.

Nous ne parlerons pas longuement des moyens primitifs des anciens. Ils n'avaient que des ouvertures fermées avec des lames de pierres transparentes enchassées dans des panneaux de bois ; mais ils ne se livraient pas, comme de nos jours, à des travaux de plume ou de lecture, et se contentaient d'un éclairage diurne des plus simples.

A l'époque où nous vivons, on recherche le confort en tout, et l'on a raison. Lorsqu'il s'agit d'éclairer une chambre, on a égard à l'emploi qu'on lui attribuera. S'il s'agit d'un bureau, d'une pièce destinée à des travaux d'aiguille, de dessin, où la lumière doit être forte sans éblouir, on tâchera de l'orienter vers le nord, et de ne lui donner de fenêtres que de ce côté. Ainsi l'on aura la lumière reflétée par les objets voisins, sans l'éclat direct des rayons solaires. Veut-on éclairer une chambre à coucher destinée aux enfants, aux vieillards, aux personnes faibles ou maladives, on choisira la pièce donnant vers le midi, mais on aura le soin de garnir les fenêtres de rideaux épais, afin de pouvoir supprimer presque totalement la lumière directe, lorsque ce sera nécessaire. Ainsi la chaleur et la lumière du soleil aideront à la santé des habitants qui pourront prendre chez eux-mêmes une véritable cure de soleil aussi bonne que celle que l'on va se payer à grands frais dans certains établissement spéciaux.

Pour les autres pièces du logis, la chose a moins d'importance ; cependant on fera toujours bien en ne laissant entrer la lumière que d'un seul côté. On sera mieux éclairé et moins ébloui.

La couleur des murs joue aussi un grand rôle dans la distribution de la lumière. Tout le monde doit savoir que la couleur blanche n'absorbe aucun rayon lumineux et les réfléchit par conséquent tous.

Le noir, au contraire, absorbe tous les rayons, et n'en réfléchit aucun.

Il suit de là qu'on choisira des murs blancs ou tout au moins clairs de nuance, dans toutes les pièces que l'on voudra beaucoup éclairer, tandis que l'on garnira de nuances foncées celles où l'on voudra affaiblir la lumière. Cependant il faut observer que le blanc parfait abîme la vue, et l'on n'emploiera que des blancs teintés de rose, de jaune, de vert ou d'une petite nuance de son choix, pour éviter ce grave inconvénient.

De toutes les nuances, c'est le vert qui repose l'œil le plus, et c'est la nuance à préférer dans les bureaux et les chambres de repos, mais il faut s'assurer que les tentures, papiers, couleurs, ne sont pas à base d'arsénite de cuivre, ou vert de Scheele, très dangereux pour la santé.

Dans ces chambres, lorsque le soleil les éclaire directement, on garnit les fenêtres avec des stores faits en étoffes quelconques. Comme on peut les baisser et les remonter à volonté, c'est le meilleur moyen de combattre la crudité de la lumière solaire, en même temps que le store, objet d'art parfois, est un ornement de la pièce.

Éclairage artificiel ou de nuit. Dans tous les temps, à toutes les époques, l'humanité éprouvait le besoin de s'éclairer dans la nuit sombre, mais il est surprenant de constater que ce n'est guère que de nos jours que l'homme a trouvé une lumière claire et bonne.

Les premiers hommes ne connaissaient qu'une *branche de bois résineux*, allumée à grand peine, donnant une épaisse fumée et une bien faible lumière.

Plus tard, on inventa la *lampe antique*, sorte de vase allongé, semblable à nos saucières, que l'on garnissait d'huile, avec une mèche qu'il fallait à chaque instant tirer en haut à mesure qu'elle se consumait.

De cette lampe, on fit la *chandelle*, en coulant du suif autour d'une mèche qui s'encrassait bien vite, et qu'il fallait moucher toutes les cinq minutes au moins pour voir clair. C'était là l'éclairage de luxe de nos grands-pères, le seul connu à la cour du grand roi Louis XIV. Ce n'est pas si loin de nous. Notez que ce n'est qu'en 1558 que la première lanterne publique fut allumée dans les rues de Paris, vouées jusque là à la plus profonde obscurité. Et quelle lanterne ! elle n'en fit pas moins l'admiration de toute la population.

De la chandelle, on fit la *bougie de cire*, puis la *bougie stéarique*, vers 1830, en mettant en pratique les beaux travaux de M. Chevreul sur la composition des corps gras, et l'on débarrassa la mèche de ses parties minérales par un acide, ce qui évitait de la moucher. Puis on trouvait le *quinquet*, bientôt perfectionné par l'horloger *Carcel*. Que ces temps, si rapprochés pourtant, sont loin de nous, quand nous voyons la lumière électrique !

Nous avons à parler d'abord du gaz et du pétrole, qui sont les véritables lumières domestiques de notre époque. Mais qu'il a fallu de temps pour les trouver !

Voyez *pétrole, dans l'article huiles*.

Le *pétrole raffiné*, en arrivant, à l'origine de son emploi, des sources d'Amérique, avait trouvé une lampe toute faite pour le brûler, mais on l'a perfectionnée depuis, tant au point de vue de l'usage que du luxe.

Les *lampes à pétrole* actuelles sont des objets présentables dans les plus beaux salons. Quant à l'usage même de cette huile, il est sans danger si l'huile est bien raffinée, et si l'on prend quelques précautions tout élémentaires : soit de garnir les lampes de jour, et de les poser de façon à ce qu'on ne puisse les renverser.

La lumière du pétrole est belle et brillante, elle est fixe, ne revient pas cher et ne fatigue pas la vue plus que le gaz.

Le *gaz de l'éclairage* est le bicarbure d'hydrogène. On le produit par la calcination en vase clos, de la houille, des essences et huiles minérales, du bois, de la tourbe, des graisses et huiles en général et d'un grand nombre d'autres corps. En Amérique et dans quelques autres contrées, il sort de terre naturellement, et si on l'a capté pour le diriger dans des conduites, on s'en sert pour l'éclairage comme on se servirait du gaz de nos usines. Dans les mines de houille, le *grisou* n'est pas autre chose qu'une variété du gaz d'éclairage et c'est dans les pays à houille ou à sources de pétrole, que se trouvent les sources de gaz naturel.

On peut encore le fabriquer en faisant passer les vapeurs d'alcool dans l'acide sulfurique bouillant, mais ce n'est là qu'un procédé de laboratoire, qui le ferait coûter beaucoup trop cher.

Après ce que nous venons d'exposer, il ne nous reste qu'à **comparer ces divers modes d'éclairage,** au point de vue de leurs avantages et inconvénients.

Le *gaz* est sans conteste le plus commode, en ce sens qu'il n'y a pas de lampes à nettoyer ni à remplir, pas de mèche à couper ; il n'y a qu'à ouvrir un robinet et présenter une allumette, et la flamme jaillit. C'est un avantage qui a son importance.

Quant au *prix de revient,* nous ne saurions ici l'établir pour toutes les contrées, puisqu'il dépend du prix même de chaque combustible, des droits de douane ou d'octroi, du cours, et de bien d'autres causes ; mais nous pouvons comparer du moins les quantités de chaque article qu'il faut consumer pour arriver à un éclairage de même valeur. D'après cela, chacun sera capable de multiplier chaque quantité par le prix coté dans son pays, et de comparer.

La *chandelle* est sale et fumeuse, elle coule constamment, ce qui fait des taches, elle éclaire mal, et ne saurait convenir que pour le service de la cave ; et encore peut-on lui préférer la *petite lampe à essence minérale*, garnie d'une éponge, qui éclaire bien et qui n'est pas si dangereuse que l'on veut bien croire. On n'a qu'à la garnir de jour, et n'y verser que la quantité d'essence qu'il faut, sans en mettre trop, et sans la laisser jamais se dessécher tout à fait.

La *bougie* est un article très cher, à cause des droits énormes que le trésor fait payer à la stéarinerie. Néanmoins son prix a baissé depuis quelques années. Elle est avantageuse pour l'éclairage de luxe, soit d'un salon où l'on tient à un grand nombre de petits foyers lumineux. Cela orne et égaie la fête.

C'est la bougie de l'étoile qui était *l'unité de lumière* à laquelle on comparait toutes les autres méthodes d'éclairage. Aujourd'hui, on a adopté **l'unité Carcel**. *C'est la quantité de lumière que fournit une lampe Carcel ayant une mèche de 23 mm, 55 et consommant 42 grammes d'huile de colza épurée par heure.*

En prenant pour base ce type adopté par le congrès des électriciens de 1881, nous trouverons ce qui suit :

La *bougie stéarique*, consommant par heure 10,23 gr. (ancienne unité de lumière), correspond à 0,133 Carcel. Il faudra donc 7,5 bougies pour donner la lumière de 1 Carcel.

Il n'est plus question des *bougies de cire*, disons seulement qu'elles éclairent un peu moins que les stéariques.

L'*huile de pétrole*, brûlée dans une lampe à mèche cylindrique, à raison de 49 gram. l'heure, équivaut à 1,78 Carcel ou à 13,35 bougies.

Brûlée dans une lampe à mèche plate, à 39,70 gr. elle vaut 1,26 Carcel ou 9,5 bougies.

L'*huile de schiste* à 45,80 gr. l'heure représente 1,23 Carcel ou 9,23 bougies.

Le *gaz* donne des rendements très différents selon la forme des becs, selon la pression, le degré de carburation etc. Cependant on peut estimer par à peu près que l'on obtient au maximum de rendement possible :

14,2 bougies avec 153 litres de gaz à l'heure avec le bec circulaire à 30 trous.
25,6   »   »   256   »   »   »   »   29 »
11,3   »   »   175   »   avec le bouton fendu n⁰ 4.
26,0   »   »   337   »   »   »   »   » 5.
30,0   »   »   340   »   »   »   »   » 6.
11,0   »   »   194   »   »   »   »   » 3.

Mais dans la pratique journalière, il faut un peu diminuer ces chiffres, si l'on veut faire un prix de revient.

Le **bec** de gaz le plus recommandable pour l'usage domestique, salle à manger, salon, bureau, est le bec Argand à 30 jets en porcelaine, qui correspond à 1,5 Carcel ou 11,4 bougies, à raison de 125 litres de gaz comme marche normale. C'est celui qui figure en tète du petit tableau ci–devant pour un rendement de 14,2 bougies avec une consommation de 153 litres comme marche maximum de rendement.

D'après ces données, il vous sera facile de faire vos prix de revient dans chaque pays.

La *lumière électrique* d'appartements n'est plus une utopie. Il existe depuis fort peu de temps, des appareils pratiques, marchant à l'aide d'une pile lorsqu'il ne faut qu'un petit nombre de foyers; marchant avec un moteur à gaz ou à vapeur, ou même hydraulique, quand on lui demande un fort rendement.

L'éclairage, au moyen d'un combustible, a le **grave inconvénient** de produire des gaz délétères qui se mêlent à l'atmosphère de la chambre. Les produits de la combustion des suifs, graisses, huiles, répandent une mauvaise odeur qui finit par vous prendre à la gorge. L'odeur des pétroles et huiles minérales est encore plus désagréable.

Puis, outre l'*odeur* et les *gaz de combustion*, il y a la *chaleur* produite par la combustion.

Toutes ces causes d'infection de l'air exigent une *ventilation suffisante* pour les neutraliser, et l'on doit avoir le soin de renouveler l'air en proportion de cette infection très nuisible à la santé.

Lorsqu'on *éteint une lampe à pétrole*, il faut souffler par en haut dans le verre, sans baisser la mèche. *On ne doit jamais baisser la flamme du pétrole*, ce qui répandrait dans l'air des vapeurs asphyxiantes des plus dangereuses.

L'éclairage au gaz ne produit que de la chaleur, de l'eau et de l'acide carbonique en proportions telles qu'il n'offre aucun danger.

L'éclairage électrique ne donne rien de semblable. Il chauffe à peine et ne produit aucun gaz, puisque sa lumière est en vase clos, ou même dans le vide, selon les systèmes ; et c'est, sous ce rapport, le mode d'éclairage le plus sain et le plus recommandable. Aussi peut-on prévoir qu'avant peu d'années, la lumière électrique sera adoptée dans un grand nombre de familles.

La lutte est aujourd'hui active entre le gaz, le pétrole et l'électricité. Ces trois systèmes ont leurs partisans et leurs adversaires, mais l'avenir appartient certainement à l'électricité qui ne demande plus d'autre perfectionnement que la vulgarisation et le bon marché.

Cela ne détrônera pas le gaz ni le pétrole ; l'huile de colza épurée conservera elle-même son modeste emploi pour les veilleuses, et pour quelques cas spéciaux qui réclament une lumière douce et discrète. Il y a place pour tous les systèmes, chacun a sa place marquée.

En résumé, nous croyons que l'on doit adopter :

l'huile végétale épurée pour les veilleuses ;

l'huile de pétrole ou le gaz pour les bureaux, salles à manger de petites dimensions ;

le gaz, la bougie, l'électricité pour les salons et les grands locaux de réceptions ou de fêtes ;

la bougie pour éclairage additionel des salons, et pour circuler d'une chambre à l'autre ;

le gaz ou le pétrole à la cuisine ;

l'essence ou la bougie à la cave, voire même la chandelle ; la bougie ou l'huile pour les lanternes de voiture ; le gaz pour les escaliers, antichambres, etc.

Émincer. Réduire un objet en tranches minces.

Encaustique. Voyez *cirage à parquets, nettoyage*.

ENCRE à copier, double violette pour la correspondance commerciale. Elle peut aussi servir pour les écritures courantes, ayant l'avantage de sécher vite, et ne copiant plus après deux jours qu'elle est sur le papier.

Faites dissoudre à l'ébullition 100 grammes extrait de campêche sec ou mieux en pâte dans 6 litres d'eau, et laissez refroidir. Ajoutez à froid 2 kilogr. d'acétate d'alumine, et laissez reposer deux ou trois jours pour achever la combinaison. Décantez.

L'*acétate d'alumine* se prépare en faisant dissoudre 100 grammes d'alun dans 500 d'eau bouillante ; puis 100 grammes d'acétate de plomb dans 500 d'eau bouillante ; enfin, mélangeant les deux dissolutions en agitant. Le lendemain, on décante le clair, c'est l'acétate. La bouillie blanche, qui reste au fond, se compose de sulfate de plomb et n'a aucune valeur.

Encre violette double à écrire. Faites absolument de

même, en doublant la dose d'eau, ou en ne mettant que la moitié de la dose d'extrait de campêche.

Encre rose. Remplacez l'extrait de campêche par l'extrait de Fernambuc, et mettez la dose d'eau plus ou moins forte, selon la nuance que vous désirerez.

Encre jaune. De même avec l'extrait de quercitron ou de Cuba.

Encre bleue. Une dissolution de sulfate d'indigo.

Encre verte. Mêlez la jaune et la bleue.

Encre à marquer le linge. Avant d'appliquer l'encre sur une place déterminée, il faut apprêter l'étoffe, en l'humectant d'une solution de cristaux de soude dans deux fois leur poids d'eau. On pourrait même la remplacer par une eau de savon. On sèche en y passant le fer chaud, puis on peut écrire avec une plume quelconque, ou se servir de petits cachets gravés pour cet objet. On les fait maintenant en caoutchouc vulcanisé, et fort bons.

L'encre se fait par la dissolution de 15 grammes de nitrate d'argent, dans 30 grammes d'eau. On y mêle la solution de 20 grammes gomme arabique dans 20 grammes d'eau; puis on y délaie une poudre colorante quelconque, noire, bleue ou verte, qui n'a d'autre but que de voir ce que l'on écrit, et qui part au premier lavage.

Si l'on écrit de travers, voir à *taches de nitrate d'argent*.

Encre pour étiquettes de jardin. Pour marquer les arbres et les plantes, employez des étiquettes de zinc, que vous attacherez avec des ficelles, et non avec des fils de fer, qui coupent la plante à mesure qu'elle se développe.

Pour écrire sur le zinc, on fait une solution d'un gramme de chlorure de platine, dans 15 à 20 grammes d'eau, et l'on écrit avec un morceau de bois pointu ; ou bien avec une plume d'oie. La plume d'acier est à rejeter.

L'écriture devient d'un beau noir, et sa couleur n'est autre chose que le platine métallique déposé sur le zinc. Comme le platine n'est attaqué par aucun agent chimique existant dans l'atmosphère, cette encre ne s'efface jamais. Elle devient même d'autant plus noire, si l'on nettoie de temps à autre les étiquettes, en les frottant avec un bouchon humecté d'eau de cendres ou d'eau acidulée.

Entrées. Mets qui se servent immédiatement après le potage. Ne pas confondre avec *hors-d'œuvre*.

Entremets. Mets qui se servent de suite après le rôti et avant le dessert. Dans un repas complet, on sert deux sortes d'entremets qui se succèdent. D'abord l'entremets salé qui n'est autre qu'un légume fin ou de primeur. Ensuite l'entremets sucré qui se compose de crèmes, puddings, glaces, tartes au fruits, etc.

Épinards. Traitez-les comme l'oseille.

Épices. Ce qui donne du goût sans être des aromates. Poivre, muscades, macis, girofles, piment, gingembre.

Éponges. On les classe parmi les animaux, mais tout le monde n'est pas d'accord à ce sujet, et certains naturalistes admettent que les éponges sont des végétaux marins. Quoi qu'il en soit, on les divise en trois grandes espèces : les éponges calcaires, les siliceuses et les cornées.

Les *éponges calcaires* (côtes de Bretagne) et les *siliceuses* (eaux douces) ne sont pas utilisées. Il ne nous reste donc plus que les *éponges cornées* ou *cheratosœ* qui se divisent en un grand nombre de variétés commerciales selon leurs formes, leur finesse, et leur emploi.

Les espèces les plus recherchées sont pêchées dans l'archipel grec (Méditerranée), sur les côtes de Barbarie, dans la mer Rouge, au Mexique, sur les côtes de Bahama et dans les mers Australes et des Antilles.

Lorsque les éponges ont été pêchées, elles ont à subir encore une préparation assez longue et délicate, avant d'être propres à un usage quelconque. D'abord on les laisse tremper à la mer un assez long temps pour les débarrasser d'elles-mêmes d'une enveloppe organique nommée *sarcode*, ce que l'on obtient plus vite en les tassant dans des fosses et les piétinant, puis en leur laissant subir une certaine fermentation.

Après cela on les lave, on les débarrasse à la main, ou par l'usage du marteau, des pierres ou coquillages un peu gros qui s'y trouvent renfermés; on les sèche et on les emballe en ballots comprimés à la presse hydraulique.

C'est ainsi que les éponges arrivent dans les magasins des négociants, mais elles ne sont pas encore utilisables. Elles ont encore à subir la purification au moyen d'un trempage dans une eau mélangée de 20 à 25 pour cent d'acide chlorhydrique, pour dissoudre les petites coquilles, les pierres calcaires, etc. Ensuite elles sont lavées et blanchies dans une eau légèrement chargée de chlorure ou hypochlorite de soude (eau de Javelle). On les relave après ce blanchiment, puis on les passe dans une eau légère de bisulfite de soude qui enlève l'odeur du chlore tout en achevant le blanchiment. Après un dernier lavage en eau pure, elles sont séchées et triées avec soin, selon leur grain et leur qualité.

Les *éponges fines de toilette* sont toutes originaires de l'Archipel grec, de la Syrie et de la Havane. Elles forment les surchoix de ces provenances.

Les éponges à grains moins fins servent aux usages de l'écurie, de la cuisine et de l'industrie. Parmi celles-ci nous recommandons la variété dite *éponge brune de Barbarie.* C'est la plus solide de toutes et elle résiste à l'action des eaux alcalines, ce qui en facilite le nettoyage lorsqu'elle est encrassée.

Les *éponges de toilette* s'emparent de la crasse et la fixent assez solidement à leur surface. Pour les nettoyer, nousconseillons de les laver avec une eau chaude bouillie avec le bois de Panama, car le savon pourrait les ronger. Après le rinçage on les passera dans une eau vinaigrée ou chargée d'acide chlorhydrique à 10 pour cent, puis on les rincera dans plusieurs eaux fraiches abondantes.

Les *éponges de cuisine* et autres variétés grossières se lavent à l'eau chaude souvent renouvelée, et peuvent se traiter comme celles de toilette si ce lavage ne suffit pas. D'ailleurs elles supportent mieux l'action d'une eau chaude savonneuse.

Escaloppes. Petites rouelles de viande ou de poisson, qu'on dresse en rond sur un plat, posées un peu par un côté l'une sur l'autre.

Escargots. On les emploie de préférence lorsque la coquille est fermée, parce qu'ils se sont alors vidés des ordures et du mucilage qu'ils traînent avec eux. Un moyen de les en purifier consiste à les parquer dans une grande caisse, ou une futaille, dont le fond est garni d'une couche de son assez épaisse. Il faut y faire des trous de vrille, pour que l'air s'y renouvelle, et l'on garde sa provision en cave. L'escargot se nourrit de son, et lorsqu'il en est gorgé et engraissé, n'ayant pas d'eau, il n'a plus de mucilage. Il s'enferme dans sa coquille et se terre dans la couche de son. Les escargots ainsi traités gagnent beaucoup ; il sont tendres et fins.

Cuisson. Jetez-les dans l'eau bouillante avec sel et cendres et laissez-les un quart d'heure. Ils sont alors faciles à tirer de la coquille. Il faut ensuite bien les laver en eau tiède et achever la cuisson en eau salée.

Égouttez-les et pendant ce temps, faites cuire avec un morceau de beurre, des champignons, persil, ail hachés ; un peu de thym, laurier, girofles que vous retirerez ensuite. Ajoutez un peu de farine, puis vos escargots, et chauffez jusqu'à *presque* ébullition. Liez avec le jaune d'œuf. Un jus de citron, et servez. Cela se nomme **à la poulette**. Pour les faire **sur le gril**, faites la même sauce, mettez-y l'escargot et laissez réduire, ou augmentez la dose de farine. Remplissez les coquilles avec cette farce et tenez un instant sur le gril. Cela se sert sur un plat à compartiments pour chaque escargot, et chaud.

Espèces. Voyez *pharmacie*.

Essences. Les essences ou huiles volatiles, forment la partie aromatique ou odorante d'un grand nombre de végétaux. On les en retire par pression, distillation, traitement à l'éther ou au sulfure de carbone dont il faut ensuite les séparer. Presque toutes les plantes ont leur essence. Quelques-unes sont un simple carbure d'hydrogène (citron, térébenthine) ; d'autres sont oxygénées et classées avec les camphres (menthe, absinthe) ; d'autres encore contiennent du soufre en plus (oignon, ail, moutarde, radis) ; quelques-unes n'existent pas toutes formées et ne se forment que lorsqu'on coupe le végétal, ce qui met son eau de végétation en contact avec un véritable ferment (moutarde, raifort, cressons).

On donne aussi, par extension, le nom d'essence à des produits qui n'en sont pas, et qui servent à aromatiser, (l'essence de framboises n'est que l'eau-de-vie pure de fruit) ; ou à des préparations qui ne sont que des extraits concentrés (essence de salsepareille).

Les *essences* s'emploient peu à la cuisine. On doit toujours préferer un bon zeste de citron à son essence, qui n'est pas toujours fraîche et parfois se trouve falsifiée. Par contre, la confiserie, la pharmacie et surtout la parfumerie en font une immense consommation.

Les essences sont généralement insolubles dans l'eau, mais solubles dans l'alcool, qui aide puissamment à leur bonne conservation. Vous ferez donc bien de couper vos essences avec 4 ou 5 fois autant de trois-six. Cela vous aidera aussi à ne pas dépasser la dose toujours si petite que vous devrez verser dans vos sauces ou vos pâtisseries. Rien n'est plus désagréable au goût qu'une dose exagérée de parfum, alors qu'un peu seulement serait suffisant pour donner à votre préparation un arôme exquis. Allez-y donc modérément dans l'emploi des essences qui sont des parfums excessivement concentrés.

Depuis quelque temps, on fabrique des *essences artificielles* d'ananas, poires et autres fruits. Ce sont des combinaisons chimiques d'éthers différents, qu'on peut employer sans crainte et dont le dosage est aussi méticuleux que celui des véritables essences. L'éther butyrique (du beurre) en est la principale base.

En termes de cuisine, on donne aussi le nom d'*essence* aux liquides très concentrés, tels qu'un jus, un extrait de plantes ou de viandes. Il y a donc des *essences de légumes, de gibier*, et *l'extrait de viande* ne serait qu'une *essence*.

Essence de légumes. Mettez la poule au pot. En d'autres termes, faites un pot-au-feu composé d'une poule avec autant de viande de bœuf, ajoutez-y une dose exagérée de carottes, navets, céleri, oignons, cerfeuil, un peu de girofles, poivre et sel ; faites mijoter le tout pendant 3 à 4 heures avec le moins d'eau possible. Concentrez ensuite ce bouillon jusqu'à ce qu'il soit réduit au point voulu. Il ne faut pas y mettre de choux qui absorbent trop les jus de viande et l'arôme des autres herbes.

Essence de gibier. Un lapin de garenne, une ou deux perdrix, surtout les débris de gibier que vous pourriez avoir, leurs abatis, et ajoutez-y un peu de viande de bœuf et un pied ou jarret de veau. Recouvrez de vin blanc et laissez mijoter trois bonnes heures au moins. Lorsque le jus sera assez desséché dans votre marmite, mais avant qu'il ait pris couleur, ajoutez du bon bouillon tout bouillant, quatre carottes, deux ou trois oignons, du basilic, du serpolet, du thym et trois ou quatre girofles. Cuisez, écumez, passez au tamis.

Essence de volailles. Faites comme l'essence de gibier en le remplaçant par une vieille poule ou un vieux coq. Vous ferez mieux en hachant la volaille, avant de la cuire.

Étamine. Tissu de laine peu serré par lequel on passe les jus pour les séparer des parties non liquides. On en a aussi pour passer les infusions, les décoctions. On peut les remplacer par des tamis.

Étouffer. Cuire en vase clos pour empêcher l'évaporation et concentrer la chaleur.

Étouffoir. Ustensile à couvercle dont on se sert pour y enfermer les braises qu'on veut éteindre. C'est une économie sérieuse dans un ménage, et qui mérite toute l'attention de la cuisinière. On fait des étouffoirs de tôle, de fonte, même de terre cuite. Tout vase, fermant bien et supportant la chaleur, peut servir à cet objet.

F

Faisan. Le point le plus important, c'est de le conserver quelques jours, et de saisir le moment où il est *faisandé*, ni trop ni trop peu. Il faut donc le suspendre à l'air et à l'abri des mouches. S'il n'était pas faisandé, autant vaudrait prendre un simple poulet, qui aurait encore l'avantage d'être tendre.

Rôti. On le pique de lardons, et met à la broche, comme toute autre volaille. On peut le farcir avec addition de truffes ou champignons.

Les autres façons se traitent comme les perdrix ou les poulets, mais ne lui sont guère appliquées.

Voyez *volaille.*

Farce. Hachis de viandes ou de légumes, voire même de poisson, qui sert à garnir l'intérieur d'une volaille ou d'un légume, d'un pâté, d'une terrine. On y fait entrer de la chair à saucisse, mie de pain, truffes, morilles, oignons, champignons, marrons, fines herbes, épices et aromates de toutes catégories. Voyez *pâté, terrine, galantine, oie, chou, concombre, tomate, aubergine, hachis,* etc.

Farce. On la fait avec toutes les sortes ou restes de viandes que l'on possède ; elles doivent être toutes cuites, ou toutes crues ; mais il ne serait pas bon de prendre l'une cuite et l'autre crue, pour les mélanger. On les lie, comme dans les boulettes, avec l'œuf, jaune et blanc, ou jaune seul ou bien avec la farine ou même la mie de pain.

Le type de la farce est la chair à saucisses, que l'on emploie lorsqu'on n'a pas d'autres viandes à sa disposition, ou lorsqu'on a besoin d'un goût relevé.

On introduit dans la farce le foie de volailles, du jambon haché, des oignons, des champignons, des truffes, et en général tous les ingrédients capables d'en relever le goût.

Voyez *godiveau, quenelles.*

Farce en boulettes, friture. Liez un hachis de tous vos restes de viandes et gibiers, avec jaune d'œuf et un peu de farine. Faites-en des boulettes rondes ou allongées, que vous passerez dans la farine, avant de les frire. Les viandes doivent être déjà cuites; on peut y mêler jambon, lard, truffes ou champignons hachés, pommes de terre en purée, ou autres farineux, mais toujours cuits d'avance.

Petits pâtés frits. En enfermant cette farce dans de petits sacs de pâte feuilletée, que l'on en remplit, et les faisant frire.

Au lieu de les frire, on peut aussi les mettre au four comme d'autres pâtés ou vol-au-vent.

On les sert comme entrée, avec ou mieux sans sauce tomate ou autre.

FARINAGES. Nous réunissons, sous ce nom, deux préparations alsaciennes toutes nationales. Nous y joignons des articles d'autres pays.

Nouilles ; Noudles. Dressez un tas de farine sur la planche à pâtisserie, formez-en un rond en couronne, avec un creux au milieu.

Sur 500 gr. de farine, il faut cinq œufs et un peu de vin, qui affermit la pâte beaucoup mieux que ne le ferait de l'eau avec plus d'œufs.

Dans le milieu de la farine, versez les œufs et le peu de vin, pétrissez ferme de façon que la pâte soit bien consistante. Étalez-la au rouleau, en plaques minces saupoudrées de farine, et faites sécher un peu ces plaques, en les posant sur un dossier de chaise recouvert d'un linge blanc.

Lorsque la plaque a séché ainsi une bonne demi-heure, roulez-la en une sorte de cylindre plein, et coupez-la en lanières aussi minces que possible, que vous ferez encore sécher une bonne heure, en les tenant bien écartées les unes des autres. En les séchant suffisamment, on peut les conserver longtemps.

Pour les servir, il faut les faire bouillir une demi-heure dans de l'eau salée, puis les achever en les faisant sauter dans la poêle, avec du beurre, et laissant même un peu rissoler. On les accompagne d'une saucisse, ou mieux d'une fricassée ; au maigre, d'une matelotte ou de poissons en sauce ou d'une sauce tomate.

Stribblé. — Pâte filée. 500 gr. de farine travaillée en pâte avec quantité suffisante de lait bouillant. Après l'avoir refroidie, ajoutez le jaune de cinq œufs, puis le blanc en neige et du sel fin.

Frits : Faites frire cette pâte dans du beurre bien chaud. La pâte doit être assez molle pour qu'on puisse la faire couler par un entonnoir en la laissant tomber dans le beurre chaud. De cette façon elle se présente sous la forme d'un gros fil enroulé sur lui-même.

On la sert avec un ragoût ou une viande fricassée. Pour le maigre, avec un poisson en sauce blanche.

A l'eau : La même pâte peut être traitée autrement ; Vous faites chauffer à l'ébullition une bonne chaudronnée d'eau à laquelle vous ajoutez suffisante quantité de sel. Vous y laissez tomber votre pâte en la faisant passer par un entonnoir à jet continu et vous laissez bouillir une vingtaine de minutes.

Vous dressez sur un plat, et ornez de petits croûtons de pain frits au beurre.

La réussite dépend du degré de liaison de votre pâte.

Le stribblé frit peut aussi servir d'entremets sucré en y mettant moins de sel et le saupoudrant de sucre avant de servir. On mêle à ce sucre, un peu de cannelle en poudre, ou de vanille.

Bouillie. On peut la faire au sel ou au sucre et la parfumer, dans ce dernier cas, au citron, à la vanille, à la fleur d'oranger, etc.; alors elle sera servie comme entremets, et l'on pourra même y mêler quelques jaunes d'œufs.

Salée, on la sert comme potage.

La bouillie se compose de lait cuit avec la farine, en quantité suffisante pour lui donner la consistance que l'on désire. Lorsque la farine est cuite, il est bon de laisser mijoter, à feu couvert, une bonne heure; le mets en sera plus délicat.

Les **groux**, mets breton, ne sont rien autre qu'une bouillie salée faite avec de l'eau et de la farine de sarrasin, ou blé noir. C'est une nourriture populaire. On les mange seuls ou avec du lait, dont chaque convive fait le mélange sur son assiette. Il faut s'y habituer pour le trouver bon.

Les **soles de guérets** sont des groux bien épais et refroidis dans un plat. On les découpe en tranches, que l'on enduit de farine pour les frire, puis on saupoudre de sucre.

Les **galettes de sarrasin** se font avec la même composition que notre *omelette alsacienne*, à cela près qu'on y met de la farine de sarrasin au lieu de blé, et qu'il en faut à peu près le triple. On les cuit des deux côtés.

Les **gaudes** sont exactement faits comme la bouillie, mais avec la farine de maïs.

Les **gâteaux de maïs** se composent de la bouillie de gaudes, additionnée de quelques jaunes d'œufs et d'un parfum. On les met en plat bien beurré, au four, et on laisse dorer. Il est bon de garnir le plat de beaucoup de beurre, et de chauffer avant d'y verser la pâte. Cela devient plus beau.

FARINE, FÉCULE, AMIDON, GLUTEN. Je ne saurais traiter ces quatre mots sans les réunir dans le même chapitre. Il faudrait trop se répéter.

La *farine* est la partie amylacée des grains. On l'extrait surtout des céréales, blé, seigle, orge, avoine. On donne aussi ce nom de farine à la partie amylacée du maïs, des pois, haricots, lentilles et autres légumes secs.

La *farine* contient deux parties bien distinctes, l'amidon et le gluten. L'*amidon,* insoluble dans l'eau froide, mais dont les grains se crèvent par la cuisson pour former un empois épais. Le *gluten,* soluble, azoté, par conséquent nourrissant à l'égal de la viande, mais susceptible de fermenter en se décomposant et en dégageant du gaz carbonique. Voilà toute l'explication de la manière de faire lever une pâte : C'est par la fermentation du gluten et le gaz carbonique qui s'en dégage, que se forment ces petits trous ou pores qui rendent la pâte légère et digestible.

L'*amidon,* réduit en empois et traité par un acide, se change en une sorte de sucre incristallisable ou *glucose.* Le cuisinier, qui sait cela, s'évitera souvent des mécomptes en n'acidifiant pas ses pâtes par des acides citrique, tartrique, etc.

La *fécule,* qui s'extrait d'un grand nombre de végétaux, est une variété de l'amidon dont elle a toutes les propriétés. La *fécule type* est celle de la pomme de terre, mais les *sagous, tapiocas* naturels sont des fécules de plantes des pays chauds, qu'on imite d'ailleurs avec la fécule indigène.

On extrait aussi de la *fécule* des marrons d'Inde, dans lesquels elle est accompagnée, comme dans le manioc, d'un principe amer, soluble et qui ne gêne pas l'extraction.

Pour séparer *l'amidon* ou la *fécule*, des *farines* ou des autres matières qui les accompagnent, on en fait une pâte à l'eau. Puis on lave cette pâte avec force eau par-dessus un tamis et sur un récipient approprié. L'eau de lixiviation entraîne les parties féculentes et les dépose au fond du récipient, où l'on peut les recueillir pour les sécher ensuite à l'air ou à l'étuve.

Les *amidons* et *fécules* traités par des acides faibles et la chaleur produisent la *dextrine*, le *leïogomme*, le *glucose*; par les acides azotique et sulfurique concentrés, on obtient des *nitroamides détonnants* et très dangereux à manipuler. Ce sont là des produits industriels qui n'ont rien à faire avec la cuisine et sur lesquels nous ne nous arrêterons donc pas davantage.

Les *farines* et *fécules* sont la base de la nourriture de l'homme; il en entre dans presque tous nos aliments. On ne saurait donc trouver un article plus important, et dont la qualité soit plus digne d'attention.

Si vous soupçonnez un *mélange*, même d'autres féculents, dans une farine, humectez-la avec quelques gouttes de teinture d'iode délayées dans $1/2$ verre d'eau froide. Examinez ensuite la farine au microscope. Tous les grains doivent avoir *la même nuance bleue*, et une même forme.

S'il y avait par places, des grains blancs, ce serait un produit mélangé, non féculent et probablement minéral. S'il y avait des grains d'un autre bleu, plus ou moins violacé que celui qui domine, cela vous indiquerait un mélange avec une farine ou fécule d'une autre nature, par exemple de maïs, lentilles, etc. Chaque sorte de fécule ou d'amidon donne, avec l'iode, une nuance distincte.

Si vous soupçonnez une fraude par un mélange d'un produit minéral, pesez cent grammes de votre farine et calcinez-la dans un creuset. Faites de même avec cent grammes d'une bonne farine dont la pureté soit certaine; puis pesez méticuleusement les cendres des deux opérations. Il ne doit pas y avoir de différence de poids notable entre les deux.

Ces essais ne devront être faits que pour votre satisfaction personnelle, car il faut avoir une grande habitude des manipulations chimiques, pour oser se baser sur un tel essai, en accusant une falsification. Si votre essai préalable vous fait douter de la pureté de votre farine, il vous restera à vous adresser à un chimiste expert qui contrôlera votre résultat, en y mettant des soins plus complets, et qui emploiera des appareils et des réactifs que vous ne pouvez avoir à votre disposition.

A chacun son métier, mais il est bon de savoir un peu s'aider dans les cas difficiles, et de se faire une opinion préalable. C'est seulement dans ce but que je vous ai indiqué ces réactions chimiques.

Ferblanterie. Voyez *nettoyage*.

Fèves. Traitez-les comme *haricots* écossés.

Filets. Morceaux longs et étroits de viande ou de poisson. On nomme aussi filet, les parties charnues des animaux, qui se trouvent des deux côtés de l'épine dorsale, sous les côtes ; les chairs qui se trouvent sur les ailes et l'estomac des oiseaux ; les chairs des poissons qui peuvent en être enlevées sans arêtes.

Filtration. Faire passer un liquide à travers un filtre pour le clarifier. Voir à *liqueurs, avant-propos et manipulations*.

Filtre. Il existe des filtres de toutes sortes et de toutes dimensions, depuis le *filtre-presse*, qui marche à la vapeur et clarifie des centaines d'hectolitres, jusqu'au *filtre d'ana-lyses* des chimistes qui contient moins qu'un verre à li-queurs.

Pour le *café*, il existe des appareils spéciaux, qui se trouvent au choix du système, chez tous les quincaillers. Voyez à *liqueurs*.

Flamber une volaille ou un oiseau, c'est la faire passer sur la flamme pour en brûler les petites plumes ou duvets, sans toucher à la peau. On flambe aussi les porcs pour détruire les poils.

Flan. Sorte de plat doux, crème ferme, qui se sert avec ou sans pâte, et le plus souvent en forme ronde, entouré d'un jus au caramel.

Flan. Battez huit jaunes et quatre blancs d'œufs ensemble, et versez-les, en tournant, dans un grand verre de crème sucrée. Ajoutez un peu d'eau de fleurs d'oranger, et faites cuire au bain marie dans un moule. Servez froid en place de crème.

Flan au riz. Un litre de lait ; quatre grandes cuillerées de crème de riz ; deux œufs ; 250 gr. sucre ; un peu de vanille, fleur d'oranger ou autre parfum.

Délayez la crème de riz dans un peu de lait froid, ajoutez les œufs bien battus, puis le reste du lait encore bouillant, que vous aurez cuit avec le sucre et la vanille. Tournez sans cesser sept à huit minutes ; versez dans une forme et laissez refroidir jusqu'au lendemain.

En servant, on peut l'accompagner d'un sirop de fruits.

Fleurs fraîches. Un bouquet de roses, ou de fleurs variées selon les saisons, fait le plus bel ornement du logis.

Par malheur, les fleurs durent peu. On peut prolonger

leur fraîcheur de plusieurs jours, en mettant du charbon de bois concassé dans l'eau du vase à fleurs.

A l'automne, lorsque les froids commencent à venir, et que l'on prévoit que les derniers beaux boutons de roses vont geler et ne s'ouvriront plus, on peut les utiliser comme suit : Dans un vase large du haut, et relativement peu profond, on pose des morceaux de charbon de bois serrés les uns contre les autres. Comme ils sont ronds, il existe toujours des espaces entre eux.

Dans ces espaces on pique les tiges assez longues des boutons de roses, en y laissant quelques feuilles vertes, puis on y verse de l'eau.

Ces boutons, les plus gros du moins, s'ouvriront en peu de jours, dans une chambre tempérée, et le bouquet pourra durer presque une quinzaine de jours.

Le meilleur charbon est celui qui a été allumé depuis peu, et étouffé en vase clos. Il absorbe beaucoup plus de matières putrides et de gaz que celui qui est éteint depuis longtemps.

Le sel empêche aussi l'eau de se corrompre, mais le charbon a beaucoup plus d'action.

Foie gras. Voir *terrine, aspic, pâté.* Pour aspic, on cuit le foie gras en tranches, un quart d'heure dans un court-bouillon d'eau un peu salée, et garnie d'un bouquet de fines herbes. Cuire peu de temps, car il durcit facilement.

Foncer. Garnir le fond d'une casserole, avec des bardes de lard ou des tranches de jambon et d'autres viandes en tranches minces.

Fourrures (*conservation*). Voyez *nettoyage, taches,* voyez aussi après *lièvre et lapin,* pour la manière de préparer une petite peau en poils.

Futailles. Voyez après l'article *vin*, et dans les *maladies des vins*.

Frémir. Un liquide frémit, lorsqu'il est sur le point de bouillir, et qu'il s'en échappe de petites bulles d'air.

Fricassée. Mets quelconque réduit en morceaux et servi avec la sauce dans laquelle il a cuit. C'est un synonyme de *ragoût*. Cependant la *fricassée* est ordinairement accompagnée d'une sauce poulette, tandis que le *ragoût* se trouve en sauce brune et plus épicée.

Friture. Huile, beurre ou graisse qui sert à frire. Viandes, poissons, pâtes, fruits, qu'on a plongés (pas toujours) dans la *pâte à frire* et qu'on a cuits ensuite dans un bain de friture bien chaud.

Voyez *pâte à frire*. Elle sert à envelopper l'objet à frire, ce qui facilite l'opération et donne une belle apparence à son produit. Certains articles se trempent simplement à la farine. La friture doit être servie chaude, saupoudrée de sel fin ou de sucre pilé, selon sa nature.

Lorsqu'une graisse pour friture prend un goût de vieux, je n'ai pas dit de rance, ou qu'elle répand une odeur désagréable, on peut la *purifier* d'une façon bien simple.

Faites chauffer votre graisse à l'ébullition, puis après l'avoir écumée, faites-y frire quelques dés de pain rassis (le pain de seigle est le meilleur), et quelques morceaux de charbon de bois préalablement rougis au feu, puis éteints et essuyés avec soin. Le pain et le charbon enlèveront à votre graisse tout son mauvais goût.

Vous pouvez faire cette épuration avant chaque friture ; en y jetant un petit morceau de pain, cela vous servira à constater si votre graisse est chauffée à point, tout en la débarrassant de son mauvais goût.

Si la graisse est rance, je ne connais aucun remède. Faites-en du savon si vous voulez, pour l'utiliser.

FROID. Le froid est encore le meilleur moyen de conserver les aliments. N'a-t-on pas trouvé, il n'y a pas bien long-temps, un mammouth entier, tout frais et dont on a mangé la chair conservée dans les glaces de la Sibérie. Ce mammouth a fourni en plein IXe siècle de la viande fraîche contemporaine du déluge. Trouvez-moi le moyen de conserver une viande pendant tant de siècles ! Après cela vous me répondrez que vous n'en aurez plus besoin à une époque aussi éloignée.

Pour utiliser le froid, il existe des *armoires spéciales* avec *réservoir à glace,* dans lesquelles on pose les vases contenant les substances à conserver. Les Halles de Paris se sont organisées par le froid artificiel pour la conservation des viandes. Lorsqu'elles sont abondantes et à bon marché, on les emmagasine au froid pour s'en servir dans les moments de pénurie. Ce serait aussi une grande ressource pour le cas d'investissement, si par malheur il devait de nouveau se présenter.

Comme nous écrivons au point de vue d'un ménage, nous ne parlerons que de ce qui peut s'y utiliser.

Outre l'armoire à froid ci-dessus, il se présentera telle occasion où vous voudriez utiliser un froid plus élevé, soit pour faire des glaces sucrées, soit pour frapper du champagne. Dans ces cas, on peut se servir de glace pilée avec du sel de cuisine. Le froid produit ainsi peut aller jusqu'à 18 à 20 degrés.

On n'a pas toujours de la glace à sa disposition, à la campagne surtout, mais on peut se procurer des produits chimiques capables de produire un *froid artificiel* considérable. La chose est facile à établir.

Dans une terrine profonde, un vase de grès assez grand, servant de réceptacle à vos mélanges, vous mettrez un autre vase, au *bain-marie de froid*, si vous voulez me permettre ce mot. Évidemment, la matière de vos deux vases ne sera pas en métal attaquable par les acides. Le grand peut être en plomb, le second en verre, porcelaine, etc., contiendra la marchandise à congeler.

Voici les proportions de mélanges réfrigérants dans lesquels vous trouverez à choisir.

Un mélange des agents suivants :	en proportions de en poids.	fait baisser le thermomètre de :
1. Acide chlorhydrique . .	1	. . . 18 degrés.
Sulfate de zinc pulv. . .	1	
2. Acide sulfurique 45° . .	3	. . . 18 »
Sulfate de soude pulv.. .	4	
Sulfate de soude pulv. . .	6	
3. Nitrate d'ammoniaque. .	5	. . . 20 »
Acide nitrique, moitié eau.	4	
Sel ammoniac	5	
4. Salpêtre	5	. . . 22 »
Eau.	16	
Nitrate d'ammoniaque . .	1	
5. Cristaux de soude . . .	1	. . . 23 »
Eau.	1	
6. Nitrate d'ammoniaque . .	1	. . . 26 »
Eau.	1	
7. Neige ou glace pilée . .	3	. . . 20 »
Sel de cuisine	1	
8. Neige	3	. . . 28 »
Potasse.	4	
9. Neige	8	. . . 33 »
Acide chlorhydrique . .	5	
10. Neige	5	. . . 40 »
Chlorure de calcium . .	5	

Cette liste est extraite de l'*Officine de Dorvault*.

FROMAGES. Tous les fromages ont pour base le lait caillé plus ou moins transformé par l'âge et la fermentation. Leur fabrication ne peut réussir qu'en prenant les plus grands soins de propreté. On fait cailler le lait en y ajoutant un peu de présure liquide, ou de *vin de présure* dont vous trouverez la recette dans les vins de l'article *pharmacie*.

Le *fromage à la crème* se fait avec du lait de vache bouilli, caillé chaud et égoutté. Pour égoutter, on a des petites corbeilles spéciales. Pour le servir on l'additionne de crème douce et de sucre vanillé ou non.

Fromage à la pie. Lait caillé à froid après l'avoir écrémé. On le mange avec sel et poivre et un peu de cumin, si on l'aime. Ne peut pas figurer sur une table qui se respecte.

Petits cœurs. C'est du fromage à la pie, fait avec du lait non écrémé, fouetté, puis égoutté dans un moule en forme de cœur. Se sert au sucre ou au sel, et constitue le régal des Parisiens.

Fromage de Neufchâtel, Bondon. En forme de bondes, fromage mou, de vache, caillé à froid, lentement. Ils se recouvrent d'une peau bleuâtre semblable à une moisissure. Il est d'origine normande, et très estimé.

Brie. Le plus abondant à Paris et le plus demandé aussi. On l'a nommé le roi des fromages, mais bien des personnes contestent cette royauté-là.

Le *Brie* est plus ou moins ferme, il coule facilement, c'est un fromage gras.

Le *fromage de Meaux* est du Brie qui a coulé et dont la pâte a été recueillie dans des pots de grès dans lesquels on le vend.

Le *Livarot* est, par le fait, une variété du Brie, un parent éloigné. Plus éloigné encore le

Marolles à la forte odeur qui n'a rien de distingué, mais qui n'en trouve pas moins ses partisans.

Le *Munster*, fromage alsacien, est un des plus fins et des plus estimés parmi les fromages gras. Il se fait avec le lait de vaches pâturées dans les montagnes et contenant toute sa crème. Il s'en fait un immense commerce d'exportation dont le point central d'expédition est à Colmar.

Ce fromage rond et haut s'expédie dans des boîtes en bois de sapin. Le vrai Munster est originaire des vallées de Munster, d'Orbey et de Lapoutroie en Alsace.

Le *fromage de Villé* (Basse-Alsace) est une variété du précédent, de forme carrée.

Le *Gérardmer* (Vosges) dont on a fait *géromé* est d'une pâte semblable au Munster, mais il se fait avec du lait écrémé et sa forme est plus grande. Il s'expédie aussi en boîtes. C'est d'ailleurs à Gérardmer, pays très industriel, que se font ces boîtes pour toute la région.

Le *Roquefort*, très fort de goût, se fait avec le lait de brebis, additionné parfois de vache; il est aromatisé avec des fines herbes hachées et autres ingrédients.

Le *Mont d'Or* est à base de lait de chèvres. On l'affine en le trempant au vin blanc. Il voyage en boîtes de sapin.

Le *Stracchino* (Milan, Italie), fromage de vache, gras, ressemble assez au Roquefort.

Le *Gruyère* (Suisse), fromage maigre, lait de vache, se vend en grosses meules de 25 à 100 kilos l'une.

Le vrai *Gruyère* est celui d'*Emmenthal*, dont le goût n'a encore été égalé par aucun de ses innombrables imitateurs. Dans ce pays, c'est un luxe de famille de se transmettre des vieux fromages dont l'âge atteint parfois plus d'un siècle, et qui n'en sont devenus que plus fins et plus recherchés.

On fabrique des Gruyère imitation, dans toutes les vallées des Vosges, du Dauphiné, des Alpes, des Cévennes.

Parmesan. Ressemble beaucoup au précédent, mais sa chair est plus foncée.

Hollande. Ce pays nous envoie quatre sortes de fromages différents.

Chester. Le meilleur fromage anglais, se fait à chaud au lait de vache. Ses meules sont du poids moyen de 50 kilos.

Glocester. Encore un anglais, du poids d'une dizaine de kilos, pâte céreuse, saveur douce, teint en orangé avec le rocou.

Et notez que nous n'avons nommé ici que les fromages les plus connus, les plus réputés. En somme, tous les pays en produisent, ils ont, chacun dans leur genre, des qualités, et constituent un aliment nourrissant à l'égal de la viande.

Le fromage se sert tout à la fin du dessert ; c'est, dit-on, le dernier ami du vin. Le fait est, qu'après les sucreries, le vin ne serait pas si agréable à prendre, si on ne l'accompagnait d'un petit morceau de bon fromage. C'est aussi la ressource du pauvre diable qui, n'ayant pas de quoi se payer un bon dîner, se contente d'un morceau de fromage sur son pain, et se trouve tout heureux ensuite, de pouvoir se désaltérer à la fontaine voisine.

Mets à base du fromage. Voyez : *macaroni, œufs, chou-fleur, potage, côtelettes,* etc.

Pains à la Victoria. Un œuf entier ; 35 gr. fromage râpé ; un peu de lait. Battez l'œuf, versez-le dans le lait bouillant ; ajoutez le fromage et remplissez-en à moitié de petits moules beurrés. Faites cuire une heure au bain-marie. Renversez les moules et servez avec un jus de viande, ou une sauce. C'est une jolie variante de la *fondue.*

Fondue. Pour rendre hommage à qui de droit, nous ne pouvons donner de meilleure formule que celle de Brillat-Savarin.

Pesez le nombre d'œufs que vous voudrez employer d'après le nombre de vos convives.

Vous prendrez alors un morceau de bon fromage de Gruyère pesant le tiers, un morceau de beurre pesant le sixième de ce poids.

Vous casserez et battrez bien les œufs dans une casserole; après quoi vous y mettrez le beurre et le fromage rapé ou émincé.

Posez la casserole sur un fourneau bien allumé, et tournez avec une spatule, jusqu'à ce que le mélange soit convenablement épaissi et mollet; mettez-y un peu ou point de sel suivant que le fromage sera plus ou moins vieux, et une forte portion de poivre, qui est un des caractères positifs de ce plat antique; servez sur un plat légèrement échauffé; faites apporter le meilleur vin que l'on boira rondement, et on verra merveilles.

Ramequin. Cuisez une bouillie avec un quart de litre de crème ou de bon lait et de la farine. Lorsqu'elle est refroidie, ajoutez 125 gr. de fromage rapé, Gruyère ou Parmesan, et quatre jaunes d'œufs. Mettez au four dans une forme beurrée et laissez cuire un bon quart d'heure.

FRUITS. Comme il nous faudrait plus d'un volume pour donner la manière de semer, greffer, planter, tailler, pincer, palisser et cultiver en général tous les fruits et faire la nomenclature de toutes leurs variétés, cela sortirait trop du cadre de cet ouvrage.

Nous allons simplement les passer en revue, en donnant sur chacun quelques indications en gros et nous ne nous appesantirons que sur leur emploi à la cuisine ou au laboratoire.

Le **cornichon**, le **concombre** sont des légumes, ils seront traités à leur place.

Abricots. L'abricotier en plein vent donne généralement des fruits plus savoureux et plus parfumés qu'en espalier.

On le greffe sur prunier et le plante à 6 mètres de distance.

Les meilleures variétés sont l'abricotin précoce, l'angoumois, le commun, le hollande, l'alberge, l'abricot-pêche.

On en fait des marmelades, pâtes, compotes, conserves au sucre, sirop d'abricots, liqueur, à l'eau-de-vie, des glaces. Frais et naturel, il est passablement fade, tandis que la cuisson développe son parfum.

L'amande d'abricot est amère et contient une dose assez notable *d'acide prussique*. On la fait entrer dans la liqueur de noyaux. Elle est très agréable à croquer, mais il ne faut pas en manger trop à la fois.

Amandes. L'amandier fleurit de très bonne heure, il est donc très rare qu'il donne récolte dans les pays du Nord, à cause des gelées du printemps. Les *variétés douces* les plus recommandées sont l'ordinaire à gros fruits, de Tours, des dames à coque tendre. L'*amandier amer* est un arbre sauvage du levant et du midi.

Les amandes sont un joli et agréable ornement de la pâtisserie, elles entrent dans le nougat, le sirop d'orgeat, les pralines dont elles sont la base. On les met un peu à toutes sauces dans la confiserie et la pâtisserie.

Les amandes douces et amères renferment *l'huile d'amandes douces*. On la retire des *amandes amères* en les comprimant à froid par une très forte presse, c'est l'huile vierge.

Puis on les comprime de nouveau entre des plaques chaudes, pour obtenir une huile moins fine, bien que très bonne encore. Après cette extraction de l'huile, le *tourteau*, étant broyé au contact de l'eau, il se forme de *l'essence d'amandes amères*, qui ne se produit pas sans l'addition d'eau. On distille ce tourteau délayé et on en retire ainsi l'essence qui entraîne avec elle *l'acide prussique ou cyanhydrique* qui s'est formé en même temps qu'elle. Cette essence, dont le prix est très élevé, ne s'emploie plus aujourd'hui que pour la confiserie-distillerie. Pour les usages industriels, savons, etc., on la remplace par la **mirbane**, qui est une *essence d'amandes amères artificielle*, découverte il y a quelques années et que l'on produit par l'action de l'acide nitrique sur la benzine. C'est une *nitrobenzine* qu'on peut employer sans danger à l'usage externe, mais que l'on doit bannir de la cuisine. Son parfum est d'ailleurs aussi fin que celui de l'amande amère et son prix de revient infiniment inférieur.

Toutes les parfumeries à bon marché sont parfumées à la mirbane. Elles ne supporteraient pas le prix de l'essence d'amandes amères.

L'huile d'amandes douces est employée par la pharmacie, la parfumerie. Elle est la meilleure huile à salade.

Cerises. Le cerisier se greffe sur merisier. Ses variétés sont innombrables et nous ne nous y attarderons pas. Nous les diviserons en cerises aigres, cerises noires, bigarreau, cerises à kirsch ou merises.

Les *cerises aigres* dont le type le plus parfait est celle de Montmorency, se confisent à l'eau-de-vie. Elles contiennent de l'acide citrique, ce qui permet d'utiliser leur suc dans une foule de sirops, confitures, etc. pour les acidifier.

Les *cerises noires* servent principalement, à cause de la couleur rouge foncée de leur suc, à colorer les sirops, les confitures etc. tout en leur communiquant la saveur si agréable du fruit.

Les *bigarreaux* peuvent être utilisés en compotes, mais ils constituent bien préférablement la cerise de table.

Les *merises*, dont beaucoup de variétés sont d'ailleurs greffées, ne sont guère employées qu'à la distillation du kirsch. Ce sont les plus sucrées et les plus parfumées de cerises. Celles de la montagne sont les plus recherchées ; quoique non greffées en général, et poussant parfois sauvages dans les forêts, leurs petits fruits donnent le kirsch le plus parfumé, en même temps que le meilleur rendement.

En mélangeant des *cerises aigres* et *noires* auxquelles on ajoute des *framboises* et des *groseilles*, on obtient la base de la confiture des quatre fruits.

Le *noyau de cerise* contient une amande amère, d'un goût très fin, qui sert à la confiserie, pour les bonbons ; et qui donne son arôme complémentaire au kirsch. On le fait entrer aussi dans la crème de noyaux qu'il améliore sensiblement.

Citron. Voyez *Orange*.

Coings. Le coignassier répand autour de lui une odeur très forte à l'époque de la maturité de ses fruits ; on l'éloigne donc des maisons habitées. Ses beaux gros fruits, en forme de pommes ou de poires sont utilisables cuits, mais ne peuvent se manger crus.

On en fait une gelée délicieuse, qui a la propriété spéciale de combattre la diarrhée ; une pâte de coings très estimée ; une confiture en quartiers que l'on fait nager dans la gelée ; un sirop ; une liqueur, dite ratafia de coings. En mélange avec les pommes, le suc ou la chair de coings s'accordent parfaitement.

Les *pépins* de coings, cuits avec l'eau, constituent un mucilage employé par les coiffeurs pour faire tenir les cheveux ensemble. C'est la *bandoline*.

Enfin, par la distillation du coing fermenté, on obtient une *eau-de-vie très parfumée*, mais que son prix de revient élevé empêche de produire en gros.

C'est sur coignassier que l'on greffe la plupart des poiriers.

Les variétés de coignassier ne sont pas nombreuses ; la plus recommandable est celle de Portugal, greffée sur coignassier commun.

Les coings sont mûrs en octobre, il est bon de les conserver encore quelque temps sur des rayons pour achever leur maturité au fruitier ; c'est là qu'ils se dorent. Leur peau est la partie la plus parfumée ; par contre, il faut en sortir les pépins et leurs divisions avant de s'en servir.

Épine-vinette. C'est un arbuste épineux de nos climats, que l'on trouve à l'état sauvage dans les pays de montagne, Alpes, Vosges, Pyrénées. Dans les jardins, on le plante en haies et buissons. Ses fruits rouges, blancs ou violets, sont en grappes, ce sont des baies allongées, contenant quelques petits pépins, et d'une saveur excessivement acide. Leur acidité est due à l'acide malique.

La confiserie, après les avoir séchées, recouvre ces baies d'une pellicule de sucre. Avec le suc on fait le sirop d'épine-vinette (voyez *interverti*). Ce même suc est aussi employé par la corroierie. Enfin les racines de l'arbuste sont employées dans la teinture de la soie, à laquelle elles communiquent une couleur jaune paille qui entre dans la composition des nuances grises, et qui a la propriété de fixer le bleu d'indigo.

Les baies d'épine-vinette ne doivent être cueillies, dit-on, qu'après avoir subi une gelée qui les ramollit. C'est vrai pour les exprimer, mais on peut parfaitement se passer de cette gelée ; une bonne coction les ramollit encore bien mieux.

En cuisant la baie fraîche avec son poids de sucre traité d'abord en sirop, jusqu'à transparence des grains, on fait une *très fine confiture* acide et rafraîchissante qui se conserve aisément. Elle serait infiniment plus agréable si on en supprimait les pépins ; le moyen serait aisé en faisant un gelée avec le suc frais, au lieu d'une marmelade avec le tout. Il paraît que ce n'est pas à la mode.

Figues. On peut planter le figuier dans toutes les terres, pourvu qu'elles ne soient pas trop souvent humides ; mais dans nos climats, il lui faut une exposition chaude, si l'on veut qu'il porte fruit. On le met donc en espalier le long d'un mur, en plein midi. On ne le taille pas, sauf à en couper le bois mort. En juin, on pince le bourgeon terminal des branches qui portent fruit, ce qui les fait grossir et les empêche de tomber. Il donne ses fruits à partir de juillet jusqu'aux gelées.

Les meilleures variétés sont la figue blanche ronde et la figue violette.

Les figues fraîches de nos climats ne sont à servir que comme fruit de table. Celle que le commerce nous apporte séchées, des pays d'Orient, sont plus sucrées et conviennent seules à des combinaisons de pâtisserie que l'on n'emploie presque jamais. Par contre, elles font partie des desserts de fruits secs, mendiants.

La pharmacie les emploie comme émollient et la distillerie comme matière sucrée à fermenter dont on fait une eau-de-vie qui ressemble au cognac.

Fraises. La fraise des bois, au suave parfum, est l'origine, la mère, si vous voulez, d'une infinie quantité de variétés cultivées. Il y en a de toutes formes, de toutes nuances, du blanc au rouge-brun, et d'arômes différents. Nous ne saurions les passer toutes en revue, faute de place.

La plantation du fraisier se fait en août, afin qu'il porte une récolte un peu plus forte dès la première année. On peut aussi le planter au printemps.

On met les plantes à 30-40 centimètres de distance selon la dimension qu'elles gagneront plus tard, puis on les garnit d'un peu de fumier bien consommé et on les laisse hiverner.

Pour obtenir de beaux fruits, il est nécessaire d'enlever tous les fils traçants qui se forment au printemps et qui épuisent lá plante. Après la fructification, on peut en laisser quelques-uns pour se faire du jeune plant.

Lorsqu'on emploie les fraises pour aromatiser un sirop ou un plat doux, il faut se rappeler que tout l'arôme réside dans leur peau. La chair intérieure, qu'elle soit blanche ou colorée, est à peu près insipide.

Pour faire du suc de fraises, on se gardera donc de les écraser ou presser. La meilleure méthode consiste à les faire digérer quelques heures avec un bon vin de Bourgogne, puis de les en séparer à l'aide d'un tamis. On aura, de cette façon, le plus de parfum possible. En sucrant ce vin, et le servant au dessert, on offrira à ses convives un délicieux breuvage dont peu d'entre eux soupçonneront la nature, si l'on a soin de le filtrer.

La fraise entre dans nombre de *plats doux, confiture, marmelade, sirop, bonbons.*

La *compote* se fait tout simplement en versant du sirop de sucre bouillant sur les fraises, et laissant refroidir. Elle ne se conserve pas.

La plus parfumée de toutes les fraises est celle des bois, qui se trouve dans, ou mieux au bord de toutes les forêts de plaine et de montagne. Elle pousse spontanément dans toutes les parties dont on a coupé les bois. On la sert avec sucre et souvent on y ajoute un peu de kirsch, cognac, champagne ou vin fin pour la rendre plus digestible et plus agréable. De même pour les variétés cultivées.

Framboise. Le framboisier est un arbrisseau sauvage des forêts de nos montagnes. Il croît surtout au bord des sentiers et des chemins, dans les parties où il trouve l'air et la lumière qui lui manquent sous les grands arbres, et ne commence qu'à l'altitude de 400-500 mètres au-dessus de la plaine. Il ne craint rien du froid et n'exige presque aucun soin de culture : enlever le bois qui a porté fruit l'année précédente. Son fruit paraît en juillet-août dans les jardins. Le fruit sauvage ne vient qu'après, son retard provenant de l'altitude, car on ne récolte sérieusement qu'à la hauteur de 600 mètres au moins; ce n'est que dans ces parages que le framboisier est réellement abondant. Il est moins parfumé que le cultivé.

Variétés recommandées à la culture : Le quatre saisons ou des Alpes, le rouge à gros fruits, le blanc.

La framboise est parfumée dans toutes ses parties, mais c'est la pellicule qui contient le plus d'arôme.

La framboise est certainement un des plus importants parmi les petits fruits parfumés, et les bons produits que l'on en fait sont nombreux. Pour en tirer tout le parti convenable, il faut procéder par ordre.

Avant tout, nous exprimerons le fruit au moyen d'une presse, si nous en possédons, et pour cela, nous l'enfermerons dans un sac de toile forte, afin que **le suc** puisse plus facilement s'écouler.

Si nous n'avons pas de presse, nous fabriquerons un sac en forte toile de chanvre ou de coton, en forme de pain de sucre, nous le coudrons à la machine avec le meilleur fil blanc. Ceci fait, ayant lavé le sac à l'eau bouillante, dans le but de le débarrasser de l'apprêt, nous y enfermerons nos framboises, et nous les y presserons en tordant les deux bouts du sac. Il faudra donc être à deux pour faire une bonne besogne. On peut aussi se servir d'une serviette qu'on remplit de fruits et qu'on tord de même, mais outre que cela abîme le linge, le suc ne sera pas aussi beau ni aussi pur qu'avec un sac cousu.

Ainsi, nous aurons du **suc de framboises**.

Si nous voulons faire de **la liqueur spiritueuse**, nous

faisant fermenter. On l'améliore en y ajoutant le jus de raisins secs gonflés à l'eau bouillante, puis pressurés, ou du jus de figues sèches traitées de même.

On se sert généralement de la groseille rouge pour les sirops et gelées à cause de sa belle nuance et de son acidité plus prononcée. La blanche pourrait cependant la remplacer partout.

Le **cassis** ou **groseille noire**. Voir *groseillier* pour sa culture. Le cassis a un goût tout particulier et qui n'a aucune analogie avec celui des autres fruits.

On lui marie agréablement la cerise et la framboise. Son parfum ou *arôme* réside tout entier *dans la pellicule* du fruit. L'intérieur est absolument nul et ne possède qu'un peu d'acide. Il ne faut donc pas l'écraser. Le *jus de cassis* est en effet produit par *infusion,* soit avec du fort vin du Midi, Roussillon ou Narbonne, qu'on renforce encore avec une petite dose de trois-six, soit avec du trois-six coupé d'eau. Pour le bien conserver, son degré spiritueux doit dépasser 15 degrés. On en fait un *sirop* et une *liqueur*.

Le **mêlé** *cassis,* la liqueur traditionnelle des voituriers de France, est de la liqueur de cassis, mêlée dans le verre avec plus ou moins d'eau-de-vie. Ces gens-là n'aiment pas le doux, il faut que cela gratte un peu le palais.

Le **maquereau,** fruit du **groseillier épineux,** n'est guère employé qu'avant sa maturité. On en fait une *compote* très aigre dont on couvre des tartes.

Ce fruit entre aussi dans les *pickles,* toujours avant maturité. Lorsqu'il est très mûr, on peut le traiter pour *vin* comme la groseille rouge.

L'arbuste se cultive comme les groseilliers.

Marrons et **châtaignes.** Les marrons ne sont que de grandes châtaignes, ce sont deux membres d'une même famille. Le *châtaignier* est un grand arbre à feuilles lancéolées, bordées de dents aiguës. Ses fleurs en chatons paraissent en juillet et ses fruits en septembre-octobre. Il en existe plusieurs variétés.

En Alsace, dans les contrées vinicoles, les parties de côtes qui s'élèvent au-dessus de la vigne, trop élevées pour qu'elle y réussisse, sont le plus souvent plantés en châtaigniers. Avec leur bois, on fait des échalas, des cercles de tonneaux et leurs fruits ne sont pas considérés comme récolte par le propriétaire; les ramasse ordinairement qui veut.

Châtaignes et marrons contiennent une grande quantité de fécule associée à un principe sucré. On s'en sert pour des purées, on les sert confits ou préparés de diverses façons au sucre. Lorsqu'on les faits rôtir, il ne faut pas oublier de les fendre pour donner une issue à la vapeur qui les ferait sauter sans cette précaution.

Melon. Est-ce un fruit ou un légume ? Je le classe sans hésitation parmi les fruits dont il a l'aspect et les propriétés. D'ailleurs, si certains le traitent en légume, en le servant comme hors-d'œuvre avec sel et poivre, j'en connais d'autres qui ne le comprennent qu'au dessert, avec sucre.

La culture du melon exige des soins tout spéciaux. Les semis et les replantations se font sur des couches ou sous cloches, sur des buttes chauffées par une épaisse couche de fumier de cheval. C'est un travail qui exige les connaissances d'un jardinier, aussi bien que le pincement continuel des bourgeons.

C'est un fruit d'un arôme délicat, mais d'une digestion pénible; aussi est-il bon de l'assaisonner copieusement, soit au sel, soit au sucre, et de l'accompagner d'un vin généreux pour réchauffer l'estomac.

Il y a trois grandes familles de melons : 1° le *maraîcher ou brodé*, 2° le *cantaloup ou à côtes*, 3° la *pastèque ou melon d'eau*. Ces deux derniers sont les plus estimés.

Le melon doit avoir la chair ferme et compacte ; il doit être lourd à la main ; la queue doit paraître desséchée. Enfin la maturité à point se reconnaît surtout à l'odeur qu'il répand du côté opposé à la queue. Il ne doit être ni trop ni trop peu mûr et l'expérience seule d'un amateur lui dira le degré de maturité d'après la nuance, l'odeur, l'aspect du fruit. Ces choses-là ne sont pas faciles à expliquer.

Voir la culture à *jardin-potager*.

Merise. Cerise sauvage. Voyez *cerise*.

Mûre. Le mûrier est un arbre très rustique qui ressemble assez au tilleul. Il ne faut jamais le tailler. Son fruit blanc ou rouge foncé contient un principe acide et astringent qui le fait employer contre les maux de gorge, soit en mangeant du fruit au sucre, soit en se gargarisant avec le suc sucré ou le sirop de mûres.

Le *sirop de mûres* se fait exactement comme celui de framboises.

Myrtille ou **Airelle** ou **Brimbelle**. Baies des pays de montagnes croissant en terrain spécial qui se rapproche de la terre de bruyère. Outre des variétés rares, il existe deux espèces très distinctes : la *noire* à laquelle on donne plus généralement le nom de *myrtille*, et la *rouge* ou rose que les Vosgiens nomment *airelle de la grand'mère*.

La *myrtille noire* est soigneusement récoltée. On s'en sert comme *remède populaire contre la dyarrhée*, la *dyssenterie*, on en fait une *eau-de-vie* très estimée, à l'égal du kirsch, et un *vin rouge* fort passable en la pressurant et sucrant le moût. Pour cela, on la mêle souvent au fruit de la ronce, mûre sauvage, qui vient plus tard.

La *myrtille noire*, ou son *suc* du moins, a servi souvent de colorant très inoffensif pour les vins et les sirops.

C'est aussi pour colorer les vins de deuxième cuvée qu'on en fait sécher de grandes quantités qui s'expédient au loin.

L'airelle de la grand'mère est une baie ronde moitié rose, moitié blanche, lorsqu'elle est à maturité. Les Allemands en font grand cas et en préparent une espèce de *confiture au vinaigre*, qu'ils servent comme *hors-d'œuvre*. Cette baie possède une acidité assez prononcée, combinée à une amertume désagréable. C'est la variété la plus active comme *médicament antidyssentérique*.

Nèfles. Les *néfliers* réussissent dans tous les terrains, même humides. On ne les taille pas. Ce sont des variétés du *Sorbier*. Les nèfles se récoltent en octobre et novembre pour être mises au fruitier sur des tablettes où elles mûrissent en se ramollissant. On les sert au dessert, telles.

Noisettes. Le *noisetier* ou *coudrier* croît sauvage dans tous nos bois, mais on l'a amélioré par la culture et l'importation de variétés étrangères.

Sa culture ne demande aucun soin que d'enlever le vieux bois ou les trop grosses branches. Il ne faut jamais le tailler.

Les noisettes se servent avec les *mendiants*. Elles remplacent ou accompagnent les amandes douces dans les plats doux et pâtisseries. On en tire une huile délicate qui ressemble beaucoup à celle de l'amande douce.

Variétés recommandées : — franc, — à fruit rouge, — grosse aveline de Provence, — aveline rouge, — à grappes.

Elles mûrissent en août et septembre et tombent aussitôt après.

Noix ou **Cerneaux**. Le noyer est un arbre qui exige une superficie de 20 à 30 mètres et plus, pour bien développer son immense couronne. Comme avec cela il épuise beaucoup le sol et que son ombre empêche la végétation, ces diverses considérations l'ont relégué au bord des chemins ou dans des terrains de peu de valeur. Il mérite cependant mieux, à cause de ses fruits, qui entrent souvent dans les desserts et s'accordent si bien avec le vin nouveau ; et aussi à cause de la délicieuse *huile à salade* qu'on en retire. Cette huile, au bouquet agréable, peut encore servir à la peinture, car elle est presque aussi siccative que l'huile de lin.

Les *noix* sont rarement employées autrement que comme fruit. Lorsqu'elles se sont trop *desséchées*, on peut leur *rendre leur fraîcheur* en les enterrant pendant 24 heures à une profondeur d'un mètre en terrain humecté ; ou en les faisant tremper à l'eau tiède le même temps. Si leurs coquilles ont pris une teinte foncée et désagréable à la vue, on leur rend tout l'éclat de la fraîcheur en les soufrant avec un bout de mèche brûlée dans une barrique close, pendant qu'elles sont encore humides. Le soufrage ne leur donne d'ailleurs aucun goût, puisqu'il ne traverse pas la coque. On roule le tonneau un moment, pour que toutes les noix arrivent au contact de l'acide sulfureux.

De même, les *personnes qui ont les mains noires*, d'avoir épluché des noix, peuvent les blanchir en les tenant humides au-dessus de quelques allumettes, pendant que leur partie soufrée brûle. On les rince ensuite sans savon.

Olives. L'olivier est un arbre du Midi, qui garnit tout le bassin de la Méditerranée. Sa culture ne nous intéresse donc pas particulièrement.

L'olive ne nous arrive que confite à la saumure. C'est un fruit oléagineux, dont le goût particulier plaît beaucoup comme hors-d'œuvre ou pour garnir certains plats.

L'huile d'olive passe avec raison pour la meilleure des huiles de table. Malgré son prix relativement élevé, c'est la meilleure graisse à fritures et la plus économique peut-être, puisque la friture en absorbe sensiblement moins que de beurre ou de graisses animales. De plus, elle donne à la préparation une finesse toute spéciale.

Oranges et **Citrons.** L'oranger se greffe sur citronnier, il est lui-même une variété du citronnier. Ces deux articles n'en font donc qu'un, malgré l'emploi souvent si différent de leurs fruits.

Tous deux vont très bien dans le grog, le punch, le vin chaud, et s'y remplacent à volonté.

Le citron sert à donner un goût acidule aux sauces, aux huîtres, aux mets fades. C'est un vinaigre plus agréable, plus délicat que l'autre. Son *zeste* (partie jaune de l'écorce) est un assaisonnement spécial, mais celui de l'orange peut souvent le suppléer. Ils sont tous deux fort employés en liquoristerie.

Lorsque vous avez des *écorces d'oranges* fraîches, ne les jetez pas; zestez-les et mettez ce zeste dans un bocal, couvrez-le de trois-six et bouchez-bien. Vous ferez ainsi l'*alcoolature de zestes d'oranges* (ou *de citrons*) dont nous parlerons aux *liqueurs*. Vous pourrez aussi vous en servir souvent pour bouqueter un plat doux, un bonbon, une pâtisserie, une crème et vous aurez en cela une bonne ressource.

Le *vin d'orange* se fait avec le suc du fruit qu'on laisse fermenter avec addition de 10 pour cent de sucre, ou plus si on veut l'avoir doux et fort.

On peut *confire* les zestes et les quartiers d'oranges et de citrons au sucre. On en fait de délicieuses préparations qu'on trouvera aux *confitures*.

Le citronnier ne donne pas fruit dans nos climats du Nord. L'orange même y mûrit mal. Ce sont des fruits du Midi.

Pêches. Les jardiniers prétendent que le pêcher ne réussit bien qu'en espalier dans nos climats tempérés, et qu'il faut le climat du Midi pour arriver à un résultat avec le plein vent. C'est possible, mais il faut conduire, pincer, soigner son arbre en espalier cinq ou six ans sans y récolter à peu près rien, tandis qu'un plein vent donne assez vite. Il ne faut pas lui demander plus qu'il ne peut donner, voilà la seule observation. J'ai admirablement réussi à faire des récoltes considérables d'excellentes pêches en plein vent, sans greffe et sans aucun autre soin que de couper le bois mort. Lorsqu'on servait à ma table une belle pêche, j'en mettais le noyau de côté et je les semais au mois de mars suivant, à 25 centimètres l'un de l'autre, la pointe en bas. Au bout de trois ans, je sortais de ce semis les plus beaux sujets, je les mettais en place et j'avais une récolte deux ans après. J'avoue que mon arbre ne porte guère plus que cinq ou six ans, mais que m'importe? J'ai une réserve constante de jeunes sujets qui remplacent les vieux à mesure que le besoin s'en fait sentir, et ces arbres ne me coûtent rien. Il est vrai que des noyaux de pêches du même arbre m'ont donné des fruits très différents, mais avec ces noyaux semblables, je suis ainsi à la tête de variétés très délicates, et rien ne m'empêche de greffer les meilleures sur mes jeunes sujets de réserve. Lorsqu'un tel pêcher a porté une récolte trop lourde pour lui, il prend la gomme et meurt. On le remplace et tout est dit, l'arbre a rapporté plus que sa valeur.

Les pêches mûrissent d'août à octobre. C'est, à mon avis, le fruit le plus savoureux de notre climat, à manger frais avec ou sans sucre. On peut l'assaisonner d'une goutte de kirsch, mais la vraie façon, c'est la *pêche au vin* que vous connaissez. Le vin qui lui va le mieux est le Bordeaux ou le Bourgogne rouge de bons crûs.

Il est une façon de se procurer du *vin doux aux pêches* pour le dessert, pouvant se conserver. Faites tremper la chair épluchée des pêches avec deux fois leur poids de cognac; après vingt quatre heures au moins, soutirez. Mêlez cette infusion décantée avec cinq fois autant de bon vin rouge et sucrez convenablement. Trois ou quatre jours après, filtrez votre préparation.

Pour les compotes, conserves, marmelades, pêches à l'eau-de-vie, confitures, etc., nous renvoyons à ces articles dans le corps de l'ouvrage.

Les variétés nombreuses de pêches sont du ressort du jardinier.

La **conserve** des **pêches**, des **abricots**, des **diverses prunes** et en général de tous les fruits, consiste simplement à les cuire en marmelade sans sucre, ou avec la quantité de sucre que vous mettriez dans une marmelade de même nature, pour la consommer de suite.

Cette marmelade sera bien cuite et sera versée bouillante dans des bocaux traités comme il est dit à l'article *conserves au soufre*.

Toutes les marmelades peuvent se traiter ainsi, et toutes les pulpes de fruits. Pour ce genre de conserves, nous avons reconnu que ce procédé vaut mieux que le *bain-marie*.

Nous avons gardé plusieurs années des *bocaux de pêches* que j'avais traités ainsi : Dans un bocal d'un demi-litre de contenance, j'ai rangé des demi-pêches pelées en y intercalant 100 gr. de sucre cristallisé en grains. J'ai versé là-dessus un verre à bordeaux d'une bonne eau-de-vie (kirsch ou cognac conviennent également), puis fermé par un bon bouchon, et j'ai abandonné les bocaux à eux-mêmes. Cela s'est parfaitement gardé avec le parfum exquis de la pêche crue et fraîche.

Je conseille de ne traiter ainsi que des fruits dont le goût change par la cuisson, et je crois, sans l'avoir essayé encore, que ce procédé serait applicable à la *fraise*, et à nombre d'autres fruits qui se trouvent dans cette condition.

Piment. Voici un fruit qui est plutôt une épice, et qui

rentre dans le jardin potager. Si vous l'aimez, il ne sera pas désagréable d'en avoir quelques plants à portée. Semer en mai sur couche, ou en avril sur plate-bande garnie d'un bon terreau, et sous cloche.

Repiquer à très chaude exposition dès que le plant a poussé ses secondes feuilles.

Les variétés que je vous recommande sont le poivre long, le piment rond, le cerise, le violet, le jaune, le gros carré doux, le tomate, le Chili.

On épice avec un piment, les cornichons, pickles et autres articles au vinaigre ; les sauces, pour remplacer le poivre. Quelques personnes le mangent cru ou cuit et l'habitude fait qu'il ne leur brûle pas la bouche. Réduit en poudre, il constitue le *paprica* des Hongrois.

A la rigueur, le piment pourrait remplacer la moutarde comme *sinapisme*, mais avec moins de force.

Le *piment de la Jamaïque* est en petites baies ridées un peu plus grosses que le poivre en grains. Il a l'odeur combinée de girofles et de cannelle. Il n'est pas cultivable dans nos climats.

La matière âcre active du piment porte le nom de *Capsicine*.

Poires, Innombrables variétés de table, à cuire, ou à poiré. On fait d'ailleurs du *poiré* avec toutes les sortes de poires si l'on veut, et le mieux est de les cuire pour faciliter l'extraction du jus. On obtient ainsi une sorte de cidre très fort en spiritueux et traître au buveur, car il semble facile à boire.

Le *poirier* se cultive en haute tige, en espalier, en cordons, en palmettes. Il nous est impossible d'entrer ici dans tous ces détails ; ils sont du ressort d'un jardinier expérimenté. Disons seulement que la poire doit être cueillie au moment voulu selon sa maturité première, pour être déposée sur les tablettes du fruitier où elle s'achève et prend couleur. Là encore, il lui faut une surveillance journalière : trop peu mûre, elle est coriace et n'a pas son parfum ; trop mûre, elle devient blette et perd toute sa valeur. On choisira des variétés dont la maturité successive fera durer la provision de poires, jusqu'à mai suivant.

Avec les poires, que l'on peut préparer cuites de diverses façons, on fait aussi des compotes ; on les fait confire au sucre ou à l'eau-de-vie, et pour cela on emploie de préférence la rousselotte. Elle entre dans le *raisiné*.

Voyez *Confitures*.

Pommes. Il existe des pommes de tant de variétés, que je renvoie aux traités spéciaux. Sans compter la pomme à *cidre*, dont les pays de Normandie et de Bretagne ont à peu près la spécialité, et dont les variétés douces, amères et acidules sont innombrables, il y en a un choix considérable pour le dessert. La meilleure famille est celle des reinettes, mais les Calville, les Rambour, les Fenouillet, les Apis, les Pépins du Hàvre, et bien d'autres ont leurs amateurs à cause de leur saveur, de leurs dimensions, de leur coloris.

Le pommier se cultive en haute tige, en arbre nain, en gobelet, etc., c'est l'affaire du jardinier.

La pomme contient beaucoup de *pectine*, qui donne de la gelée lorsqu'on cuit son suc avec le sucre. Son acidité est due de l'*acide malique*. On en fait des compotes, on la cuit de diverses façons pour lesquelles nous renvoyons aux *confitures*.

La pomme fait son sucre, c'est-à-dire achève sa maturité au fruitier et s'y conserve plus ou moins de temps, selon sa variété. Dans un jardin, on fera donc bien de choisir des variétés dont la maturité arrive successivement, pour en jouir longtemps.

Pour faire *un bon cidre*, il faut combiner les pommes des

trois principales familles, aigres, douces et amères. On les met en tas dans les prés, comme les cailloux au bord des routes, et on les y laisse former leur sucre. Ce n'est qu'après quelques semaines qu'on les broie et qu'on les presse pour livrer leur jus à la fermentation.

Le marc traité avec eau, donne un second cidre ou piquette très agréable.

Prunes et **prunelles**. La *prunelle*, fruit du prunier épineux ou prunellier, n'est d'aucun emploi en cuisine. C'est un petit fruit bleu, acerbe, dont la distillation tire une délicieuse *eau-de-vie*. La *crème de prunelles* est une liqueur de noyaux.

Les *prunes* se divisent en plusieurs grandes familles.

a) Les *prunes d'Ente* ou *pruneaux* que l'on sèche pour le commerce, et dont le prix varie selon leur grosseur ;

b) les *Reines Claude* à diverses variétés ;

c) les *Mirabelles* plus petites que les reines claude ;

d) les *Perdrigons*,

et quelques autres intermédiaires.

On les plante toutes de préférence sur haute tige qu'en espalier ; le rendement est meilleur, et la culture n'exige aucuns soins.

Outre leur emploi à la distillation, où toutes elles donnent de bonnes eaux-de-vie de goûts différents selon leur variété, elles servent à fabriquer tous les produits qu'on peut demander à un bon fruit : en *marmelade*, en *compote*, en *confiture*, à l'*eau-de-vie*, au *vinaigre*, en *conserves*, elles sont bonnes à toutes sauces. On en fait même du *vin de prunes* très bon lorsqu'on y met les soins voulus. Il suffit, pour réussir, de cuire les prunes pour en former le jus, de les exprimer, sucrer un peu leur suc, soit à 4 ou 5 pour cent de sucre tout au plus. La fermentation, bien conduite, fera le reste. *Conserve*, voyez *pêches*.

L'*eau-de-vie de prunes* porte le nom de *Quetsch*.

L'*eau-de-vie de mirabelles* est très fine et délicieuse.

Raisins. De tous les fruits, c'est bien le plus important en France, où la récolte de la vigne produit chaque année des centaines de millions, et fait vivre la plus nombreuse population. Parler de la culture de la vigne ici, serait oiseux, parler de ses variétés d'espèces serait ridicule, à moins d'élargir outre mesure notre cadre, et serait bien inutile pour l'emploi à la table. Nous nous bornerons à indiquer les détails de la fabrication du vin et des soins à lui donner, ce qui sera fait à sa place. Voyez *vin*, *raisiné* à l'article *confitures*.

Le *raisin frais* se sert comme le *raisin sec*, au dessert. Les raisins secs de Malaga, Corinthe, Dénia et autres, se mettent comme ornements dans certains biscuits et gâteaux.

Pour *conserver* le raisin frais, on le suspend à l'air libre, pas trop chaud, même à la cave, si elle est suffisamment sèche, et on le visite souvent pour en enlever les grains gâtés. Une autre méthode plus moderne consiste à laisser, à chaque grappe, un bout de rameau, dont on plonge le bas dans un bocal garni d'eau, contenant quelques débris de charbon de bois. L'extrémité du haut est trempée dans la cire à cacheter ou une résine fondue, pour la rendre imperméable à l'eau et à l'air. On peut conserver longtemps son raisin par ce procédé.

Ronces ou mûres de haies. Baie sauvage dont la couleur foncée et le peu de bouquet ont permis de se servir pour colorer les jus de fruits, les vins de seconde cuvée, etc. On en fait un vin rouge à la façon de celui de groseilles. Pour la manière de traiter son suc, je renvoie à l'article framboise.

Sorbes. Les baies rouges du sorbier des oiseleurs sont utilisées à la distillation. Cette *eau-de-vie* est très parfumée et d'un faible rendement, ce qui rend son prix très élevé.

Les sorbes sont la nourriture des grives en hiver ; dans nos montagnes, lorsqu'on prend de ces oiseaux au filet, on leur bourre le gésier avec quelques sorbes qu'on y laisse pour les faire rôtir. Ces baies communiquent leur bouquet au gibier, ce qui le rend exquis.

Sureau. Les baies de sureau, très foncées en couleur, sont la base du *vin de Fismes*, colorant puissant pour les vins ; la couleur y est fixée par un peu d'alun.

On en fait aussi une *eau-de-vie* d'un goût assez prononcé, qui est recommandée spécialement pour frictions.

Les *beignets* de sureau se font avec la fleur, sur l'arbre même. Voyez *beignets*.

Tomate. Plus légume que fruit, la *tomate* ou *pomme d'amour* sert principalement à faire une *sauce* qui peut se servir avec tout.

On les *farcit* parfois.

Conserve de tomates. Choisissez des tomates bien mûres, essuyez-les avec un linge doux, et faites-les cuire jusqu'à réduction du tiers environ de leur poids, avec un peu d'oignon en tranches ou rondelles, et un assaisonnement de sel, poivre, muscade et girofle. La cuisson doit se faire à grand feu. Passez alors au tamis, et recuisez le jus doucement, pour le réduire à peu près à moitié.

C'est cet extrait que vous pourrez traiter en *conserve*, soit par le procédé *bain-marie*, soit *au soufre*, mais en ayant soin de verser un peu d'huile à la surface, ce qui la garantira des moisissures.

La conserve de tomates peut servir à faire la sauce tomate hors la saison du fruit. Elle s'emploie aussi journellement pour additionner aux ragoûts, aux sauces, aux potages, et en général à un grand nombre de mets qu'elle améliore sensiblement.

On a proposé différents procédés de conservation des

tomates qui ont toujours eu le bain-marie pour base ; c'est encore la recette ci-dessus qui donne le meilleur résultat, et le plus certain.

La *culture* des tomates demande des soins tout particuliers, surtout pour le pincement, si l'on tient à obtenir de beaux fruits. Je ne parlerai pas de la culture forcée, ou sur couches, qui n'est pas à la portée d'un jardin modeste, mais seulement de la pleine terre.

On doit les semer en pots sur couches, ou tout au moins sous cloches, en entourant les pots d'une bonne couche de fumier frais de cheval ; ceci pour les avoir tôt.

Lorsque le plant est assez fort, on le repique en place à bonne exposition et en bonne terre bien fumée, et chaque pied recevra un bon et solide tuteur. Puis on attendra la floraison, en maintenant le terrain à bonne humidité. Au commencement, on les couvrira de cloches, et on donnera de l'air toutes les fois que la température le permettra.

Lorsque les fleurs seront marquées, on pincera les branches en retard, et les sommités des branches à fleurs, et on renouvellera le pincement chaque semaine pour que toute la sève se porte sur les fruits. Il faut surtout enlever les jeunes pousses du bas, et celles qui se forment à la base de chaque feuille. A la presque maturité, on enlèvera presque toutes les feuilles, mais pas toutes, pour mieux exposer les fruits aux rayons du soleil.

FRUITS A L'EAU-DE-VIE. On peut confire à l'eau-de-vie, ou mieux à la liqueur, tous les genres de fruits. Presque tous sont à diviser en sortes de familles à ce point de vue, selon leur dureté, leur perméabilité, leur chair, etc., et leurs grosseurs.

Les fruits à chair ferme ou dure, devront être *blanchis* par l'eau bouillante, jetés à l'eau froide, et s'ils sont pelés, jetés après cela en eau alunée à 15-20 gr. d'alun par litre, ce qui les maintient blancs. Voyez *blanchiment*.

La liqueur destinée à recouvrir les fruits peut, dans bien des cas, être préparée à l'avance, par le mélange d'eau-de-vie à 60 degrés et de sirop simple par parties égales. Il est toujours bon de faire infuser dans cette eau-de-vie un nouet d'aromates qui se composent de cannelle, girofle, macis, un peu de vanille, ce qui en rehausse le goût.

Lorsque le fruit est à chair ferme ou peu perméable, il faut le faire cuire dans un sirop de sucre pour le ramollir, puis le couvrir de ce sirop pendant deux ou trois jours ou plus, afin qu'il s'en pénètre. La liqueur se fait alors avec le reste du sirop, ramené à consistance ou non, et l'eau-de-vie.

On ferme les bocaux avec une vessie mouillée, ou avec un parchemin. Si les fruits devaient se conserver plusieurs années, cette fermeture serait tout à fait insuffisante puisqu'elle laisse passer les vapeurs d'alcool. Il faudrait employer le liège, et même une fermeture plus hermétique encore, telle que les nouveaux bocaux dont le couvercle se visse, serré par une rondelle de caoutchouc.

Pêches à l'eau-de-vie. Abricots à l'eau-de-vie. Tranches de melon. *Blanchissez* vos pêches pour les peler.

Pour chaque kilogramme de fruit prenez 500 gr. de sucre cristallisé ou en pains et cuisez-le avec même poids (un demi-litre) d'eau, écumez.

Mettez vos pêches dans le sirop et donnez-leur quelques bouillons, puis sortez-les.

Cuisez votre sirop à consistance, versez-le sur les fruits dans une terrine, et laissez en repos trois ou quatre jours. Ensuite, rangez vos fruits dans leurs bocaux et recouvrez-les avec le sirop que vous aurez mélangé avec partie égale de bon cognac.

Fermez hermétiquement.

Pendant les premiers temps, il sera bon de retourner les bocaux de manière à mélanger le liquide du fond avec celui du haut. Cette opération se fera tous les quatre ou cinq jours pendant le premier mois seulement.

Cerises, mirabelles, verjus *et autres petits fruits de peu de dureté.* Les petits fruits n'ont pas besoin d'une si longue préparation pour être mis à l'eau-de-vie. On ne les cuit pas. On leur coupe la tige en en laissant un petit bout, on les range dans les bocaux, puis on les recouvre de liqueur faite en mélangeant un sirop de sucre avec du cognac par parties égales.

On bouche bien et on remue comme ci-dessus.

Quelques personnes les piquent avec une épingle, mais la liqueur les pénètre bien sans cela.

Poires à l'eau-de-vie. On emploie la poire Rousselette avant qu'elle ne soit trop mûre.

Piquez-les de quelques coups avec une épingle d'or ou d'argent et mettez-les à l'eau bouillante, après avoir raccourci les queues. Lorsqu'elles reviennent surnager, jetez-les à l'eau froide dans laquelle vous aurez mis un peu d'alun et de vinaigre. Quand elles seront refroidies et égouttées ou essuyées avec un linge bien doux, faites-les cuire huit à dix bouillons seulement et par fractions dans du sirop de sucre, puis déposez-les dans une terrine en les recouvrant du sirop.

Le lendemain, faites la même cuisson au sirop et recouvrez vos poires de même.

Enfin, le troisième jour, mêlez votre sirop froid avec partie égale de bon cognac et versez cette liqueur sur vos poires que vous aurez rangées dans les bocaux. Couvrez d'un bon liège ou de toute autre fermeture hermétique.

Pruneaux à l'eau-de-vie. Choisissez de beaux pruneaux secs, et mettez-les tremper trois heures dans une infusion chaude de thé; égouttez-les sur un tamis, puis jetez-les dans un sirop de sucre bouillant, où vous les laisserez se gonfler pendant trois heures. Placez-les dans un bocal, et versez le sirop dessus, après l'avoir coupé d'égale quantité de cognac. Laissez en repos, en vase bouché, pendant un mois avant de les servir. Traitez de même les **raisins secs de Malaga,** ou autres à gros grains.

Les **Chinois** sont des petits fruits à moitié de leur grosseur, oranges ou citrons. On les pique avec une épingle, puis on les fait se ramollir en les cuisant dans de l'eau, avec un peu de cendre de bois. On les jette alors dans l'eau froide trois ou quatre fois renouvelée, dans laquelle on les lave soigneusement.

Après les avoir égouttés, on leur donne quelques bouillons dans un sirop de sucre, poids pour poids d'eau. C'est après cette cuisson qu'on les trempe dans la liqueur définitive, comme les autres fruits.

On peut aussi prendre les chinois glacés des confiseurs, et les mettre directement dans la liqueur, pour s'éviter ces manipulations.

Obs. Pour *tous les fruits à l'eau-de-vie,* évitez de fermer vos bocaux avec une vessie ou avec ce papier dit parchemin que l'on vous offrira dans ce but.

Outre que ces papiers sont volontiers attaqués par les souris, ce qui donne de l'air, ils ne sont pas assez hermétiques pour l'esprit qui les traverse à l'état gazeux. Vos fruits, n'ayant alors plus assez de degré, ne peuvent se conserver et moisissent.

Le liège bien serré et goudronné est encore le meilleur bouchage, parmi les anciens procédés usuels.

Fruits secs. Ce sont les amandes, noisettes, noix, et autres de la même famille. On les emploie dans la pâtisserie, confiserie, et on les sert en mélange avec les figues et raisins de caisse, sous le nom de *mendiants*. Les figues et les raisins secs sont aussi classés parmi les fruits secs. Comme on n'en sèche pas ou peu en France, nous n'en ferons pas un article spécial, mais nous renverrons à *fruits séchés*, pour la manière de les préparer.

Fruits séchés. Dans nos pays tempérés, on récolte souvent des *pommes acidules* et des *poires à cuire* en quantités telles, qu'on peut chercher un moyen de les conserver sans sucre. Ce moyen consiste à les faire sécher. Pour cela, on les pèle avec soin, puis on les jette, coupés en quartiers et privés des pépins, dans une eau froide alunée à 15 ou 20 gr. d'alun par litre.

Ceci les empêche de devenir roux. On les range ensuite sur des plateaux de bois ou de tôle, et on les expose au plein soleil pour les faire sécher. Faute de soleil, on les met à l'étuve ou au four, que l'on ne chauffe pas assez pour les cuire.

On traite de même, en les laissant entières, les *prunes bleues*, qui deviennent des *pruneaux*, et les *mirabelles*.

On pourrait d'ailleurs sécher ainsi un grand nombre de fruits, qui serviront plus tard à faire des compotes en les cuisant avec du sucre et de l'eau ou du vin.

On sèche aussi des *cerises* pour compotes et des *baies de myrtilles*, de *sureau*, etc., pour la coloration des vins de deuxième cuvée.

G

Galantine. Viande ou poisson entouré de gelée et toujours désossés. On lui donne une forme convenable en la coulant dans un moule ou même un saladier, et on l'orne avec des pickles, tranches de légumes, etc.

On fait aussi des *Galantines* de fruits cuits entiers ou en quartiers ou confits, dans une gelée sucrée.

Voyez *aspic*.

Galantine de volailles. Prenez les volailles âgées d'au moins un an, poulet, canard, dinde, bien en chair et même un peu grasses. Ne les videz qu'en les désossant, mais ôtez la tête avec le cou et les bouts d'ailes. Désossez, en commençant par le dos, et laissez le moins de chair possible à la carcasse.

Préparez une farce, en hachant 375 gr. rouelle de veau avec autant de porc frais, autant de lard, oignons et persil, une pointe d'ail et deux échalottes, sel, poivre, quatre épices. Hachez-la très fin.

Étendez la volaille désossée sur la table et recouvrez-la d'un lit de farce, puis de tranches de jambon cuit, de rouelle, de lard, de poitrine de porc frais. Toutes ces tranches coupées très minces, plus que minces. Mettez de la farce dans tous les interstices, ainsi que dans la volaille.

La volaille ainsi traitée, en respectant sa forme le plus possible, cousez-la, enveloppez-la d'un linge, et ficelez. Mettez-la dans une daubière en la mouillant avec de l'eau et du vin blanc par moitié. Ajoutez tous les détritus des viandes, les os, carcasses, cou, un os à jus, un pied de veau, un jarret, le tout coupé menu ou cassé, du lard, gros oignons, laurier, thym, ail, échalote, persil, céleri, poivre et sel, quatre épices.

La cuisson, à très petit feu, demande six heures.

Retirez alors la volaille et déballez-la. Dégraissez le jus, faites-le réduire, passez au linge fin, colorez au caramel au besoin.

Posez la volaille dans une forme, ou une terrine ; un saladier fait l'affaire. Recouvrez-la de ce jus, et laissez-le figer.

Servez froid à la façon d'un *aspic*.

Il importe que la daubière ferme bien, et que la cuisson ne soit jamais interrompue, tout en marchant le plus doucement possible.

Garbure. Sorte de soupe au fromage très épaisse en usage dans le Midi.

Garde-manger. Armoire en toile métallique qui se place dans un endroit frais ou courant d'air pour y conserver les provisions à l'abri des mouches.

Garniture. Petits objets dont on pare un plat avant de le servir. Une garniture de fleurs de capucines fait bien sur la salade. Le bouilli se garnit avec quelques branches de persil. Le rôti, avec quelques carottes et petits oignons, etc.

Gâteaux. Voyez *Pâtisserie*.

GÉLATINE. C'est une substance neutre qui a la propriété de se mettre en gelée par le refroidissement, d'où son nom.

On la produit par l'action prolongée de l'eau bouillante sur les os, les peaux, tendons, nerfs, etc. Cependant, il ne faut pas faire bouillir, car elle perdrait justement sa propriété de se mettre en gelée, mais maintenir la température de l'ébullition. C'est donc au bain-marie qu'on obtiendra le mieux la gélatine.

Dans les cuisines, la gélatine se produit par l'addition d'un pied ou jarret de veau aux viandes et liquides à cuire. Elle est la base des aspics, galantines, etc.

Dans le commerce, il existe plusieurs sortes plus ou moins pures de gélatine et par le fait toutes les colles fortes en sont.

La *grénétine*, la plus pure (grénétine vient de Grenet de Rouen, son inventeur), en feuilles très minces, longues, blanches ou teintes en rose, transparentes, peut entrer sans crainte dans les cuisines les plus soignées. Elle donne une consistance de gelée à la dose de un pour cent. Elle remplacera donc parfaitement le pied de veau.

La *Hokiak* ou *Hippocolle* vient de Chine. Elle est préparée avec les tendons, nerfs, etc., du zèbre et de l'âne et remplace la grénétine au besoin.

La *gélatine des os* est moins fine et rentre déjà dans la catégorie des colles fortes.

La *colle de Flandre,* ou *colette,* est faite avec des débris de peaux.

La *colle de Givet,* la *colle forte,* la *colle de Paris,* la *colle de Cologne, de Strasbourg* sont des produits plus ou moins communs qui ne servent qu'en menuiserie, peinture et dans les arts.

La *colle forte liquide* peut se faire avec l'une des colles ci-dessus.

Prenez 1 kilogr. de colle en plaques, dissolvez-la au bain-marie dans un kilogr. d'eau; après solution, ajoutez 200 gr. acide acétique fort par petites portions. Maintenez encore la température un quart d'heure, et laissez refroidir.

On remplace parfois l'acide acétique par l'acide azotique ou nitrique, mais l'opération devient dangereuse; mal conduite, elle pourrait donner formation de nitrogélatine, la base de la dynamite. Gare alors à l'explosion.

La *colle à bouche* est un mélange, fondu ensemble, de belle colle de Flandre ou de Givet, et de colle de poisson que l'on sucre légèrement, puis que l'on aromatise et colore de diverses façons pour la couler en moules. En faisant tomber le liquide goutte à goutte sur une plaque un peu graissée, il s'y fige et donne ainsi des *pains à cacheter transparents.*

La *colle de poisson, ichthyocolle, collapiscium* est faite avec la vésicule à air des gros poissons. C'est surtout avec

esturgeon qu'on la fabrique en Russie sur les bords du Volga et de la mer Caspienne. Pour être bonne, la colle de poisson doit être blanche, surface unie, éclat nacré, translucide et se dissoudre presque sans résidu.

Elle se présente sous plusieurs formes différentes : en petits cordons, en gros cordons ou en cœur, en livre, ou feuilles. Cette dernière est la plus employée. Elle nous en vient, non seulement de Russie, mais encore de l'Inde, de la Chine du Brésil, etc.

Elle remplace au besoin la grénétine et sert principalement à la clarification des vins, vinaigres et eaux-de-vie, de la bière.

La *colle de Mayence* est une fausse colle de poisson.

Les nombreux *bouillons de toutes sortes*, qu'ils soient à base de bœuf ou d'autres viandes, de lézards, crapauds, grenouilles, corne de cerf, vipères, etc., que l'ancienne médecine prescrivait à tort et à travers, n'avaient d'autre base que la gélatine.

G ELÉES. On peut faire des gelées sans gélatine, témoin les gelées de groseilles ou de coings, ou de pommes et autres fruits dont la consistance est due à la *pectine* et à l'*acide pectique* des fruits.

On donne ce nom en cuisine et en pharmacie à toutes les préparations de consistance tremblante. On en obtient au moyen des gommes, surtout l'adraganthe dont il faut à peine 5 gr. sur cent. Les *gelées médicamenteuses* peuvent se faire à bases diverses de gélatine, colle de poisson, décocté de veau, amidon, mousse de Corse, de caragheen, d'Islande, auxquels on combine les médicaments prescrits.

Pour la table, on n'emploiera pas ces mucilages d'un goût plus que douteux.

Gelées de fruits. Voyez *Confitures.*

La **gelée simple de table**, qui peut jouer le même rôle que la liqueur simple, c'est-à-dire servir de véhicule à tous les arômes voulus; à toutes les matières que vous désirerez mettre en gelées ou en aspic, est utile à connaître. Elle simplifie considérablement les manipulations.

Faites-la ainsi : Dissolvez 30 gr. de gélatine en plaques minces, ou grénétine, dans 750 gr. eau chaude ; ajoutez, selon le cas, 400 à 500 gr. de sucre et 2 à 3 gr. acide citrique ; ou bien salez à volonté.

Si vous voulez la préparer à la colle de poisson, mettez 25 gr. de cette colle à la place des 30 gr. de gélatine. Faites gonfler la colle à l'eau froide avant de la dissoudre à chaud.

Vous pourrez y ajouter, si elle est sucrée, des parfums de vanille, de fruits concentrés, même de fleurs, du rhum, du marasquin, des fruits. Si elle est salée, du jus de viandes, de l'essence de légumes, des épices, et en faire vos aspics, en garnir vos pâtés, etc.

Ce sera peut-être moins fin et moins complet que la **gelée de viandes** dont il est question à l'article *aspic* et à *pot-au-feu*, mais ce sera vite fait, et il y a tout lieu de croire que vos convives ne s'en douteront même pas, si l'arôme ajouté leur convient.

Gelée de punch. Gelée d'oranges, de citrons, etc. Dissolvez 30 gr. gélatine en tablettes dans un peu d'eau chaude, passez par une percale.

Ajoutez, pendant que c'est très chaud : le jus de deux citrons, un peu de zeste ou d'essence, 500 gr. de sucre clarifié, ³/₄ litre vin blanc, ¹/₄ de rhum.

Mêlez intimement et versez dans un moule pour l'y laisser refroidir et figer. Faites un peu congeler, si possible.

On retourne le moule sur un plat.

On peut varier le goût de cette gelée à l'infini en suppri-

...mant le rhum et en le remplaçant par du cognac, du kirsch, de l'eau-de-vie de framboises ou de tout autre fruit ou par une infusion spiritueuse d'écorces d'oranges, de citrons, de cédrats, du jus de framboises, de cerises, etc.

On peut aussi y incorporer des fruits frais ou confits, des ananas et tout ce que l'intelligence de l'opérateur et son expérience pourront lui suggérer. Voy. *Aspic*.

Gelée de viande. Voy. *Aspic, pot-au-feu, gélatine*.

Le *blanc-manger* est une crème en forme de gelée.

Gelée d'amidon, de fécule. Délayez 30 gr. dans un peu d'eau froide ; versez-le en remuant dans un demi-litre d'eau en ébullition ; donnez encore un ou deux bouillons, et retirez du feu. Cette gelée ou mieux cet empois est employé comme colle à papier. Il est aussi quelquefois usité en médecine.

Gelée de lichen garagaheen. Faites cuire 40 gr. de ce lichen avec 20 de sucre, 100 d'eau. Ajoutez ensuite 5 d'eau de fleurs d'oranger. On la fait aussi avec lait au lieu d'eau.

C'est un médicament.

Gélinotte. Traitez comme la *perdrix*, dont elle est une variété.

GIBIER. Il se divise en *gibier à plume* et *gibier à poil*.

Gibier à plume. Voyez chaque nom à son ordre alphabétique ordinaire.

Alouette ou mauviette de septembre à mars. C'est un petit oiseau granivore et insectivore qui, étant plumé, n'est guère plus gros qu'un moineau, mais dont la chair est très parfumée. On les cuit à la broche, bardées, on place des rôties par-dessous pour recevoir le jus, et on les sert dessus. On ne les vide pas. Outre cette manière classique, on les prépare de diverses façons, comme les pigeons.

Bécasse. Presque de la taille d'un pigeon, long bec pointu ; oiseau habitant les marécages et se nourrissant de vers. On ne doit pas le vider, mais le gésier contient souvent du sable qui craque sous la dent. C'est désagréable. La bécasse est considérée comme oiseau de passage.

Bécassine. Plus petit que la bécasse, c'est la seule différence à signaler.

Caille. De passage de mars en août, s'engraisse dans nos moissons, granivore. S'accommode comme les perdrix, mais le plus souvent à la broche, à la façon des alouettes.

Canard sauvage. Plus délicat et plus parfumé que le domestique, de passage en hiver. Lorsqu'il est jeune, il se nomme **albran.** On le prépare comme le canard domestique.

Coq de bruyère. Oiseau très rare, habitant les lieux les plus sauvages et les plus impénétrables. Ressemble assez au coq ordinaire. On l'accommode à la façon des perdrix et des volailles.

Faisan. Le mâle porte un plumage brillant et superbe, la femelle est couleur jaune perdrix. On l'élève, tant pour l'avoir constamment à sa disposition, que pour repeupler les chasses. Pour qu'il ait tout son fumet, il faut le garder quelques jours et ne le livrer à la cuisson que lorsqu'il est *faisandé* à point.

Gélinotte. Grosse espèce de perdrix, s'apprête de même.

Grive. Petit oiseau qui se trouve en abondance dans les pays de montagne, et qui vit de baies. On recommande de lui remplir le gésier avec des baies de sorbier avant de l'accommoder. Il y gagnera un délicieux fumet.

Autour des sorbiers, on prend les grives au filet. En Normandie, elles font des dégâts sérieux aux pommes entassées dans les prés (voy. *Pomme*) pour en sortir les pépins dont elles se nourrissent. Aux vendanges.

Macreuse. Petit canard sauvage de mer. De novembre à mars.

Mauviette. Voy. *Alouette.*

Merle. Plus gros que la grive, la remplace au besoin, et se nourrit comme elle.

Oie sauvage. De passage à l'automne et au printemps. Moins bonne que l'oie domestique et souvent coriace, on l'apprête de même.

Outarde. C'est une grosse poule qu'on apprête comme les autres. Il faut choisir l'outarde jeune pour qu'elle soit tendre et délicate.

Perdrix. Il y a des perdrix grises et des rouges, selon les nuances du bec et des pattes. Elle est connue partout en France, ce qui nous évitera d'en faire la description. Les jeunes perdreaux ont le bec plus tendre et la première plume de l'aile pointue avec un petit bout blanc. C'est ce qui les distingue des vieux.

Petits oiseaux. Nous rangeons sous ce nom les *bec-figues, ortolans, rouges-gorges*, même ceux qui ne sont pas réellement gibier, tels que les *moineaux, pinsons*, etc. Nous ne parlerons pas des oiseaux chanteurs, *rossignols* et *fauvettes*, ni des *hirondelles*, car nous ne voulons pas croire qu'il se trouve des hommes assez barbares pour exterminer ces charmants hôtes de nos jardins, nos plus utiles auxiliaires pour la *destruction des chenilles* et des *insectes nuisibles*. Respectons-les et tâchons d'en augmenter le nombre, cela vaudra mieux que de les manger, quelle que soit la finesse de leur chair.

Les *petits oiseaux* s'accommodent comme les *alouettes*.

Pluvier. Oiseau de rivage, de passage en hiver. On ne le vide pas.

Poule d'eau. Oiseau aquatique, d'eau douce, très gras vers l'automne. Il est considéré comme maigre en carême. Le goût de sa chair est désagréable.

Râle. Le **râle de genêts**, grosseur de la caille, est fort délicat. On ne le vide pas. Le **râle d'eau** est moins bon, sa chair sent la vase.

Ramier. Pigeon sauvage, gras de septembre à novembre. Il habite les forêts de France, où il niche sur les grands arbres. S'apprête comme le pigeon ordinaire.

Tourterelle. Plus petit que le précédent, plumage différent et pour le reste, de même.

Sarcelle. Petit canard sauvage à goût de vase.

Vanneau. Oiseau des prés, gros comme le pigeon. Se nourrit de vers. Émigre en octobre.

Gibier à poil.

Cerf. Sa chair a une forte odeur qui ne plaît pas à tout le monde.

Chevreuil. Beaucoup plus petit. Sa chair est très estimée mais n'acquiert bien le goût de gibier qu'après une marinade au vin ou au vinaigre.

Les chevreuils bruns sont préférés aux roux.

Écureuil. Délicieuse chair lorsqu'on l'apprête comme le civet de lièvre. Il a infiniment plus de bouquet.

Lapin *de garenne*, ou *sauvage*. Plus petit que le domestique, pelage gris mêlé de fauve. Le jeune a une tumeur grosse comme une lentille sur le dessus de la jointure des pattes de devant. Voy. *Lièvre et lapin.*

Lièvre. Époque, pendant que la chasse est ouverte, en dehors de cela, il y a des conserves de lièvre. Les *levrauts* se reconnaissent comme les lapereaux de garenne.

Lorsque le lièvre est fraîchement tué, le corps est raide et la chair pâle ; ancien, il est mou et la chair noire.

Rat d'eau. Très délicat en civet. Ne se nourrit que de végétaux.

Sanglier. Il faut le garder quelques jours, ou mieux le

mariner. On n'en mange, dit-on, que la hure, le filet et les côtes. En Alsace on le mange bien tout entier. Le petit sanglier, ou *marcassin de lait*, s'apprête comme le cochon de lait. Il est très fin.

Glace. Voy. *Froid.* — **D'appartements.** Voy. *Nettoyage.*

Glaces et **sorbets**. Entremets gelés qui se composent d'un sirop de fruits ou d'un sirop aromatique ordinairement combiné à la crème. On les fait de toutes sortes de formes et dimensions et à tous arômes. On peut aussi les colorer diversement, mais n'y employez pas la gomme-gutte, comme l'a fait certain confiseur de ma connaissance. Le résultat en a été déplorable, car au beau milieu d'un bal de noce, tous les invités se sont vus obligés de courir, je vous laisse à deviner où.

Glaces. Pour faire une *bombe d'orange*, prenez deux litres de crème douce, et battez fort, puis mettez-la sur un tamis pour égoutter.

Prenez 250 gr. de sucre cassé en morceaux plats, et frottez-le sur la peau de deux ou trois oranges pour en enlever le zeste. Pilez ce sucre et passez-le. Employez-le au sucrage de la crème. Placez ensuite celle-ci dans un moule clos, que vous ferez geler dans un mélange réfrigérant à votre choix. Voy. *Froid.*

Ceci est l'ancien système, fort compliqué de travail.

La *nouvelle manière rationnelle* remplace le sucre en morceaux et le râpage des oranges, par du sucre pilé, auquel on donne l'arôme au moyen de l'essence ou de l'alcoolature. On le sèche un peu au four, si l'on veut, ou bien on le mélange de suite à la crème, pour mettre immédiatement au froid.

En variant l'arôme, à l'essence de café, au chocolat, au jus de framboises ou d'autres fruits, et colorant selon l'article employé, on peut varier à l'infini le goût et la nuance des glaces. On peut aussi les servir à la façon des confiseurs, en pyramide dans un verre, ou les mouler en toutes sortes de formes, notamment en la forme du fruit qui en donne l'arôme.

Les **sorbets** se font de même, mais sans crème. On la remplace par l'eau. Leur arôme est ordinairement un spiritueux chargé de parfum, kirsch, marasque, punch, etc.

Glace. Jus de viande en gelée qui sert à glacer une viande au moment de servir.

Combinaison de sucre et blanc d'œuf qui sert à glacer les biscuits et pâtisseries, pains d'épice, etc.

Le jaune d'œuf sert aussi de *glaçure*.

Glaçage *pour* **pâtisserie** *et* **biscuits.**

Passez du sucre en poudre par un tamis de soie et délayez-le avec un peu d'eau et le jus d'un citron, ajoutez quelques gouttes d'essence de citron ou autre.

Lorsqu'on veut avoir une glaçure plus épaisse et blanche, on remplace l'*eau* par le *blanc d'œuf.*

On peut aussi, sur certaines pâtisseries, humecter la surface au blanc d'œuf coupé d'eau, saupoudrer du sucre fin, et mettre au four.

En ajoutant *du carmin* à la préparation, on obtient une glaçure rose ou rouge, selon la dose.

De même, il est facile d'obtenir des *glaçages de nuances diverses,* avec différents colorants, mais il faut bien se garder d'en employer de nuisibles à la santé.

Voyez au mot *colorants.* Ici on les emploie *insolubles.*

Glucose. La *glucose,* d'autres disent *glycose,* est le *sucre* *de raisin*. Celui qu'on trouve dans le commerce, et qui a tout à fait la même composition et les mêmes propriétés, n'est qu'une *transformation de la fécule de pommes de terre ou de l'amidon du maïs*. Pour l'obtenir, on a un appareil composé d'un générateur de vapeur relié à une cuve en cuivre. Dans la cuve, on introduit cinq mille litres d'eau, que l'on porte à l'ébullition en y mélangeant 45 kilos d'acide sulfurique à 66 degrés. Ensuite, on y ajoute à l'ébullition, et par parties d'environ 100 kilos à la fois, 2000 kilos de fécule, préalablement délayée avec son poids et demi d'eau froide. On maintient l'ébullition jusqu'au moment où la masse ne donne plus de teinte bleue avec la teinture d'iode. Alors on ajoute, toujours peu à peu, de la craie en poudre pour saturer l'acide, jusqu'à ce que le liquide sirupeux ne rougisse plus la teinture bleue de tournesol. Il se dégage de l'acide carbonique qui donne une vive effervescence. Il faut entre 43 et 46 kilos de craie pour saturer les 45 kilos d'acide. On laisse déposer le sulfate de chaux ainsi formé, puis on filtre le liquide au noir animal pour le décolorer ; et il ne reste plus qu'à le concentrer au degré demandé pour la vente.

En France, cette opération se fait sous la surveillance de la régie, qui perçoit des droits sur la fabrication.

En variant l'opération au point de vue de la concentration et de la manipulation, on obtient la *glucose* sous forme de *sirop* dit *blanc cristal*, de *glucose en masse* ou de *glucose granulée*.

La *glucose* s'emploie à l'état *sirupeux* pour la fabrication de l'alcool, de la bière et pour épaissir les sirops au sucre ou les allonger en abaissant leur prix de revient. Toutefois le mélange de glucose doit être inscrit sur les étiquettes des bouteilles. De même on en met dans les liqueurs à bas prix pour les épaissir.

En *masse* ou en *grains*, on s'en sert pour augmenter la force spiritueuse des vins ordinaires, mais on en reconnaît la présence assez aisément au goût un peu amer, et par l'analyse, malgré sa conversion en alcool par la fermentation. Autrefois, on en mélangeait fréquemment au sucre en grains, mais cette fraude est facile à reconnaître en faisant bouillir un peu de ce sucre avec eau et une idée de potasse caustique. *S'il y a glucose, le liquide se colore en brun.*

On peut obtenir par le même procédé de la *glucose* avec *toutes les fécules* et *tous les amidons*, mais ceux des blés et autres céréales prennent un goût amer qui les rend impropres à un autre usage que leur conversion en alcool.

La *germination de l'orge* et *autres amylacées* change leur *amidon* en *glucose* sous l'influence de la *diastase* qui s'y forme. On peut donc, à la rigueur, considérer l'*orge germée* comme une variété de glucose naturelle dont on fait la *bière*, le *vin d'orge* et quelques autres préparations sucrées ou spiritueuses. Faites dans ces conditions, ces boissons sont saines et l'on ne saurait qu'en encourager l'emploi.

Gluten. Voy. *Farine*. On fait un pain spécial au gluten pour les diabétiques auxquels les fécules, amidons et sucres sont défendus.

Godiveau. Voy. *Quenelles, farce*.

Gratin. Mets que l'on laisse s'attacher au fond de la casserole, pour lui donner un goût particulier.

GRAISSES. Les *graisses* ou *corps gras* sont des substances neutres de consistance variable. Elles appartiennent aux trois règnes de la nature ; elles sont *liquides*, alors elles prennent le nom d'huiles ; *concrètes*, ce sont des beurres plus *fermes*, ce sont des *graisses*.

Les *graisses minérales*, huile de pétrole, paraffine, cire minérale, ne peuvent servir qu'à l'éclairage, au graissage, et au chauffage, et ne sont pas saponifiables.

Les *graisses végétales* seront traitées au mot *huiles*.

Il nous reste donc les *graisses animales* qui sont des *suifs* à composition variable, selon leur provenance et leur consistance, ou du *beurre*, voyez ce mot.

Les graisses sont composées de trois principes distincts, qui sont : 1° la *stéarine*, substance blanche cristalline, fusible vers 62°; 2° la *margarine*, substance analogue, fusible vers 47° qui se nomme aussi *palmitine* ; 3° l'*oléine*, substance grasse liquide. Ces trois principes, traités par la *saponification*, soit par un alcali, soit par un acide concentré, se dédoublent respectivement en *acide stéarique, margarique* et *oléique* d'une part, et en *glycérine* d'autre part. Lesdits acides gras, se combinant à l'alcali, soude ou potasse, absorbent une certaine quantité d'eau et se convertissent en *savon*. La fabrication du savon n'a pas d'autre base.

L'*acide stéarique* est la substance qui sert à la confection des bougies, à cause de sa consistance solide.

La *margarine* et l'*oléine* existent aussi dans le *beurre* fait avec le lait, dans les *graisses* et *huiles végétales*, en plus ou moins grandes quantités.

C'est avec la *margarine* tirée de certaines huiles à bon marché (sésame, coton entre autres) que l'on prépare le *beurre artificiel* auquel on communique le goût du vrai beurre en le battant quelque temps au contact de lait frais.

Les *graisses rancissent* facilement; pour les conserver, il faut les fondre, les écumer, y introduire une dose de sel, puis les verser dans des pots de grès où elles se figent. Lorsqu'elles ont contracté *un goût désagréable*, on les en débarrasse en les chauffant à l'ébullition, puis en y faisant frire quelques croûtons de pain ou quelques morceaux de charbon de bois léger nouvellement éteint et bien essuyé. Ils absorbent tout le mauvais goût.

Les *graisses des animaux* semblent jouer chez eux le même rôle que l'amidon chez les plantes. Elles existent surtout autour des reins, des rognons et sous la peau.

Pour les en retirer, on coupe les parties graisseuses, on les fond doucement au bain-marie et on les presse pour les séparer de la graisse, pendant qu'elle est encore très fluide. Après refroidissement, on fond de nouveau la masse au bain-marie, on la passe à travers un linge ou une étamine, on la coule dans des pots et on a soin de l'agiter jusqu'à ce qu'elle commence à épaissir, afin de maintenir son état bien homogène.

Les *graisses animales* les plus usitées dans l'art culinaire sont tirées du porc, du bœuf, du veau, de l'oie, du mouton. Chacune a son bouquet particulier.

Gras double. Voy. *Bœuf.*

Grenouilles. On emploie les cuisses accolées à une partie charnue du corps. On les trouve toutes préparées dans les marchés.

Les cuisses de grenouilles s'apprêtent en fricassée absolument comme le poulet.

Gril. Ustensile en fer, à plusieurs barreaux, qui se met sur les braises pour faire griller un morceau de viande ou de poisson. Il faut choisir un gril qui ne laisse pas couler le jus et la graisse dans le feu, tant pour ne pas les perdre, que pour éviter l'odeur si désagréable que cela répand, et la flamme qui brûlerait le mets au lieu de le cuire. Il existe un grand nombre de systèmes et l'on n'a que l'embarras du choix.

Grive. Se traite comme la *caille*. Voyez aussi *Gibier*.

H

Habiller. On devrait dire *déshabiller* ; c'est donner à une pièce la première préparation, qui consiste à lui ôter la peau, la plume, les écailles, la vider et la nettoyer.

Hachis. Voy. *Farce*. Voyez aussi *Saucisses* à l'article *porc*.

Haricots en grains. Les haricots, pois et fèves doivent être cuits de la même façon. S'ils sont secs, on les met tremper dans l'eau froide, on ajoute de l'eau à mesure qu'ils l'absorbent et ce n'est qu'après les avoir gonflés ainsi qu'on les met à l'eau salée bouillante. S'ils sont fraîchement écossés et non secs, on peut les mettre à l'eau bouillante de suite, mais on ne doit ajouter le sel qu'à moitié cuisson. Il arrive parfois que les haricots secs et pois secs se ramollissent difficilement par la cuisson. Cela peut provenir de leur vétusté ; mais bien souvent la cause en est à l'eau trop calcaire dans laquelle on les cuit. Un moyen de parer à cet inconvénient est de mettre une poignée de cendres de bois dans un nouet de linge, et de le faire cuire avec le légume sec. La cendre agit par la potasse qu'elle renferme, et qui rend le calcaire de l'eau insoluble et par suite, sans action.

L'eau de cuisson est très bonne de goût pour faire la base d'une soupe maigre au pain ou à l'oignon.

Vos haricots étant cuits, vous pouvez les apprêter :

A la maître d'hôtel. Faites-les sauter avec beurre, farine, sel et poivre, un peu de persil, mouillez avec du bouillon ou du jus de viande, servez.

Au lait. De même, mouillez avec du lait.

Frits. Mettez-les avec forte dose de beurre, sel et poivre; sautez jusqu'à ce qu'ils soient bien dorés. C'est très fin.

En salade, avec l'assaisonnement ordinaire.

A l'étuvée. Mettez-les cuire avec un morceau de porc salé et des oignons. Après cuisson, chauffez un morceau de beurre, ajoutez les haricots, farine au besoin, mouillez au vin rouge ou blanc, sel, poivre, mijotez et servez avec le lard.

A la poitevine. Faites jaunir des oignons avec beurre, dans la poêle, ajoutez les haricots cuits à l'eau salée, assaisonnez, mouillez avec bouillon, mijotez et servez.

Au jus. Faites mijoter vos haricots cuits, avec un roux auquel vous ajouterez du jus et du bouillon. Servi avec un gigot de présalé, ce légume est parfait.

Haricots verts. On les cuit à l'eau salée; lorsqu'ils sont trop gros, on les fend en longueur. On les épluche en coupant les deux bouts du haricot, en sens inverse, et arrachant le fil qui vient avec chaque bout. Pour les conserver bien verts, il faut les cuire avec beaucoup d'eau, et les jeter brusquement dans l'eau bouillante très salée.

Après cette cuisson, si vous voulez les faire **au naturel,** faites égoutter, puis tournez-les dans une casserole avec beurre, sel, poivre, farine, mouillez avec leur bouillon, ou du bouillon de viande, ou du jus, un peu de persil haché, laissez mijoter une dizaine de minutes et servez.

A la poulette. Ajoutez une liaison vinaigrée.

Rissolés. Cuits, mettez-les avec beurre et assaisonnement, laissez mijoter et légèrement gratiner.

En salade avec ou sans fines herbes.

Au beurre noir. Dressez-les sur le plat, puis arrosez-les avec du beurre noirci dans la poêle et une bonne cuillerée de vinaigre passée aussi par la poêle.

Conserve de haricots verts. On peut les mettre simplement au vinaigre comme les pickles après épluchage.

On peut aussi les conserver frais en les faisant blanchir, égoutter, mis dans un pot où ils sont recouverts d'une eau composée de sel à 100 gr. par litre et d'un peu de vinaigre. Pour les mettre à l'abri de l'air, on recouvre avec un peu d'huile.

Une bonne façon consiste à les éplucher, les enfiler en chapelets, et les faire sécher rapidement au soleil ou l'étuve. Avant de s'en servir, on les gonfle en les trempant quelques heures à l'eau tiédie. Dans tous les cas, il faut choisir des haricots tout petits et des variétés les plus tendres.

Hâtelets. Petites broches de bois qui servent à fixer les petits oiseaux et les petits morceaux à rôtir, pour les attacher ensuite à la broche.

Herbes. Les fines herbes sont le persil, le cerfeuil, l'estragon, la pimprenelle, la ciboule, la ciboulette, à défaut de laquelle on emploie quelquefois le vert des oignons avant qu'il soit trop grand, et les autres verdures de ce genre. Voy. *Jardin potager* pour leur culture.

Hors-d'œuvre. On donne ce nom à des substances diverses que l'on sert au début du repas pour mettre en appétit. Ils accompagnent aussi le bouilli, lorsqu'on en sert encore, car il n'est plus guère à la mode.

Les principaux *hors-d'œuvre* sont beurre, radis, sardines, anchois, harengs, thon mariné, pickles et cornichons, olives, melons, concombres en salade, artichauts, saucisson, caviar, etc.

Houblon. Les jeunes pousses se préparent comme les *asperges.*

HUILES. Voyez aussi *Graisses.* Il y a diverses sortes d'*huiles* : les *huiles grasses végétales*, les *huiles minérales*, les *huiles essentielles* ou *essences*, dites aussi *volatiles.*

Les *essences* sont employées surtout en parfumerie, ou pour détacher les étoffes. Voy. *Taches, essences, pharmacie.* Nous traiterons seulement ici les deux autres sortes.

Huiles minérales. On confond sous ce nom les huiles de *pétrole* et de *schiste,* qui ont entre elles beaucoup d'analogie.

Le *pétrole, pétroleum, huile de terre* se trouve tout formé au sein de la terre. On en découvre journellement de nouvelles sources en Amérique, en Russie, et dans nos pays d'Europe même, au moyen de sondages profonds. Il sort de terre, ordinairement accompagné d'eau dont il faut le débarrasser par le repos dans de grandes citernes. L'eau va au fond, l'huile plus légère surnage, et le décantage les sépare. Alors il faut encore raffiner le pétrole, c'est-à-dire le débarrasser de sa partie trop volatile et dangereuse.

Le pétrole se compose de divers *hydrogènes carbonés* en mélange, bouillant chacun à une différente température, et d'une densité de plus en plus élevée. Ce sont :

l'hydrure d'amyle, densité 0,628, bouillant à 30 degrés
l'hydrure de caproyle » 0,669, » » 68 »
l'hydrure d'œnanthyle » 0,699, » » 92 »
l'hydrure de capryle » 0,726, » » 116 »
l'hydrure de nonyle » 0,741, » » 136 »
l'hydrure de décyle » 0,757, » » 158 »
l'hydrure d'undécyle » 0,766, » » 180 »

Il suffit donc de distiller le *pétrole brut* pour en séparer l'hydrure d'amyle, à basse température, et le produit qui restera dans l'alambic, ne distillant plus qu'à une température de 68 degrés ou plus, aura perdu la propriété de s'enflammer presque spontanément. Mais dans la pratique, après cette première distillation, on augmente le degré de chaleur en continuant l'opération et les produits qui distillent successivement sont reçus à part à mesure que la température s'élève.

Le premier produit est l'*essence de pétrole*.

Le second produit est l'*huile à brûler raffinée*.

Le troisième est une *huile à graisser les machines*.

Viennent ensuite des *huiles lourdes, la paraffine*, et finalement il reste dans l'alambic un morceau de charbon spongieux et saturé de graisse qui ne distille plus, mais dont on retire encore la *vaseline*.

Le bon *pétrole raffiné* n'offre aucun danger à l'emploi, si l'on a soin de garnir ses lampes le jour, ou sans l'aide d'une lumière découverte.

Pour l'*essayer*, versez-en dans une assiette et plongez-y une allumette enflammée. Le pétrole ne doit pas brûler, et l'allumette s'éteindra.

L'allumette doit être plongée assez vivement dans l'huile, après l'avoir un instant promenée à la surface. Par précaution, vous la tiendrez avec une pincette.

L'huile de schiste est extraite des schistes naturels par la distillation conduite à peu près comme pour le pétrole. Les produits sont presque identiques et le commerce les vend assez communément l'un pour l'autre ou mélangés.

Le *transport* des huiles de schiste et de pétrole surtout est une question d'un haut intérêt pour les producteurs.

Les uns ont créé des canaux, les autres des tubes souterrains longs de quelques centaines de kilomètres, les chemins de fer ne suffisant pas, ou revenant trop cher, à cause de l'obligation de loger l'huile dans des fûts.

Ensuite sont venus les wagons-réservoirs.

Une invention nouvelle consiste à *durcir le pétrole*, ce qui permet de le loger en caisses. Il paraîtrait qu'il suffit pour cela d'y incorporer une petite dose de 5 à 6 pour cent de savon sodique. Par ce moyen, on pourrait aussi le couler dans des moules et le convertir en *chandelles* ou *bougies à très bon marché*, mais très odorantes, car il ne perd à cela aucune parcelle de son odeur caractéristique.

Huiles grasses végétales. Elles se divisent en huiles à manger, à éclairage, à peinture, à graissage, à savonnerie.

Les *huiles* à *graisser* et à *peinture* sortant du cadre de cet ouvrage, nous ne nous en occuperons pas plus que des huiles à savonnerie. On peut d'ailleurs graisser ses serrures avec toutes les huiles et graisses, pourvu qu'elles ne soient pas acides. La meilleure est l'huile de ricin.

Huiles d'éclairage. La meilleure et la plus connue est **l'huile de colza.** La graine de colza (espèce de chou) contient jusqu'à 40 pour cent d'huile qu'on en retire par pression entre des plaques chauffées. Après un repos suffisant et soutirage, cette *huile est raffinée*, ce qui se fait au moyen d'un mélange d'acide sulfurique et d'eau que l'on incorpore à l'huile en la battant vivement. L'acide brûle et charbonne toutes les impuretés qui nagent dans l'huile, et qui sont uniquement des parcelles d'albumine végétale ou de fécules provenant de la graine. Ces charbons se rassemblent au fond, en un dépôt noir, et cela permet à l'huile de mieux se répartir dans la mèche sans l'encombrer de ces impuretés qui sont cause que la lampe file, ou que la veilleuse s'éteint.

L'emploi de l'huile de colza a beaucoup diminué par la concurrence des pétroles, mais il faut bien s'en servir encore pour les veilleuses.

L'huile de colza soutirée, mais non raffinée à l'acide, sert aussi d'huile à friture et remplace *au besoin* le beurre à la cuisine. Je ne dirai pas que le résultat soit le même, je signale le fait, voilà tout.

On *raffine de même* pour l'éclairage l'*huile de coton,* faite avec la graine du cotonnier, et privée préalablement de sa margarine ; *l'huile d'olive de pression à chaud démargarinée; l'huile d'œillette* assez médiocre pour l'éclairage ; et quelques autres auxquelles le colza sera toujours préféré.

Pour retirer d'une huile la margarine qu'elle renferme, il suffit de la refroidir assez pour qu'elle se fige. On la verse ensuite dans un sac de toile serrée, et on l'y soumet à la presse. La margarine figée reste dans le sac, tandis que l'oléine s'écoule.

Huiles à bouche.

Huile d'amandes douces. Voy. *Amandes.*

Huile d'arachides. Elle est extraite des semences de la *pistache de terre* ou *arachide,* l'un des plus importants produits de commerce du continent africain. La graine en fournit 38 à 40 pour cent de son poids. Elle a une bonne saveur de noisette, se concrète à 7 degrés et a toutes les propriétés de l'huile d'olive à laquelle on la mélange très souvent. On peut donc la recommander à tous égards.

Huile de faînes, du fruit du hêtre. Particulièrement estimée dans les départements du Nord et de l'Est, car elle est supérieure de beaucoup à l'œillette et vaut l'olive comme graissage et comme goût.

Huile de noisettes. Variété de l'amande douce.

Huile de noix, très agréable. Siccative, elle peut donc servir aussi à la peinture. Bouquet très fin.

Huile d'œillette. Elle est extraite de la graine d'un pavot spécial et vient, ou du moins la meilleure, du nord de la France. Le Levant en fournit aussi, de qualité moindre.

Selon ses qualités, elle se nomme extrasurfine, surfine, fine, de pavots. C'est l'huile du Nord.

Son goût est très agréable, mais son arôme particulier la rend incontestablement inférieure à l'huile du Midi. Elle renferme beaucoup moins de margarine et ne se fige pas facilement.

Huile d'olive. Elle est fournie par le péricarpe du fruit de l'olivier, arbre du bassin de la Méditerranée.

La bonne huile d'olive surfine est presque blanche et très grasse; avec ou sans goût de fruits, ce qu'il faut spécifier lorsqu'on fait sa commande. Sa saveur est très douce. Elle se congèle vers 10 degrés et prend alors l'aspect d'un beurre grenu. Cette congélation est produite par la cristallisation de la margarine, très abondante dans cette huile. Elle se conserve très longtemps sans rancir.

C'est à l'*huile d'olive* qu'on donne partout la préférence pour la salade, la friture qui en absorbe moins que de beurre, la cuisine en général, et surtout pour la mayonnaise. Par malheur, on la falsifie souvent par mélange avec d'autres huiles telles que l'arachide, la coton, la sésame, etc. Il faut donc connaître son fournisseur et s'adresser aux sources. Nice, Salon, Aix, Marseille et Nîmes se disputeront l'avantage de vous fournir. Dans tous ces pays et leurs environs, il existe des maisons spéciales qui font la fabrication et le commerce des huiles d'olive et dont le chiffre d'affaires représente un nombre très respectable de millions.

Dans le Midi, l'huile d'olive remplace le beurre à la cuisine. Un vrai Méridional méprise même la cuisine au beurre. Chacun son goût.

L'huile de sésame s'extrait de la graine de sésame, plante herbacée d'Afrique. Elle a beaucoup d'analogie avec l'huile d'olive qu'elle remplace et à laquelle on la mélange.

Elle se congèle à plus basse température, tout en contenant elle-même presque autant de margarine que la précédente.

Fonds d'huiles troubles. Ne les jetez pas, et lorsque
vous en aurez une suffisante quantité, vous pourrez, si cela
vous amuse, les convertir en un très bon savon dur ou
mou. Voy. *Savon*. On peut aussi les clarifier en les filtrant
chaudes, et s'en servir après pour les fritures si elles ont
bon goût, ou pour le graissage dans le cas contraire.

Hygiène. L'hygiène est une science toute moderne, en
tant que science. Nos ancêtres n'en avaient que des idées
confuses, si même ils ne l'ignoraient complètement.

Si la médecine est l'art de guérir les maladies, l'hygiène
est l'art de les prévenir et d'en arrêter la propagation.

L'hygiène est donc aussi du ressort du médecin, mais
chacun de nous doit en savoir assez pour se conduire dans
la vie.

On a divisé la science de l'hygiène en plusieurs chapitres
assez distincts, mais qui peuvent tous se rapporter aux
mêmes règles générales. Il y a l'hygiène de la famille, l'hygiène professionnelle, l'hygiène des épidémies, pour ne parler
que de ces trois divisions.

Dans chaque profession, l'homme est soumis à des causes
contraires à la santé. Il lui faut avaler des poussières, passer
du chaud au froid ou du froid au chaud, se trouver en contact avec des vapeurs acides ou tout au moins humides.
Outre cela, il y a les mouvements, toujours les mêmes, ou
les postures du corps, qui lui font prendre une mauvaise
forme, ou bien qui fatiguent certains muscles, en en déve-
loppant d'autres outre mesure.

Les poussières et les vapeurs se combattent par une forte
aération. Le chaud et froid, par le vêtement plus ou moins

abondant. Les mouvements, par des mouvements inverses à faire pendant les heures où l'on n'est pas à son travail. Mais encore faut-il que l'ouvrier en comprenne le besoin.

Un homme dont le travail exige une certaine immobilité du corps, comme les écrivains par exemple, profitera de ses heures de liberté pour se livrer à des exercices de promenade ou de gymnastique ; sans cette précaution, il sera soumis à toutes sortes de malaises.

C'est là l'*hygiène professionnelle,* dont nous ne dirons rien de plus, puisqu'elle n'entre pas dans le cadre de cet ouvrage, et que d'ailleurs, ce que nous avons à dire de l'hygiène en général s'applique aussi à celle-ci.

L'*hygiène en général,* ou mieux, *des familles,* est assez dure à suivre méticuleusement. Aussi dirons-nous que chaque personne doit savoir ce qu'elle est capable de supporter en fait d'intempéries, de nourriture, de boisson et de fatigues. Pour se bien porter, il ne faut jamais dépasser cette dose.

La sagesse des nations nous indique, que pour se bien porter, il faut toujours se tenir les pieds chauds, la tête fraîche, et le ventre libre.

En dehors de ce point important, il est bon de savoir que toutes les *épidémies se transmettent par l'eau.*

Un air trop sec ou trop humide est nuisible. Il doit contenir juste la quantité d'humidité nécessaire. Évitez le grand vent, la poussière et la pluie. Évitez l'air enfermé et vicié par la respiration ou les vapeurs de combustion. Évitez les courants d'air et les logements trop bas, en sous sol, ainsi que le voisinage de ces mauvaises émanations, telles que celles qui proviennent des fumiers, des fabriques de produits chimiques, des cimetières, des fosses d'aisance ou des eaux stagnantes.

Soignez le tirage des cheminées pour ne pas avoir à respirer des gaz asphyxiants.

De même pour les lampes, que la flamme soit toujours

orte, pleine, sans fumée, ni odeur. Ne les laissez pas la nuit dans la chambre où vous dormez.

L'eau destinée à la consommation doit être pure, fraîche, limpide, un peu calcaire pour être bien digestible, mais sans excès. Elle doit dissoudre le savon. Si elle est un peu louche, ou si vous lui croyez quelques propriétés nuisibles, faites-la analyser et surtout visiter au microscope.

C'est par l'eau que se propagent les fièvres typhoïdes, le choléra, la dyssenterie et presque toutes les maladies épidémiques.

Si vous avez bien chaud, évitez de boire de l'eau fraîche, ou buvez lentement et peu à la fois.

Les bains sont utiles à l'hygiène, pour la propreté du corps, à la condition de ne les prendre ni trop chauds ni trop peu, soit entre 25 et 30 degrés centigrades.

Quant aux bains froids et aux douches, on ne doit les prendre qu'avec l'avis du médecin, car tout le monde ne les supporte pas.

Les habits doivent être en rapport avec la saison. Ils ne doivent pas serrer trop le corps. Le cou doit être libre, évitez donc les cachenez et cravates épaisses de laine.

La nourriture doit être variée autant que possible. Chacun doit manger selon son appétit, mais en évitant les excès de table qui sont aussi nuisibles que tous les autres excès.

Usez de tout, n'abusez de rien, et vous n'aurez pas à vous en repentir.

Les personnes qui voudront en savoir davantage sur l'hygiène, trouveront à la librairie Fischbacher, rue de Seine, 33, à Paris, les ouvrages suivants :

Ce que l'on doit éviter, ce que l'on doit faire, dans l'intérêt de sa santé, par le Dr Gustave Lauth de Strasbourg, in-18, toile.

Ce qu'il ne faut pas faire, par le même, in-18, toile.

L'hygiène dans la famille, vingt-cinq conférences par C. M. Buckton, traduit de l'anglais. 1 vol. in-12.

L'hygiène chez la femme. par Mlle M. de Thilo, docteur-médecin. 1 vol. in-12.

Nos enfants, quelques conseils sur l'hygiène de l'enfance, etc., par le Dr Gustave Monod. 1 vol. in-12.

Maladies infectieuses. *Rougeole, coqueluche, scarlatine.* Le conseil d'hygiène de la Seine a publié ses instructions sur les précautions à prendre préventivement contre ces maladies ou leur propagation.

Nous les résumons comme suit :

La *rougeole* est extrêmement contagieuse. Elle l'est surtout dans les quelques jours qui précèdent l'éruption, alors que l'enfant a les yeux rouges et larmoyants, qu'il tousse et est enchiffrené. La rougeole n'est pas toujours bénigne et n'est jamais salutaire.

La *coqueluche* est très contagieuse. Elle est souvent grave et très meurtrière pour les enfants âgés de moins de deux ans, ou affaiblis.

La *scarlatine* est contagieuse. Elle exige de grands soins et elle est surtout dangereuse par les complications qui peuvent survenir, même après la disparition de l'éruption. Tous les cas de scarlatine devront être déclarés au commissariat de police du quartier, pour Paris, ou à la mairie, dans les autres communes du ressort de la préfecture.

Les *conseils préventifs* sont :

Les enfants qui ont eu la *rougeole* ne doivent pas retourner à l'école pendant au moins dix-huit jours à partir du début de l'éruption ; en outre, il est nécessaire de leur faire prendre auparavant un bain savonnique, qui ne leur sera donné qu'après la disparition du catarrhe bronchique.

Le malade sera toujours tenu dans un état parfait de propreté.

Pour les différentes *maladies infectieuses en général*, il est prescrit d'isoler le malade. Si le malade ne peut recevoir à domicile les soins nécessaires, s'il ne peut être isolé, et surtout si plusieurs personnes habitent la même chambre, il doit être transporté dans un établissement spécial. Les chances de guérison seront alors plus grandes et la transmission n'est pas à redouter.

Le transport devra toujours être fait dans une des voitures spéciales mises gratuitement à la disposition du public par l'administration.

Si le malade peut être soigné dans son domicile, il devra être placé dans une chambre spéciale, où les personnes chargées de lui donner des soins devront seules pénétrer. Le lit sera placé au milieu de la chambre. Les tapis, les tentures, grands rideaux seront enlevés.

Le malade sera tenu dans un état constant de propreté.

Son isolement devra durer au moins quarante jours à partir du moment où l'éruption a été constatée.

Les personnes appelées à donner leurs soins au malade seront choisies, autant que possible, parmi celles qui ont déjà eu la même maladie. Elle devront se laver les mains fréquemment et surtout avant les repas, et ne pas manger dans la chambre du malade.

La chambre, le linge, le lit et tout ce qui aura servi au malade seront désinfectés avec le plus grand soin, avant de servir de nouveau à quoi que ce soit.

Ces prescriptions sont à peu près les mêmes *pour toutes les maladies infectieuses* ou *contagieuses*, elles s'appliquent également à la *fièvre typhoïde*, à la *variole*, à la *diphtérie*

D'ailleurs, chaque médecin doit veiller à leur exécution, et instruire les familles des malades de tout ce qu'il y a à faire dans chaque cas particulier.

I

Infusion. Voy. *Décoction.*

Insecticides. La destruction des insectes nuisibles est certes une chose importante. Au premier rang des insecticides, nous mettrons la *poudre de pyrèthre* que certains industriels ont spécialisée. C'est, à l'aide d'un soufflet spécial, le meilleur moyen d'exterminer les *punaises, cafards, fourmis, pucerons* et *mouches.*

Pour les *punaises,* on peut encore boucher les trous où elles habitent, avec de l'*onguent mercuriel,* ce qui est assez sale ; ou humecter de *pétrole,* ce qui est encore dangereux à cause du feu.

Pour les *pucerons des jardins,* qui s'attaquent aux jeunes branches de rosiers et d'autres plantes, on a proposé de les pyrêtrer aussi ; ou encore de les arroser avec un *décocté de tabac.* Un décocté de *copeaux de quassia* est aussi très efficace.

Le *papier tue-mouches* se fabrique en trempant des feuilles de papier buvard dans une décoction de 150 gr. bois de *quassia,* et 25 gr. poudre de *staphisaigre,* de façon à donner un litre de décocté que l'on sucre un peu. On laisse sécher ce papier pour s'en servir au besoin. Pour l'emploi, on le pose sur une assiette plate qu'il doit couvrir en entier, puis on y pose un verre plein d'eau retourné, qui maintient le papier constamment humide. Si les mouches n'y mordent pas, il faut le saupoudrer de sucre.

Le *bichlorure de mercure, sublimé corrosif* est aussi un puissant insecticide, mais c'est aussi un terrible poison pour l'homme, tandis que le quassia est absolument inoffensif. Les *guêpes* y mordent aussi.

Les **Cousins** sont certes les plus assommants des moucherons, par leurs piqûres.

Dans les chambres à coucher, une fois les fenêtres fermées, on peut les endormir pour toute la nuit, en brûlant une ou deux petites feuilles de papier dit d'Arménie. Ce papier se fait avec du papier brouillard à filtrer, blanc ou gris, que l'on trempe dans la teinture de benjoin et que l'on sèche ensuite à l'air. S'il ne brûlait pas assez bien ainsi, on pourrait le tremper après dessication, dans une eau chargée de salpêtre et sécher une seconde fois. Il brûlerait alors assez vite, mais donnerait moins de fumée, et c'est la fumée aromatique du benjoin qui agit seule sur les cousins.

À la campagne, il n'y a presque pas un jardin, où l'on ne mette un tonneau quelconque pour garder l'eau qui doit servir aux arrosages. Au bout de peu de jours, cette eau stagnante se peuple d'une myriade de petits insectes, ayant de loin la forme des crevettes, et qui viennent s'accrocher à la surface avec leur queue. Dès qu'un mouvement se fait, toute la troupe descend au galop, pour remonter de suite. Ce sont les larves des cousins. Il en éclot chaque jour, qui viennent à la surface de l'eau pour s'envoler dès qu'ils ont atteint leur entier développement. Ces larves ont la vie très dure.

Elles peuvent vivre, d'après les expériences de l'auteur, aussi bien dans une eau alcalisée par l'ammoniaque, qu'acidulée par n'importe quel acide. Je n'ai trouvé qu'un moyen de destruction, une couche d'huile sur l'eau, ce qui les privait d'air.

En ne laissant pas séjourner l'eau dans ces tonneaux, on serait débarrassé d'un grand nombre de ces affreux cousins. Avis aux propriétaires campagnards.

Pour combattre *les mites*, fléau des lainages et des pelle-
teries, certaines personnes enferment ces objets dans une
caisse tapissée de papier à l'intérieur, en y intercalant des
plantes très aromatiques, menthe, thym et lavande. Un
moyen qui a toujours réussi, consiste à poser au fond de la
caisse quelques petits flacons débouchés, dans chacun desquels on a mis quelques gouttes seulement d'acide phénique. On empile les lainages par-dessus ces flacons, et
on arrose par-ci par-là avec un peu de benzine rectifiée,
ou d'essence de pétrole. On peut aussi y intercaler quelques
morceaux de camphre, mais il vaut mieux un seul gros,
que plusieurs petits morceaux. Le camphre étant volatil,
les petits aurait trop vite disparu, sans produire plus d'effet.

Lorsque les *souris*, *les rats* ou les insectes nuisibles se
multiplient trop dans un local, un moyen de les en chasser,
consiste à déposer dans ledit bocal, quelques fûts vides,
ayant contenu des huiles de pétrole, encore bien imprégnés
de cette odeur, puis fermer portes et fenêtres. En peu de
temps ces animaux malfaisants auront déménagé, en même
temps que les cafards et beaucoup d'autres insectes nuisibles.

Dans les jardins, le *ver blanc*, *larve du hanneton*, com-
met en terre, des dégâts considérables, en rongeant les
racines des jeunes plantes et principalement du fraisier.
Pour les détruire, il suffit d'enterrer des feuilles de choux
ou de colza dans le terrain à préserver. Ces feuilles, en se
décomposant dans le sol, produisent du gaz acide sulfhy-
drique qui asphyxie les vers blancs. De plus, la seule présence de ces feuilles dans le sol, empêchera les femelles de
pondre leurs œufs à ces endroits.

Les *chenilles* ne sont pas toutes détruites par l'application
de la loi sur l'échenillage. Il en est qui sont trop bien cachées,
et d'autres qui naissent dans les saisons où les arbres ont

d.. feuilles. Elles échappent donc et peuvent causer de
..rieux dégâts.

Celles qui vivent en société sont les plus dangereuses.

Si l'on visite les arbres vers la tombée de la nuit, ou de
grand matin, on trouvera ces chenilles rassemblées aux
points de jonction des branches, ou dans les toiles de leurs
nids. Il suffira de les arroser avec de l'*huile* ou de l'*eau
de savon vert* un peu forte pour les exterminer toutes. Si
l'on a employé le savon, on fera bien d'arroser l'arbre ensuite avec de l'eau pure, afin que l'action corrosive du remède
n'agisse pas sur le végétal.

Les *fourmis* et les *guêpes* sont détruites au moyen de
l'eau bouillante que l'on verse dans leurs habitations; mais
il ne faut faire cette opération que le soir, à la nuit complète, lorsque tous les insectes sont rentrés et que l'on ne
risque pas, pour les guêpes, d'être attaqué par les retardataires ou par les échappées.

Pour les fourmis, il ne faut pas appliquer ce remède lorsque la fourmillière se trouve dans les racines d'un arbre :
on détruirait l'arbre du même coup.

Les *altises* ou *puces de terre*, qui attaquent les jeunes
semis de choux et de radis, sont combattues, sinon détruites
en répandant de la suie sur les semis.

L'action de la suie n'agit pas comme insecticide, mais
comme engrais en activant la végétation. La plante en gran-
dissant est à l'abri des attaques de l'altise.

Voy. *Animaux nuisibles et utiles.*

Perce-oreilles. Voy. *Médecine accidents* pour l'insecte
dans l'oreille.

Les perce-oreilles ne percent pas l'oreille du tout, mais ce
n'en sont pas moins de désagréables insectes. Tant qu'ils
habitent les fleurs, se cachant dans leurs pétales ou leurs
capsules à graines, se nourrissant de leurs sucs, ils ne font

que peu de mal ; mais lorsqu'ils visitent l'intérieur des fruits savoureux, pêches ou abricots, poires ou pommes, qu'ils remplissent de leurs ordures, ils causent parfois, vu leur nombre, des dégâts sérieux.

On les prend avec des petits sacs ou cornets pointus en papier ou en carton. Il suffit de poser un cône de papier foncé sur un bâton dominant une plante qu'ils visitent, pour qu'ils s'y donnent rendez-vous en nombre, mais seulement quand le soleil ne donne pas. On les verse de là dans un flacon, à l'aide d'un entonnoir, et on les distribue aux poules qui en sont très friandes. Si l'on n'avait pas de poules, il faudrait les noyer dans l'eau de savon, car l'eau pure ne les mouille pas.

On dit beaucoup de bien d'un produit lyonnais, l'**insecticide Galzy**, qui détruit rapidement tous les insectes nuisibles tels que les *punaises, puces, cousins, fourmis, mouches, cafards, poux, pucerons*, etc., etc. C'est une poudre végétale absolument inoffensive à l'homme et aux animaux domestiques. Se trouve chez les principaux épiciers et droguistes, et chez son inventeur, M. Galzy, à Lyon, 71, cours d'Herbouville.

On l'emploie avec un petit soufflet, comme les poudres de pyrèthre.

Interverti. Terme de chimie qu'il est bon de connaître.

Le *sucre interverti* est le sucre ordinaire, qu'un acide quelconque ou un jus de fruits acides a changé en une sorte de sucre incristallisable ou de glucose.

Lorsque vous préparez un sirop avec du bon sucre en pain et du jus de groseilles, de citrons, d'oranges ou autres fruits acides, au bout d'un certain temps, il se forme, dans vos bouteilles, des mamelons d'un dépôt opaque, qui ne font qu'augmenter avec l'âge.

C'est votre sucre qui s'est *interverti*. Il n'existe aucun moyen de parer à cet inconvénient, parfois très désagréable. Cela arrive plus ou moins vite selon qu'on a travaillé avec cuisson plus ou moins prolongée et aussi suivant la température qui a régné autour du sirop. Tout acide, même le plus faible, et en quantité presque négligeable, *intervertit* le sucre.

Lorsqu'on se croit obligé de sucrer sa vendange, soit pour l'améliorer, soit pour l'allonger, le moût de raisin *intervertit* le sucre, sans quoi il ne pourrait fermenter. C'est donc une cause de fermentation aussi pour vos sirops.

J

JARDIN. Je n'entends pas faire ici un cours complet de jardinage ; loin même de vouloir m'immiscer dans les attributions du jardinier du château, j'aime mieux dire de suite que je respecte profondément sa science.

Mais, sans être châtelain, ni même grand propriétaire, vous pouvez avoir, près de la maison, un morceau de terre qui vous servira, avec beaucoup d'avantage, à l'alimentation de la cuisine. Pour tout ce qui est gros légumes, approvisionnez-vous au marché ; vous serez servi à bien meilleur compte et sans ennuis ni fatigues. Mais votre cuisinière sera très contente et très soulagée, si vous mettez à sa portée, sous sa main, un carré de fines herbes et petites fournitures à salades, voire même quelques petits légumes qu'elle pourra cueillir au moment du besoin.

Si vous habitez la campagne, loin des marchés et des marchands, vous trouverez facilement un terrain plus grand,

capable de vous donner tous les légumes nécessaires au ménage, et par surcroît, quelques fruits pour le dessert. La culture vous sera un passe-temps agréable et une occupation
saine, et vous y prendrez goût en peu de temps. Vous
aimerez vos carrés de légumes, créés et soignés par vous,
et bientôt le jardin deviendra chez vous une nécessité de
la vie.

C'est à ce point de vue que je vais essayer de vous donner
les notions succinctes indispensables pour la culture raisonnée d'un *petit jardin*.

Avant tout, préoccupez-vous de la façon dont vous pourrez
vous procurer l'eau pour *arrosages* et tâchez que le réservoir, puits ou fossé, soit autant que possible, à portée de tous
les points du jardin.

Divisez votre terrain en carrés longs, entourez vos carrés
de bons chemins bien sablés.

Divisez chaque carré en plates-bandes plus ou moins
larges selon ce que vous voudrez y planter, et mettez un
sentier, chaque fois, entre deux plates-bandes.

Posez les plates-bandes à fines herbes, très étroites, et les
plantations en bordures de même usage, le plus près possible
de la cuisine.

Ces principes établis, nous allons causer un peu de chaque
herbe en particulier et de leurs saisons.

JARDIN POTAGER. Retournez vos plates-bandes à un
fer de bêche de profondeur, en y intercallant du bon fumier
bien consommé et évitez les fumiers frais qui ne sont bons
qu'à attirer les insectes nuisibles ; puis plantez ou semez à
votre choix. Rien ne vous empêche de poser des *arbres frui-
tiers*, convenablement espacés et régulièrement plantés.
Leur ombre sera souvent utile et empêchera vos herbes de
sécher au soleil.

Cependant, réservez un espace découvert pour les plantes qui n'aiment pas l'ombre et qui demandent une *bonne exposition*.

Ail. On divise la tête d'ail en gousses qu'on laisse dans la pellicule qui les enveloppe. On les met en terre vers la fin février, on tasse le terrain à la planche si la terre est légère. Fin mai ou commencement de juin, on tasse les tiges pour faire porter la sève sur le bulbe, qui est bon à prendre lorsque les feuilles sont un peu désséchées. On l'arrache alors et on le laisse quelque temps se ressuyer sur le terrain ou sur le grenier. Puis on le suspend.

Ail rocambole. Variété du précédent, qui porte des petits oignons ou bulbilles qui se plantent.

Angélique. On fait confire ses tiges au sucre. Ses feuilles, graines, racines, très parfumées, servent à la distillerie et à la pharmacie, surtout les racines.

Aromate très apprécié aussi en confiserie.

Elle aime un terrain humide et le soleil à la tête.

Semer la graine en place aussitôt sa maturité, peu recouvrir de terre, puis arroser abondamment jusqu'à ce que la plante soit levée. On récolte dès la seconde année. Les graines mûrissent en août, elles ne peuvent germer que la première année.

Arroche. Plante potagère à feuilles rouges qui se cuit à la façon des épinards et sert à adoucir l'acidité de l'oseille. Semer au printemps, et ne plus s'en occuper. Elle se ressème d'elle-même ensuite.

Il en existe aussi une variété blonde.

Artichaut. Choisir une terre douce et substantielle, et fumer abondamment. On le sème rarement, n'étant pas certain du succès. Il vaut mieux planter des éclats de vieux pieds en avril, en leur laissant un morceau du collet de la racine. On raccourcit les feuilles, puis on les plante à

75 centimètres ou 1 mètre de distance, en carrés. Il faut les biner plusieurs fois et les arroser convenablement, mais sans excès ; alors on aura des chances d'avoir quelques fruits dès le même automne. Les retardataires donneront au printemps suivant. Un peu avant l'hiver, il faut les butter, puis on les empaille pour les garantir des gelées, mais il faut leur donner de l'air chaque fois que la température le permet.

Asperge. Semez d'abord en pépinière ou en lignes et laissez en place deux ans en ne faisant rien que d'entretenir la propreté du semis. Semez en mars.

La troisième année vos replants sont bons à mettre en place. La méthode la plus simple et la plus nouvelle de planter est celle de Horbourg, près Colmar, où l'on cultive la variété Argenteuil-Horbourg en grand.

1º Retournez votre carré de terrain au commencement de septembre à la profondeur d'un fer de bêche, après l'avoir recouvert d'une bonne couche de fumier à l'état de terreau.

2º Au commencement mars de l'année suivante, vous recommencerez le même labour sans fumier ; puis vous tracerez votre plantation en piquant en terre des petits bâtons de mètre en mètre en carrés en tous sens. A chaque bâton, vous creuserez en retirant la terre à la profondeur du fer de bêche, et dans chacun de ces trous, vous étalerez une jeune griffe d'asperge.

Vous replacerez le bâton entre ses racines pour marquer la place, et vous couvrirez de deux ou trois centimètres de terre, pas davantage.

Ainsi plantée, la griffe restera en terre pendant trois années sans que vous lui donniez d'autre soin que des nettoyages, sarclages, binages et une légère fumure à l'automne. La troisième année, vous pourriez couper quelques asperges : si vous tenez absolument à en jouir, n'en prenez que quelques-unes parmi les plus grosses ; mais si vous vous abstenez, votre vertu sera amplement récompensée par la suite.

Enfin la quatrième année, toujours en mars, vous butterez vos plants d'asperges à la hauteur que vous désirerez leur donner, et vous couperez tout ce qui se présentera jusqu'à fin juin, fin de la récolte. Ce qui viendra ensuite servira à l'entretien de la plante qui a besoin de croître et de respirer par ses feuilles pour ne pas périr. A l'automne, lorsque l'herbe des asperges est jaunie, on la coupe à un pied de terre, et on l'emploie à couvrir les plantes qui craignent le froid ; puis on défait les buttes et l'on découvre les griffes en ne leur laissant que trois centimètres de terre pour les couvrir, et une bonne poignée de bon terreau de cheval par-dessus.

On recommence de même chaque année. Si les asperges ne sont pas découvertes pour l'hiver, leurs racines tendent à gagner la surface, et le buttage devient bientôt impossible, faute de terre.

Un bon plant d'asperges peut durer une vingtaine d'années.

J'ai trouvé un engrais spécial qui les fait grossir sensiblement et leur donne surtout un tendre et un parfum exquis. Je l'ai appliqué une seule fois, il y a près de huit ans, à la moitié seulement de ma plantation pour essai, et je trouve maintenant encore une sensible différence de rendement et de qualité entre les deux moitiés.

J'ai dissous, dans une barrique, du silicate de potasse sirupeux avec de l'eau froide, à raison de 100 gr. par arrosoir de 10 litres, et j'ai donné un arrosoir par pied, en deux fois avant de butter. Mes racines ont donc pu absorber à la fois la potasse et la silice soluble, les deux engrais minéraux par excellence, en même temps que l'engrais animal abondant dans le terrain ; aussi l'effet a-t-il été rapide et considérable.

Lorsqu'un vieux plant d'asperges est épuisé et qu'on en sort les racines, on peut les sécher sur place et les vendre à la pharmacie qui les emploie dans les racines diurétiques.

Basilic. Plante annuelle pour assaisonnement. On la sème sur couche en mars pour repiquer en place en mai à une exposition ombragée, ou en pots.

Betterave. Pour salade ou pour mettre au vinaigre, on cultive les variétés à *racine rouge* et les *jaunes* de Castelnaudary, la ronde précoce, la jaune grosse. On les sème en avril-mai pour repiquer un mois après à 35 centimètres de distance. On les tient à l'abri de la mauvaise herbe par quelques binages, et l'on récolte les racines en octobre-novembre. On les conserve en cave ou en jauge, ou mieux encore en silo.

Bourrache. Semer en automne ou au printemps, se sème d'elle-même ensuite. On mange les feuilles et les fleurs en salade. On en fait une tisane populaire pour activer la transpiration.

Capucines. Il y a la *grimpante* et la *naine*, annuelles toutes deux. Semer en avril au pied d'un mur ou d'un treillage. Les fleurs sont un ornement agréable sur les salades. Les boutons et les graines se mettent au vinaigre et remplacent les câpres.

Cap. tubéreuse. Se multiplie de boutures et de tubercules en avril. On butte et on arrache les tubercules avant l'hiver; on les confit au vinaigre.

Cardons. On les sème en place en mai. On commence par préparer des trous à un mètre l'un de l'autre, on les garnit de bon terreau, puis on y sème trois ou quatre cardons par trou, à petite distance l'un de l'autre. Lorsqu'ils sont levés et qu'on peut les distinguer, on laisse le plus vigoureux et l'on arrache les autres. On commence à en empailler quel-

ques-uns en septembre, pour les faire blanchir, mais seulement à mesure qu'on veut les prendre, car ils pourrissent
facilement. Pour hiverner, on les enlève en mottes, on les
plante l'un à côté de l'autre dans la serre à légumes ou dans
la cave. Ils y blanchissent tout seuls.

Les cardons exigent de fréquents arrosages. .

Carotte. On peut commencer les semis en pleine terre
dès le mois de février et continuer successivement jusqu'en
août pour avoir de jeunes carottes nouvelles.

Si l'on veut avoir simplement de grosses carottes, il
ne faut pas compter sur les semis d'après avril. Semez
à la volée, pas trop serré, sur bonne terre légère et bien
travaillée, puis ratissez légèrement. Après la levée, lorsque les racines sont formées, on éclaircit le plant, en
arrachant les plus grosses dont on se fait un bon légume
de primeur.

Pour les conserver en hiver, on les arrache, on en coupe
le vert avec le collet de la racine, puis on les met en cave ou
silo. Le mieux serait de les enfouir en cave dans un tas de
sable fin.

On cultive la rouge courte de Hollande, la demi-longue,
la longue, la jaune longue, la rouge pâle des Flandres, la
blanche longue, la violette d'Espagne et plusieurs variétés à
grosses racines pour fourrager.

Céleri. Semez à l'air libre dès février et recouvrez très
peu la graine. Repiquez en place en avril à 30-35 centimètres
de distance, en lignes droites, au fond d'un fossé bien la-
bouré et bien fumé, puis laissez croître, en arrosant assez
pour maintenir le terrain à une bonne humidité.

Pour blanchir le céleri ainsi planté, il suffit de le recouvrir de terre dans la tranchée, en ne laissant dépasser que
l'extrémité des feuilles. Il n'est pas utile de recouvrir ainsi
toute la plantation à la fois ; mieux vaut au contraire ne le

faire que par parties calculées selon les besoins de la maison. En hiver, on peut le laisser en place en le recouvrant de feuilles et de litière.

Variétés : plein blanc nain frisé, turc, plein rose, violet, à couper.

Céleri rave. Semez à l'ombre en avril, repiquez en place quand il sera assez fort, mais supprimez les grosses feuilles en ménageant le cœur et taillez toutes les racines sauf celles de dessous que vous épointerez seulement. Ceci pour faire grossir la rave. Pendant sa croissance, il faut l'arroser souvent et couper toutes les grandes feuilles inutiles, qui poussent en couronne autour du cœur. La rave doit être arrachée à l'entrée de l'hiver pour être conservée avec les autres racines en cave ou en jauge, ou en silo. On peut la conserver jusqu'en mars.

Cerfeuil. On peut le semer à volonté toute l'année et dans les terres, même les plus caillouteuses. Les graines se récoltent en août; l'herbe, tant qu'elle est verte.

Variétés : l'ordinaire, le frisé, le musqué.

Cerfeuil bulbeux. Plante bisannuelle de nos pays.

La graine mûrit en juillet, et ne conserve ses propriétés germinatives que deux ans. Le meilleur mode de culture consiste à stratifier la graine en terrines.

Pour cela, on met du sable dans une terrine, avec quelque peu de gravier au-dessous. A ce sable, on mêle la graine, et l'on humecte le tout sans excès. On enterre la terrine, avec son contenu, dans un coin du potager, ayant soin qu'elle soit percée d'un ou plusieurs petits trous à son fond, afin que l'eau de pluie puisse s'écouler.

Cette opération, ayant été faite en septembre, on aura en mars suivant, une graine germée, que l'on pourra semer en place avec le sable qui la contient.

Il n'y a plus dès lors, qu'à entretenir la propreté du ter-

... in, l'arroser au besoin, récolter au mois d'août, lorsque les feuilles auront séché.

Les racines se conservent en cave.

Si l'on veut faire sa graine soi-même, on choisit quelques-unes des plus belles racines à l'automne, et on les plante en place ensoleillée, à 25 où 30 centimètres de distance. On aura la graine mûre en juillet suivant.

Le **cerfeuil bulbeux** *de* **Prescott** se cultive de même. Sa racine est plus allongée.

Ces racines se traitent comme les pommes de terre, et servent à l'ornement des ragoûts.

Champignon. On peut le cultiver comme article accessoire dans les couches, au jardin, à la cave, partout où la température reste sensiblement entre 10 et 15 degrés.

La réussite dépend surtout du choix du fumier qui doit être pur cheval, et de la façon dont on lui a fait subir la fermentation. Il ne faut jamais travailler moins d'un mètre cube de fumier à la fois pour qu'il fermente convenablement, et ce fumier doit contenir le plus possible de crottin, avec peu de paille et surtout pas de pailles longues, bois et autres objets étrangers.

On met d'abord ce fumier en un tas aussi équarri que possible, et on le laisse tranquille tout un mois.

Ensuite, on le reprend à la fourche, et on le retourne, du dehors au centre, et le milieu au dehors en reformant le tas ; on y plonge un thermomètre de couches, et l'on suit la fermentation ainsi, jusqu'à ce que la température soit tombée presque uniformément vers 15 degrés.

Alors on le reprend pour en faire des couches auxquelles on donne la forme et les dimensions que l'on désire.

On peut même en poser sur des rayons le long d'un mur, sur des planches portatives, peu importe. On leur donne le plus souvent la forme des tas de pierres le long des routes en dos d'âne. En les construisant, on tasse le fumier couche par couche, et l'on arrose avec l'arrosoir à pomme, sans trop le mouiller.

Si la fermentation est terminée, ce que l'on verra sur le thermomètre, le fumier doit être converti en une matière noire presque semblable au terreau, et sans odeur qui rappelle son origine. Alors, on intercale, dans la couche, des plaques de *blanc de champignon*, qu'on peut se procurer chez tous les jardiniers grainiers de Paris. Ce blanc sera d'abord exposé dans un endroit tiède et imprégné d'eau dégourdie qui le gonflera et lui donnera la vitalité nécessaire à sa reprise. Ce blanc sera posé à plat dans la meule, sur ses bords et intercalé dans le fumier que l'on tassera par dessus pour qu'il appuie bien. Au bout de huit à dix jours, on doit voir déjà des *filaments blancs*, semblables à une moisissure, envahir la meule de tous côtés. Alors il faut *gobeter*. C'est tout simplement recouvrir toute la surface avec de la terre légère et passée au crible ; puis on l'arrosera avec de l'eau attiédie et légèrement salpêtrée.

Si les filaments ne se montrent pas après trois semaines, il faut recommencer l'opération avec d'autre blanc, le premier étant mauvais.

Au point où nous en sommes, il ne reste plus qu'à bassiner légèrement, sans trop mouiller, de temps en temps à l'eau salpêtrée, et attendre les premiers champignons, qui paraîtront six semaines environ après le gobetage.

Si la culture se fait en cave, on peut laisser les meules découvertes ; mais en plein air, il faut les recouvrir à l'abri des intempéries au moyen d'une couverte de paille longue.

En cave, il faut observer que la lumière soit complète ou nulle, pas de milieu. Une lumière blafarde, un rayon isolé, forceraient tous les champignons à se tourner de ce côté et ils s'en rapprocheraient en finisant par ne plus devenir que des fils allongés.

Le champignon ainsi cultivé est l'*agaric comestible* qui n'est aucunement dangereux.

Toutefois il ne faut le cueillir que pendant que son chapeau est encore fermé ou du moins que les lamelles au-dessous, ne sont pas noires.

Lorsqu'elles ont noirci, il faut laisser sécher le champignon, sur sa couche. Il aidera à la reproduction des autres.

Blanc de champignons. Pour produire le blanc ou graine de champignons, creusez un fossé de la longueur que vous voudrez ; donnez-lui 60 centimètres environ de profondeur et 50 de largeur. Ceci fait, tassez du crottin frais de cheval dans le fossé, jusqu'à 35 à 40 centimètres de haut, recouvrez-le de 20 à 25 de terre et oubliez cela pendant au moins trois mois. Si ces trois mois ne suffisent pas, attendez encore et vous finirez par trouver le crottin garni, dans toute sa masse, d'une moisissure blanche en filaments, qui constitue le blanc en question.

Sortez alors votre fumier du fossé et faites-le sécher à l'ombre sur un grenier. Vous pourrez le conserver, bon pour l'usage, pendant deux ans au moins, en lieu sec.

Morille. On peut la cultiver aussi, et ce système n'a pas encore été décrit que je sache. La morille est le produit naturel de la *tannée* humide. Donc, un tanneur de mes amis la cultive dans son jardin, en plein vent, en amassant dans un coin un tas de tan ayant servi, et l'entretenant constamment dans un état convenable d'humidité.

Il n'y donne pas d'autres soins, et récolte beaucoup de morilles au printemps et à l'automne.

Chenillette. Sous ce nom, nous réunissons une série de plantes diverses qui ne servent qu'à faire des surprises généralement désagréables, sur la salade.

La chenillette donne des gousses de graines de la forme d'une chenille grise ou verte.

La plante dite *vers*, les gousses imitent un lombric ou ver de terre.

La plante dite *limaçons*, imite ledit mollusque.

Elles se sèment toutes en place en avril ou mai, et les gousses apparaissent en juillet. On les sèche.

Chervis, semez au printemps ou à l'automne et arrosez fréquemment. Racine remplaçant les salsifis.

Chicorée. Famille de plantes herbacées pour salades.

Chicorée sauvage. Type originel de la famille. C'est elle qui, outre une salade fraîche, dépurative, mais un peu amère, produit la salade d'hiver, dite *barbe de capucin.*

On la sème depuis mars en pleine terre, pour repiquer ensuite en place. Binages, arrosages, voilà toute la culture. Pour produire la *barbe de capucin*, on remplit une barrique de bonne terre mêlée de terreau et on la met en cave, à l'obscurité. On y perce des trous partout sur les côtés, et dans chaque trou, on plante une racine de chicorée sauvage dont le collet doit être d'abord débarrassé des grandes feuilles vertes; on garnit de même la surface du terrain, et on arrose lorsque le besoin s'en fait sentir. On peut se procurer cette salade toute l'année, en repiquant en fosses et recouvrant de litière, pour que l'obscurité fasse blanchir les feuilles à mesure qu'elles se forment.

Les graines de cette chicorée peuvent se conserver bonnes pendant dix ans.

Chicorée frisée ou endive. Quelle que soit l'époque, il faut que la graine germe en 24 heures. Il vaut donc toujours mieux semer sur couche chaude, ou tout au moins sous cloche, et par-dessus une couche de fumier chaud. A partir d'avril, on peut repiquer directement en place. Auparavant, il faut mettre d'abord en pépinière sous cloches ou sous châssis pour mettre en place en mottes après bonne reprise.

Biner souvent, arroser fréquemment.

Lorsque les plantes sont suffisamment développées, on relève les feuilles et on les attache ensemble avec un jonc ou quelques brins de paille, mais par quantités successives, à mesure de la consommation. Elles blanchissent en quelques jours. Les plantes liées ne doivent plus être arrosées qu'à l'entour; éviter de les mouiller, de crainte qu'elles pourrissent.

En hiver, on les conserve en cave à demi-corps dans le sable.

Chicorée toujours blanche. Semer en place à la volée, pour être coupée jeune. Elle se mange en salade; et par la cuisson, elle peut remplacer les épinards.

Chicorée scarole. Se plante absolument comme la frisée.

Les graines de chicorée se conservent cinq ans au moins.

Choux. Si les variétés de choux sont nombreuses, elles sont toutes intéressantes. Il y en a pour toutes les saisons.

Choux pommés ou cabus. Semer de fin août jusque vers le 15 septembre, repiquer en octobre en pépinière, pour mettre en place en novembre. On obtient ainsi les premiers choux pommés de l'année avec les variétés York, pain de sucre, cœur de bœuf, cabbage.

Chou de Poméranie. Ne supporterait pas l'hiver. Semer en avril et mai, repiquer en place, mûrit en juillet-août.

Chou vert de Vaugirard. Semer en juin au plus tard, repiquer juillet, récolter en automne. Se conserve en cave jusqu'au mois de mars.

Autres choux pommés. Semer février-mars pour repiquer le plant et obtenir la récolte avant l'hiver, puis hiverner en cave. Ou semer août, et traiter comme les cabus.

On traite ainsi le chou Hollande à pied court, le pommé

Saint-Denis, Bonneuil, le Quintal, Hollande tardif, Brunswick, le vert classé d'Amérique, le rouge pommé petit et gros.

Pour *hiverner*, si l'on n'a pas l'emplacement voulu à la cave, on peut les planter dans une planche du jardin, la tête en bas sans ôter de feuilles, et recouvrir le tout avec de la paille sèche ou des feuilles tombées.

Chou de Milan. Nombreuses variétés qui se sèment à partir de février, et jusqu'en juin, pour récolter en été et avant l'hiver. Se traitent comme les précédents.

Chou de Bruxelles. Semer mai, repiquer en place juin: la récolte commence en octobre et va jusqu'en mars.

Choux verts non pommés. Semer mai et juin, pour planter un mois après en place. On peut les laisser en place en hiver, ce qui ne les gêne en rien.

Variétés : Choux à grosses côtes verts, — id. blonds, — id. frangés.

Chou rave. Semer successivement de février jusqu'en juin, pour repiquer un mois après en place. Leur collet charnu se met dans le pot au feu, et se sert en légume à la façon des navets. Arroser fréquemment.

Chou-navet. Semer en place en mai ou juin, puis éclaircir le plant pour leur laisser une place suffisante, et arroser fréquemment. Même emploi.

Choux-fleurs. Pour les choux-fleurs, si vous n'avez pas de couches, il faudra vous procurer les premiers replants chez un jardinier, pour les planter en avril. A partir de ce mois, on peut semer soi-même en pleine terre, mais sous cloches, jusqu'à mai au moins. On les repique en place, en bonne terre légère, bien terreautée.

Chez moi, je n'avais jamais réussi le chou-fleur. Mon terrain est très compacte, glaiseux. Me souvenant des plantations admirables que j'ai vues dans le temps sur les côtes de

Bretagne, l'idée me vint de saler mon terrain avant l'hiver, pour le retourner quelques jours après, le laisser reposer jusqu'au printemps, labourer, enfin planter.

La réussite a été complète, et jamais on n'avait vu de plus belles têtes de choux-fleurs dans le pays. J'ai employé à cela le sel dénaturé pour bestiaux.

Les choux-fleurs se conservent à la cave sur tablettes, la tête en bas. Avant d'en prendre pour la cuisine, il faut couper le bout de la tige, et les mettre dans l'eau fraîche, comme un bouquet, pendant quelques heures; ils se racoquillent ainsi parfaitement.

Chou brocoli. Variété de choux-fleurs qu'on sème en mai et juin, et qui se traite comme le précédent.

Chou marin. Crambé maritime. Plante vivace, qui peut durer une quinzaine d'années. On butte le pied pour faire blanchir les jeunes feuilles qu'on mange en salade, ou cuites. On le multiplie de boutures ou d'éclats de racines.

On peut aussi le semer en mars en pleine terre, mais ce moyen est lent.

Ciboule. Semer en bordures successivement depuis février jusqu'en juillet, couvrir légèrement de terreau, et arroser au besoin. Pour l'hiver, on arrache le plant en mottes et on le met en jauge en le couvrant de litière.

Ciboulette vivace. Se multiplie d'éclats au printemps ou à l'automne.

Ciboulette. Civette. Pour la multiplier, on divise les petits oignons de la touffe, en petits groupes qu'on replante en bordure en mars. Plus on la coupe, plus elle devient tendre, et pousse mieux. On la recouvre de terre pour hiverner en place.

Concombre, cornichon. On sème sur couches ou sous cloches pour repiquer en pleine terre, lorsque les gelées ne sont plus à craindre. Le semis peut donc se faire en mars, pour repiquer en avril, et couvrir de cloches ; aérer le plus souvent possible et tailler, arroser, comme pour le melon, s'il s'agit de concombres, mais en laissant plusieurs fruits à la fois. S'il s'agit de cornichons, on ne taille pas. Dans les terrains humides, on empêchera les branches de toucher terre, en les ramant comme les pois.

Pour concombres, les bonnes variétés sont : blanc hâtif, blanc gros, jaune long, vert long anglais, de Russie, Serpent.

Pour cornichons : concombre vert petit à cornichon, et le cornichon de Paris.

Courge potiron. Se cultive absolument comme le melon. Seulement, au lieu de le planter sur butte, on fera mieux de le planter dans un trou qu'on comblera de bon fumier avec une recouverte de 15 à 20 centimètres de terreau.

Pour la culture, on s'y prend comme suit, si l'on tient à faire du beau et très gros fruit : Planter en place en mai en espaçant de 1^m,75 et plantant quelques petits légumes précoces entre, soit radis, laitues, etc. Couvrir de cloches, et arroser abondamment. Lorsque la première tige aura formé deux yeux, on la pincera au-dessus du second œil, ce qui produira une ou deux branches sur chaque œil. On les laissera croître jusque vers 1^m,50 de longueur, puis on les enterrera pour leur faire prendre racine, ce qui donne une vigueur extraordinaire à la végétation. Il faut alors surveiller journellement les fruits qui pourraient se former, et choisir parmi eux ceux qui méritent d'être conservés. On pincera la branche à deux yeux au-dessus de ce fruit, et on ne laissera qu'un ou deux fruits par pied. Pour la variété de Hollande, on pourra en laisser jusqu'à quatre, qui deviendront moins gros, mais qui peuvent se conserver tout l'hiver sur rayons.

On n'emploie guère le potiron que pour une sorte de soupe et un légume peu apprécié.

Les **courges** de très nombreuses variétés, de Barbarie, de Naples, à la moelle, de l'Ohio, Musquée, Coucourzelle, des Patagons, Giraumon, Patisson, etc., se cultivent comme les potirons, et leur distance doit se calculer d'après l'emplacement qu'il leur faut. Généralement, on ne les pince pas ou peu, et on les rame, tant pour leur éviter l'humidité du sol, que pour servir d'ornement au jardin.

Leur emploi culinaire est des plus rares, quelques variétés sont même nuisibles à la santé ou sont des purgatifs drastiques.

Cresson de fontaine. On peut le cultiver lorsqu'on dispose d'un ruisseau d'eau claire et limpide. Il vaut mieux le planter que le semer. Le semis se fait au printemps. La plantation se fait en juillet-août au moyen de boutures, ou simplement de longues tiges qui sont munies de radicelles blanches à chaque nœud. On unit bien le terrain des bords du fossé, on y place les tiges en les couchant sur le sol sans même recouvrir les radicelles, puis on laisse arriver l'eau doucement. Son engrais de prédilection est la bouse de vache bien consommée.

Pour jouir longtemps de la récolte, il faut l'empêcher d'arriver à graine, en coupant souvent.

Cresson alénois. On le sème toute l'année en bordure et on coupe le plus souvent possible. Aucun autre soin que des arrosements répétés.

Cresson vivace, ou érysimum Sainte Barbe. Se cultive comme l'alénois. Remplace le cresson de fontaine.

Tous ces cressons, y compris *les fleurs de capucines* et même les *feuilles*, constituent des salades saines et ont des propriétés antiscorbutiques et dépuratives bien constatées. On peut encore manger en salade, dans les mêmes conditions, le *cresson des prés* à fleurs violettes ou lilas; le *cresson de montagne*, très amer, à fleurs jaunes, qu'on nomme aussi *cardamine amère*, et dont le goût extra-fort n'est pas supporté par tous les tempéraments, et plusieurs autres variétés sauvages classées par les botanistes parmi les *véroniques* comme le *beccabunga*, les *cardamines*, les *nasturtium* et les *érysimum*.

Échalotte. Se multiplie de caïeux plantés en février et mars. Le terrain doit être léger et ne contenir aucun fumier frais ou de l'année, qui ferait pourrir les bulbes. On les plante presque à fleur de terre en les espaçant de 8 à 10 centimètres. Mûrit en juillet-août et se traite alors comme les oignons, l'ail, etc.

Épinards. On les sème toute l'année, en lignes ou à la volée, mais de préférence en lignes, parce qu'on peut mieux les biner ; à l'ombre des arbres en été.

On peut cultiver l'épinard sur les planches dont on veut disposer bientôt pour une autre culture, car la récolte peut s'en faire déjà après un mois.

Ils exigent de fréquents arrosements pour faire développer les feuilles, et les empêcher de monter en graines. Les graines doivent être récoltées en juillet–août ; on peut les conserver deux ans.

Nous recommandons les espèces : de Hollande, d'Angleterre, à feuilles de laitue, à feuilles d'oseille.

Nous placerons, avec les épinards, le **tétragone**, ou **épinard de la Nouvelle-Zélande** qui le remplace avantageusement. On le sème en avril en place et on lui donne les mêmes soins qu'aux épinards.

En *récoltant* l'épinard, il ne faut prendre que les grandes feuilles bien développées, et réserver les jeunes pousses et le cœur. De cette façon, on pourra faire plusieurs coupes et allonger considérablement sa récolte. Il faut toujours songer que les petites feuilles deviendront grandes, et que petites, elles n'ont presque pas de saveur.

L'épinard sert de légume et de colorant vert.

Estragon. Fourniture de salade; aromate classique du vinaigre et des cornichons, pickles, etc. Se multiplie de boutures au printemps. On recouvre les racines de bonne terre pour passer l'hiver, après avoir coupé l'herbe.

Fenouil. Aromate du même ordre. Ses semences entrent dans les liqueurs, surtout dans l'absinthe et l'anisette.

Il faut préférer le *fenouil doux*, dont les graines doivent toujours être tirées d'Italie; chez nous, il dégénère.

Sa *racine* et ses *feuilles*, très aromatiques, sont aussi employées en pharmacie.

Semer en mars et avril en place ou en pépinière pour repiquer à 35 centimètres de distance. Biner, arroser quand il fait un temps sec.

En faisant blanchir le fenouil à la façon du céleri, on peut en manger les racines et jeunes pousses.

Fève. Semer en place, par touffes ou en lignes de février à mai selon le climat, et entretenir le plant propre par des binages. Après la floraison, il est bon de pincer l'extrémité des tiges pour que la sève se porte sur les fruits.

Variétés recommandables : de marais ; naine hâtive ; de Windsor ; Julienne ; Violette ; à fleur pourpre.

Fraisier. Aux fruits, nous avons parlé du fraisier ; sa culture fait partie du potager. On le plante en bordures, en plate-bandes, en écartant de 30 centimètres. Les replants sont pris aux fils traçants des pieds d'un ou deux ans ; on les met en terre de juillet à septembre, en choisissant parmi les variétés qui conviennent le mieux au terrain.

Il faut de fréquents arrosages avec la pomme.

On peut aussi semer le fraisier, lorsqu'on tient à se procurer une belle variété dont on possède un fruit. Écraser le fruit avec du terreau, et le laisser de côté jusqu'en mars. On sème à l'ombre, en bonne terre ; on repique lorsque la plante a trois ou quatre feuilles; on lui pince toutes les fleurs de la première année; en juillet on met en place en mottes. Ces jeunes pieds exigent de fréquents arrosages.

Haricot. On le sème à l'air libre, et en place aussitô que les gelées ne sont plus à craindre. On peut même anticiper en le semant sur couche ou sous cloches pour repiquer en pleine terre, et gagner ainsi une quinzaine de jours. En place, les semis se font habituellement par groupes de trois ou quatre haricots dans le même trou. On donne une distance de 30 centimètres entre deux trous. On les couvre peu de terre, mais on les butte lorsqu'ils sont levés, et plus tard on leur donne des tuteurs.

Le *haricot nain* se sème de même en bordure.

Les haricots demandent peu d'arrosages.

Variétés *à rames pour manger en vert* : le beurre d'Alger; cent pour un; de Prague; prédomme; princesse.

A rames pour manger en sec : Soissons; sabre; Lafayette.

Nain pour manger en vert : Bagnolet; blanc nain sans parchemin.

Nain pour manger en sec : Nain hâtif de Hollande; noir hâtif de Belgique; Mohawk; flageolet nain.

Il existe encore de nombreuses variétés, mais nous n'avons, comme toujours, noté que les plus recommandables.

Igname de Chine. Plante vivace de la Chine et du Japon, dont les tubercules peuvent se traiter comme la pomme de terre, mais d'un goût plus fin. Elle est grimpante, et se multiplie de bouts de racines ou mieux en plantant les collets des tubercules au printemps.

Laitues. Se mangent en salade ou comme légume cuit à la façon des épinards. La laitue, arrivée à la floraison, est employée en pharmacie pour le lactucarium.

Elles se divisent en laitues *pommées* et *romaines*, et par saisons.

Les laitues de printemps se sèment dans les premiers jours d'octobre (var. petite noire, la gotte, la Georges, à bord rouge, d'Alger, palatine, romaine verte maraîchère) en continuant jusque dans la seconde quinzaine de novembre. Le semis se fait à bonne exposition, contre un mur, au midi; sous cloches pour les dernières sortes nommées. On recouvre le semis avec un peu de terreau fin. Dès que les premières feuilles commencent à paraître, on les repique sur un ados, sous cloches, à raison de 25 à 30 laitues sous chaque cloche, chaque variété à part. En hiver, on les met à l'abri de la gelée par une bonne couverture de litière, mais on donne de l'air le plus souvent possible. Seule, la petite noire ne veut pas d'air. On les met en place en mars.

Laitues d'été. Var. blonde de Versailles; blonde de Berlin; palatine; sanguine; turque; brune paresseuse; Batavia blonde ; Romaine blonde maraîchère ; brune anglaise; panachée ; alphange; truitée. Se sèment à la fin février, sur couche et sous châssis. En mars, on peut déjà les semer en pleine terre, mais sous cloches. On les met en place, à 25 centimètres de distance, dès que le plant est assez fort, et qu'il a ses secondes feuilles. Il faut les arroser fréquemment et fumer le terrain avant la plantation, avec un bon terreau de cheval.

On peut les mettre entre des choux-fleurs ou autres plantes à végétation plus lente, leur récolte ayant lieu avant elles, cela ne gênera pas ces voisins.

Lorsque les laitues ont acquis tout leur développement, on les attache avec des liens de paille ou de jonc, comme nous l'avons dit aux chicorées, pour les blanchir.

Laitues d'automne ou mieux d'hiver. Var. de la Passion; morine; romaine rouge d'hiver.

On les sème du 15 août au 15 septembre en pleine terre et

à la volée ; on repique en octobre à bonne exposition ; on les laisse passer l'hiver sans couverture. Cependant, si le froid devenait rigoureux, il serait prudent de les couvrir de paille longue, quitte à la retirer si le temps devenait plus doux.

Laitues à couper. On peut semer toutes les laitues dans toutes les saisons pour cet usage, à travers les autres légumes, et en même temps qu'eux. C'est une façon de faire deux récoltes dans le même terrain.

On emploie de préférence les variétés : petite laitue à couper ; de Groslay ; coquille ; chicorée ; à feuille de chêne.

Lentille. C'est une plante de culture industrielle qui ne se met presque jamais dans les jardins. Il y a des variétés petite, moyenne, grosse. Il lui faut un terrain sec et sablonneux. Semer en rayons en mars et avril.

Mâche. Salade d'hiver. Semer d'août à octobre en terre douce et bien fumée, herser à la fourche ou au rateau, arroser s'il fait sec. Toutes les variétés de mâches se traitent de même : de Hollande ; à larges feuilles ; à feuilles panachées ; d'Italie.

Maïs. Article de la grande culture. On le sème en mai en place par trois ou quatre graines groupées et à la distance de 60 centimètres pour graines. Pour fourrages, on le sème à la volée, et beaucoup plus épais.

Lorsque la plante a pris une certaine force, on la butte, et on retire les bourgeons qui viennent au pied. Plus tard, après la floraison, on taille les tiges au-dessus de l'épi, c'est-à-dire celles qui portent les fleurs mâles, afin que toute la sève se porte sur les fruits. C'est en taillant les bourgeons de terre qu'on y trouve des jeunes grappes à confire au vinaigre, et que l'on peut aussi traiter en légume, en les laissant entières, et les cuisant à la façon des petits pois.

Melons. Nous avons parlé des melons aux fruits, mais nous n'avons rien dit de leur culture. Essayons donc d'en donner un aperçu. La culture sous cloches nous semble la seule admissible pour un jardin sans prétention.

Choisissez les variétés : maraîcher ou cantaloup prescott. Le maraîcher rend davantage.

Au commencement mars, semez quelques graines en pots, dans du bon terreau, et exposez cela dans la chambre, en un endroit chaud, en le maintenant humide.

Lorsque le plant sera levé, et qu'il aura ses secondes feuilles, vous le planterez en place avec sa motte sur une butte formée par du bon fumier de cheval, la valeur d'une brouettée, recouvert de terre légère de 10 à 12 centimètres d'épaisseur. Recouvrez la plante d'une cloche, couverte elle-même d'une toile lorsque le soleil est trop ardent. Faites les arrosages au pied du replant, avec de l'eau dégourdie. Lorsque le melon a repris, on pose une petite pierre sous un pan de la cloche pour donner de l'air pendant le jour. D'ailleurs, ces cloches doivent rester en place tant que la plante pourra y tenir, dût-on les poser sur trois briques.

On ne les enlèvera jamais que par le beau temps.

Taille : Lorsque la plante a poussé une première tige, et que cette tige porte quatre feuilles, on la pince au-dessus de la seconde feuille, et on supprime les cotylédons.

Ce pincement détermine la formation de deux branches transversales que l'on dirige en sens contraires. Lorsque ces deux branches ont atteint 35 centimètres de longueur environ, on les pince au-dessus de la troisième feuille, ou de la quatrième, selon leur force, ce qui forme une nouvelle branche à chaque feuille. On dirige toutes ces branches de façon à recouvrir la butte, en la tapissant du côté où le soleil donne, de préférence. On leur laisse de nouveau une poussée de 35 centimètres, puis on les pince encore au-dessus de leur troisième feuille, même avec les fleurs, s'il y

en a, car les premières fleurs sont toujours mâles et ne fruc-
tifieraient pas.

Après cette troisième taille, on laisse nouer quelques
fruits, on choisit le plus beau, on pince la branche qui le
porte, à deux yeux au-dessus du fruit, puis on supprime
tous les autres fruits du même pied. Le melon choisi sera
mis à l'abri des rayons directs du soleil, par un peu de
feuilles ou de paille ; et de l'humidité du sol, en le posant
sur une planchette, une ardoise, etc.

Toutes les autres branches seront en même temps pincées
au-dessus de leur seconde feuille.

Si, en grossissant, le jeune fruit prenait une forme
qui ne plairait pas, il faudrait le supprimer et en choisir
un autre à sa place. Il s'en forme constamment sur les
autres branches, mais il ne faut les conserver que dans le
cas de suppression du premier. Ces jeunes melons de
pincement peuvent être mis au vinaigre, comme les
cornichons.

On n'admettra un second fruit sur le même pied, que
lorsque le premier, ayant atteint son développement, on
jugera la plante assez forte pour en nourrir un second, et
ainsi pour les suivants. Il est très rare qu'une plante puisse
produire plus de deux fruits bien conditionnés.

Outre les deux variétés recommandées en tête de l'article, on peut encore planter ainsi avec succès les variétés :
sucrin de Tours ; sucrin à chair blanche ; ananas ; Honfleur ;
Arkengel ; Grammont ; parmi les *melons brodés*.

Orange ; noir des Carmes ; Prescott fond blanc ; vingt-huit
jours ; Portugal ; Prescott gris ; Galeux fond vert ; et noir de
Hollande ; parmi les *cantaloups*.

A chair rouge ; d'Odessa ; d'hiver ; de Malte ; parmi les
melons à écorce lisse.

Melon d'eau. Pastèque. Même culture que le melon,

mais on peut doubler et même tripler le nombre des fruits sur chacun.

Navets. Viennent bien partout et en toutes terres, mais ils préfèrent un terrain sablonneux et léger. Semer à la volée et écartés depuis mai jusqu'à septembre. Ratissez ensuite légèrement. Si le temps est pluvieux, la semence n'en germera que mieux.

Lorsqu'on les arrache pour les conserver l'hiver, on leur coupe l'herbe au ras du collet de la racine, que l'on conserve en silos ou en bonne cave, dans un tas de sable.

Les navets tendres pour légumes sont à choisir parmi le blanc plat hâtif; rouge plat hâtif; des vertus; des six semaines; boule d'or; jaune de Hollande; gris de Morigny et quelques autres variétés.

Pour *confire au sel,* on emploie tous les gros navets blancs, et l'on préfère les plus gros.

Oignon. Pour planter ou semer l'oignon, il faut choisir un terrain qui n'ait pas reçu de fumier depuis au moins un an; sans quoi le bulbe ne se conserverait pas. On sème à la volée de février à mars, puis on passe le rateau et l'on foule avec les pieds garnis de planchettes. On arrose, si le temps est trop sec. On se contente d'arracher les mauvaises herbes. Lorsque les fanes commencent à sécher, on les écrase avec un dos de rateau, pour que la sève se porte en entier sur le bulbe. On les sort de terre en août ou septembre et on les laisse se ressuyer sur le terrain, ou si le temps est humide, sur un grenier, pendant une quinzaine.

Le semis, ainsi conduit, donne quelques beaux oignons et beaucoup de petits. On conserve ces derniers dans un endroit sec et froid pour qu'ils ne germent pas, et on les repique en février ou mars en lignes à 30 centimètres de distance. On obtient ainsi le gros oignon que l'on emploie à la cuisine, et dont on plantera quelques-uns la troisième année pour se faire de la graine de bonne qualité.

On cultive ainsi les oignons rouge pâle ou d'Alsace ; rouge foncé ; jaune ; soufré ; puriforme, etc.

L'oignon blanc se sème de même au commencement d'août, on l'arrache vert en octobre ou novembre pour le repiquer en place, et l'on obtient ainsi de l'oignon précoce avant la maturité des sortes ci-dessus.

Il y en a deux variétés principales : le blanc hâtif et le blanc gros.

Oignon Rocambole. Porte des bulbilles à la place des graines. On les plante pour le propager. Chaque bulbe donne un oignon de belle taille et de superbe forme que l'on arrache lorsque ses feuilles jaunissent.

Oseille. On peut semer l'oseille au printemps, en bordures ; laisser en place, ou repiquer à volonté.

Ordinairement, on la multiplie par éclats de racines au printemps. Il faut la couper le plus souvent possible, pour l'empêcher d'arriver à graine, et l'arroser de façon à la maintenir en bonne végétation. Lorsqu'on craint les froids, on la coupe et l'on recouvre les pieds de terre. Pour utiliser cette dernière récolte, on en fait la *conserve d'oseille*, qui peut se garder longtemps.

Conserve d'oseille. Épluchez, lavez, égouttez les feuilles et jeunes pousses. Joignez-y, si vous voulez, quelques fines herbes. Puis, dans un grand chaudron, vous ferez fondre un bon morceau de beurre, y ajouterez votre oseille et du sel en suffisante quantité. Cuisez lentement pour évaporer le plus d'eau possible sans brûler. Mettez cette pâte dans des pots bien propres et bien secs, dont vous baserez la grandeur sur vos besoins, en notant que le pot entamé doit être vidé et consommé dans la semaine. La conserve sera ensuite recouverte d'une légère couche de saindoux fondu ou de beurre et fermée d'une vessie ou d'un parchemin.

On place les pots dans un endroit sec et froid sans les faire geler. On peut la conserver plusieurs mois.

Variétés . Oseille de Belleville à larges feuilles; oseille vierge; oseille épinard.

Oxalis crénelée. Se multiplie de tubercules qu'on plante en avril à 1 mètre de distance. On en mange les feuilles et sommités qu'on traite comme l'oseille.

Cette plante doit être buttée pour aider à la formation des tubercules qui ne commencent à se montrer qu'en septembre.

Panais. Semez comme les carottes, mais à plus grande distance, éclaircissez le plant. Ne semez qu'en terre profonde et bien fumée.

Persil. Semez en bordure, en rayon, ou autrement, n'importe où, depuis février jusqu'à juin. Couvrez-le lorsque les gelées arrivent. Il réussit dans tous les terrains.

Variétés : l'ordinaire ; le frisé ; à grandes racines. Avec ce dernier, on peut faire un bon légume des racines que l'on cuit comme les carottes.

Pimprenelle petite. Semer au printemps ou à l'automne, en bordures ou par touffes. C'est une plante qui n'est pas douillette.

Le *persil* et la *pimprenelle* sont employés comme fines herbes; il faut donc les planter à proximité, et le plus possible ensemble.

Pissenlit. Plante des prés pour salade. On peut la cultiver en semant au printemps; ou mieux, en plantant des pieds sauvages qu'on recouvre de paillassons ou de litière pour les blanchir.

On a tort de ne manger le pissenlit que blanchi; il a beaucoup plus de saveur, et n'est pas du tout coriace, au moment de la floraison. Goûtez-le, en prenant de préfé-rence les plus grandes feuilles, ou la plante coupée au collet, *avec les fleurs*, et vous en aurez toute satisfaction. Je vous recommande seulement de le faire couper en lanières si les feuilles sont trop grandes. On peut encore s'en servir ainsi en juillet-août, s'il a poussé dans un terrain frais et humide. Ornez-le de quelques fleurs de capucines.

On peut aussi le cuire comme les épinards.

Poireau. On sème en février ou mars en pleine terre, pour repiquer à 20 centimètres de distance, dès que le plant est assez fort, ce qui arrive vers la fin d'avril. Les jeunes plantes que l'on a de reste sont laissées en place. On peut en con-sommer de suite. Pour le conserver l'hiver, on le met en jauge, ou bien ou le laisse en place, et on le couvre de feuilles.

Il y a deux variétés : le long, le court.

Poirée blonde. Culture des épinards.

Poirée à carde. Semer en pépinière en mai pour repiquer dès qu'il est assez fort, à 50 centimètres de distance.

On recouvre de litière pendant les gelées, et l'on peut commencer sa récolte au printemps suivant.

Pois. Au lieu de forcer les pois, en les cultivant sur couches, je recommande l'emploi des conserves en hiver. On en fait de très bonnes, et je ne vois aucun avantage à forcer la nature quand on peut faire autrement. Outre que le produit ne serait pas meilleur, il exigerait des soins assidus, et coûterait plus cher.

En pleine terre, on les sème en place et en lignes, dès que les gelées ne sont plus à craindre, et en suivant l'ordre ci-après des variétés de chaque saison.

On continue ainsi jusqu'en juillet. Il est bon de couvrir les semis avec quelques branchages pour que les oiseaux, les pigeons surtout, n'atteignent pas les jeunes pousses ou les graines, dont ils sont très friands.

Lorsqu'ils sont assez forts, on retire les branchages, et l'on plante des rames dans les lignes.

Les *pois nains* se mettent en bordures, et bien entendu, ne se rament point.

Les variétés les plus recommandables sont à planter, pour manger en vert, dans l'ordre suivant :

Prince Albert; Michaux de Hollande; Michaux ordinaire; reine des nains; nain de Hollande; hâtif vert anglais; gros sucré; de Clamart; de Marly; ridé de Knight; ridé vert; ridé nain; Géant.

Ils sont tous à écosser.

Les *pois mange-tout*, ou *sans parchemin* qui ne s'écossent pas : nain hâtif de Hollande; nain à la moelle; crochu à large cosse; éventail; géant sans parchemin.

Pommes de terre. On emploie pour semences des pommes de terre de moyenne taille, mais bien mûres. Si elles étaient grosses, on pourrait les couper, mais en ménageant les yeux. On les plante aussitôt que les gelées sont passées, en faisant des trous d'un demi-fer de bêche de profondeur, à la distance d'un pied l'un de l'autre. Ces trous se font avec une houe large. Dans chaque trou, on jette trois tubercules espacés, on les recouvre de terre bien meuble. Lorsque les plantes ont pris une certaine vigueur, on les bine et on les butte, ce qui a pour effet de favoriser la formation de nouveaux tubercules aux racines élevées. On les arrache lorsque l'herbe jaunit ou qu'elle se dessèche.

Parmi les nombreuses variétés, il est bon d'en choisir une rouge tardive, une jaune, une hâtive, et vous les trouverez parmi : la naine hâtive d'Amérique; l'*early rose*; le *Marjolin*; l'early Cockney; *Golden cluster*; comice d'*Amiens*; early emperor; Schaw; truffe d'août; *violette ronde*; *violette longue*; Xavier; White pink; Lapstone Kidney, etc., etc.

Je recommande les variétés en caractères italiques.

Les pommes de terre ne devraient pas être mangées avant de s'être ressuyées quelques jours sur un terrain sec, ou même sur un grenier. C'est une bonne précaution que l'on prend rarement.

Pourpier. Les feuilles se mangent en salade.

Semer en pleine terre en mai et juin. Il réussit bien dans les terrains secs et caillouteux, même dans les chemins sablés.

Radis. Le *radis de tous mois*, dont il existe plusieurs variétés, et les **raves**, qui sont des radis longs, peuvent se semer toute l'année. En hiver on les mettra sur couches, entre d'autres légumes ; en été, on en garnira les petits coins perdus du jardin. Ils ne demandent qu'une bonne terre bien meuble et bien fumée, et des arrosages fréquents. Les vrais amateurs ont toujours quelques graines en poche et en sèment une pincée, chaque fois qu'ils vont cueillir quelques radis, pour les remplacer.

Les *radis gros blancs d'Augsbourg* se sèment dès le mois de mars pour récolter en mai. Puis on sème successivement jusqu'en septembre les autres grosses espèces *rose* et *violet de Chine; blanc de Chine; gris;* enfin le *radis noir d'hiver.*

Pour l'hiver, on les conserve en cave dans un tas de sable fin. C'est la meilleure manière.

Raifort ou **Moutarde des Allemands.** Le vrai raifort ne porte pas de graines, bien qu'il fleurisse. On le multiplie d'éclats de racines ; mais pour le faire grossir, il faut établir une culture spéciale :

On creuse une plate-bande en rejetant toute la terre sur le côté, comme si l'on allait établir une couche, à la profondeur de 50 centimètres. Au fond de cette tranchée, on établit un plancher de briques ou de tuiles, puis on y rejette la terre mélangée de fumier bien consommé. On y plante alors des bouts de racine de raifort, taillés aux deux extrémités. Lorsque les racines arrivent aux briques, elles ne peuvent plus descendre et grossissent au lieu de s'allonger démesurément. Tous les soins consistent alors à couper les racines qui se formeraient autour de la pivotante, d'enlever les grosses feuilles qui absorbent la sève, et de pincer les branches à fleurs.

Ainsi cultivée la racine de raifort peut rester en terre deux ans ; elle acquiert une grosseur très respectable, devient d'un goût moins âcre et plus doux.

Pour la servir en *hors-d'œuvre*, on la râpe, puis on l'échaude avec du bouillon bouillant, et on lui donne une sauce vinaigrette.

D'autres la font cuire avec bouillon ou vin blanc et de la mie de pain, et la servent sous la forme d'une bouillie qui n'a plus guère de goût, l'arôme étant très volatil.

On peut *couper les racines de raifort* en tranches épaisses et les sécher pour les *conserver*. Leur essence n'y existe pas toute formée ; pour leur donner ensuite l'arôme qui leur manque, il suffit de les pulvériser et de les mouiller avec eau ou vinaigre, ou tout autre liquide contenant de l'eau.

Raiponce. La semence est excessivement fine, on est donc obligé de la mélanger avec une grande quantité de sable fin très sec, pour pouvoir la répartir convenablement sur le terrain. On la sème en juin et juillet, puis on sème des radis par-dessus, ou des laitues à couper, on passe le rateau légèrement et on tasse un peu le terrain. Les radis ou laitues ont pour but de protéger les jeunes plantes contre un soleil trop ardent ou une forte pluie. On couvre de paille longue, et on arrose souvent. La récolte commence au mois de février suivant.

Rhubarbe. On plante des éclats de racines munis d'au moins un œil et on espace à 80 centimètres au moins.

La rhubarbe fournit *ses feuilles* qui sont employées comme les épinards. La *grosse côte* du milieu de la feuille et sa tige, coupées en menus morceaux, donnent une très bonne compote, d'un goût intermédiaire entre la pomme et l'abricot. Elle est surtout employée pour garnir des tartes. Il faut éviter de servir la feuille et la tarte au même repas, ce qui ne manquerait pas de purger convenablement tous les convives, et serait d'un effet pittoresque pour le reste de la journée.

Salsifis blancs et

Salsifis noirs ou scorsonères. Ces deux plantes sont cultivées de même et servent au même usage : on en mange les racines cuites. Semer en février et jusqu'en avril, en ligne ou à la volée, arroser, éclaircir les parties trop épaisses, tenir propre de mauvaise herbe.

On récolte avant et pendant l'hiver, entre les périodes de gelée.

Lorsque les plantes sont montées en tiges, les racines deviennent ligneuses. Il ne faut pas les toucher alors, elles reprendront le tendre lorsque les graines auront mûri et que les tiges seront desséchées, et pourront servir en hiver comme les autres. On peut les laisser en place deux ans pour qu'elles grossissent.

Contrairement à d'autres nombreuses plantes, les salsifis réussissent plusieurs années de suite dans le même terrain.

Sarriette. Plante d'assaisonnement. Semer au printemps, puis elle se ressème d'elle-même les années suivantes. La *sarriette vivace* se multiplie au printemps par semis ou par éclats.

Scolyme. Succédané du salsifis, qui se cultive comme lui, mais qu'il ne faut pas semer avant le mois de juin.

Tétragone étalée *ou* **épinard d'été.** On trempe les graines 24 heures dans de l'eau tiède, puis on les sème sur couches en février. On les repique en place à 60 centimètres en tous sens, lorsqu'il n'y a plus à craindre de gelée.

On récolte les feuilles quand elles sont assez grandes..

Tomate. Voir aux fruits.

Jus. Ne pas confondre avec *sauce*. C'est un synonyme de *suc*, lorsqu'il s'agit de végétaux dont on l'extrait par pression. Le *jus* de viande ou *coulis* est le liquide qui tombe du rôti dans la lèche frite. C'est aussi le jus qui se rassemble et qui sert de base à la sauce. Voyez *coulis, sauce, dégoût, glace.*

On dit de préférence jus de viande, suc de fruits.

Lorsqu'on manque de jus pour renforcer une sauce, on le remplace par le bouillon, ou par l'extrait de viande.

L

Lainage. Voy. *Nettoyage, taches.*

LAIT. Liquide secrété par les glandes mammaires des animaux mammifères femelles, et qui constitue, pour leurs petits, un aliment complet. Il est blanc opaque, plus lourd que l'eau. Par le repos, il lui surnage bientôt une couche de matières grasses plus épaisses, qui constituent la **crème**. La crème réunit les parties dont on fait le *beurre*, et celles dont on fait le *fromage*. Voyez ces mots.

Si l'on abandonne du lait à lui-même, sans prendre la précaution de le faire bouillir, il *aigrit* et *tourne*, ce qui arrive même après ébullition, lorsque le temps est chaud ou orageux. C'est le résultat d'une fermentation acide, que l'on peut au moins retarder en y ajoutant un peu de bicarbonate de soude, mais il ne faut pas dépasser un gramme par litre.

On reconnaît si le lait a été *baptisé* au moyen d'un *pèse-lait* qui s'achète chez les opticiens.

Lorsque le lait est *caillé*, la partie liquide renferme une certaine dose de *sucre de lait* en solution, on peut l'en séparer par l'évaporation en consistance sirupeuse, et la cristallisation. C'est par la fermentation de ce sucre, contenu dans le *petit-lait*, que l'on prépare en Russie l'*eau-de-vie de koumis*, avec le lait de jument.

Pour *cailler le lait* et en faire du *fromage à la crème*, on y ajoute de la **présure** *liquide* qui est le suc gastrique du veau. On l'extrait de son estomac en le râclant, et pour le conserver, on prend, sur 375 gr. de ce suc frais, 60 gr. de sel, 60 gr. de trois-six et un litre de vin blanc. On dissout le tout et on filtre, après un mois de digestion. Une cuillerée à café de cette préparation suffit pour cailler deux litres de lait frais, et donne un bon produit.

En cuisine, on pourrait se servir des laits de tous les mammifères, mais on n'emploie généralement que le *lait de vaches* et le *lait de chèvres*. Pour avoir ce dernier sans l'affreux goût de bouc qui le caractérise, il faut élever des chèvres blanches sans cornes. Le lait de cette espèce est franc de goût et très crémeux. Il est préférable au lait de vaches.

Le *lait de jument* ne donne pas de crème, dit-on.

En Angleterre, on *remplace* souvent *l'huile de foie de morue*, sur l'ordonnance des médecins, par une préparation de crème fraîche sucrée et vanillée, ou mêlée d'un peu de rhum. C'est en tous cas beaucoup plus agréable à prendre, si cela ne produit pas le même effet.

Lorsqu'on emploie du lait, principalement celui des vaches,

il faut toujours prendre soin de le faire bouillir, quand il ne provient pas de vaches connues et saines.

En effet, il a été constaté que beaucoup de vaches, tenues enfermées ou nourries de certaines façons, ont contracté des *maladies tuberculeuses*, dont les germes passent dans le lait et peuvent se transmettre ainsi à l'homme. Vous voyez que la précaution est bonne et qu'il est parfois dangereux de boire du *lait chaud de la vache*. Et cependant, il y a encore des médecins qui le prescrivent !

Le *lait fraîchement trait* peut tromper sur sa pureté à cause de sa température. Il ne faut donc accuser un laitier d'y mélanger l'eau que lorsqu'on a pu vérifier son lait bien refroidi. Chaud, il ne pourrait marquer son degré réel au *pèse-lait*.

Laitue. Voyez dans l'article *Jardin*. Voyez aussi *Chicorée*.

Lapin. Voy. *Lièvre et lapin*.

Larder. Enfoncer des filets de lard au travers de la viande. Lorsque les filets ne garnissent que la surface, on dit *piquer*.

On *larde* et on *pique* avec une sorte d'aiguille spéciale, nommée **lardoire**, que l'on peut avoir de diverses dimensions selon la grosseur des pièces à garnir. Avant de larder ou de piquer une pièce, il faut l'y préparer en la battant bien, et lui donner la forme qu'elle doit conserver après la cuisson.

Lardons. Gras de lard découpé en fils carrés plus ou moins épais et longs, dont on se sert pour larder et piquer.

Lèche frite. Récipient que l'on met sous la *broche* pour recevoir le jus qui tombe du rôti. Voy. *Broche*.

Légumes. Pour chaque espèce de légume, voir à leurs noms respectifs, les façons de les apprêter.

Les légumes verts sont d'autant plus fins et plus tendres qu'ils sont plus fraîchement cueillis. Il vaut toujours mieux les chercher au jardin, juste au moment voulu, que de les prendre la veille.

Pour leur conserver la belle couleur, il faut saler un peu fort l'eau dans laquelle on doit les cuire, et y jeter les légumes pendant qu'elle bout.

Les légumes secs ont horreur du calcaire qui les durcit. Prenez donc de préférence l'eau de rivière et même de pluie, c'est la meilleure. Si vous êtes forcé de vous servir d'une eau de puits, ajoutez-y un peu de carbonate de potasse pour détruire l'effet de la chaux. On peut d'ailleurs le remplacer par un peu de cendre de bois enfermée dans un nouet de linge.

Cuisez de préférence tous les légumes secs ou frais dans une quantité d'eau qui les baigne bien largement. Ils en seront d'un goût plus délicat et d'une meilleure apparence.

Puis cette eau pourra vous servir de *bouillon maigre*, très bonne base pour une soupe à l'oignon, au pain, aux pommes de terre, etc.

Voy. *Jardin*.

Lessive. La lessive se fait ordinairement en tassant le linge dans des cuveaux, l'imprégnant d'une décoction chaude de cendres de bois et le laissant tremper une nuit.

Le lendemain, on le retire, on le rince à la rivière tout en le savonnant, et l'on ne manque pas de le frotter dur avec une brosse de racines, ou de le battre autrement. C'est une très bonne manière d'user rapidement le linge.

A Paris, on le passe ensuite à l'eau de Javelle, ou chlo-

... de soude, qui le ronge encore mieux, sous le prétexte de le rendre plus blanc.

Le *savonnage alsacien* ménage considérablement le linge, et son avantage est d'autant plus grand, que cette façon coûte moins de temps et moins d'argent. La voici dans toute sa simplicité :

Faites dissoudre un kilogramme de bon savon (blanc, ou d'oléine, ou même de coco) dans cinquante litres d'eau chaude. Pour faciliter la solution, coupez le savon en copeaux. Ajoutez ensuite deux cuillerées d'ammoniaque liquide et autant d'essence de térébenthine, et mélangez.

L'essence de lavande peut remplacer la térébenthine et donne au moins un bon parfum.

Vers le soir, cette combinaison étant faite, et ayant la température d'un bain de pieds, on y tasse une masse de linge, qui n'a besoin que d'être mouillé, sans baigner plus qu'il n'est nécessaire ; puis on laisse tremper jusqu'au matin en le couvrant. Il n'y a plus alors qu'à rincer le linge entre les mains, dans cette eau savonneuse, pour que toute la crasse s'en détache, avec une facilité qui étonne les personnes qui n'ont pas l'habitude de travailler de cette façon. Ensuite on le rince à la rivière sans le battre, ni le frotter.

Le linge qui sort de là est blanc, propre, et conserve une petite odeur très agréable de lavande, lorsqu'on a pris de cette essence, même par moitié avec la térébenthine.

Lessiveuse. A Paris, on se sert dans les ménages de lessiveuses économiques. C'est d'ailleurs le seul moyen de blanchir son linge chez soi lorsqu'on est aussi restreint pour la place. La maison Delaroche aîné en fabrique d'un excellent système. Voir aux annonces à la fin du volume.

Levure. Quand on en a besoin pour faire lever une pâte, le plus simple est d'en acheter chez son boulanger.

Si l'on désirait en produire soi-même, voici la manière d'opérer : Faites cuire un kilogramme d'orge germée ou malt vert (non torréfié) avec quantité suffisante d'eau. Évaporez jusqu'à ce que le décolté ne soit plus que de trois litres à peu près.

Ajoutez-y, si vous voulez, 200 gr. de sucre et 15 gr. d'acide tartrique. Laissez tomber la température à 20 degrés, puis jetez-y une bonne poignée du même malt écrasé. La fermentation s'y mettra bientôt, et vous pourrez en retirer la levure au bout de trois à quatre jours.

En lavant la levure avec de l'eau fraîche et la pressant, on peut la conserver quelques semaines.

Levure artificielle *ou* **chimique.** Pour les échaudés et certains autres biscuits, on remplace la levure par le *carbonate d'ammoniaque*, dont une pincée en poudre, incorporée à la pâte, la fait lever légère et régulière. On peut encore la remplacer par le mélange des *poudres à eau gazeuse*, qu'on emploie à la dose d'une ou deux pointes de couteau ; mais il faut alors travailler la pâte lestement, car elle lèverait entre les mains de l'opérateur. Dans ce but, on pulvérisera séparément, on mélangera les deux poudres intimement, et on les conservera au sec. Le *bicarbonate de soude* seul servirait aussi de levure, l'acidité de la pâte suffisant pour en dégager le gaz carbonique.

Liaison. On donne une liaison à une sauce lorsqu'on l'épaissit au moyen de farine, jaune d'œufs, fécule, crème, extrait de viande.

Une liaison au jaune d'œuf se fait ainsi :

L'œuf doit être très frais. Cassez-le par le milieu, transvasez le jaune d'une demi-coquille à l'autre, jusqu'à ce qu'il soit débarrassé de tout le blanc et du germe. Versez le blanc dans une tasse, et le jaune dans un pot ou saladier.

Lorsque les jaunes seront réunis, délayez-les avec une ou deux cuillerées d'eau froide et mélangez bien, ajoutez peu à peu de la sauce ou du potage à lier, même très chauds et mêlez toujours. Versez alors dans la sauce ou le potage en tournant, et ne remettez plus au feu, sans quoi le jaune d'œuf se coagulerait et tournerait.

Lièvre et lapin. La chair de ces deux animaux se prépare de même dans un grand nombre de façons, c'est ce qui nous a engagé à les réunir. Le lièvre doit attendre au moins deux jours, avant d'être dépouillé. Le lapin, au contraire, doit être dépouillé et vidé encore chaud, et se met de suite à la casserole. S'il a eu le temps de refroidir entièrement, la chair devient coriace, et l'on est forcé de le conserver en marinade, deux ou trois jours, pour qu'elle s'attendrisse. On le marine, comme le lièvre, dans le vin ou le vinaigre faible, avec l'assaisonnement obligé. De plus on garnira l'intérieur du lapin, avec quelques herbes telles que le thym, la marjolaine, le basilic, le serpolet, qui lui donneront un petit parfum de sauvage très réussi.

Le **lapin de garenne** se traite en tout comme le domestique.

Rôti. Il n'est employé pour cette manière, que le train de derrière piqué de lardons et mariné deux jours au vinaigre.

La cuisson du lièvre est terminée en une heure, celle du lapin va encore plus vite. Il faut les arroser souvent.

On fait la sauce avec le jus du rôti, le foie pilé et cuit avec un peu de beurre, et quelques échalottes ou oignons hachés.

On mouille avec du vin blanc coupé de bouillon. On y fait aussi entrer le sang, si l'on n'en a pas besoin pour un civet.

Enfin il n'est pas mauvais d'y mettre un peu de jus de citron, ou de servir le citron avec le rôti.

A la daube. Désossez l'animal, piquez-le de lardons de

belle largeur, et roulez-le en forme de cylindre, en le ficelant.

Faites-le cuire dans une daubière, sur un morceau de lard, et avec beurre, quelques tranches de jambon, les os autour. Lorsqu'il aura pris un peu de couleur, ajoutez eau ou bouillon, sel, poivre et bouquet garni. Cuisez avec feu dessus et dessous, doucement pendant deux heures. Ajoutez oignons, carottes, navet, et continuez encore la cuisson une heure et demie. Dégraissez la sauce, rangez les légumes autour du rôti, la sauce dessus et servez chaud ou froid. S'il est destiné à être servi froid, on fait bien de joindre un pied ou jarret de veau à la cuisson, afin que le jus tourne en gelée; le plat sera mieux présenté.

Civet de lièvre. Coupez le lièvre en beaux morceaux, que vous mettrez en marinade avec vin rouge, de quoi les recouvrir, et un oignon en tranches, carottes, laurier, thym, poivre entier, une gousse d'ail. Laissez au moins 48 heures.

Sortez et égouttez les morceaux, en conservant la marinade.

Dans la casserole, faites revenir 300 gr. de petit lard coupé en dés, avec un peu de beurre, jusqu'à ce qu'il ait jauni; mettez-y deux fortes cuillerées de farine, puis le lièvre.

Cuisez un moment, ajoutez la marinade avec tout l'assaisonnement, un peu de bouillon ou de jus, faites bouillir, puis achevez en mijotant sur un coin du foyer. Dégraissez la sauce à chaud. Lorsque le lièvre est cuit, passez la sauce au tamis, puis remettez le lièvre, le lard et la sauce sur le feu pour donner un bouillon ou deux. Vous ajouterez, à ce moment, le foie écrasé et le sang pour les cuire avec le reste.

Dressez vos morceaux sur un plat, arrosez-les de leur sauce et servez, en l'ornant de quelques croûtons frits.

Dans la confection de ce civet, vous pouvez à volonté, faire entrer des petits oignons entiers, des champignons, de truffes, et autres délicatesses, que vous ferez cuire à part, ou même dans le même beurre avant ou après le lard, pour les ajouter à la sauce au moment où vous remettrez au feu. On peut aussi l'allonger de quelques tranches de bœuf coupées en petits morceaux.

Beaucoup de viandes et gibiers sont bons en civet par la même méthode ; tels l'oie, le chevreuil, le sanglier, le bœuf, l'écureuil qui donne le plus délicat de tous les civets.

Lapin en gibelotte. Coupez-le en morceaux. Mettez dans la casserole 150 gr. de beurre frais, dans lequel vous ferez jaunir des petits dés de petit-lard que vous pouvez laisser ou retirer, pour y mettre le lapin. Lorsqu'il a pris un peu de couleur, ajoutez deux cuillerées de farine pour faire un roux pâle ; puis des petits oignons, bouquet garni, sel, poivre, muscade, un bon verre de bouillon.

Laissez cuire une bonne demi-heure, ajoutez un filet de vinaigre ou un verre de vin rouge, ce qui vaut mieux.

Mijotez alors une demi-heure, réduisez la sauce, ôtez le bouquet, et servez après avoir un peu dégraissé la sauce. On peut aussi garnir de quelques croûtons frits.

Lièvre ou lapin en terrine. L'animal étant désossé, hachez les chairs et combinez-les avec de la chair à saucisses, que vous pouvez remplacer par lard et jambon, du veau, persil, oignon, ciboule. Mettez cette farce dans une terrine garnie de bardes de lard au fond et tout autour ; mouillez de vin généreux, ou même d'un peu d'eau-de-vie, couvrez de lard, fermez le couvercle que vous luterez avec des bandes de papier collées à l'entour. Cuisez quatre heures au four.

Dans la farce, on peut faire entrer des pelures de truffes hachées, et répartir quelques tranches de truffes dans la masse.

Autre méthode. Après l'avoir désossé, coupez par

membres, lardez-les et enfermez-les dans la terrine, en les mélangeant de tranches minces de jambon et garnissant le pourtour et le fond de tranches de lard. Finissez comme ci-dessus.

Pâté de lièvre ou de lapin. Désossez-le, coupez et lardez de même. Cuisez cela dans une marmite avec sel et poivre, persil, oignons, ail, ciboule, vin et beurre. Mijotez jusqu'à parfaite cuisson.

D'autre part, préparez une *croûte de pâté* (voir cet article à pâte), et quand elle sera à point, introduisez le lièvre, et mettez au four pour la chauffer. Puis versez-y, par la cheminée de la croûte, une gelée transparente, parfumée avec de *l'esprit de truffes*, qui doit se figer par refroidissement, en garnissant tous les vides. Servez froid.

Vous pouvez aussi le servir sans croûte, soit *sur un plat*, soit *en terrine*, soit *en aspic*.

Levraut au **lapereau sauté**. Coupez par membres. Faites-les sauter au beurre jusqu'à belle couleur et vivement. Ajoutez farine, vin blanc ou rouge, sel, poivre, ciboules hachées, persil haché et champignons coupés. Mijotez un moment et servez.

A la Marengo. Au lieu de beurre, mettez de l'huile à la casserole pour faire prendre couleur à votre lapereau découpé comme pour la gibelotte. Assaisonnez de sel et poivre, ail et laurier. Poussez un peu le feu, pendant un bon quart d'heure. Liez la sauce avec farine, ajoutez des champignons tout cuits et un filet de vinaigre ou de citron.

A la tartare. Les membres marinés au vinaigre et désossés, sont grillés à la poêle ou sur le gril, arrosés de leur marinade, et servis avec une sauce tartare.

En papillotes. Coupez les membres, marinez trois jours à l'huile aromatisée de persil, ciboule, ail, hachis de champignons, sel et poivre. Chaque morceau sera garni de ce hachis et enveloppé d'une mince tranche de lard, puis d'un papier beurré, et cuit sur le gril dans ces enveloppes. Au moment de servir, on ôte le papier, et l'on arrose d'un jus de citron.

Les **peaux** *de lapin* sont bien fournies, en hiver, d'un poil doux et chaud, aussi sont-elles employées à la confection des fourrures. On est même arrivé, par des procédés industriels de teinture et d'apprêtage, à s'en servir pour imiter des fourrures de prix. On n'a pas besoin de passer par ces industriels pour utiliser les plus belles parmi les peaux de lapin de sa cuisine; on peut les travailler soi-même, et ce travail offre même un certain attrait.

Dans deux vases différents, dissolvez 200 grammes d'alun dans 2 litres d'eau chaude, et 200 grammes acétate de plomb dans 2 litres d'eau chaude. Mêlez les deux solutions en agitant, laissez reposer jusqu'au lendemain, et décantez le clair. C'est de l'*acétate d'alumine* en solution.

Pendant ce temps, tendez la peau de lapin sur une planche, le poil en dessous, après l'avoir trempée à l'eau froide pour la ramollir. Grattez la partie intérieure pour en retirer la graisse et les corps étrangers. Lavez-la à grande eau, puis trempez-la dans l'acétate d'alumine qui doit la couvrir en entier. Changez-la de place de temps en temps, en l'y laissant huit jours. Laissez-la sécher, puis frottez la face opposée au poil avec de la vaseline pétrie de jaune d'œuf. Cette opération est destinée à adoucir la peau, à la rendre souple.

Les peaux ainsi traitées se conservent longtemps. Elles sont tannées, et vous pourrez en faire des chancelières ou tout autre objet en pelleterie.

On peut traiter de même les peaux de tous les petits quadrupèdes à fourrures, blaireaux, écureuils, taupes et même celles des renards.

Limonade. Voyez sous le titre *Pharmacie* et *Eaux gazeuses*.

LIQUEURS. — Avant-propos. — Manipulations. — Les formules de liqueurs que je publie ici, sont toutes applicables dans un ménage, et faciles à travailler sans alambic. Malgré cela, si l'on opère avec de bons et purs produits, je garantis une finesse parfaite, et des liqueurs comparables aux bonnes marques.

Ces formules ne sont pas absolues, tant s'en faut. Ceux qui aiment la liqueur plus corsée, plus forte, supprimeront une partie de l'eau. Ceux qui la désirent plus douce, plus épaisse, ajouteront du sirop de sucre en remplacement d'une partie de l'eau. Ceux qui, au contraire, craignent les liqueurs spiritueuses pourront augmenter la dose de sirop sans diminuer celle de l'eau. Tout cela dépend du goût de chacun.

Je puis me présenter comme particulièrement compétent pour cette fabrication, ayant été moi-même patron créateur d'une fabrique de liqueurs en Alsace pendant une quinzaine d'années.

Cette fabrication m'a valu une collection nombreuse de médailles, bronze, argent, or, à divers concours.

Dans la *façon de faire* les liqueurs, le tour de main est important. Suivez donc toujours l'ordre indiqué pour le mélange, avec soin, régularité; n'y changez rien sous ce rapport, et ne craignez pas de mélanger trop parfaitement les ingrédients. Le résultat dépendra beaucoup des soins que vous aurez donnés à l'opération.

En général tous les mélanges de spiritueux, eau et sirop doivent se faire à froid et rester tranquilles au moins 24 heures pour être parfaits. C'est ensuite qu'on appliquera le **collage**, si on en a besoin, et en cas de trouble surtout. Le collage ne nuit jamais dans une liqueur à base d'essences ou de végétaux traités par infusion.

Il est presque toujours inutile dans les liqueurs dites ratafias, qui sont produites par des sucs de fruits alcoolisés et sucrés. Ainsi collez l'anisette, le curaçao, ne collez pas le cassis, la framboise, la cerise, la noix. La meilleure colle est la *crème douce*, puis le lait.

Outre que le caillot s'empare des poussières troublantes, des matières précipitées par les mélanges de trois-six et d'eau, du calcaire provenant des sucres, etc., ce même caillot se combine à toutes les parcelles d'essences non dissoutes et ne les lâche plus. Tout cela reste sur le filtre et la liqueur en sort brillante et limpide. Elle a de plus gagné une finesse exquise par suite même des parties crémeuses qui sont restées en dissolution.

On peut encore coller avec une foule de produits tels que *colle de poisson, gélatine, blanc d'œuf, albumine du sang, gluten, papier à filtrer* délayé dans la liqueur, et bien d'autres encore. Je préfère la crème douce, et à son défaut, le bon lait pur non écrémé.

Quand le collage a fait son effet, après 3 ou 4 jours, et souvent même plus tôt, on peut filtrer la liqueur si l'on désire la servir bientôt, mais il vaut mieux attendre une quinzaine de jours pour avoir un résultat sûrement parfait.

La **filtration** peut se faire par tous les moyens capables de séparer le trouble et de laisser couler une liqueur limpide.

Toutefois, il y en a de meilleurs et de moins bons.

Si vous voulez filtrer de 1 à 3 litres, employez un *filtre de papier gris ou blanc*. Je vous recommande la *marque Prat-Dumas*, parce que ce papier est coupé en rond, qu'il est bon, régulier et aussi solide que le papier peut être. Je vous recommande encore davantage le *filtre Laurent* (fabriqué rue Mathis à la Villette, Paris), qui est composé de papier Prat-Dumas tout plié à la mécanique. Pour des quantités de liqueur de 4 à 10 litres, vous prendrez le filtre Laurent gris pour huiles, de 2 litres de contenance. Il est plus épais, plus résistant, et filtre mieux puisque ses plis ne se collent pas à l'entonnoir.

Ces *filtres de papier* se posent pliés dans un entonnoir en verre, autant que possible de la dimension du papier dont on se sert. Les entonnoirs en fer-blanc sont bons, mais ils sont à abandonner pour les liqueurs à base de fruits rouges, ou contenant du tannin comme le brou de noix, le curaçao, etc. Le fer et l'étain, les métaux en général, ayant une action sur la couleur de ces liqueurs, il vaut mieux les éviter.

Pour des quantités de liqueur plus fortes, je me suis bien trouvé des *filtres en étoffe*. On peut en acheter de toutes les dimensions, en *feutre*, en forme de bonnets de Pierrot. On peut aussi les *faire soi-même*, de la même forme, et sur sa mesure, avec de la *bonne percale* cousue à la machine. On leur donne trois ou quatre oreilles de ruban pour les suspendre au moyen de bâtons qu'on passe dans ces oreilles et qui se posent en travers entre deux supports quelconques, tables ou tréteaux.

Ce sac peut servir, sans autre préparation qu'un bon lavage à l'eau bouillante, pour en sortir tout l'apprêt dont l'étoffe est imprégnée.

Il n'y a pas de meilleur mode de filtration pour séparer le liquide d'une macération ; le suc d'un fruit, avec ou sans pression, et en général tous les liquides, des parties solides qui s'y trouvent.

Lorsqu'il s'agit de filtrer une liqueur finie, qui doit devenir limpide, ce filtre ne suffit pas, tel qu'il est. Il faut lui donner une garniture intérieure avec du papier à filtrer blanc de préférence.

Pour cela, on déchire le papier menu, on le délaye dans un peu d'eau aussi chaude que possible. Quand la pâte est bien homogène, on ajoute de l'eau froide en quantité suffisante pour remplir le filtre.

On mouille l'étoffe, puis on y verse brusquement l'eau de papier. L'eau traverse le filtre et le papier le garnit du haut en bas, bouchant tous les pores trop gros, et empêchant ainsi les impuretés de traverser l'étoffe. Quand l'eau a suffisamment égoutté, on change le récipient sous le filtre, puis on y verse la liqueur.

Dans toutes les *mises en train de filtres* quelconques, il faut toujours rejeter les parties filtrées sur le filtre jusqu'à ce que la liqueur coule limpide et sans reproches. Pour juger de la *limpidité*, il faut en recevoir dans un verre bien transparent et la regarder au grand jour, et, si possible, au soleil. La liqueur ne doit pas être seulement claire, elle doit avoir un éclat brillant, et un reflet auquel je donnais le nom de *rayon de soleil*.

En général, un filtre de papier ne sert qu'une fois et ne peut servir à deux liqueurs différentes dont la filtration se suivrait. Ou bien il faudrait par hasard que les deux liqueurs soient de la même famille, comme arômes.

Pour les filtres d'étoffes il faut, aussitôt un travail achevé, les rincer ferme à l'eau froide, puis au besoin à l'eau chaude, et les sécher pour une autre opération.

Les filtres de cretonne seront bien rincés et passeront ensuite à la lessive.

Si l'on désire se faire un assortiment de liqueurs assez important, on fera bien de se fabriquer plusieurs filtres de cretonne de dimensions différentes. On en appliquera un, toujours le même, aux liqueurs blanches, un second aux jaunes, un troisième aux rouges. On fera surtout bien d'en avoir un spécial pour les curaçaos, bitters, brou de noix qui vont très bien ensemble, et qui sont chargés d'une couleur qui noircit facilement l'étoffe.

Inutile d'observer qu'on ne devra pas passer une boisson fine à travers un filtre qui aura servi à de l'encre ou à d'autres drogues quelconques. Je ne suppose pas que cette idée puisse venir à un opérateur sérieux et soigneux.

Je reviens à mon avis du commencement : en distillation, et en général, dans tous les arts de la cuisine, il faut de l'ordre et des soins, et jamais on ne travaillera trop soigneusement ni trop proprement. Tout est là, et cela ne coûte pas plus cher. Avec les mêmes matières et les mêmes appareils, l'homme soigneux fera des produits exquis, tandis que le brouillon en fera d'abominables.

Pour **calculer le degré** d'une liqueur, j'entends le degré centésimal, le seul connu de la loi française, il faut additionner les degrés de tous les litres de spiritueux entrant dans la combinaison, et diviser le total par le nombre de litres obtenu finalement.

Ainsi je mélange 2 litres trois-six à 90 degrés avec 2 litres eau et 2 litres sirop ; total obtenu 6 litres.

J'ai 90° × 2 ou 180 degrés à diviser par 6 litres, ce qui me donne une liqueur à 30 degrés. Si je ne veux l'avoir qu'à 25 degrés, je ferai le calcul $\frac{90 \times 2}{25} = 7,2$; il faudra donc ajouter 1^l,2 eau ou sirop pour compléter les 7^l,2.

Il est important de noter qu'*un mélange d'eau et de trois-six s'échauffe et se dilate*, si bien qu'en opérant en grand, on aurait des différences très notables après refroidissement. C'est donc seulement le lendemain du jour où l'on a fait les mélanges qu'on devrait vérifier le nombre de litres obtenu. En petit, cela n'a plus cette importance : il serait même difficile de mesurer la différence de litrage entre la liqueur finie et refroidie. Il ne faut donc pas s'inquiéter de ce détail, mais il est bon de le connaître.

Pour qu'une liqueur sucrée se conserve, elle ne doit pas avoir moins de 18 degrés centésimaux. C'est l'extrême minimum, mais ce degré est réservé plutôt aux *vins de liqueur*, tels que les vermouts, malaga, madère et *vins mutés*, tandis que les liqueurs les moins spiritueuses sont à 20 degrés. Les liqueurs fines vont de 25 à 30 et les surfines peuvent aller jusqu'à 40 degrés. Il leur faut ce degré pour qu'elles puissent suffisamment se charger de parfum.

Somme toute, une liqueur est tout simplement de l'eau-de-vie sucrée et chargée de parfums quelconques. On peut donc les varier à loisir, leur donner les noms des matières premières qui les distinguent les unes des autres, ou des noms de fantaisie plus ou moins ronflants.

L'essentiel est qu'elles soient agréables au goût, brillantes à l'œil et bonnes à l'estomac.

Les liqueurs se divisent en diverses classes, selon leur mode originel de fabrication, et nous devons en donner une idée, avant de clore cet article.

Les **liqueurs par infusion** ont pour origine les végétaux eux-mêmes, frais ou séchés, coupés menus et infusés dans un trois-six pur ou dédoublé. Elles déposent longtemps.

Les **liqueurs par essences** sont faites par dissolution des huiles essentielles parfumées dans le trois-six pur, que l'on étend ensuite d'eau, de sirop, etc. Elles troublent facilement, et l'on doit veiller à n'y faire entrer que des essences pures et fraîches.

Les **liqueurs par distillation** ont pour base des herbes et des aromates en nature, que l'on distille ordinairement au bain-marie ou à la vapeur, avec du trois-six, pour en retirer le spiritueux chargé de leurs parfums combinés. Ce spiritueux est ensuite mélangé de sirop et d'eau.

C'est la liqueur la plus parfaite, et toutes les surfines

doivent se fabriquer ainsi. Cependant, nous ne pouvons nous étendre sur cette façon, puisque les alambics ne sont pas un ustensile ordinaire de ménage, et que nous avons tout lieu de croire que nos lecteurs n'en possèdent pas.

Les **ratafias** sont des liqueurs tirées des fruits frais infusés dans le trois-six ; ou des sucs de fruits alcoolisés et sucrés. Ils se collent d'eux-mêmes et ne déposent plus. Tous ces sucs contiennent de la pectine qui, précipitée par l'alcool, sert de collage parfait. Les liqueurs de framboises, coings, cassis, cerises, noix vertes, sont donc des ratafias.

Quant aux noms de **crème, huile, élixir,** ils n'ont rien d'officiel ni d'exact ; c'est de la fantaisie pure, aussi bien que les liqueurs dites : n'importe quoi, liqueur des pompiers, des francs-tireurs et autres.

Ces dernières sont une ressource pour le distillateur qui réussit à passer, sous ces noms populaires, tous les produits qu'il n'arrive pas à écouler autrement. Aussi presque chaque événement politique ou autre voit-il surgir une liqueur qui le rappelle, et dont le but réel est d'écouler des produits dits «rossignols».

Quant aux recettes ci-après, il vous sera toujours loisible, si vous trouvez les quantités trop fortes, de les diviser par le nombre que vous voudrez, et de ramener ainsi les quantités au nombre de litres que vous désirerez fabriquer.

Absinthe. Notre formule d'absinthe ne peut intéresser un ménage qu'à titre de curiosité. Pour se livrer à cette fabrication, il faut un alambic ; il le faut même dans les conditions les plus parfaites. Nous avons voulu seulement réhabiliter cette liqueur aux yeux de ceux qui la croient nuisible à la santé.

L'absinthe est-elle un poison? Non, si on en use ; oui, si l'on en abuse, comme bien d'autres denrées d'ailleurs. En tous cas, l'absinthe *pure,* sans eau, prise après le repas, et non avant, est le meilleur digestif, à la dose d'un demi petit verre.

Voici la recette qui nous a donné un excellent produit :

Un kilogramme herbe de grande absinthe (cueillie au moment où elle va fleurir, puis séchée à l'ombre et laissée en balles pendant 3 ans au grenier), 3 kilogrammes semence d'anis vert; 500 grammes fenouil doux; 200 grammes badiane; 150 grammes mélisse et autant de menthe poivrée; 100 grammes semence coriandre; 100 grammes racine d'angélique, le tout concassé; 30 litres trois-six raffiné à 96 degrés; 30 litres d'eau. Laissez en macération, au moins douze heures; distillez au bain-marie ou à la vapeur, pour en tirer 40 litres à 72 degrés que vous verserez, pour les colorer, sur un mélange d'un kilogramme absinthe pontique cultivée, et 2 kilogrammes feuilles d'hysope, le tout haché et sec. Après quelques jours de macération, soutirez et laissez vieillir en fûts.

Veuillez me dire ce qu'il y a là dedans de nuisible à la santé. Il n'y a rien que le goût agréable de la liqueur, qui engage trop à renouveler la consommation. A ce compte, tout est nuisible, lorsqu'on en abuse.

On sert l'absinthe avec sucre, avec anisette, avec sirop de gomme, mais la gomme ne s'harmonise pas bien avec les spiritueux, et c'est le sirop simple qu'on lui substitue dans ce cas.

Anisette, *liqueur fine de ménage.*

 20 gouttes essence d'anis vert,
 10 » » de badiane,
  2 » » coriandre,
  2 » » fenouil,
  2 » » carvi.

Dissoudre ces essences dans 2 litres trois-six bon goût 90°. Ajouter en agitant constamment 1 litre eau pure, ensuite

2 litres sirop simple (voir à ce mot), puis 1 litre eau froide. Compléter 6 litres avec l'eau.

Tout ce mélange se fait à froid dans l'ordre indiqué.

On laisse reposer vingt-quatre heures, après quoi on ajoute encore 1/10 litre de bon lait de vache non cuit, on secoue ferme.

Après 3 ou 4 jours de repos complet, on peut filtrer au papier ou autrement.

Nota. L'article *filtre* forme un numéro spécial à consulter dans l'avant-propos des liqueurs.

Anisette. *2ᵉ formule*, **aux graines.**

Dans la formule ci-dessus, remplacez le nombre de gouttes d'essences par le même nombre des grammes des mêmes graines ou semences d'anis, badiane, etc.

Concassez les graines, infusez-les huit jours dans l'esprit et filtrez l'infusion que vous traiterez, en y ajoutant tous les autres ingrédients dans l'ordre ci-dessus.

L'inconvénient de cette façon d'opérer aux graines, est que la liqueur dépose souvent en vieillissant. On en est quitte pour la refiltrer, ou la décanter; et qu'elle se colore un peu, ce qui n'est pas à éviter.

Bitter. Voyez ce mot dans l'ouvrage.

Brou de noix. Les noix vertes ou jeunes cerneaux peuvent être cueillis entre le 25 juin et le 10 juillet. Ils ont alors acquis toute leur taille, et le bois de la coquille n'est pas encore formé, ce qui est important.

Pilez ou concassez 1600 grammes de ces jeunes cerneaux et faites-les infuser avec 3 litres de bon trois-six, pendant trois mois. Il n'est pas utile que ce soit exposé au soleil comme le prétendent certaines personnes, c'est tout aussi bien à la cave; l'essentiel est que le vase soit bien bouché pour que l'esprit ne s'évapore pas.

Après trois mois, décantez le clair, et remplacez-le par

1 litre d'eau. Décantez-la après une huitaine de jours, pressez les noix si vous le pouvez, et rassemblez ces eaux. Ajoutez 10 grammes girofles et autant de cannelle, et si vous en avez, un petit verre d'alcoolature d'écorce d'oranges. Laissez encore une huitaine en infusion ; ajoutez ensuite 1 litre de sirop simple et 1 litre d'eau ; mélangez et complètez 9 litres avec eau ou sirop, selon votre goût.

Cette liqueur est très stomachique et digestive.

Les personnes, qui la préfèrent amère, diminueront à loisir la dose de sirop, pour le remplacer par de l'eau ordinaire.

Très important : pour avoir cette liqueur douée de tous ses principes et de toutes ses qualités, n'employez jamais que du bon trois-six rectifié, et *rejetez comme poisson* les eaux-de-vie de lie que l'on vante à tort comme bienfaisantes. Ce sont les plus malfaisantes, à l'intérieur, parmi toutes les eaux-de-vie. Elles sont peut-être les meilleures pour frictionner les membres contusionnés ou les rhumatismes.

Crème de cacao. Faites infuser 750 grammes cacao torréfié, en poudre, avec 10 grammes cannelle et 15 grammes vanille concassés, dans 3 litres trois-six coupé de 3 litres eau.

Agitez de temps en temps pendant huit jours, puis laissez reposer et décantez le clair. Versez-le dans une liqueur mélangée d'avance à froid, ainsi composée :

8 litres trois-six bon goût ; 10 litres sirop simple ; 15 à 17 litres eau, selon la force que vous voudrez lui donner.

Pour colorer en jaune, un peu de caramel, en rose un peu de cochenille. (Je n'aime pas cette addition de couleur.)

Agitez bien le mélange ; reposez-le 2 jours avant de filtrer.

Cassis fin ; ratafia de cassis. Prenez des grains de cassis, ou groseille noire, sans les écraser, et quelques feuilles, et recouvrez-les avec leur poids de bon vin rouge foncé, remonté à 18 degrés avec le trois-six. Laissez infuser quinze jours, et tirez à clair. Ceci est le *suc de cassis première*.

Pour faire la liqueur, mélangez à froid : 10 litres de ce suc avec 2 litres suc de cerises noires ; 1/2 litre suc de framboises ; 5 litres trois-six bon goût ; 7 litres sirop simple et 5 litres d'eau. Ajoutez, si vous le jugez bon, un peu d'infusion alcoolique de girofle, mais quelques gouttes à peine, et quelque peu d'orseille si la couleur ne vous est pas assez foncée. — Ce mélange ne doit jamais se faire dans un vase de métal qui altérerait la nuance des fruits.

Le *mêlé cassis* est le mélange de la liqueur cassis avec une eau-de-vie ordinaire. C'est la liqueur favorite des voituriers. On fait le mélange dans le verre en servant.

Céleri (crème de). Faites dissoudre 5 grammes essence de céleri dans 7 litres de trois-six et ajoutez successivement 7 litres d'eau et 8 litres de sirop simple. Agitez bien et reposez huit jours avant de filtrer. On peut aller jusqu'à 10 grammes d'essence.

Cent sept ans. Faites de la même façon avec 10 grammes essence de citron et 1/2 gramme essence de roses. Le reste comme à céleri. Colorez en rouge à l'orseille.

Cerises (*ratafia de*). Employez la cerise aigre dite de Montmorency, et une belle cerise noire, par moitié pour les exprimer en suc que vous alcooliserez à 1 litre de trois-six contre 5 de suc frais non fermenté.

Laissez ce suc se clarifier tout seul dans un baril ou dans un vase non métallique, puis employez-le comme le *jus de cassis* (voir plus haut), mais sans y ajouter d'autres sucs de fruits. Vous pouvez lui donner quelques clous de girofle.

Chartreuse. Les liqueurs de la Grande-Chartreuse sont au nombre de quatre. La blanche, la verte, la jaune et l'élixir. Leur base connue à toutes se compose d'herbes de mélisse et d'hysope combinées à la plante ou à la racine d'angélique, le tout épicé avec le girofle, cannelle, muscade, et coloré au safran.

Voici une formule praticable dans un ménage, pour faire une assez bonne liqueur jaune : Essences de mélisse et d'hysope 2 grammes de chaque ; d'angélique et de menthe, 1 gramme de chaque ; de girofle 3 gouttes ; de muscade 0gr,5 ; trois-six à 90° 5 litres ; eau 4 litres ; sirop simple 6 litres. Colorer au safran (teinture de). Opérez comme pour l'anisette.

China-china. Essence d'angélique 5 grammes ; de macis 1 gramme ; eau de laurier-cerise 1/2 litre.

Dissoudre les essences dans 6 litres trois-six, ajouter l'eau de laurier-cerise et 10 gouttes essence de cannelle ; 500 grammes eau de fleurs d'oranger. Compléter la liqueur avec 5 litres d'eau et 6 litres sirop simple. Colorer au caramel.

Citron (*crème de*). Faites comme *curaçao* 2°, avec alcoolature d'écorce de citron.

Coings (*ratafia de*). Essuyez à sec, et avec une toile douce, six beaux coings bien mûrs et jaunis au fruitier, puis coupez-les en quartiers, sans les peler. Sortez avec soin les pépins et les trognons. Hachez ensuite les quartiers en tranches minces, ce que vous ferez le mieux avec un rabot de cuisine. Mettez ces tranches dans un vase de verre ou de terre, et couvrez-les avec 3 litres de trois-six pur, ajoutez 6 clous de girofles. Après quinze jours d'infusion, soutirez le liquide, et remplacez-le par 2 litres de trois-six auquel vous ajouterez 3 litres d'eau. Laissez encore quinze jours, soutirez et réunissez les deux liquides. Bien entendu, les vases doivent être bien bouchés.

Vos deux liquides étant réunis, ajoutez encore 3 litres d'eau et 5 litres sirop simple, mélangez bien et laissez reposer trois à quatre jours avant de filtrer.

Cette liqueur est très stomachique et bonne à prendre pour les personnes atteintes de maux de ventre.

Cumin (*liqueur de*). Faites comme pour la crème de *céleri*, en remplaçant l'essence par celle de carvi. On lui donne un goût plus agréable en ajoutant un peu d'essence d'anis vert ou de badiane, soit un dixième environ du poids de carvi. On peut aussi la faire par l'infusion des graines de carvi dans le trois-six, comme il est dit à anisette, 2e façon.

Curaçao. Dans un litre troix-six pur, faites dissoudre 5 grammes essence d'oranges amères curaçao ; 1 gramme essence d'oranges douces de Portugal ; et 5 gouttes essence de girofles. Versez cette dissolution en agitant, dans une liqueur simple composée de 4 litres trois-six ; 5 litres eau : 5 litres sirop simple. Ajoutez 20 grammes alcoolature d'écorces d'oranges et 10 grammes extrait de campêche ou de Fernambouc.

On peut remplacer l'extrait par 50 grammes du même bois, à faire infuser à froid dans la liqueur même, ou dans un coupage de trois-six et d'eau au même degré à peu près.

On ferait un très fin *curaçao blanc* en mélangeant de l'alcoolature d'écorces d'oranges avec la liqueur simple à 30 degrés, composée de parties égales de trois-six, eau et sirop simple. La liqueur ainsi fabriquée, avec *trop* d'alcoolature, doit devenir laiteuse. On la laissera reposer 8 jours, et même on la tiédira pour aider à la dissolution du parfum, puis on la clarifiera en y mélangeant un peu de lait frais, laissant en repos deux jours, et filtrant ensuite. C'est une façon excellente d'utiliser les écorces d'oranges fraîches au lieu de les jeter. (Voy. *Oranges* et *Alcoolatures*.)

Élixir hygiénique. Coupez menu et faites infuser (en grammes) : 60 racine d'angélique ; 20 racine de calamus mondée ; 20 cannelle ; 20 myrrhe ; 10 aloès soccotrin ; 10 girolles; 10 vanille; 5 camphre; 3 muscade; 25 safran; 4250 alcool ou trois-six bon goût; 750 eau. Laissez la macération se faire pendant huit jours, en agitant entre temps; puis filtrez et conservez sous le nom d'*infusion hygiénique*.

Pour faire l'*élixir hygiénique*, prenez, toujours en grammes : 2200 trois-six; 1500 eau; 2200 sirop simple; mêlez et ajoutez 180 infusion hygiénique et 10 teinture de safran.

Mélangez bien et filtrez 2 ou 3 jours après.

Élixir de longue vie. 1000 trois-six; 1000 eau; 800 sirop simple; 300 infusion hygiénique. Opérez comme ci-dessus.

Framboises (*ratafia de*). Voir aussi *Framboise* dans *fruits*. Faites macérer 15 jours 2 kilos de framboises entières, bien épluchées, dans 4 litres de trois-six et 4 litres d'eau. Décantez, pressez et ajoutez 4 litres sirop de sucre. Filtrez 3 jours après.

Genièvre. Le genièvre (*gin des anglais*) est une eau-de-vie de grains, le plus souvent tirée du seigle, et distillée avec des baies de genièvre pour lui donner du bouquet.

La **crème de genièvre**, liqueur sucrée, qui trouve des amateurs, se fabrique comme l'anisette, en substituant aux essences une dose de 2 grammes essence de baies de ge-nièvre.

Kummel. Eau-de-vie parfumée avec la graine de carvi. C'est un breuvage du nord de l'Allemagne et de la Russie, qui a surtout pour but de faire digérer rapidement la bière.

Voy. *Crème de cumin.*

Marasquin. Mélangez 3 litres de trois-six avec autant d'eau et 4 litres de sirop simple; ajoutez 1 litre de kirsch, 1/2 litre eau-de-vie de framboises et 1 litre eau de fleurs d'oranger, puis 1 goutte essence de céleri. Ne colorez pas.

Bon à filtrer après quelques jours. On peut y mettre de l'eau de marasque au lieu de kirsch. (Elle se fait avec une petite cerise spéciale.)

Menthe. On prépare des liqueurs dites *crème de menthe* blanche et verte. La blanche est moins forte que la verte.

Menthe verte. 5 grammes essence de menthe anglaise, que vous dissoudrez dans un mélange de 5 litres de chaque, trois-six, eau et sirop simple. Colorez avec le carmin d'indigo et la teinture de safran ou celle de bois jaune.

Menthe blanche. Ne mettez que 4 grammes essence, augmentez la dose de 2 litres eau et ne colorez pas.

Inutile de coller les crèmes de menthe, elles se clarifient bien.

Moka (*crème de*). Choisissez un bon mélange de cafés fins, par exemple : martinique, bourbon et moka, grillés séparément et mélangés à parties égales. Faites-le moudre. Infusez 500 grammes de ce café, dans 3 litres trois-six, coupé de 3 litres eau, laissez macérer deux ou trois jours en agitant souvent, passez et ajoutez à l'infusé 3 litres trois-six : 5 litres eau et 5 litres sirop simple.

Si vous voulez le préparer tout à fait extrafin, remplacez le trois-six coupé d'eau par un fin cognac fine champagne, et vous aurez une liqueur exquise.

Cette liqueur, servie avec l'eau chaude après le repas, remplace le café noir avec petit verre.

Noyau (*crème de*). Mélangez par 5 litres de chaque, le trois-six, l'eau, le sirop simple. Dans une petite dose réservée de ce trois-six, dissolvez 10 grammes essence de noyaux et versez-le dans la liqueur ; ajoutez 1/2 litre eau de fleurs d'oranger. Filtrez après trois à quatre jours.

Par distillation on obtient un très bon noyau par le mélange des amandes amères d'abricots, de pêches, de cerises et de prunelles. On les pile avec de l'eau, puis on ajoute l'esprit et l'on distille après quelques heures de contact. Il n'y a plus qu'à sucrer le produit.

Œillet rouge (*ratafia de*). Cette liqueur est exquise.

Cueillez les pétales seuls de l'œillet rouge à ratafia, et mettez-les jour par jour dans un bocal bien bouché, en les recouvrant de trois-six coupé d'eau, et dont le poids est connu. Vous cesserez d'en mettre lorsque le poids des œillets sera atteint.

Voici les bonnes proportions : 1 kilogramme trois-six et autant d'eau. Pesez le bocal et notez le poids sur une étiquette.

Ajoutez des pétales jusqu'à 1 kilogramme. Laissez macérer à l'ombre jusqu'à décoloration des pétales, le liquide ayant pris la couleur ; décantez et pressez le marc. Versez l'infusé dans une liqueur simple composée de 3 litres trois-six et 3 litres d'eau, pour 4 litres sirop simple. Ajoutez une goutte d'essence de girofle.

Orange (*crème d'*). Voy. *Curaçao 2ᵉ formule*. Vous pouvez d'ailleurs la faire plus ou moins sucrée, plus ou moins aromatisée, et la colorer, si vous le jugez bon, soit au safran, soit au caramel, soit à la façon du curaçao.

Parfait amour. 8 grammes essence de citron ; 2 grammes essence de cédrat ; 5 décigrammes essence de coriandre, à dissoudre dans 1 litre trois-six pour verser dans une liqueur préparée avec 4 litres trois-six ; 6 litres sirop simple et 5 litres eau. Colorer en rose avec la teinture de cochenille, ajouter un demi-verre de lait et filtrer 2 ou 3 jours après.

Punch. Voyez parmi les *Sirops*.

Prunelles (*crème de*). On écrase les noyaux des prunelles sauvages, on délaye dans de l'eau, on ajoute du trois-six et distille au bain-marie ou à la vapeur. C'est avec ce distillé, convenablement sucré, que se fait la liqueur.

On remplace souvent la crème de prunelles par l'eau de noyaux, ou crème de noyaux.

Roses (*crème de* ou *huile de*). 5 litres de trois-six; 5 litres d'eau; 6 litres sirop simple; 2 litres eau de roses triple. Colorer en rose à la cochenille pilée ou avec la teinture de cochenille.

Stimulante et réconfortante (*liqueur*). Pour chaque litre d'une liqueur simple à parties égales de trois-six, eau et sirop simple, ajoutez 20 grammes teinture d'ambre et colorez légèrement au caramel, si vous le jugez bon. Un peu de musc ne peut qu'augmenter l'action de cette liqueur sur les hommes fatigués, mais ce parfum ne plaît pas à tout le monde, et la vanille à faible dose serait plus agréable au goût, pour compléter le parfum de l'ambre gris. On emploiera cette liqueur avec circonspection contre *l'épuisement des forces*. On augmenterait son action stimulante, en y incorporant de l'alcoolature de pelures de truffes, produite par l'infusion des pelures fraîches, dans le cognac, ou le trois-six dédoublé.

Thé (*crème de*). Faites infuser à l'eau bouillante 200 grammes de thé en bon mélange et passez après une bonne demi-heure, pendant laquelle vous l'aurez maintenu au bain-marie. Employez cette infusion comme faisant partie de l'eau d'une liqueur composée de : trois-six; eau; sirop simple, 5 litres de chaque.

Ne collez pas, filtrez dès le lendemain.

Vanille (*crème de*). Dans une liqueur simple à 5 litres de chaque, comme celle de thé ci-dessus, ajoutez une solution de 2 grammes vanilline dans un peu du trois-six de la dose.

Si vous tenez à employer la vanille en gousse, il faudra la couper menu, puis la piler avec du sucre qui entrera dans la liqueur. Pour les 2 grammes vanilline, il faudra

60 grammes de vanille en remplacement. On colore la crème de vanille en rose à la cochenille ou en jaune au caramel.

Vespétro. Prenez en grammes : 10 essence d'anis vert; 6 de carvi; 2 de fenouil; 1 de coriandre; 1 d'angélique; 4 de citron; dissolvez-les dans 1 litre trois-six que vous verserez dans une liqueur préparée avec 5 litres trois-six; 7 litres eau; et 5 litres sirop simple. Colorez au safran.

Cette liqueur est bonne à l'estomac et surtout aux intestins; elle facilite la digestion et dégage le ventre.

On obtiendrait une *autre liqueur de vespétro* en faisant infuser dans l'alcool coupé d'eau, 250 grammes des espèces dites semences chaudes ou espèces carminatives (voy. dans *Pharmacie*), pour la même dose de liqueur simple. Cette liqueur aurait même plus d'efficacité que celle aux essences. Voyez l'observation à anisette 2ᵉ formule.

Lit. Couche de substance qui se superpose à une autre. Ainsi le macaroni se compose de lits de macaroni, alternant avec des lits de fromage. La choucroute se fabrique, en intercalant des lits de sel, dans les lits de choux hachés.

M

Macaroni au four. Dans un plat allant au feu, rangez des couches de macaroni, préalablement cuit à l'eau et égoutté, et parsemez-les de moitié de leur poids de bon fromage de Gruyère ou de Parmesan râpé.

Arrosez cette préparation, en faisant pénétrer partout avec égalité, un liquide composé ainsi :

Deux œufs, jaune et blanc, battus avec du lait, du beurre frais un peu liquéfié, du sel si le fromage n'est pas fort, du poivre, un peu de quatre épices. Vous pouvez d'ailleurs employer le beurre en partie à graisser le plat, et mettre le reste en menus morceaux sur les divers points de surface du macaroni. Saupoudrez de chapelure mêlée avec un peu de fromage, et cuisez au four de façon à gratiner.

La quantité de fromage doit varier selon le goût de vos convives. Il en est qui ne l'aiment pas en si forte quantité.

Macaroni aux marrons. Lorsque le macaroni est cuit à l'eau ou au bouillon et égoutté, mettez-en un lit dans une tourtière; mêlez-y des marrons rôtis et bien soigneusement pelés; et le fromage comme il a été dit ci-dessus. Finissez par une couche de chapelure mêlée de fromage râpé, sur laquelle vous répartirez quelques morceaux de beurre.

Mettez au four sans exagérer la chaleur.

Le *mélange des deux fromages* de Gruyère et de Parmesan, en quantités égales, est infiniment meilleur dans le macaroni, que chaque fromage employé seul.

Timbale. 1º Faites bouillir 250 grammes de macaroni sans le crever; quand il est cuit, étendez-le sur une serviette pour le laisser sécher.

2º Prenez 125 grammes fromage de Gruyère; 125 grammes beurre frais et 250 grammes jambon. Coupez le gruyère et le jambon en morceaux très fins, ajoutez-y les débris du macaroni, et mettez cela sur le feu, pour le fondre en-semble.

3º Beurrez un moule, rangez-y le macaroni en spirale, garnissez-en le fond et les bords du moule, en intercalant la combinaison de fromage et jambon. Quand le moule est rempli, battez 3 œufs, blanc et jaune, comme pour faire une omelette, versez-les sur le tout, et piquez çà et là, pour les faire pénétrer dans l'intérieur. Cuisez au bain-marie. Renversez sur un plat, et servez avec une sauce aux tomates, aux champignons ou aux truffes.

Macédoine. Fruits, légumes ou viandes, en mélange cuits ou crus, mais coupés ensemble.

Macérer. Synonyme de *infuser* et même un peu de *mariner*. Cependant on fait *macérer* une substance dans de l'huile, de l'eau pure ou salée ou additionnée d'un produit quelconque, pour la conserver, l'aromatiser ou lui enlever une partie de ses sucs.

Le *marinage* se fait au vin ou au vinaigre.

La *teinture* se fait à l'alcool, à l'eau-de-vie et n'est que le produit liquide de cette macération.

L'*alcoolature* est une *teinture* faite avec des végétaux non séchés.

Le *saccharure* est le produit de la pulvérisation d'une substance avec le sucre sec. Ainsi le sucre vanillé est un *saccharure*.

Une *infusion* est, en général, tout ce que l'on fait tremper dans n'importe quoi.

On fait *macérer* les viandes surtout pour les ramollir, tels les beefsteaks dans l'huile.

Macreuse. Sorte de sarcelle à chair noire et goût désagréable. Se traite comme les canards.

Maigre. Tout ce qui n'est pas viande d'animaux à sang chaud. Les mandements de NN. SS. les évêques font seuls autorité pour distinguer le maigre du gras, et ne sont pas toujours d'accord d'un diocèse à l'autre. Témoin le canard sauvage qui est gras selon tel évêque, et que le voisin permet de manger en carême. Le lait et ses produits, les œufs, qui sont admis comme maigres pendant le reste de l'année, sont gras pendant la semaine sainte. On peut d'ailleurs composer d'admirables dîners maigres et c'est même un des luxes parisiens.

Mains. Les personnes qui aiment avoir la peau des mains douce, se trouveront bien de suivre la recette que voici :

Mélangez à poids égaux, du jus de citron, de la glycérine et de l'eau de Cologne. Frottez les mains avec ce mélange et imbibez-les le soir avant de vous mettre au lit ; mettez des gants par dessus.

Vous pouvez aussi vous en frotter quelques gouttes de jour, ce qui ne saurait nuire.

Autre procédé. Faites une pâte épaisse avec de la farine et de l'huile d'olives, et humectez vous d'un peu de cette pâte après vous être lavé les mains. Ce procédé est surtout recommandé pour la saison d'été.

Malt. Voy. *Bière*.

Marbres. Voy. *Nettoyages*.

Marinade. Liquide qui sert à *mariner* une pièce de viande, gibier, poisson, etc. C'est ordinairement le vin ou le vinaigre purs ou coupés d'eau, ou l'eau salée qui se nomme particulièrement *saumure*.

Mariner. Faire tremper une substance dans la *marinade*.

On aromatise la marinade avec toutes sortes d'épices et d'aromates, selon le cas.

Le **hareng mariné**, qui est un délicieux hors-d'œuvre pour les amateurs, se fait ainsi : Trempez les harengs salés dans l'eau fraîche, et laissez-les se dessaler. Entre temps, vous renouvellerez l'eau. Après une douzaine d'heures, jetez l'eau ; épluchez les harengs en leur ôtant la peau et les arêtes. Rangez les filets dans une terrine à couvercle, en interposant des quartiers d'oignons et quelques fines herbes ; recouvrez-les d'huile et de vinaigre que vous aurez intimement mélangés auparavant. Après 3 ou 4 jours, vous pourrez les servir, en les parant de quelques pickles et les accompagnant d'un bon vin nouveau ou de bière légère.

Dans les brasseries en Alsace, on les sert marinés en entier.

L'épluchage en est fort désagréable et ôte tout le plaisir qu'on pourrait trouver à leur dégustation.

Marmelade. Confiture demi-liquide, contenant la pulpe des fruits. On fait des marmelades avec les diverses sortes de prunes, les abricots, pêches, framboises, cerises, pommes, etc. Voy. *Confitures*.

Marrons et châtaignes. Fruits très féculents. On les grille, mais il faut avoir soin de les fendre pour qu'ils n'éclatent pas par la dilatation des vapeurs qu'ils dégagent.

On les cuit aussi à l'eau simple ou salée, sans les fendre, soit pour en faire une **purée** en les écrasant et tamisant, soit pour les traiter ensuite autrement.

Il faut toujours en retirer les deux peaux; la plus fine surtout gratte terriblement le gosier, lorsqu'on en avale un morceau par inattention.

En dehors de leur saison, on en trouve de séchés chez les marchands de comestibles.

Marrons au sucre. Rôtissez, pelez, mettez-les dans une casserole de cuivre non étamé avec un sirop composé de 250 grammes de sucre par verre d'eau. Laissez mijoter, jusqu'à ce qu'ils en soient bien imprégnés. Saupoudrez encore de sucre, arrosez d'un peu de jus de citron. Servez chaud. Voy. *Gâteau de marrons à pâtisserie*.

Marrons en compote. Bien que plus petites que les marrons, on doit leur préférer les châtaignes par la raison qu'elles sont rarement cloisonnées.

Prenez une centaine de châtaignes ou de marrons, enlevez l'écorce, pelez-les, fendez légèrement et faites-les rôtir à feu vif dans le four ou autrement.

Faites ensuite un sirop avec **1** kilogramme de sucre et quantité voulue d'eau, environ 3/4 de litre, faites-le cuire, écumez et donnez-y quelques bouillons à vos marrons, jusqu'à ce que le sucre s'y attache. Vous pouvez le vaniller.

Dressez-les sur un compotier, saupoudrez-les encore de sucre pilé et arrosez-les avec un peu de jus de citron.

On les sert chauds ou froids.

Surprise aux marrons. Après avoir pelé vos marrons, cuisez-les avec juste ce qu'il faut d'eau pour les couvrir, et laissez refroidir.

Écrasez-les au rouleau en y mélangeant du sucre vanillé, dressez-les sur le compotier et recouvrez-les entièrement de crème douce fouettée avec du sucre et de la vanille.

Pour 100 marrons, il faut à peu près une demi-tasse de crème.

Biscuits aux marrons. Prenez une cinquantaine de marrons de Lyon, pelez, épluchez, cuisez à l'eau jusqu'à ce qu'ils soient bien tendres, passez par un tamis.

Travaillez bien ensemble quatre jaunes d'œufs avec 175 grammes de sucre pilé, ajoutez peu à peu votre purée de marrons, puis les blancs en neige.

Mettez dans un moule beurré et garni d'un papier beurré et laissez au four environ une heure et demie à chaleur modérée.

Purée de marrons. Pelez, épluchez environ 200 à 250 marrons, cuisez-les dans du bouillon, puis passez-les au tamis. Battez bien votre purée avec un peu de beurre frais et du jus de viande. Salez au besoin.

Mayonnaise. Sauce à l'huile liée par un jaune d'œuf. Voyez aux *Sauces* dans le corps de l'ouvrage.

On nomme aussi mayonnaise un plat de viandes, volailles, poissons ou homards, servi avec une sauce mayonnaise, et paré de quartiers d'œufs durcis, laitues, etc.

Médecine *pratique de famille.*

En écrivant cet article, nous n'avons, en aucune façon, l'intention d'empiéter sur les attributions du médecin de la famille. Nous respectons trop l'honorable corps médical, nous avons trop conscience des grands et dévoués services de ses membres, pour songer à pareille chose. Bien au contraire, nous sommes absolument certain que messieurs les médecins en général seront enchantés si, par nos conseils, il leur arrive de trouver au chevet d'un blessé ou d'un malade, qu'il a déjà reçu des soins intelligents, et que la moitié du mal est enrayée. Combien de fois, en cas d'accidents, n'aurait-on pas pu sauver la ou les victimes, si l'on avait eu sous la main un médicament d'une valeur de 10 centimes, ou seulement si l'on avait su que faire? Personne ne nous en voudra donc d'insérer dans cet ouvrage de famille les soins les plus pressés à prodiguer en attendant l'arrivée du médecin.

Le premier de tous les soins est, dans tous les cas possibles, de chercher le médecin. Tout le monde sait qu'à la campagne, cela prend parfois un temps très long à cause des distances. Et puis le docteur n'est pas souvent chez lui; il faut donc l'attendre. Le malade aurait dix fois le temps de rendre l'âme, s'il ne trouvait dans son entourage, les premiers secours indispensables.

Accidents. Le cas qui se présente le plus souvent, c'est une **coupure** *plus ou moins grave.* Il ne faut pas perdre la tête et pousser de hauts cris, cela n'avance absolument à rien qu'à faire perdre un temps souvent précieux. Commencez par vous assurer qu'il n'y a aucune artère de coupée.

S'il y en avait une, il faudrait la ligaturer; soit en serrant le membre blessé sans exagération du côté le plus proche vers le cœur, soit en liant l'artère même, si l'on peut, avec un fil fort. Dans le cas où aucune artère ne serait atteinte, laissez saigner un peu, et aidez même au sang, mais pas assez pour affaiblir le blessé. Lorsque vous serez bien certain que les impuretés (qui auraient pu se glisser dans la blessure) sont sorties, lavez la plaie avec de l'eau fraîche, dans laquelle vous aurez mis un peu de teinture d'arnica, ou d'acétate de plomb liquide, et baignez-la bien. Si l'*hémorrhagie* persiste, appliquez un peu d'*amadou*, ou bien de l'*ouate hémostatique*, ou encore quelques *toiles d'araignée* fraîchement tissées, dont vous mettrez seulement *le dessous* au contact des chairs. Il y a trop souvent des poussières sur le dessus, et elles pourraient être dangereuses.

Enfin, lorsqu'il n'y aura plus d'hémorrhagie, vous appliquerez un *bandage*, si la blessure est sérieuse, et vous mettrez sur la blessure même une *herbe vulnéraire* fraîche pilée, qui fera reprendre les chairs. Vous avez le choix entre l'herbe de Saint-Jacques (Séneçon jacobée) qui croît le long des fossés et rivières; ou la feuille du géranium que vous avez sans doute en pots dans votre appartement; ou encore la feuille du grand plantain; la verveine sauvage; la mauve, guimauve et beaucoup d'autres.

Renouvelez cette sorte de cataplasme froid, lorsque vous croirez qu'il est presque sec, et vous verrez merveilles en peu de temps.

Asphyxie. Qu'elle ait lieu par noyade, par un gaz ou par strangulation, envoyez de suite chez un médecin.

Pendant ce temps, couchez l'asphyxié sur le dos, la tête élevée, et tâchez de lui ouvrir la bouche, par laquelle vous lui insufflerez de l'air dans les poumons, avec tous les mouvements d'inspiration et d'expiration de la respiration naturelle. Pendant le même temps, d'autres personnes feront leur possible pour le réchauffer, en lui frictionnant le ventre et la poitrine avec des flanelles ou des lainages. Il faut parfois un long travail pour réveiller ces malheureux; on ne doit donc pas désespérer.

Si l'on pouvait leur insuffler de l'oxygène pur au lieu d'air, ce serait plus énergique, mais où en trouver?

Apoplexie. Vite le médecin, et coupez avec un canif ou des ciseaux bien propres, une petite entaille dans la partie grasse de l'oreille, pour appeler une saignée.

Ne craignez pas la perte de sang; si le malade saigne, il est sauvé. Ou bien un papier sinapisé à chaque jambe.

Empoisonnement. Cherchez le médecin. Si c'est par les moules ou les huîtres, administrez avant tout un bon verre d'un spiritueux un peu sec, absinthe, rhum, cognac, kirsch, marc, enfin celui que vous aurez sous la main. L'eau de mélisse ou de menthe pure fait très bon effet.

Si l'empoisonnement a une autre cause qui vous soit inconnue, et qu'il semble provenir de l'absorption d'un poison véritable, phosphore, arsenic, vert de gris ou autre, il faut faire son possible pour faire vomir.

Une dose de 5 centigrammes d'émétique donne ordinairement ce résultat.

Le blanc d'œuf frais un peu battu est un bon moyen.

Le lait est aussi un contre-poison dans bien des cas.

Le contre-poison de l'arsenic est la magnésie calcinée.

Un contre-poison général, proposé par M. Dorvault, le pharmacien, savant auteur de l'*Officine*, se compose de parties égales de magnésie, d'hydrate de peroxyde de fer et de charbon animal.

Insecte dans l'oreille. Il est bon de s'étendre sur l'herbe, en été, lorsqu'on a marché assez longtemps dans la campagne, mais c'est alors que l'on risque cet accident parfois si douloureux.

Le meilleur remède est d'asphyxier l'insecte, en versant quelques gouttes d'huile dans l'oreille. Toutes les huiles à manger sont bonnes pour cela. Au bout d'un instant l'insecte sortira seul, ou bien il sera mort et facile à extraire avec une petite pince.

C'est ordinairement le perce-oreilles qui se livre à cette exploration du conduit auditif. Malgré son nom, il ne perce rien du tout, mais il habite les creux formés dans les pétales de dahlias, de roses et d'autres fleurs. Il est, en outre, grand amateur de fruits, et visite l'intérieur des abricots. C'est un vorace et un inutile que l'on ne doit jamais ménager. Voy. *Insectes.*

Morsures. Piqûres d'*abeilles*, *guêpes* et similaires.

Il suffit de mettre sur la blessure du persil écrasé, ou du suc de persil, et de l'y faire pénétrer. Arracher le dard si l'on peut.

De chiens et autres animaux. Laver et sucer la plaie, la cautériser au fer rougi, ou mieux blanchi.au feu.

Si l'animal est enragé, se faire soigner de suite à l'institut Pasteur à Paris. Cela mérite le voyage.

De scorpions. Écraser le scorpion sur la plaie, il porte son contre-poison en lui-même. Sinon, comme l'article suivant.

De serpents. Cautérisez avec le nitrate d'argent, le fer rouge, l'ammoniaque ou l'acide phénique. Laver avec de l'eau-de-vie et en faire boire une forte dose au blessé.

Ivresse. Huit à dix gouttes d'ammoniaque liquide dans un verre d'eau; ou une dose plus forte d'acétate d'ammoniaque à faire boire au malade. En même temps, si le cas est grave, lui faire respirer l'odeur du flacon d'ammoniaque à pleins poumons. Il en sera quitte pour un violent mal de tête le lendemain.

Syncope. Ouvrir les vêtements pour laisser aux poumons toute facilité de travail; asperger la figure avec eau froide; faire respirer des vapeurs acétiques, vinaigre de toilette. Compresses d'alcool ou d'eau de Cologne. Faites surtout respirer l'air frais, et tenir le malade dans une position verticale.

A l'intérieur, faire boire de l'eau de mélisse des Carmes ou de l'alcool de menthe dans l'eau. Un verre de Madère, ou d'un vin similaire, produit bon effet. *Il faut chauffer l'estomac et rafraîchir la figure.*

Nous allons passer en revue maintenant **les cas de maladie** les plus fréquents auxquels il est bon de porter secours soi-même, toujours en attendant le médecin.

Abcès. Les comprimer, les ponctionner, les envelopper de bandages avec une pommade maturative telle que l'onguent de la mère.

Pendant ce temps, se purger, et suivre un *régime émollient.*

Aigreurs. Dyspepsie acide. Prendre du bicarbonate de soude dans la première cuillerée de potage. Cure à Vichy ou autre station d'eaux minérales alcalines (Vals, Bussang, Soultzmatt).

De temps en temps une demi-purge à la magnésie calcinée ou carbonatée.

Anévrisme. Prendre des granules de digitaline, respirer du camphre ou cigarettes camphrées.

Angine. Appliquer une ou deux sangsues, ou bien se gargariser avec de l'infusion de racine de guimauve. Bains de pieds à la moutarde. Les meilleurs gargarismes sont encore, dans ce cas, le miel rosat, et une légère solution de borax. Ceux qui ne peuvent se gargariser, pourront essayer un remède simple qui a fait un effet prodigieux, dans un essai :

5 décigrammes de salicylate de soude (dose très inoffensive) dans un verre d'eau, à la température de la chambre. S'en tenir le gosier constamment humecté, mais seulement avec une ou deux gouttes à la fois ; le verre doit durer ainsi presque deux jours. Et le mal était guéri ! Je recommande l'essai de ce moyen dans toutes les maladies du larynx et du gosier.

C'est tout simplement l'application d'un antiseptique inoffensif, à faible mais suffisante dose. Le goût douceâtre du salicylate n'est pas agréable, mais le mal l'est encore moins.

Anthrax. Lorsqu'il est mûr, le percer et le comprimer en tous sens jusqu'à ce qu'il soit bien vidé. Pour l'amener à maturité, le couvrir d'un cataplasme chaud.

Aphonie. (Suite d'enrouement.) On a obtenu un résultat immédiat, en faisant un bon déjeuner d'un beefsteak aux pommes, arrosé d'une bouteille de Bordeaux. Après déjeuner, un café noir avec cognac, puis un grand verre de vin chaud, et une heure de sommeil par-dessus le tout.

Le soir même, l'aphone du matin chantait sa partie à pleine voix dans un concert.

Apoplexie. Voir aux *Accidents*.

Asthme. Pour soulager le malade la nuit, on conseille de prendre des feuilles de belladone et de stramonium, les sécher, les imbiber de salpêtre (nitrate de potasse), les resécher, réduire en poudre si l'on veut, et les enfermer à l'abri de l'humidité.

On en brûle quelques feuilles ou quelques pincées dans la chambre à coucher. On recommande aussi de brûler des feuilles de papier imbibé de salpêtre (papier nitré et séché.

On pourra prendre le soir un verre d'eau sucrée ou non avec quelques gouttes de teinture de valériane.

Bégaiement. Traitement tout physique et mécanique. Il faut s'exercer seul à parler lentement, en battant la mesure, scandant et prononçant avec soin. Si cela ne va pas, essayer avec un caillou gros comme un œuf de pigeon dans la bouche. En persévérant, on arrivera à guérir ce défaut, qui n'est pas une maladie.

Bourdonnement d'oreille. Du coton dans les oreilles, en l'humectant avec un peu d'éther.

Bronchite. Tisanes pectorales ou émollientes : les fleurs de violettes, mauves, bouillon blanc (dont il faut passer l'infusé au linge), guimauve, tussilage ; fruits pectoraux, dattes, réglisse ; si le malade souffre, une potion contenant un peu d'opium.

L'essentiel : rester à une température égale, et au lit.

Brûlures. Avant tout, tremper la brûlure à l'eau fraîche, ou si ce n'est pas possible, la baigner sous un filet d'eau fraîche. Si le bain se peut, on aide à la guérison, en mettant dans l'eau un peu de cendre, de magnésie, de craie ou même de terre glaise. Ensuite un cataplasme de pommes de terre cuites fait très bien.

Si la brûlure est grave, on mettra dans l'eau une dose un peu forte, soit jusqu'à 10 %, de teinture d'arnica.

On la baignera au besoin dans l'eau de laurier-cerise, comme narcotique, pour enlever la douleur. On appliquera dessus du cérat saturné, c'est-à-dire, à l'acétate de plomb.

Calvitie. On recommande de se laver la tête avec de l'eau-de-vie dans laquelle on fait infuser, par chaque litre, 30 grammes écorce de chêne et 60 de quinquina gris en menus débris. On peut la parfumer avec une essence quelconque, ou mieux, avec du benjoin.

Un médecin de Berlin a prétendu, il y a quelques années, que le chlorhydrate de pilocarpine (extrait de la plante Jaborandi) injecté sous la peau du crâne à la dose de 2 à 3 milligrammes a fait pousser, à son grand étonnement, une chevelure nouvelle à tous les chauves de ses clients. Il la leur appliquait pour les maladies des yeux, de sorte que l'action serait double.

J'insère cette nouvelle, telle que je l'ai notée alors, et sans autre garantie.

Voy. *Chevelure*.

Cauchemar. Se donner beaucoup d'exercice ; purger ; prendre le soir de la teinture de valériane dans l'eau, ou de l'eau sucrée avec un peu de laurier-cerise.

Chlorose, anémie. Ferrugineux ; vin de quinquina ; viandes noires saignantes ; beefsteaks et exercices du corps. Eaux minérales de Soulzbach (Alsace).

Coliques. Purgatifs et clystères. Perles d'éther. Liqueurs de brou de noix, curaçao, vespétro.

Commotion. (Congestion cérébrale.) Mettez le malade assis la tête en haut. Blessez-le dans le gras de l'oreille pour appeler une petite saignée, appliquez-lui de l'eau fraîche à la tête et des sinapismes aux pieds ou aux jambes.

Constipation. On la combat au moyen des purgatifs, séné, magnésie, thé purgatif, aloès, etc. ; et de clystères à la farine de lin, au miel, à l'infusé de mercuriale.

Bains de mer, bains salins, bains de Niederbronn (Alsace).

Contusions. Alcoolature d'arnica dans l'eau, en baigner la partie atteinte. Faire boire de l'eau froide contenant un peu d'eau de mélisse ou de menthe.

Convulsions des enfants. Appliquez-leur de l'eau froide sur la tête, et du papier sinapisé aux jambes, pendant qu'on cherche le médecin.

Coqueluche. On recommande de faire vomir au moyen d'une poudre d'ipécacuanha. Plus tard, faire prendre une tasse de café chaud sucré. Le médecin aura le temps de venir pendant que l'on prendra ces précautions.

le meilleur remède est un changement d'air de trois ou quatre jours.

Corps étrangers dans les yeux. S'il s'agit d'une limaille de fer, on la fait sortir en approchant un aimant d'une certaine force. Cet accident arrive souvent aux meuniers, lorsqu'ils piquent les meules au moyen d'une pointe d'acier.

Pour d'autres parcelles de poussière, humecter l'œil avec de l'eau sucrée ou glycérinée, et frotter doucement, toujours dans le même sens, pour amener l'intrus dans un coin, d'où on le retire avec une pointe de mouchoir mouillée d'eau fraîche.

Cors aux pieds. Les cautériser au nitrate d'argent, tous les jours, jusqu'à ce qu'ils tombent seuls.

Coryza. (Rhume de cerveau.) Graisser les narines avec du suif ; priser du camphre mêlé d'un peu de tannin.

Voilà les vieux remèdes. Il est aussi recommandé de respirer des vapeurs ammoniacales ou acétiques.

Une feuille de papier sinapisé sur la poitrine soulage beaucoup.

Courbature. Des bains chauds, du repos, le massage. Tenir la partie affectée couverte de flanelle, et la frictionner le plus souvent possible avec l'eau de Cologne. A défaut, on peut se servir d'alcool mêlé d'un peu d'essence de térébenthine ou de citron. Un peu de savon, qu'on y ajouterait, l'aiderait à glisser sur la peau.

Coup de soleil. Laver la place atteinte, avec de l'eau froide contenant un peu d'alcoolature d'arnica.

Appliquer des sinapismes ou papiers moutarde aux jambes, pour y attirer le sang. Boire de la limonade au citron, ou gazeuse. Une purge ne nuit pas.

Crampes *dans les muscles* ou *les jambes* ou *les pieds.* Tendre énergiquement les muscles atteints, et les serrer.

Faire des frictions avec une huile camphrée ou une préparation d'opodeldoch. Bains, massage.

Croup. Faire vomir à l'aide d'une prise d'ipéca, et se hâter de chercher le médecin qui avisera, selon la gravité du cas, s'il y a lieu à cautérisation ou à opération. Laissez-le faire, et suivez son avis.

Dartres. A l'extérieur, des sulfureux ou préparations sulfhydriques, eaux sulfureuses; à l'intérieur, un traitement dépuratif énergique.

Démangeaisons. Faire une décoction de racine de bardane fraîche ou séchée, toujours coupée menu, et l'appliquer en compresses renouvelées. Saupoudrer avec la poudre de riz, l'amidon en poudre fine.

Diarrhée, dyssenterie. Les médecins prescrivent le sousnitrate de bismuth par prises. Un remède populaire qui n'est pas mauvais, et qui a même guéri des cas rebelles au bismuth, c'est l'herbe de centinode, fraîche ou sèche, qu'il faut laver à l'eau froide avant de s'en servir, car elle est d'ordinaire pleine de la poussière des chemins.

Cette herbe n'a qu'une chose contre elle, c'est qu'elle pousse chez nous, dans tous les chemins de traverse, dans les vieilles luzernières, et qu'elle est très abondante et très commune. Vous concevez que c'est grave, puisqu'il est convenu qu'aucun médicament n'a d'efficacité que lorsqu'il vient de lointains pays.

L'herbe de centinode semble ramper sur ses longues tiges, à peine garnies de petites feuilles espacées. Sa fleur, très petite, est rose, et se trouve entre les aisselles des feuilles. On peut s'en servir en tisane, par infusion à l'eau bouillante, 30 grammes fraîche par tasse, ou 10 grammes de sec. Si l'estomac ne veut pas la garder, ce qui arrive parfois, doubler ou tripler la dose, et la prendre en lavement. C'est un remède presque infaillible et capable de faire une guerre sérieuse à la cholérine et peut-être même au choléra sporadique en enrayant la diarrhée.

Après cela, il reste encore les lavements au laudanum.

Un bon remède, populaire à Paris contre la diarrhée, consiste en *un blanc d'œuf battu* avec une tasse d'eau, un peu de sucre et de fleur d'oranger si l'on veut.

Cela réussit bien souvent, et c'est facile à faire en même temps qu'agréable à prendre.

Parmi les remèdes nouveaux et exotiques, on recommande *l'écorce de coto* qui vient de la Bolivie. On la prend en poudre, ou mieux en teinture alcoolique, en ne dépassant pas la dose de $^1/_2$ gramme d'écorce par jour, pris en plusieurs fois.

Nous pouvons encore nommer les *graines d'ispaghula*, d'une variété de plantain, très petites, et que l'on trouve dans tous les bazars de l'Inde, où l'on en fait grand cas.

On fait cuire ces graines à raison d'un gramme pour 70 grammes d'eau. On peut aussi les pulvériser et les mélanger avec du sucre. Elles donnent un mucilage très épais et très abondant dont l'effet est certain. Les Chinois en font leur régal.

D'autres variétés de *plantain*, par exemple le *psyllium* et le *cynops*, ont des propriétés semblables. Avant de les employer, on fera bien de prendre l'avis du médecin.

Dyspepsie. Voy. *Aigreurs.*

Écorchures. Traitez comme *coupures.*

Embarras gastriques. Purgez-vous. Prenez de la pepsine ou du vin de présure. Essayez le bicarbonate de soude avant le repas.

Engelures. Si elles ne sont pas ulcérées, lavez-les avec une dissolution d'alun, d'acétate d'alumine, que vous laisserez sécher dessus. Voy. *Encre.*

Si elles sont ulcérées, on les guérit assez souvent avec un

mélange de glycérine, alcoolature d'arnica et goudron qu'il faut un peu chauffer pour faire la combinaison. Parfumez, si vous voulez, avec un peu d'eau de roses.

On l'applique à froid en recouvrant l'engelure d'un linge qui en est imbibé, et un gant par-dessus. Renouveler la compresse lorsqu'elle est sèche.

Enrouement. Voy. *Aphonie*. Le remède peut aussi servir, il est même agréable à prendre.

Épilepsie. Surveiller le malade, pour qu'il ne se heurte pas aux meubles ou aux murs, qu'il ne tombe pas ; et chercher un médecin. La valériane, le castoréum lui seront probablement prescrits.

Érysipèle. Diète, purgatifs, camphre. Recouvrez la partie malade avec de la ouate saupoudrée de camphre, ou mieux de vapeur de camphre. Faute de cela, de la poudre d'amidon. Appelez le docteur.

Étourdissements. Rafraîchissez la tête avec eau fraîche, et appliquez le papier sinapisé aux jambes, ou un bain de pied avec moutarde. Purgez le lendemain matin.

Fièvre intermittente. On ne connaît encore rien de mieux que la quinine et le changement de climat.

Fièvre typhoïde *et autres maladies infectieuses*. En attendant l'arrivée du médecin, isolez le malade, et faites dans la chambre, des fumigations à l'acide thymique.

Ayez aussi du chlorure de chaux pour désinfecter tout ce qui aura touché le malade. Les fumigations au sucre brûlé ou celles au vinaigre, n'ont aucune action que de changer l'odeur de l'air ; elles ne le purifient pas du tout.

Voy. *Hygiène*.

Fièvres, névralgies. On les calme parfaitement en se mettant au lit bien chaudement et en prenant une infusion de graines de persil, avec ou sans sucre. Après l'avoir bue aussi chaude que possible, transpirer.

On recommande aussi l'*antipyrine*, nouveau produit de la chimie, dont on prend jusqu'à 1/2 gramme à la fois, dose que l'on peut renouveler après une demi-heure d'intervalle.

Elle est assez inoffensive, cependant je conseillerai de prendre l'avis du docteur avant de s'appliquer ce remède.

Fièvres éruptives. Faites comme pour la typhoïde.

Furoncle. Appliquez dessus de l'onguent napolitain qui le fera avorter, s'il est à son début. S'il est trop tard, l'onguent de la mère, pour le mûrir ; ensuite l'ouvrir et le vider.

Gale. Traitement externe aux sulfureux en pommade, en lotions ; ou bien l'acide phénique, le pétrole.

A l'intérieur, traitement laxatif dépuratif.

Gerçures. Tenez-les humectées avec le cérat, le cold-cream, la pommade de concombre, la glycérine, l'arnica affaibli.

Goutte. C'est la maladie des gens riches, qui ont bien vécu, en buvant de bons vins et faisant bonne chère.

On recommande quelques gouttes de teinture de colchique à prendre dans une tasse de thé de tilleul, pour faire transpirer. Il faut donc le prendre au lit, et bien couvert, et très chaud. Il existe une foule de remèdes spécialisés contre cette ennuyante maladie. Essayez-les si vous le jugez à propos ; peut-être en trouverez-vous un bon dans le nombre.

Grippe. Traitez comme la bronchite dont elle est un diminutif. Ne lui laissez pas prendre le dessus ; c'est souvent le prélude d'une maladie plus grave, la phtysie. Essayez le remède de l'*aphonie*.

Haleine fétide. Faites examiner la denture et les gencives par un dentiste. Eau de Botot ou autres dentifrices, parmi lesquels l'arnica. Pastilles de menthe à sucer.

Hémorrhagie nasale. Laissez saigner un moment, c'est

souvent un moyen d'éviter une apoplexie. Si le cas devenait grave, rafraîchissez la nuque et les tempes avec l'eau fraîche, et mettez au besoin des papiers sinapisés aux mollets. Enfin, pour l'arrêter, un morceau d'amadou ou de ouate hémostatique dans la narine. Voy. *Saignements*.

Hémorrhoïdes. Graisser l'entrée de l'anus avec le beurre de cacao ou l'onguent populeum, ou même du suif si l'on n'a rien de mieux.

Hoquet. Avaler brusquement une cuillerée de sucre pilé. Boire lentement un verre d'eau fraîche sans reprendre haleine. Effrayer subitement le patient.

Hypochondrie. Voyages, distractions, combinés avec les bains de sel et une purgation par-ci par-là.

Indigestion. Thé très chaud, de camomille ou de tilleul, ou même de thé de Chine. Vomitif au besoin. Spiritueux.

Insomnie. Boire, étant au lit, un grand verre de vin chaud ou de punch ; on dort là-dessus, comme un brave. On recommande aussi l'eau sucrée avec une cuillerée à café d'eau de laurier cerise.

Larmoiement des yeux. Les laver sans frotter, ou les baigner avec de l'eau de roses à laquelle on peut ajouter une pointe de couteau de sulfate de zinc par litre.

Mal de mer. On recommande de serrer la ceinture, de se coucher sur le dos, de boire à la glace. Le champagne frappé ferait, dit-on, bon effet.

Miasmes, air vicié. Faire des fumigations de chlore, d'eau phéniquée, d'acide thymique. Renouveler l'air.

Migraine. Se coucher dans un fauteuil, dans un local obscur ; prendre 1/2 gramme d'antipyrine, et, si cela ne suffit pas, reprendre une dose deux heures après.

Humecter la tête et les tempes avec l'eau de Cologne, ou l'eau sédative. Bain de pieds chaud, ou même sinapisé.

Névralgies. Traiter comme la migraine. On dit du bien

d'un remède populaire : Écraser du persil avec de l'alcool, filtrer et conserver le suc, pour s'en frotter les joues et en verser un peu dans l'oreille du côté malade.

Paresse d'estomac. Prendre du *vin de pepsine* ou *de présure*. Ou bien une prise de rhubarbe dans la première cuillerée de soupe, et de l'eau gazeuse avec le vin.

Un verre de cognac ou de liqueur après le repas.

Pituite. Un verre de vin de quinquina, une heure avant le repas. Une bonne purge.

Plaies. Les entretenir propres en les lavant avec un antiseptique, tel que l'acide thymique, l'acide phénique, fortement allongés d'eau. (Voy. *Eau phéniquée*.) Les couvrir de compresses d'eau, avec quelque peu de teinture d'arnica.

Pour les amener à se guérir, les traiter comme *blessures*, avec les mêmes herbes hachées ou pilées.

Pour les mettre à l'abri de l'air, on les recouvre de collodion ou de sparadrap, taffetas gommé.

Refroidissement. Une boisson chaude et alcoolique, vin chaud, grog, punch. Du thé de tilleul avec un verre de rhum, pris au lit, puis dormir et transpirer.

Rhumatismes. On recommande le massage et les frictions avec une huile camphrée ou le baume opodeldoch, ou même avec une eau-de-vie mêlée d'une essence quelconque, citron ou térébenthine. Les bains de vapeur et le traitement par l'électricité sont aussi prônés.

Le *kawa-kawa, poivre enivrant*, racine d'un poivrier qui croît dans les îles de la mer du Sud, jouit d'une réputation sans conteste comme antirhumatismal.

Sans entrer dans les détails de la fabrication assez dégoûtante de la liqueur d'Awa, qui se prend solennellement dans les grandes occasions en Océanie, et non comme médecine, disons que la racine elle-même peut servir d'une façon plus civilisée.

La meilleure préparation est l'*extrait hydroalcoolique*, c'est-à-dire obtenu par l'eau alcoolisée. La racine en fournit environ *1/10 de son poids*. On le prend à raison de *1 à 2 grammes par jour en trois fois*, en le mélangeant à du thé de tilleul ou de l'eau sucrée chaude. Le plus important, après l'avoir bu, est de transpirer et dormir.

Le *kawa* donne une sorte d'ivresse agréable et peu durable, sans suites funestes lorsqu'on n'en fait pas une habitude; il aide puissamment au sommeil et à la transpiration.

On peut aussi se servir de la *teinture de racine*, faite à l'alcool 80 degrés, que l'on prendra dans les mêmes conditions que l'extrait.

Rougeole. Couchez le malade dans un lit chaud, et cherchez le médecin. Il commencera par prescrire la diète avec des boissons chaudes, et le repos complet.

Saignements de nez, coupures. On arrête instantanément le sang en enfonçant dans le nez, du côté voulu, une pincée de fougère de Java connue sous le nom de *ping war har jamby*, que l'on peut se procurer chez les pharmaciens.

De même sur une coupure, on arrête le sang en y saupoudrant un peu de cette fougère.

Le *ping war har jamby* se présente sous la forme d'une matière végétale jaune d'or, ou mieux couleur d'oxyde de fer. Il a l'apparence d'une ouate à filaments ténus et facile à réduire en poudre. Son effet est plus efficace que celui de l'amadou ou des hémostatiques en général.

Scarlatine. Agissez comme dans la *fièvre typhoïde*.

Scrofules. Soignez une propreté parfaite, le bon air salin de la mer ferait du bien. Promenades en plein soleil; un peu d'iodure de potassium ou même de teinture d'iode dans la journée; boire du vin de gentiane, un verre une heure avant le principal repas.

Teigne. Comme la *gale*.

Toux. Voy. *Bronchite.*

Variole. Comme la *fièvre typhoïde.*

Vers intestinaux. Pastilles de santonine ou de calomel, biscuits à la scammonée.

Vermine. Enduisez les points infectés avec de l'onguent mercuriel double. Lavez le lendemain avec eau de savon noir.

Verrues. On les brûle ou cautérise avec le crayon de nitrate d'argent, l'acide nitrique, le suc d'euphorbe.

Vomissements. Chauffer le ventre au dehors, boire de l'eau gazeuse très fraîche ou du champagne frappé.

Un verre de bitter les guérit souvent. Serrer la ceinture, et dégager le haut du buste, le col.

Melon. Voy. *Fruits, jardin, potage (au potiron).*

Mendiants. Assiette de dessert composée de fruits secs, figues, raisins, amandes, noisettes, noix, etc.

Menu. Carte des mets qui composent un repas. Dans un banquet ou dans un repas sérieux, on dresse le menu d'avance, on le copie ou même on le fait imprimer sur des cartes ornementées, et on en pose un exemplaire à chaque couvert. Au dos, se trouve le nom de l'invité dont le menu marque la place à table.

L'art de la maîtresse de maison consiste surtout à *placer ses invités* selon leurs goûts et leurs affinités mutuelles, pour éviter tout froissement. Chacun sait que c'est une affaire de tact, absolument importante pour que le repas soit agréable, et qui exige parfois de sérieuses études des caractères pour être menée à bien. Tout en plaçant chaque personne *selon son rang*, on doit avoir soin de donner à chaque dame un voisin sympathique comme cavalier, et à chaque monsieur une voisine dont l'esprit aimable anime la conversation, et de cette façon on aura quintuplé la valeur des invitations.

Sans vouloir vous donner de nombreux exemples de menus dont vous ne pourriez jamais réunir tous les éléments, et tout en laissant à la dame de la maison le soin de choisir ses plats, nous pouvons poser des principes généraux.

Lorsqu'on est entre soi, en famille, tous les menus sont bons, pourvu que la cuisine soit bien faite. Il est meilleur alors de servir deux plats de résistance soignés dans leur façon, succulents et abondants, que de se livrer à de nombreux petits mets recherchés, luxueux, et la plupart du temps indigestes et coûteux. On dépensera moins d'argent. on sera mieux nourri et plus sainement; donc on se portera mieux.

Il n'en est pas de même lorsqu'on a des invités, car celui qui invite prend la responsabilité de rendre le séjour chez lui agréable à ses invités. Il leur doit la plus grande dose possible de satisfaction, et se doit à lui-même que l'on garde un bon souvenir du temps passé ensemble. Il faut donc se conduire de manière à atteindre ce double résultat.

Dans ce cas encore, ce n'est pas tout de servir un bon repas, des mets recherchés et un service bien fait. Le rôle des maîtres qui invitent est plus compliqué que cela : ils doivent donner l'exemple de la gaîté, du bon appétit; engager leurs hôtes à faire honneur au repas, mais sans les importuner, et surtout sans leur jeter sur leurs assiettes des portions supplémentaires quand ils ont refusé d'en reprendre.

Il n'est rien de plus désagréable pour les invités qui se croient forcés de manger alors ce dont ils n'ont nulle envie; sans compter que ces façons indélicates peuvent porter préjudice à leur santé, ce qui est tout le contraire du devoir de l'amphitryon.

Ces règles préliminaires posées, voici comment on pourra composer un menu soigné :

Nous supposons environ quinze convives.

On choisira six *hors-d'œuvre* parmi les exemples suivants : Beurre frais, radis roses, olives, cornichons, artichauts, sardines, salade d'anchois, caviar, crevettes, pickles, etc., etc.

On les posera sur la table, pour les passer de suite après le potage, s'il s'agit d'un dîner. On ne sert pas de potage, et l'on commence par les hors-d'œuvre, s'il s'agit d'un déjeuner.

Si l'on sert des huîtres, on leur fait l'honneur de commencer par elles.

Ensuite le *potage*. On peut en servir deux différents au choix, l'un maigre, l'autre gras.

Relevés. On sert rarement le bouilli dans un dîner distingué, on le remplace généralement par le rosbeef, ou bien on retire le bœuf du pot-au-feu à moitié cuisson, et on l'achève à la broche, ou à la casserole. En même temps on peut servir une autre viande ou volaille, telle que poulet ou dinde avec une salade de cresson.

Entrées. Les entrées sont toujours des ragoûts ; on en sert quatre, soit vol-au-vent, fricandeau, salmis de perdreaux ou de canards, ragoût de mouton. L'une des quatre sera un beau poisson, saumon, brochet ou mieux turbot sauce aux câpres, ou une langouste à la mayonnaise.

Tout ceci compose le *premier service*. Ici se place *le trou* que font les Normands en prenant un verre de madère ou de cognac, ce qui ne fait pas mal du tout.

On sert ensuite le *second service*, composé de deux ou trois *rôts* suivis de quatre *entremets* et même parfois de six.

Comme *rôts*, et selon la saison, on peut servir une dinde truffée, un quartier de chevreuil ou de sanglier, des perdreaux, chapons, canards, un gigot. On les fait suivre d'une salade. On peut aussi remplacer l'un des rôts par un beau poisson au bleu ou par un buisson d'écrevisses qui se sert le dernier.

Les *entremets* sont de deux sortes. On sert en premier les *entremets salés*, qui sont par le fait des légumes tels que petits pois, haricots verts, choux-fleurs ou choux de Bruxelles, aubergines, etc. Ensuite viennent les *entremets sucrés*, soit un gâteau aux fruits ou aux amandes, une crème avec un beau biscuit, des beignets ou tout autre article à prendre dans les crèmes, pâtisseries, flans et blancs-mangers. Ensuite on peut servir une glace.

Le *troisième service* se compose du *dessert* comprenant au moins deux fromages, l'un maigre et l'autre gras ; quatre assiettes de fruits choisis selon la saison ; deux compotes ; une gelée ou marmelade ; des biscuits, macarons, petits fours, bonbons, mendiants. Les plats de ce service doivent être les plus nombreux et les plus variés.

Avec ces services, il faut *des vins variés et assortis*. Ainsi l'on servira le Sauterne avec les huîtres. Avec les relevés, un bon ordinaire pour commencer le repas, à choisir parmi les vins du pays, ou parmi les Mâcons et les Beaujolais. Avec le second service, on versera un bon Bourgogne, soit Mercurey, Meursault, puis on arrivera aux Bourgognes de tête, Nuits, Pommard, Clos Vougeot.

Après ces vins, et pour accompagner les rôts, on servira les bonnes marques du Bordelais.

Avec les entremets sucrés on peut servir un vin doux de dessert, Malaga, Muscat, Alicante, Constance, etc.

Enfin, c'est avec le dessert que se prend le Champagne mousseux.

Pendant tout le repas, le premier vin servi comme ordinaire doit rester sur la table, à portée de tout le monde, ainsi que des carafes d'eau fraîche, ou même glacée quand c'est possible. Il y a des personnes qui n'en boivent pas d'autre et qui tiennent à le couper d'eau. Il est du devoir des amphitryons de respecter tous les désirs de leurs invités et de leur laisser surtout la liberté sous ce rapport.

Après le dessert, on est accoutumé en France à servir le café noir. Il aide puissamment à la digestion, stimule l'esprit et remet le cerveau dont la lucidité serait entamée par les vins capiteux.

Pour que le plaisir soit complet, il vaut mieux prendre le café dans un autre local que celui du dîner, lorsque la chose est possible. Ce changement dégourdit un peu les jambes et le corps, après une longue séance assise. C'est en tout cas un changement de position, une récréation qui ne peut faire que du bien. Les dames, iront donc prendre le café au salon, et les messieurs au fumoir, à moins que l'on ne puisse rassembler toute la société au jardin, ce qui serait le plus agréable.

Le café se sert aussi chaud que possible. Chacun le sucre à son goût, et non d'avance à la cuisine comme dans certaines parties de l'Allemagne ! On l'accompagne de cognac, rhum, kirsch véritable, liqueurs fines, et l'on n'oublie pas un bon cigare pour les amateurs.

Meringues. Prenez le blanc de six œufs frais, et battez-le en neige ferme, en y incorporant 200 grammes sucre en poudre et tamisé, plus un peu de vanille. Lorsque la neige est bien faite, posez-la, en tas arrondis, sur une feuille de papier blanc, posée elle-même sur une tôle ; saupoudrez de sucre, et enfournez. Laissez refroidir avant de les retirer du papier, creusez l'intérieur, et conservez ces coquilles pour les garnir de crème.

Cette crème peut être de deux natures différentes : ou c'est de la crème douce battue en neige ; ou c'est du blanc d'œuf battu. Dans les deux cas, on obtient une neige plus durable, en y introduisant une pincée de gomme adragante en poudre impalpable. On peut parfumer avec vanille, rose, néroli, chocolat, et autres ; y faire entrer des pistaches, amandes, noisettes pilées, mais dans ces diverses combinaisons, on doit veiller à donner à la crème une nuance appropriée à son parfum. Le chocolat en poudre, l'essence de café, portent leur couleur en eux-mêmes. La rose exige une coloration avec un peu de carmin ; la pistache, avec un peu de vert d'épinards, ou de vert végétal ; le brun de la vanille s'obtiendra au caramel ; le jaune du citron, avec la teinture de safran.

Merle. Faute de grives, on mange des merles, et on les apprête de la même façon.

Métaux. Voy. *Nettoyage.*

Meubles. Voy. *Nettoyage* et *vernis.*

Le Miel est un *sucre*, composé de plusieurs variétés de sucres et de glucoses naturels, que l'abeille va glaner de fleurs en fleurs, et qu'elle dépose dans ses ruches. Elle en remplit des rayons à cases régulières en **cire**, qui sont également son ouvrage. En faisant ce travail, les abeilles se chargent du pollen des fleurs mâles, et en oublient un peu dans les organes des fleurs femelles. Il est certain qu'elles n'ont aucune idée du rôle qu'elles jouent ainsi, mais il n'en est pas moins démontré par l'observation qu'elles fécondent les fleurs, et qu'un jardin ou champ, que les abeilles visitent pendant la floraison, rend une forte quantité de fruits ou de graines en plus. Cet insecte est donc un ami de l'agriculteur et du jardinier à double titre : pour son miel et pour le supplément de récolte qu'il leur procure.

Le *miel* était le seul sucre connu de nos anciens ; ils en faisaient des confitures et des bonbons d'un prix d'autant plus élevé, que l'autre sucre n'était pas connu, que l'apiculture était en enfance, et que ses produits manquaient souvent. Aujourd'hui, le miel est à des prix abordables à presque toutes les bourses, mais il n'y a plus lieu de le traiter en confitures, puisque nous avons, à bas prix, les beaux et bons sucres de canne et de betterave, toujours de même qualité, et beaucoup plus faciles à l'emploi.

Le miel est donc relégué au deuxième plan, mais il n'en est pas moins utile pour la fabrication des *pains d'épice* (voir à *pâtisserie*), pour l'emploi médicinal, et pour servir au déjeuner avec de bonnes et succulentes tartines beurrées. Il est bon et sain au corps.

Il existe des miels de toutes nuances, depuis le brun foncé, jusqu'au blanc. Le blanc est le plus estimé et c'est aussi, habituellement, le plus parfumé.

Pour *blanchir un miel* coloré, on l'enferme dans une boîte en fer-blanc, et on l'expose à la gelée. On opère de même pour *blanchir la cire*, mais on arrive à un résultat plus prompt avec elle, en la traitant par l'eau oxygénée, dans laquelle on la baigne en la réduisant en minces copeaux.

L'hydromel ou **vin de miel** est une boisson connue de toute antiquité, et qui a joui d'une réputation.

On le fabrique, en dissolvant du miel dans cinq à six fois son poids d'eau tiède, et faisant fermenter, avec ou sans l'aide d'un peu de levure, dans une barrique que l'on maintient pleine. La fermentation achevée, on soutire, on colle ou clarifie comme pour un autre vin, et l'on met en bouteilles.

En médecine, le miel est employé comme émollient, laxatif, rafraîchissant. On l'emploie à sucrer les tisanes. On l'emploie aussi en lavements, à la dose de 50 à 100 grammes. Il est la base des mellites, et entre dans la composition d'un grand nombre de médicaments.

Mijoter. Se dit d'une cuisson lentement conduite, à tout petits bouillons, ce qui se fait ordinairement lorsque l'opération touche à sa fin.

Mitonner. Faire mijoter un potage pour ramollir le pain ou les petites pâtes qu'il contient.

Mirbane. Voy. *Amandes dans l'article fruits.*

Miroton. Manière spéciale d'accommoder le *bœuf.*

Monder. Enlever la coque, les peaux des amandes ; les tiges des herbes, et en général, les parties inutiles des végétaux.

Mortier. Ustensile qui sert à piler. Il est accompagné de son *pilon* avec lequel on brise les substances par contusion. Il en existe en marbre, en verre, en porcelaine, en fer et en fonte, en cuivre et en bronze, même en bois. On choisira donc le mortier selon la substance à traiter.

Mouillement. Sauce dans laquelle on fait cuire un ragoût, une fricassée.

Mouiller. *Allonger* la sauce en y ajoutant du bouillon, du vin ou un liquide approprié. *Couper* le vin, le vinaigre, en y ajoutant de l'eau, ce qui se nomme aussi *baptiser*, lorsqu'il s'agit de vin. Les laitiers ont la déplorable habitude de baptiser leur marchandise. C'est un vol manifeste.

Il n'en est pas de même des marchands de vin. On sait qu'ils ne *mouillent* leur vin que dans l'intérêt de la santé du consommateur.

On a donc bien tort de les poursuivre, n'est-ce pas ?

Moules. Outre les coquillages de ce nom, il existe des moules de toutes formes et dimensions, en métaux divers et en terre cuite. On y met les pâtisseries, les pâtés et les aspics pour leur donner une forme élégante. Généralement on les beurre auparavant.

Les petites caisses en papier, dans lesquelles on cuit les biscuits, sont par le fait aussi des moules.

Moules. Après vous être assuré qu'elles sont fraîches, lavez-les à plusieurs eaux, et grattez avec un couteau tous les corps étrangers qui pourraient être collés après la coquille. Si vous en trouvez dans lesquelles il y ait un petit crabe, jetez-les ; non que ce soit nuisible, mais cela n'est pas fait pour mettre en appétit.

L'empoisonnement des moules n'arrive qu'à certaine saison, et l'on admet qu'il est dû à la présence du frai de l'étoile marine. Voir le remède à *médecine, accidents.*

Moules à la poulette. Mettez les moules nettoyées dans une casserole, avec un bouquet de persil et rien d'autre.

Elles s'ouvriront toutes seules. Otez la coquille de dessus, et dressez les moules sur un plat creux.

Ajoutez dans la casserole, à l'eau des moules, un morceau de beurre et fines herbes hachées ; puis une cuillerée de farine, sel, poivre, muscade si vous voulez.

Donnez un bouillon, liez au jaune d'œuf, et versez la sauce sur les moules.

Moules aux fines herbes. Chargez la casserole avec du beurre mêlé de fines herbes hachées et l'assaisonnement de sel et poivre. Faites-y sauter les moules sorties de leurs coquilles, et servez avec un citron, ou ajoutez un filet de vinaigre à la sauce.

Moules au gratin. Sortez-les de leurs coquilles, après les avoir ouvertes comme *à la poulette.* Ensuite, traitez-les comme la sole au gratin, en mouillant avec leur eau au lieu de vin.

Moules frites. Sortez-les des coquilles, trempez-les dans une friture chaude. Saupoudrez ensuite de sel fin.

Moules à la marinière. Dressez-les comme *à la poulette*, en enlevant l'écaille de dessus.

Mettez dans la casserole des oignons, tranches de carottes, ail, persil, laurier, thym, girofle, poivre et sel.

Ajoutez-y l'eau des moules, un verre de vin blanc, et liez avec du beurre manié de farine. Lorsque cette sauce bouillira, mettez-y les moules, achevez leur cuisson, et servez-les avec la sauce.

Généralités. En sortant les moules de leurs coquilles, toujours par le procédé susdit pour les ouvrir, on peut les servir avec toutes sortes d'autres sauces, par exemple une béchamel, une tomate, une piquante.

C'est aussi dans cet état qu'on leur fait prendre place dans une matelote aux poissons de mer, ou dans l'ornement d'une sole normande, d'une mayonnaise maigre, etc., etc.

Les **huîtres cuites** s'ouvrent de même et peuvent se traiter comme les moules ; mais ce coquillage est tellement préféré à l'état naturel, qu'on ne le cuit guère que pour servir d'ornement, comme les moules, à la sole normande ou à la matelote.

Les **écailles des moules**, dont la nacre est très unie, peuvent servir aux amateurs de peinture, pour y délayer leurs couleurs, en place de godets.

Les écailles de moules et d'huîtres sont composées de calcaire et constituent un très bon *engrais d'amendement* pour l'agriculture et les jardins. Il faut les casser et calciner pour les rendre assimilables. Recommandé pour la vigne.

Moutarde. La bonne moutarde a son importance à table.

On la trouve chez les principaux épiciers, mais elle n'est pas toujours du goût de l'acheteur. Avec la formule qui suit on aura une idée de ce qu'on peut y mettre, et de la façon d'opérer. Chacun prendra de la recette ce qui lui conviendra et la changera selon son idée.

On commence par faire macérer une botte de persil, de ciboule, de cerfeuil, de céleri, huit têtes d'ail, 100 grammes de quatre épices, 250 grammes d'estragon, 50 de cannelle, 50 de girofles et 500 grammes de sel avec 10 litres de bon vinaigre blanc. On peut y ajouter des échalottes, oignons, ciboulette, muscade, poivre ou piment et toutes sortes de fines herbes et d'épices au choix, le tout coupé ou pilé aussi menu que possible.

Après une macération de quinze jours environ, on broie toutes ces substances à l'aide d'un moulin à moutarde, en y incorporant de la farine de moutarde blanche ou mieux verte, en quantité suffisante pour lui donner la consistance voulue.

Le produit de la recette donne environ 25 kilos de moutarde terminée, que l'on passe au tamis pour l'avoir bien fine et homogène.

Lorsqu'elle se dessèche dans le moutardier, on la délaie avec vin ou vinaigre.

Il ne faut pas y laisser traîner de cuillère d'argent ou de métaux qui s'y oxyderaient et deviendraient un danger. Les pots à moutarde devront donc être en verre ou porcelaine, et les cuillères en bois ou en corne. Ce détail a une très grande importance pour la santé.

MOUTON, agneau, chevreau.

Cervelles, côtelettes de mouton s'apprêtent comme celles du *veau*. Voy. *Veau*.

Gigot rôti. On doit le laisser se mortifier trois à quatre jours, selon la saison, pour qu'il soit tendre; puis on le bat, avec un rouleau de bois.

On le prépare, en fourrant trois ou quatre gousses d'ail dans l'intérieur de la viande, au moyen d'une grosse aiguille pour percer le trou. On le met ensuite à la broche, devant un feu ardent, et l'on arrose fréquemment avec son jus. Il doit rester un peu saignant. Le jus se sert dans une saucière, mais le plus souvent il sert à assaisonner les haricots blancs que l'on fait passer avec le gigot.

Pour mariner un gigot, n'employez pas d'huile, mais du vin coupé de moitié eau.

Gigot braisé. Désossez le gigot, et remplacez l'os par une farce de lardons, viandes hachées et sel, poivre, thym et laurier pilés, oignons hachés. Ficelez la pièce et mettez-la dans une braisière, en compagnie de bardes de lard, carottes, oignons, thym, laurier, girofles, persil et ciboule, le tout mouillé d'un pochon de bouillon. Mettez un papier beurré par-dessus le gigot, et faites-le cuire sept heures au four de campagne. Avant de servir, réduisez la sauce, ôtez les ficelles.

Gigot à l'eau. Faites comme le braisé, en remplaçant le lard par du beurre, en simplifiant la compagnie qui se trouve réduite à la carotte, ail et oignons, et ne farcissant pas. Le bouillon lui-même est remplacé par de l'eau.

Gigot de Périgord. Lavez et nettoyez des truffes, coupez-les en tranches et hachez-les avec du lard, sel et poivre, épices, persil, ciboules, ail. Mettez cette farce dans le gigot préparé comme braisé. Laissez-le se mortifier deux ou trois jours avec cette garniture, puis cuisez-le comme à l'article braisé.

Gigot à la bretonne. Le gigot lui-même est simplement rôti, après l'avoir garni de gousses d'ail. L'accompagnement se compose de haricots blancs de Soissons, cuits à l'eau de sel. Ensuite, pendant que les haricots égouttent, on fait une purée d'oignons, avec 4 ou 5 gros oignons en tranches minces, que l'on roussit dans le beurre ; ajouter un peu de farine, et la roussir également. Puis mouiller de bouillon, laisser réduire, passer la purée au tamis.

En même temps, les haricots sont sautés au beurre dans une autre casserole, puis la purée d'oignons versée dessus pour donner encore quelques bouillons.

On sert le gigot sur ce légume, et la sauce bien dégraissée versée sur le tout.

Mouton à la chevreuil. C'est principalement le gigot que l'on traite ainsi.

Otez la peau ; piquez d'ail et de feuilles fraîches de sauge ; marinez un ou deux jours au vinaigre ; piquez de lard fin ; garnissez bien de chapelure, beurre, oignons, grains de genièvre.

Dans le jus, mettez un peu de crème aigre et un anchois haché. Couvrez de papier beurré et cuisez au four de campagne. La marinade s'ajoute au jus, à moitié cuisson.

Les **restes de gigot** sont très bons dans les farces. On peut aussi les utiliser, en les servant froids avec une sauce piquante ou vinaigrette agrémentée de pickles.

Si on les réchauffe, sans les cuire, car ils durciraient, on les servira avec une sauce de salmis.

Enfin ils peuvent entrer dans les ragoûts de toutes sortes, seuls ou avec d'autres viandes.

Un **bon ragoût** se compose de carottes et pommes de terre en tranches ou quartiers, quelques oignons, le tout cuit dans un roux brun pendant le temps voulu.

On y met les tranches de gigot, juste assez de temps pour les réchauffer, et l'on sert. Ce ragoût est meilleur lorsqu'on y ajoute du petit salé ou du jambon.

L'**os de gigot** concassé, comme tous les os, est très bon

dans le pot-au-feu, auquel il communique son goût e ses matières nutritives, mais on doit le casser pour en tirer tout ce qu'il peut donner.

Enfin les **tranches** peuvent aussi se traiter **sur le** gril ou dans la poêle, et se servir à la manière des beefsteaks.

Le filet de mouton peut se traiter absolument comme le gigot. Ce dernier est plus recherché. Les côtes qui sont attachées au filet se traitent aussi en côtelettes, en les séparant par un coup de couperet. Ce morceau est un des meilleurs, pour apprêter *à la chevreuil*, mais on le sert le plus souvent sur un légume de choux, haricots verts, chicorée.

La poitrine est un très bon accompagnement du bœuf pour le pot-au-feu ou la soupe aux choux.

On la sert, après l'avoir passée sur le gril, avec une sauce vinaigrette. On la sert aussi sur un légume, ou bien en ragoût.

Épaule. Rôtie, elle est souvent dure. Il vaut mieux la traiter à la façon du gigot braisé ou à la chevreuil.

Ragoût *dit* **haricot de mouton.** Prenez des petits navets entiers, ou des gros en quartiers, et faites-les revenir dans du beurre ; faites aussi revenir des morceaux de poitrine de porc et de jambon. Dans cette graisse, passez le mouton coupé par morceaux ; on peut y employer le filet, la poitrine.

Retirez votre viande, et faites un roux que vous mouillerez avec du bouillon. Remettez alors la viande et assaisonnez de sel, poivre, bouquet garni, puis laissez cuire deux bonnes heures avec un peu de feu dessus et dessous.

Ajoutez les navets et cuisez encore une heure ; dégraissez, rangez la viande en pyramide sur un plat creux, les navets autour et des pommes de terre entières, mais de moyenne taille entremêlées avec les navets. Ces pommes de terre se cuisent, en les posant par-dessus le ragoût pour qu'elles n'en absorbent pas tout le jus. On peut aussi les cuire à part, sautées au beurre.

Les **rognons**, *les* **langues**, *les* **pieds** de mouton se traitent comme les mêmes parties du veau. Voy. *Veau.*

L'**agneau** et le **chevreau** sont servis le plus souvent rôtis
à la broche, et piqués de lardons. D'autres façons, on les
traite absolument comme le mouton, mais ils sont beaucoup
plus tendres et cuisent plus vite.

La **tête** d'agneau peut se traiter en tête de veau.

Agneau ou chevreau aux oignons. Faites revenir huit
à dix gros oignons dans du beurre, et passez-y votre viande
coupée en morceaux carrés, retirez-les. Faites un roux que
vous mouillerez avec eau ou bouillon et remettez-y votre
viande avec les oignons autour ; assaisonnez de sel et poivre,
bouquet garni, et cuisez au four de campagne pendant deux
heures environ.

N

Navets. Certaines personnes font blanchir le navet, ou le
cuisent entier à l'eau salée. Ce traitement n'est bon qu'à lui
enlever tout le parfum qui le caractérise, et son meilleur
sucre.

A la poulette. Coupez-les en beaux morceaux arrondis, de
la grosseur d'un œuf de pigeon. Faites-les sauter dans le
beurre avec un peu de farine, mouillez de lait ou bouillon,
sucrez un peu. Faites réduire la sauce, liez au jaune d'œuf.

Au jus. Faites sauter de même, mouillez avec du jus, couvrez d'un rond de papier et faites bouillir. Laissez réduire
beaucoup et servez. Cette façon est très bonne lorsqu'on y ajoute
des pommes de terre traitées avec les navets.

Au jambon. Coupez en quartiers. Faites revenir des morceaux de jambon, retirez-les. Faites revenir les navets dans cette graisse, retirez-les. Faites un roux, mouillez de bouillon, ajoutez le jambon que vous laisserez cuire deux heures. Ajoutez les navets que vous cuirez avec, et servez ensemble. On peut aussi y ajouter quelques pommes de terre.

Au sucre. Faites jaunir dans le beurre, mouillez d'eau, peu de sel, beaucoup de sucre, cuisez à réduction.

Navets confits. On emploie, pour cet objet, les gros navets blancs des variétés les plus tendres.

Après les avoir coupés en rubans, à l'aide d'un couteau spécial, on les met en tonne avec du sel, absolument comme la choucroute. Ils sont d'un meilleur goût, lorsqu'on y intercale un peu de graine de carvi ou cumin des prés, des baies de genièvre, et du poivre entier.

Neige. On bat le blanc d'œuf ou la crème en neige, au moyen d'un instrument en fil de fer galvanisé contourné. On peut aussi les battre avec deux fourchettes superposées, ou un petit balai d'osier.

Quand la neige ne veut pas se former, ce qui est le plus souvent causé par la température, on y arrive en y mélangeant un peu de gomme adragante en poudre bien fine.

NETTOYAGE DES OBJETS DU MÉNAGE et CONSERVATION. Voy. *Lessive*.

Boiseries peintes. Les portes et boiseries couvertes de peinture doivent être lavées, au moins tous les mois, avec une éponge imbibée d'eau froide ou à peine dégourdie.

Lorsqu'elles sont bien salies par les mouches ou par les mains, on peut les laver avec de l'eau de savon *faible*, au moyen d'une éponge ; on passe un peu d'eau propre, ensuite ou essuie avec un linge doux, en frottant le moins possible.

Une faible solution de sel ammoniac les nettoie bien aussi

Marbres. *Moyen de les nettoyer.*

On ne doit jamais mouiller du marbre avec de l'huile.

Le marbre est très poreux, l'huile le traverserait donc en entier et l'on n'arriverait plus à la sortir.

Pour nettoyer un objet en marbre, il faut commencer par le savonner, en le frottant avec un linge très doux ; ensuite on le lave à grande eau froide, pour enlever le savon, puis on l'essuie sans le rayer ; pour terminer, si c'est nécessaire, on l'enduit avec du *vernis des marbriers.*

Ce vernis se fabrique en dissolvant à froid de la cire blanche dans l'essence de térébenthine. Il en faut très peu sur le marbre.

Ne jamais toucher le marbre avec un acide quelconque, pas même avec le vinaigre le plus faible. Le marbre est un carbonate de chaux cristallisé, soluble dans tous les acides, ou du moins attaqué par eux. L'acide sulfurique ne le dissout pas, mais le change en pierre à plâtre, ce qui ne vaut pas mieux.

Métaux. Les objets en *fer-blanc* ne doivent jamais être frottés avec de la cendre ou du sable. S'ils sont devenus gras ou ternes, on les lavera simplement avec de la lessive plus ou moins forte. En les frottant, on enlève la couche d'étain qui les recouvre, ce qui les fait rouiller.

L'argenterie se lave avec la vaisselle. Pour lui rendre son brillant de neuf, on la frotte avec un vieux gant imbibé de tripoli délayé dans de l'alcool. On essuie avec un linge sec et doux

Les *cuivres* peuvent se nettoyer comme l'argenterie. Lorsque les pièces sont grosses, on les lave à l'eau chaude, puis on y passe vivement un peu d'acide sulfurique ou muriatique très allongé d'eau, on rince et l'on sèche avec un linge ou de la sciure de bois.

La terre pourrie, le blanc d'Espagne fin, la terre de pipe,

la terre de Salinelle, sont aussi de bons produits pour remplacer le tripoli. Ils s'emparent facilement des crasses de
métaux et des oxydes. On peut les employer à sec ou délayés à l'alcool comme il est dit ci-dessus.

Les objets en *nickel* se nettoyent comme l'argenterie.

Les *lames de couteau* se nettoient fort bien avec de la
chaux vive en poudre. On en met sur la lame, que l'on frotte
ensuite à sec avec un bouchon, de manière que la chaux soit
intercalée entre la lame et le bouchon.

Les *lames de rasoirs* se passent sur un cuir, avec précaution.

Pour qu'elles coupent mieux, on graisse ce cuir avec la
pâte à rasoirs. Elle se compose de 250 grammes de suif;
125 de cire jaune; 250 de fine poudre d'ardoise; 125 fine
poudre d'émeri. On fond le suif que l'on écume, on ajoute
la cire, puis après liquéfaction, les poudres. On parfume avec
quelques gouttes d'essence de lavande, enfin on coule dans
des moules, où la masse se fige sous forme de tablettes.

Meubles. Les *meubles vernis* peuvent s'entretenir en bon
état de propreté, en les frottant de temps en temps avec un
linge doux (pas de laine) imbibé d'un peu d'huile à salade.
Il faut très peu d'huile. Non seulement le meuble maintient
son éclat, mais l'huile enlève encore facilement toutes les
taches d'eau ou de graisse.

Les *meubles polis*, non vernis, se nettoient aussi avec de
l'huile, mais contrairement aux autres, il faut frotter avec
une laine rude. On réparerait les places où le poli aurait disparu, en frottant avec la *politure de menuisier*, qui n'est
qu'une solution de gomme laque dans l'alcool.

Le *vernis pour l'entretien des meubles*; le meilleur se
compose avec un peu de cire jaune dissoute dans de l'essence
d'aspic ou de térébenthine, et colorée avec un rien de racine
d'orcanette, dont on peut fort bien se passer.

Lorsqu'un morceau se détache d'un meuble, il est important de le coller le plus rapidement possible, pour que le mal ne devienne pas irréparable. La meilleure colle, la seule dont se servent les menuisiers, est la colle forte employée à chaud. Il faut la faire dissoudre soi-même avec trois ou quatre fois son poids d'eau, au bain-marie et sans bouillir. En bouillant, elle perd beaucoup de sa force. On l'applique très chaude et le plus rapidement possible, on joint les pièces en les comprimant l'une sur l'autre, dans la position qu'elles doivent occuper définitivement.

Un cadre dédoré se répare en y passant une couche de vernis d'or, qui se trouve chez les droguistes. Nous en donnons d'ailleurs la formule aux *vernis.*

Fourrures, tapis et lainages. Pour les préserver des mites, il existe plusieurs procédés. Le premier consiste à saupoudrer les lainages avec de la poudre de pyrèthre, au moyen d'un de ces soufflets qu'on trouve chez tous les marchands.

Le procédé est bon, mais il exige un travail énorme pour battre la poudre hors des lainages, lorsqu'arrive le moment de les employer. Je le recommande aux personnes que ce travail ne rebute pas.

Un second procédé, qui m'a toujours réussi, consiste à empiler les lainages, dans une grande caisse, tapissée de papier à l'intérieur (de même pour le premier procédé). Au fond de la caisse, je pose une demi-douzaine de petits flacons débouchés, contenant chacun un peu d'acide phénique, mais pas assez pour qu'il coule, le flacon étant couché. Ensuite, à mesure que l'on pose les lainages dans la caisse, je les arrose avec de la benzine rectifiée, mêlée avec de l'essence de romarin.

J'emploie à peine 100 grammes de ce mélange, pour tous les lainages d'une famille de quatre personnes, et je n'ai jamais une mite.

La caisse se pose au grenier ou à la cave, peu importe.

Les plantes sèches ou vertes, très aromatiques, telles que la lavande, le thym, la menthe, que certaines personnes mettent dans leurs lainages, pour en chasser les mites, ne sont pas d'une efficacité bien démontrée. Elles parfument, mais je doute qu'elles chassent ces insectes.

C'est précisément dans les ballots de menthe sèche que l'on trouve toujours des mites dans les magasins de droguerie et de distillation.

Nettoyage des tissus noirs de laine ou de soie.

Faites bouillir 500 grammes feuilles de lierre et 250 grammes bois de Panama (saponaire d'Orient) avec de l'eau, pendant à peu près une heure. Faites-en 3 litres de décocté.

Lavez les tissus dans cette eau, chaude ou tiède, en les frottant avec une éponge, ou une brosse douce, et en évitant de les érailler. Rincez ensuite à l'eau froide, et repassez-les pendant qu'ils sont encore humides.

Ils deviendront comme neufs.

Pour les **lainages noirs** et **soieries foncées**, on peut les nettoyer avec de l'infusion de café noir. On se sert pour cela du marc de café ayant servi, que l'on cuit avec de l'eau en laissant bouillir un peu.

Après ce nettoyage, il est inutile de rincer à l'eau ; au contraire, en repassant les tissus imprégnés de café, ils prennent un apprêt très joli, et lustré.

Nettoyage des flanelles et laines blanches ou claires.

Le bain se compose uniquement de décocté de saponaire d'Orient ou de bois de Panama (quillaya saponaria). On trouve maintenant, dans le commerce, l'extrait de quillaya sous le nom de savon d'Amérique. Il dégraisse fort bien.

On nettoie bien aussi les laines blanches, avec de l'eau ammoniacale, ou avec un décocté de son.

Il faut les laver dans plusieurs eaux ainsi chargées, les rincer fort peu ou même pas du tout, et les repasser encore humides. Du reste, ces tissus supportent le savon blanc.

Les **tapis de laine** et **les fourrures** seront très souvent battus au grand air, tant pour en sortir la poussière que pour combattre les mites.

Entre temps, et lorsque les tapis sont salis par des poils, cheveux, ou même par l'usage, on peut les nettoyer sur place en les frottant avec de la mie de pain rassis, au moins aux endroits dont la crasse ne part pas par le battage.

On recommande aussi de semer sur les tapis, des feuilles de thé ayant servi, mais encore gonflées par l'infusion. On les y promène en frottant avec un balai ou une brosse, et ces feuilles se chargent aussi de beaucoup de poussières.

Nettoyage des gants piqués. On tend les gants, par exemple, en les remplissant de ouate ; on les pose debout dans une grande boîte bien close, et l'on met au fond de la boîte une tasse contenant de l'ammoniaque liquide. On retire les gants après trois ou quatre semaines, les piqûres ayant disparu.

Pour les dégraisser, employez la *benzine* ou une autre essence.

Gravures. Lorsqu'elles sont seulement salies par la poussière ou la fumée, il suffit de les frotter en tous sens avec de la mie de pain blanc rassis. Le pain se charge de toutes les poussières.

Lorsque les gravures ont des taches de moisissure (ce qui n'arrive que dans des cadres ou des cartons qui les mettent au contact de l'humidité sans aération), il faut avant tout les sortir de leurs cadres, et les fixer, par leurs bords, à un cadre de bois mobile, composé de simples petites lattes rabotées et clouées ensemble.

On fera alors un lait de chlorure de chaux, qu'on allongera d'une quantité d'eau froide suffisante, puis on le laissera déposer jusqu'à ce que l'on puisse en décanter le clair.

C'est dans cette eau, absolument transparente, que l'on plongera la gravure avec le cadre de bois, de façon que le tout baigne tout à fait. On l'y laissera jusqu'à ce que les taches aient disparu, ce qui doit demander quelques heures.

Il faut savoir que le papier, traité par un acide allongé d'eau, se change en sucre. Traité par l'acide sulfurique un peu fort (2 à 3 d'acide pour 1 d'eau), il se change en cellulose sulfatée, qui n'est autre que le parchemin factice. Le chlorure de chaux bien clarifié n'a pas ces inconvénients, et n'agit guère sur le papier, mais il le blanchit et détruit toutes les substances champignonneuses.

D'autre part l'encre d'imprimerie se compose d'un noir de charbon que le chlore ne peut attaquer. Ce procédé n'offre donc aucun danger pour la gravure, mais il exige des soins de manipulations, pour ne pas la détériorer quand elle est ramollie par l'eau.

Un bain faible de bisulfite de soude enlève ensuite toute odeur de chlore.

Les tableaux à l'huile peuvent également se nettoyer avec la mie de pain rassis comme les gravures. Ils supportent un lavage à l'eau pure ou très peu chargée de savon, mais il faut éviter le frottage, et ne se servir que d'une éponge de toilette des plus fines.

Sur les habits de drap, lorsqu'il y a des taches de boue, on fera mieux de les battre avec des baguettes de noisetier que de les brosser. Cela les use moins, mais il faut y mettre un peu plus de temps.

Vaisselle. Le nettoyage de la vaisselle doit se faire avec les plus grands soins de propreté. La personne chargée de ce soin range sa vaisselle en piles, et par sortes. Elle a à sa dis position deux baquets contenant de l'eau très chaude, dans l'un, et fraîche dans l'autre. Elle passe d'abord à l'eau chaude toutes les verreries et porcelaines qui ne sont pas grasses, les verres, tasses à café, assiettes à dessert, et les rince de suite à l'eau froide pour les faire égoutter.

Ensuite, elle réunit dans un seul vase tous les résidus trouvés sur les assiettes, les destinant à la nourriture des porcs ou de la volaille, des chiens si l'on en possède. Puis elle lave dans l'eau chaude, en s'aidant d'une *lavette* en toile, toute sa vaisselle, en commençant toujours par les pièces les moins grasses, pour ne pas salir son eau aussi vite. Toutes ces pièces lavées sont rincées de suite à l'eau froide et égouttées.

Pour des pièces trop grasses, on pourrait employer un peu de lessive de cendres, ou de cristaux de soude.

La vaisselle égouttée est soigneusement essuyée avant d'être mise en place.

Toute l'opération doit se faire sur la pierre d'évier, et nulle part ailleurs, si l'on tient à l'ordre.

Lorsqu'une *carafe* est salie par un dépôt de calcaire provenant de l'eau, il est facile de l'enlever en la rinçant avec très peu d'eau aiguisée d'un filet d'acide chlorhydrique ou muriatique. L'acide nitrique conviendrait aussi et même le vinaigre. Rincer ensuite plusieurs fois avec eau froide pure.

Vitres et glaces. Pour les nettoyer, on peut tout simplement les laver à l'eau tiède, ou à l'eau de savon, les rincer, et les essuyer proprement. On se sert pour cela d'une éponge et d'un linge doux.

Ce moyen primitif n'enlève pas facilement les taches grasses. Il exige également beaucoup de travail pour frotter.

Le moyen le plus rapide consiste à délayer en pâte, avec de l'eau, du plus fin blanc d'Espagne ; enduire le verre d'un peu de cette pâte sur toute sa surface, et l'essuyer avant qu'elle ait séché sur le verre. Toute la crasse se colle au blanc, et s'enlève facilement. Si on laissait sécher, on aurait seulement un peu plus de mal pour enlever le blanc, et ce dernier donnerait de la poussière dans l'appartement. Il faut éviter de mettre de la pâte blanche sur les cadres dorés des glaces; on risquerait d'enlever l'or par places; il est vrai qu'il serait facile de le réparer avec un peu de vernis d'or.

Parquets, planchers. Voy. *Cirage, vernis.*

Pour **enlever la peinture** sur des objets en bois, sans que le bois en souffre, on lave avec une dissolution très chaude de potasse, soit 100 à 125 grammes par litre d'eau. On frotte rudement avec une brosse en racine.

Pour **préserver de la rouille** les objets en fer, ou en fer-blanc, il est recommandé de les tenir couverts d'une légère couche de chaux que l'on obtient en les trempant à l'eau de chaux, et laissant sécher. Pour les clefs, on les trempera dans une solution de sulfate de cuivre pendant dix minutes. Elles seront recouvertes d'une petite couche de cuivre brillant. Il faut les nettoyer avec soin de toute la crasse et de la rouille, avant de les tremper, sans quoi le cuivre ne prendrait pas.

Nickel. Voy. *Nettoyage des métaux.*

Noir animal. Produit de la calcination des os en vase clos. Le noir neuf en grains ou en poudre renferme ordinairement tout le phosphate de chaux des os, ce qui est nuisible en général à son action décolorante, et surtout lorsque le liquide à décolorer est acide. En effet, l'acide serait bientôt neutralisé par la chaux, et remplacé par l'acide phosphorique, ce qui ne serait pas du tout la même chose. Avant de se servir du noir neuf, il est donc bon de le débarrasser du phosphate.

Pour cela on le lave avec de l'acide chlorhydrique (muriatique) coupé d'eau, on laisse en contact quelques heures, puis on lave le noir à grande eau, pour enlever l'acide phosphorique et le chlorure de calcium formé. On peut s'en servir après l'avoir séché au four.

C'est avec du noir ainsi purifié qu'on pourra *décolorer* le vinaigre de vin rouge et tous les liquides végétaux colorés, en les filtrant à travers le noir, après les avoir macérés sur ce même noir.

Pour la *clarification* du sucre, ou des liquides neutres, qui n'auraient pas d'action sur le phosphate, il n'est pas nécessaire de laver le noir, mais cela ne peut jamais nuire.

Nouilles. Voy. *Farinages.*

O

ŒUFS. C'est une des matières premières les plus importantes de l'art culinaire, aussi faut-il l'avoir toujours en provision. On peut se servir des œufs de tous les oiseaux de basse-cour, mais c'est toujours l'œuf de poule, le plus abondant, qui servira de type parfait et dont nous parlerons ici.

L'influence de la nourriture, sur la qualité des œufs, est immense. Elle influe aussi sur la quantité d'œufs pondus par les mêmes poules.

Quant à la présence d'un coq à la basse-cour, elle est, au point de vue des œufs à manger, plus nuisible qu'utile. Elle ne produit pas un seul œuf de plus, mais elle est cause de la présence d'un germe épais, qui empêche le blanc de se mêler aussi intimement, et de se bien battre en neige.

Voilà trois ans que je n'ai plus de coq, et mes poules pondent tout autant; mes œufs ne contiennent pas de germes, et ne vaudraient donc rien pour couver, mais ils sont exquis et se conservent bien.

La *nourriture des poules*, pour avoir de bons œufs, et beaucoup d'œufs, doit être échauffante tout en étant variée selon l'heure. Le matin, on leur donne une pâtée de peu de son, du pain trempé, pétri avec des petites pommes de terre et les restes d'assiettes des repas de la veille ; les pommes de terre cuites à l'eau, et écrasées.

Au milieu du jour, elles reçoivent des graines de sarrasin ou froment ou avoine, mais pas d'orge, qui les rafraîchit trop. Puis après ce repas, on leur donne de la verdure, herbe, salade, mouron, feuilles potagères de résidus. Ces herbes influent énormément sur la beauté du jaune d'œuf, qui se colore sous leur influence. Donnez-leur aussi toutes sortes d'insectes, mais peu de hannetons, dont l'odeur désagréable se communique à l'œuf.

L'œuf frais du jour est entièrement rempli. Lorsqu'il est *cuit à la coque*, en l'ouvrant, on trouve au blanc un aspect crémeux. Au bout de trois ou quatre jours, il s'est déjà formé une bulle d'air par l'évaporation d'eau à travers la coquille poreuse.

Le meilleur moyen de **conserver les œufs** frais serait donc d'empêcher cette évaporation. On a proposé plusieurs systèmes. Le plus répandu consiste à ranger les œufs dans de grands pots de grès, puis les recouvrir en entier avec un lait de chaux léger. Ils se conservent bien, mais prennent quelque chose du goût caustique de la chaux. C'est cependant le moyen le plus pratique et le moins cher.

On a encore proposé de les peindre avec une solution légère de gomme laque à l'alcool, une solution de paraffine, de gélatine, etc. Ces moyens ne sont pas pratiques à cause de leur prix de revient.

L'huile *de* **jaunes d'œufs** est un remède populaire contre les gerçures, engelures, boutons. Pour l'obtenir, on cuit le jaune d'œuf dur, puis on le presse entre des plaques métalliques chauffées. On la conserve en lieu frais, dans des flacons bien pleins et bien bouchés, car elle rancit facilement.

L'albumine existe dans le blanc d'œuf à raison d'environ 12 pour cent.

On a proposé dernièrement un moyen de **remettre des pièces aux habits sans couture**, en arrondissant ou équarrissant bien la place, enduisant ses bords, à l'envers, de blanc d'œuf frais, ajustant exactement le morceau par-dessus, puis après avoir appuyé pour fixer les tissus l'un sur l'autre, on termine en repassant au fer très chaud. L'albumine, étant cuite, forme une colle qui ne s'en va pas même au lavage si le travail a été bien fait.

Certaines industries font une grande consommation de blancs d'œufs pour colle. Les jaunes, ou leur huile, sont employés dans la fabrication des gants de peau.

Œuf à la coque. Pour l'avoir bien à point, peu de cuisinières le réussissent. Le temps exact est de deux minutes et demie. Il faut jeter les œufs dans l'eau bien bouillante et laisser sur le feu.

Moins, ils seront trop peu cuits, au delà de trois minutes, ils menacent de durcir.

Ne cuisez jamais à la coque que les œufs d'une fraîcheur certaine. Vous les reconnaîtrez à leur transparence, à l'aide de l'*ovoscope*, petit appareil spécial. Vous pouvez faire vous-même un ovoscope de votre main, en plaçant l'œuf dans un ovale formé entre le pouce et l'index, puis vous le posez entre l'œil et une vive lumière, par exemple un rayon de soleil. Vous verrez ainsi ce qui se passe dans l'intérieur de l'œuf.

Pour cuire les **œufs durs**, il faut les laisser une quinzaine de minutes dans l'eau bien bouillante. On peut s'amuser à les teindre en diverses couleurs. *Jaune* avec le bois jaune ou la pelure d'oignon ; *rouge* avec le bois rouge, très peu ; *violet* avec le bois de campêche ou l'orseille ; *brun* avec l'orseille en plus grande quantité, etc., etc. Il suffit de cuire un peu de ces colorants avec les œufs.

Œufs sur le plat. Prenez un plat de terre allant au feu, et garnissez-le d'un morceau de beurre. Lorsqu'il sera fondu, et suffisamment chaud, cassez-y vos œufs que vous y verserez à distance l'un de l'autre.

Laissez cuire jusqu'à ce qu'ils soient pris. Saupoudrez-les de sel et poivre. Certaines personnes les sucrent.

On les sert seuls, ou sur un légume vert de la famille des épinards.

Œufs brouillés. Cassez les œufs, en les versant dans une casserole avec sel, poivre, beurre frais. Vous pouvez y ajouter un jus, une sauce, du lait, des débris de lard, viandes ou jambon, des pointes d'asperges, etc. Remuez bien, et laissez cuire jusqu'au moment où la masse se prend. Tout ce qu'on y ajoute doit être préalablement cuit.

Œufs brouillés au fromage. Voy. *Fondue* après *Fromages*.

Œufs mollets. On les traite comme les œufs à la coque, mais on les laisse cinq à six minutes. On les retire pour les mettre dans l'eau froide. Lorsqu'ils sont suffisamment refroidis, on ôte les coquilles sans briser l'œuf, que l'on sert entier avec une sauce blanche ou autre, ou dans un ragoût.

De cette façon le blanc est dur et le jaune est mou.

Œufs frits. Il faut bien chauffer une abondante graisse à friture, saindoux ou beurre, puis y jeter les œufs en les cassant sur le bord de la casserole, et les laissant aussi entiers que possible. Le jaune ne doit pas durcir. Saupoudrez de sel et de poivre, ornez de persil frit.

Œufs farcis. On fait une farce avec les jaunes de plusieurs œufs durs, quelques fines herbes hachées, et si l'on veut, des filets d'anchois. Les œufs durs, ayant été coupés en deux dans la longueur, pour en sortir les jaunes, on dresse les blancs dans un plat, le vide en haut; puis on remplit ce vide avec la farce. On peut y joindre une sauce quelconque.

Œufs à l'allemande. Garnissez une casserole avec du beurre, sel et poivre, un verre de lait, un peu de persil haché. Chauffez à l'ébullition, et ajoutez quelques œufs durs en tranches. Laissez bouillir encore cinq minutes, servez.

Au beurre noir. Faites-les *sur le plat*. Lorsqu'ils sont cuits, ôtez les œufs, et ajoutez du vinaigre et du persil, comme pour faire un beurre noir, avec le beurre resté dans la poêle. Versez-le sur les œufs.

A la royale. Cuisez au bain-marie des jaunes d'œufs battus avec un jus de viande, sel et poivre. Servez chaud.

Œufs pochés. Faites bouillir de l'eau coupée de moitié vinaigre, et salée. Jetez-y, sans casser le blanc, le contenu d'un œuf après l'autre. Dès que le blanc sera bien opaque, retirez-les dans le même ordre. On les sert avec une sauce, ou en remplacement des œufs sur le plat.

Œufs au lard, au jambon. Coupez le lard ou jambon en tranches minces ; faites-le cuire, dans une casserole, avec du beurre, et versez-le dans un plat. Cassez quelques œufs par-dessus, mettez-y sel et poivre et un peu de bouillon ; cuisez au four à douce température, ou sur le coin du foyer.

Œufs au gratin. Prenez un plat à gratiner, garnissez-le de beurre avec chapelure ou mie de pain, un anchois haché, ou des filets de hareng salé, quelques fines herbes hachées

et du jaune d'œuf pour lier le tout. Faites attacher ce mélange en chauffant doucement; puis cassez les œufs dessus,
avec sel et poivre, et cuisez doucement. Avant de servir,
passez la pelle rougie dessus.

Œufs à la vénitienne. On peut les préparer au sucre,
ou bien avec sel et poivre, au choix.

Les blancs sont battus en neige. Les jaunes sont rangés en
bon ordre sur une tourtière beurrée, puis arrosés d'un peu
de crème douce. La neige étant versée dessus, on fait cuire
au four de campagne.

Œufs en tripes. Faites roussir des oignons découpés,
dans du beurre manié de farine, mouillez de bouillon.
Mettez-y des œufs durs en tranches ou en quartiers, sautez-
les et assaisonnez de poivre, sel et vinaigre.

Aux saucisses. Faites cuire quelques saucisses sautées au
beurre, rangez-les dans un plat creux beurré; versez les
œufs au milieu, sans casser les jaunes, assaisonnez et cuisez
au four. Un peu de jus de citron en les sortant.

Œufs aux macarons. Écrasez deux macarons et mêlez
avec six jaunes et trois blancs d'œufs, du zeste de citron,
30 grammes de beurre fondu. Battez comme pour faire une
omelette, et cuisez au bain-marie dans le plat destiné à être
servi. Quand c'est presque cuit, saupoudrez de sucre pilé
et passez la pelle rouge pour glacer.

Omelette à la française. Cassez au maximum huit
œufs pour faire une bonne omelette. S'il vous en faut plus,
faites deux omelettes, ce sera meilleur. Versez vos œufs
dans un saladier, ajoutez-y un peu de sel, peu ou point de
poivre, quelques fines herbes hachées (ciboulette et persil)
et battez le mélange, sans le mettre en mousse.

Prenez la poêle, mettez-y fondre un bon morceau de
beurre frais, mais chauffez-le juste à point, jusqu'au mo-

où *il a envie de* roussir ; versez-y la pâte d'œufs, et arrangez-la avec une cuillère ou même une fourchette, de façon que les parties qui prennent le plus vite soient remplacées par de nouvelle pâte.

Lorsque le tout aura pris, cessez avec la fourchette, et ne faites plus que pencher légèrement la poêle dans tous les sens alternativement, pour étendre la pâte encore liquide, sur les bords. Enfin, lorsque l'omelette est bien cuite en dessous, repliez-la en deux, et recevez-la sur un plat, pour la servir de suite.

Omelette alsacienne. Délayez deux cuillerées de farine avec un quart de litre de lait, sans faire de grumeaux ; ajoutez-y trois œufs entiers, sel en quantité voulue, et battez le mélange, pour le rendre homogène. Terminez comme *l'omelette à la française.* On peut aussi, et cela vaut mieux, retourner l'omelette, pour la faire prendre des deux côtés, lorsqu'on doit la servir au naturel.

Omelette au lard, aux harengs. Le lard, coupé en dés, ou les filets de harengs, sont d'abord sautés au beurre, dans la poêle. Ensuite, on verse la pâte d'omelette par-dessus, et l'on termine, comme il a été dit.

Aux rognons, au jambon, à toutes viandes, aux champignons le mode d'opérer est le même. Tout ce qu'on y met doit être déjà cuit.

Omelette soufflée.

Sur six œufs, mettez les jaunes à part et battez-les avec 150 grammes de sucre et un petit verre de fleur d'oranger, puis, battez les blancs en neige et mêlez-les avec les jaunes.

Dans la poêle, vous ferez chauffer quantité suffisante de beurre frais pour la garnir en entier. Vous y verserez votre pâte d'omelette et la cuirez sur un bon feu. Après cette cuisson, vous la dresserez sur un plat allant au feu et la laisserez au four après l'avoir saupoudrée de sucre pilé pour lui donner une belle glaçure. Lorsqu'elle sera montée suffisamment, il faudra servir chaud et vite, de crainte qu'elle ne s'affaisse.

Omelette au rhum, au kirsch.

Votre omelette soufflée ci-dessus, saupoudrée de sucre, vous l'arrosez d'une dose suffisante de rhum ou autre spiritueux et vous allumez.

Elle se sert dès qu'on y a mis le feu ; en famille, on l'arrose et on l'allume à table.

Omelettes à la crème. Battez trois ou quatre œufs avec 1 litre de lait et trois bonnes cuillerées de farine. Faites-en des omelettes très minces, dans la poêle ; roulez-les et rangez-les dans un plat profond. Arrosez-les de lait sucré et vanillé, et faites-les cuire sur des braises ou dans le four, pour que la sauce les pénètre bien.

Omelette aux confitures. Faites l'omelette au naturel, peu salée, et pas poivrée du tout. Lorsqu'elle est sur le plat et avant de la replier, étendez dessus une confiture quelconque ou marmelade. Je vous recommande la gelée de groseilles, la marmelade de prunes ou de framboises. Repliez votre omelette, et servez comme entremets sucré.

Omelette aux pommes. De même, avec marmelade de pommes entremêlée de grains de raisins secs.

Les crêpes se font avec la pâte de l'*omelette à l'alsacienne*.

On peut en fabriquer avec la *farine de sarrasin, de blé, de seigle, d'orge* et toutes autres, qui prennent le nom de la céréale qui en forme la base. Ce qui distingue les crêpes des omelettes, c'est qu'il y entre peu de sel, et du sucre de quoi leur donner un sucrage suffisant. La pâte doit être bien battue, sans le moindre grumeau. Enfin, elles se cuisent dans une sorte de poêle spéciale, très plate, dans laquelle, pour chaque crêpe, on fond un petit morceau de beurre, sur lequel on ne verse pas plus de deux ou trois cuillerées de pâte. Elles sont donc excessivement minces. A mesure qu'une crêpe est terminée, on la roule, et on l'offre à la ronde, les consommateurs étant rangés en cercle autour de l'opérateur.

Manger des crêpes, en buvant du cidre ou du vin nouveau, avec quelques marrons rôtis, constitue un des passe-temps de la campagne, pendant les soirées d'hiver. Il faut même un jour de fête de famille, ou la Noël, avec son réveillon, pour que l'on se permette un extra de cet ordre.

Notre *omelette à la crème* est une variante luxueuse des crêpes. On la sert comme entremets sucré.

Oie. Pour toutes les façons d'accommoder l'oie, voyez à *Canard*, et faites de même. Seulement, l'oie étant plus grasse que le canard, il faudra la dégraisser avec soin, avant de servir. Les graisses de canard et d'oie sont superfines pour l'assaisonnement des légumes secs et de beaucoup d'articles de cuisine.

L'*oie sauvage* est moins estimée que l'oie domestiquée.

Oie farcie rôtie. La farce se compose de deux façons différentes : **Aux marrons :** Épluchez-les avec soin, après les avoir passés à l'eau bouillante. Hachez-les et les faites cuire à la casserole avec (pour un cent) 250 grammes chair à saucisses, un morceau de beurre, quelques gros oignons coupés, persil, ciboule, échalotte, ail hachés.

Laissez cuire un bon quart d'heure, et remplissez-en le corps, que vous coudrez ensuite.

Aux oignons. La farce se fait avec une purée d'oignons combinée à la chair de saucisses ou jambon haché, et hachis de viandes.

De quelque façon que l'oie soit farcie, on la coud, on la rôtit à la broche ou au four, ce qui demande deux grandes heures de cuisson soutenue.

Le foie se hache et se met dans la farce, lorsqu'il s'agit d'une oie sauvage, ou d'une oie non engraissée.

Si l'on avait une oie grasse, engraissée au maïs cuit, à la mode de Strasbourg, il serait dommage de perdre la valeur du foie ; il vaudrait mieux en faire une *terrine*, un *aspic*, un *pâté*.

Voy. *Foie gras*.

Oignons. Ils entrent dans un très grand nombre de mets pour en rehausser la saveur. La provision d'oignons peut se garder en hiver au grenier ; ils ne craignent pas beaucoup la gelée, qui les empêche même de germer. Éviter cependant le trop grand froid.

Oignons à l'étuvée. De gros oignons, cuits à l'eau, sont mis dans un roux, avec bouquet de persil, ciboules, girofles, thym, laurier. Mouillez au vin rouge.

On les dresse sur des croûtons frits et l'on verse la sauce réduite par-dessus.

Oignons glacés. Pelez de gros oignons, faites-les cuire dans une casserole, avec du bouillon coupé d'eau, et du sucre à raison de 200 grammes par douzaine, cuisez à bon feu. Après cuisson, découvrez et laissez réduire la sauce en caramel en surveillant bien.

Enlevez les oignons et rangez-les sur un plat chaud. Mettez dans la casserole, du même bouillon coupé et faites bouillir, pour y dissoudre le caramel, puis versez sur le plat, par-dessus les oignons.

Oignons au jus. Prenez des oignons blancs de toutes tailles, pelez-les et faites-les blanchir. Faites cuire ensuite avec jus.

Purée d'oignons. Épluchez et coupez en tranches. Faites-les cuire avec beurre, saupoudrez de farine et mouillez avec un peu de crème. Salez ou sucrez.

Gâteau d'oignons. Sur une pâte feuillettée, étendez la purée d'oignons salée ci-dessus ; ornez la surface de dessins faits avec des dés et des lanières de lard, faites cuire au four.

Comme ce mets n'est pas facile à tous les estomacs, il est bon de connaître le moyen de ne pas s'en ressentir : c'est de manger une pomme avec ou après le gâteau d'oignon, ou même d'en mettre quelques rondelles dans la purée; on n'en sent pas le goût.

L'oignon brûlé ou torréfié sert de colorant pour le pot-au-feu, et pour diverses sauces.

Onguents. Voy. *Pharmacie.*

Os. Si les os n'ont pas pour vous la même valeur que la viande, vous n'empêcherez jamais le boucher de vous en imposer une dose que vous trouverez toujours trop élevée ; il prétend que c'est son droit. Pour les utiliser, mettez-les au pot-au-feu, auquel ils donneront plus de force. Tous les os de rôtis, gigots, etc., quelle que soit leur provenance, devront passer par là.

En cuisant les os avec l'eau, on en extrait la graisse d'os et la gélatine. Toutes deux seront donc utilisées.

L'os cuit ainsi peut se vendre encore pour les fabriques de noir animal et de phosphore et ne doit pas être jeté. Cette vente fait ordinairement partie des petits profits de la cuisinière, et son produit, même dans un ménage modeste, n'est pas à dédaigner.

Pour faire rendre à l'os tout ce que la cuisson peut lui prendre, il faut le casser en morceaux à coups de marteau.

Oseille. Épinards. Ces deux herbes se traitent de la même façon et se servent toujours en purée, seules ou mélangées entre elles ou avec les feuilles de rhubarbe.

22

Parmi les herbes sauvages, les feuilles d'**ortie brûlante**, pourvu qu'elles soit jeunes, les **jeunes feuilles de houblon** et beaucoup d'autres, remplacent les épinards, tout en ayant une saveur spéciale et délicate.

Cueillez de préférence les grandes feuilles, afin que les jeunes puissent pousser. Ménagez donc les jeunes pousses et le cœur de la plante, pour allonger la durée de la récolte. Lavez avec soin, arrachez la tige, ne la coupez pas, ceci pour l'oseille. Pour l'épinard, laissez-la.

Jetez les herbes dans un grand chaudron, dans un large bain d'eau salée, donnez quelques bouillons, égouttez. Pressez pour en sortir l'eau, hachez menu.

Mettez du beurre à la casserole et faites-le fondre. Jetez votre herbe par-dessus avec une cuillerée de farine; Cuisez, mouillez de bouillon pour l'oseille, de lait pour l'épinard, mijotez une bonne demi-heure et servez en le parant de croûtons frits.

Une façon plus distinguée de présenter ce mets consiste à le garnir d'œufs sur le plat à raison d'un œuf par convive.

En été l'oseille possède une âcreté désagréable, qui disparaît par le mélange avec épinards.

Les *feuilles de rhubarbe*, privées de côtes, se traitent de même.

Voy. *Jardin*, pour la conserve d'oseille. Voy. *Colorants.* Voy. *Potages* pour la soupe à l'oseille.

Osmazôme. On nomme ainsi une matière azotée d'un brun rougeâtre que l'on extrait de la viande.

Un kilogramme de viande de bœuf en donne à peine un gramme et demi, mais c'est à l'osmazôme que la viande doit sa saveur et son action restaurante.

C'est aussi à ce principe que le bouillon doit son arôme.

P

PAIN. Le pain est un aliment complet ; c'est-à-dire qu'il contient en même temps les deux sortes de nourriture indispensables à la vie : l'azoté, par le gluten ; l'hydrocarburé, par l'amidon. Voy. *Aliments*.

Cela ne veut pas dire que l'on pourrait indéfiniment se nourrir avec le pain seul, sans inconvénient. L'homme aime la variété, en sa qualité d'omnivore, et le dégoût viendrait à un moment donné.

Le pain n'est rien d'autre que la farine du blé, du seigle ou de toute autre céréale, pétrie en pâte avec l'eau, avec ou sans sel, avec ou sans levain, puis cuite au four. Pour être de bonne qualité, il doit être léger sans excès, cuit à point, la croûte bien dorée, sans être par trop dure, et levé également dans toute sa masse.

L'effet de la levure s'exerce aux dépens du gluten, précisément l'élément azoté, qui fermente pour dégager du gaz carbonique, et se décompose en partie. Le pain levé est donc moins azoté que le pain sans levain, ou que la farine. Pour parer à cela, le professeur Liebig a proposé de pétrir la pâte en deux parties, en employant deux pétrins. Dans l'une, il incorpore une dose bien calculée d'acide chlorhydrique ; dans l'autre, une dose *équivalente* de bicarbonate de soude.

Ensuite, on réunit les deux parties, on les pétrit bien ensemble, et le gaz carbonique se produit aux dépens du bicarbonate. L'acide et la soude se combinent, le gaz se dégage en petites bulles aussi homogènes que possible, et la combinaison produit du chlorure de sodium, sel de cuisine.

Ce pain est donc naturellement salé. Il s'est créé en Allemagne un certain nombre de *boulangeries Liebig* qui travaillent par ce procédé.

On fait des grands et des petits pains de fantaisie, en incorporant à la pâte, du lait, du beurre, des aromates, des épices, etc., enfin tout ce que la fantaisie de l'artiste peut lui suggérer pour satisfaire à tous les goûts. Nous en donnerons de nombreuses formules aux *pâtisseries*.

Pains d'anis. Pains d'épices. Voy. *Pâtisserie*.

Papillotes à la crème. Faites cuire 1 litre de lait avec 300 grammes de sucre, et laissez réduire jusqu'à ce que la masse soit épaisse et dorée, ou au grand cassé.

Graissez un plateau de tôle sans bords, ou un marbre, si vous en possédez. La meilleure graisse consiste en une couenne de lard, avec laquelle vous frotterez cette surface.

Versez le sirop là-dessus, et étendez-le avec un rouleau à pâte également graissé ; passez le rouleau jusqu'à réduction à la hauteur de 7 à 8 millimètres.

Alors, tracez profondément dans la pâte, avec un couteau ou couperet graissé, des lignes en longueur et en largeur, formant des losanges ou des carrés, et laissez refroidir.

On peut ensuite séparer les losanges, et mettre les papillotes dans une boîte en métal, pour les garder à l'abri de l'air et de l'humidité.

Les **papillotes au coquelicot** se font avec du sucre que l'on mouille avec une forte infusion de fleurs de coquelicots. On cuit au grand cassé et l'on finit comme ci-dessus.

Les **papillotes dites caramels** se font encore de même, mais avec l'eau pure. On cuit le sirop jusqu'à sa presque réduction en caramel, avant de le couler de la même manière.

Enfin, l'on prépare des **papillotes à tous parfums** et de toutes nuances, et toujours par le même procédé.

Pour les conserver longtemps, et pour empêcher le sucre de se mettre à l'état *interverti* (voy. ce mot), les confiseurs ajoutent quelques gouttes d'ammoniaque, un peu avant d'arrêter la cuisson. Cet alcali a pour mission de neutraliser l'acidité du sucre ; il ne reste pas dans la préparation, car un seul bouillon suffit pour évaporer tout ce que l'on aurait pu mettre de trop.

Paner. C'est garnir un mets en le saupoudrant de chapelure ou de mie de pain. Cela se fait pour les ragoûts, les côtelettes, etc.

Panne. Graisse de porc non épurée, dont on retire le saindoux par la fusion et la filtration à chaud par une étamine.

Parer. Retirer à une pièce de viande les nerfs et peaux et lui donner une forme convenable à sa destination.

Passoire. Sorte d'écumoire creuse qui sert à divers usages, notamment à séparer les légumes du liquide dans lequel ils ont cuit, et à les y écraser en purée qui passe à travers les trous. Les trous de la passoire sont plus grands que ceux de l'écumoire. Elle est généralement en fer battu ou en fer-blanc.

Patates. Voy. *Pommes de terre*, et traitez-les de même.

Pâte à frire. Prenez cinq cuillerées de farine, un verre de vin blanc, délayez ensemble et ajoutez successivement une bonne cuillerée d'huile d'olive, une de kirsch et une de vinaigre, une pincée de sel fin. Quand la pâte est bien homogène, on y trempe les tranches de pommes ou tout autre article à frire.

Cette pâte donne un bien meilleur résultat que toutes celles qui contiennent des œufs.

Elle peut servir pour le poisson, les viandes et les beignets de fruits. On fait des beignets comme ceux de pommes avec des poires, des coings, des pêches, des abricots, des fleurs de sureau en branches, des tiges d'angélique et beaucoup d'autres choses. Voyez *beignets*.

Pâte à frire aux œufs. Elle est moins brisante, moins ferme, et plus chère, mais il y a des personnes qui, par routine peut-être, n'en veulent pas d'autre.

Délayez ensemble, sans grumeaux, un litre de farine, six jaunes d'œufs, deux cuillerées d'huile d'olive, un petit verre ou deux d'eau-de-vie, un verre de vin, et un peu de sel et poivre. Il faut que la pâte soit un peu liée, mais presque liquide. Ajoutez ensuite la neige de trois blancs d'œufs.

Cette pâte doit être bien battue.

On peut aussi la faire avec des œufs, jaune et blanc, délayés avec un peu de farine, du vin blanc, du lait et de l'huile.

Pour une friture d'entremets sucré, on y mettra du sel, mais en moindre quantité, pas de poivre.

Pâtes à potages. Voyez à leurs noms respectifs.
Pâtes de fruits. Voy. *Confitures*.
Pâtes pectorales. Voyez dans l'article *Pharmacie*.

Pâtés (petits). Voyez à l'article *Pâtisserie* où ils se trouvent avec le *vol-au-vent*.

On peut encore faire des **petits pâtés frits**, en enfermant un hachis de viandes cuites et convenablement épicées, dans un sac de pâte feuilletée, et les faisant frire.

Ce mets est bon pour utiliser les restes de viandes qui ne seraient plus présentables. On en rehausse le goût par un peu de jambon. On peut aussi les bouqueter par un hachis de truffes, ou mieux de pelures de truffes, ou par des champignons.

Au **maigre**, on les garnit de chairs de poissons et d'écrevisses, mais il ne faut pas y laisser d'arêtes ; ce serait dangereux.

PATÉ froid à la viande. Pâté de veau et jambon.

La **pâte** se compose de 500 grammes de farine, 150 grammes de beurre, 3 jaunes d'œufs et du sel.

Maniez et pétrissez le beurre, les œufs et un peu d'eau au centre du tas de farine aussi rapidement que possible, maniez la pâte au rouleau plusieurs fois, comme une *pâte feuilletée*. Voy. *Pâtisserie*.

Beurrez un moule à pâté, passez de la fine chapelure pardessus, roulez votre pâte de la longueur du moule, en ayant soin de réserver en largeur ce qu'il faudra rabattre pour fermer le pâté en tous sens. Ménagez un trou rond sur le haut et maintenez-le ouvert par un carton replié. Ce sera la cheminée du pâté.

Prenez 1 kilogramme et demi de viande de veau et autant de porc frais, coupez la viande en tranches longues et plates, en sortant les nerfs et les peaux. Hachez fin persil, échalottes, oignons, que vous semerez sur les tranches avec sel, poivre, basilic en poudre, un verre de vinaigre. Cette opération se fait la veille. Rangez la viande dans le moule et mêlez-y du bon jambon 250 grammes en tranches minces. Repliez la pâte qui dépasse le moule par-dessus, collez-la bien aux joints avec de l'œuf, surtout aux extrémités.

Donnez deux heures de cuisson dans un four à bonne chaleur modérée.

Le lendemain, étant froid, vous introduirez la gelée par la cheminée du pâté et ne démoulerez que lorsqu'elle sera bien figée.

Cette gelée peut se faire avec les os et débris de la viande et du vin blanc, ou d'après notre recette spéciale. Voy. *Gelée*.

La composition intérieure du pâté peut varier selon les

ingrédients dont on dispose. Ainsi vous ferez de même des pâtés de sanglier, de chevreuil, de gibier, lièvre ou perdreau, de lapin, même de poisson dont il sera bon de sortir les arêtes. Dans ces divers cas, un peu de jambon est de rigueur pour rehausser le goût, mais on pourra supprimer tout ou partie des viandes de veau et de porc.

Lorsque vous ferez un pâté au maigre, remplacez le jambon par des chairs d'écrevisses ou de homards.

Pâté de Strasbourg. Dans les saisons de printemps et d'été, les pâtissiers de Strasbourg n'expédient que le pâté de veau et jambon, dont nous donnons la recette ci-dessus. D'habitude, ils y ajoutent une farce truffée pour combler les vides entre les tranches de viande.

Encore est-il bon de le demander, puisque ce remplissage est très souvent fait par la gelée.

En hiver, à la saison des foies gras, on en garnit l'intérieur des pâtés, soit en traitant le foie de la même façon que pour les *terrines* (voyez ce mot), soit en intercalant des tranches de foie truffées entre les viandes habituelles. Le pâté au foie gras exige toujours la farce truffée, sans laquelle il ne semblerait pas complet.

TERRINES. Supprimez la pâte d'un pâté et mettez les viandes dans *une terrine de forme spéciale;* vous y verserez de suite un peu de vin blanc et l'assaisonnement, pour que la gelée se forme directement au contact de la viande, et quelques morceaux de pied de veau, par-dessus le tout. Après cuisson, retirez le pied, laissez refroidir et dégraissez.

Quelques truffes, réparties dans la masse, donnent une bonne saveur et un joli ornement. On peut aussi combler les vides avec une farce composée de chair à saucisses, jambon, volaille, hachés ensemble avec des truffes, farce qui remplace agréablement la gelée.

Enfin, avant de livrer la terrine à la cuisson, il ne faut pas oublier de clore hermétiquement son couvercle, en collant des bandes de papier sur tous les joints.

La *terrine de foie gras* se garnit de truffes, de farce et se recouvre de graisse d'oie de préférence. Elle se cuit au bain-marie, dans le four, et la cuisson ne doit pas excéder 30 minutes pour que le foie reste tendre.

Voy. *Truffe* pour l'emploi. Voy. *Terrine*, à la lettre T.

PATISSERIE. Observations préliminaires. Nous réunissons, sous ce titre, *tous les articles de pâtisserie de ménage,* pour éviter les recherches dans le volume. Nous traiterons donc, à la file, des babas, biscuits, brioches, gâteaux, macarons, pains, pâtes, puddings, tartes ou tourtes. Nous donnerons un certain nombre de *recettes de famille, inédites,* et d'après l'ensemble de ces recettes, un artiste intelligent saura composer lui-même des pâtisseries variées, et se faire une réputation.

Nous recommandons absolument de ne se servir que de beurre bien frais et fin ; de sucre pilé bien pur, en semoule, et non farineux ; d'œufs aussi frais pondus que possible ; de lait non écrémé, et cuit ; d'amandes douces de bonne qualité ; et de matières premières de choix en général. Les essences et parfums bien purs, non rances ; les fruits savoureux ; enfin qu'aucun article ne laisse à désirer sous aucun rapport.

Partout où la *levure de bière* ou le *levain de boulanger* seront indiqués, on pourra les remplacer par la *levure artificielle* ; mais il faut l'employer avec discernement, et l'étudier en petit, pour bien en connaître les effets, avant de se hasarder en grand. On doit, dans ce cas, enfourner de suite.

La *cuisson* des pâtisseries se fait, en général, à douce température. Elles brûlent facilement et l'on doit les surveiller de près. *Bien beurrer* les moules et les plateaux, pour que les pièces se détachent aisément.

Voy. *Pâtés, terrines, farine, beurre.*

Baba. Ajoutez à la pâte de *brioche,* un peu de safran en poudre, environ 5 grammes ; 200 grammes de beaux grains de raisins secs Dénia ; 200 grammes grains de Corinthe bien épluchés ; quelques tranches de cédrat confit, et d'angélique en lanières minces, et un demi-verre de vin de liqueur, malaga, madère ou muscat.

Pétrissez le tout, de manière que la pâte soit molle et bien liée ; placez-la dans une forme beurrée et laissez-la en repos huit à dix heures en hiver et moitié moins en été. Que la forme ne soit remplie qu'à moitié. Mettez ensuite au four, à douce chaleur et cuisez une heure environ. Il gonfle beaucoup et doit sortir doré d'une belle couleur.

Le *Kougelhof* d'Alsace est une variété du baba, dont la recette figure aux gâteaux.

Brioche. Pétrissez un demi-litre de farine avec un peu d'eau chaude et 8 grammes de levure. Mettez la pâte, dans une serviette, au chaud pendant une demi-heure en été et le double en hiver. Ajoutez ensuite à votre pâte, un autre litre de farine avec 350 grammes beurre ; cinq œufs ; un peu d'eau et 15 grammes de sel fin. Pétrissez ensemble par trois fois, enveloppez la pâte et déposez-la en lieu chaud pendant une demie journée, ou la nuit.

Coupez alors votre pâte, et divisez-la en morceaux de la grosseur que vous voudrez ; arrondissez-les, dorez-les au jaune d'œuf et faites-les cuire à douce chaleur plus ou moins longtemps selon leurs dimensions.

On les dresse sur des plaques beurrées pour les mettre au four.

Biscuits. 250 grammes fleur de farine, délayée avec les jaunes de huit œufs et 500 grammes de sucre tamisé. Quand la pâte a été bien travaillée, ajoutez avec précaution, pour ne pas faire tomber la mousse, les huit blancs en neige. Il vaudrait même mieux en ajouter deux de plus. Aromatisez de citron ou vanille.

Si vous désirez faire un *biscuit de Savoie*, beurrez une forme et mettez-y la pâte que vous cuirez doucement.

Si vous préférez des *biscuits à la cuillère*, étendez-la par cuillerées allongées sur des feuilles de papier. Pour les *biscuits en caisses*, dans des caisses de papier.

De toutes façons on saupoudre de sucre le fond du moule. Pour *biscuits de Reims*, on les glace au blanc d'œuf et sucre.

On peut varier l'arôme, diminuer la quantité de sucre, augmenter celle de farine, mais fort peu. Enfin, on peut remplacer tout ou partie de la farine par la fécule, et l'on aura ainsi des biscuits différents, mais qui se ressembleront beaucoup.

On peut encore y introduire du chocolat rapé, des amandes pilées, des pistaches, des avelines, du citron confit, du cédrat, de l'orangeat, de la purée de marrons.

Biscuits manqués. Le nombre d'œufs que vous voudrez et leur poids en sucre, leur poids en farine.

Travaillez bien la pâte que vous mettrez par cuillerée dans un moule à cases, de forme spéciale, beurré.

Cuisez à douce chaleur.

Biscuits ordinaires. Six œufs, 100 grammes farine, 125 grammes sucre pilé.

Battez les jaunes avec le sucre et la rapure d'un citron, mêlez-y la farine. Fouettez les blancs en neige, mêlez doucement avec le reste au moyen d'une spatule.

Mettez en moules graissés, et poudrés de sucre tamisé, puis cuisez au four à douce chaleur. Trois quarts d'heure suffisent.

Biscuits à la cuillère. La même pâte. On la dresse en

long sur du papier à l'aide d'une cuillère ; grosseur et longueur d'un doigt. On saupoudre de sucre très fin et l'on cuit au four à douce chaleur.

Biscuits Benjamin. Travaillez trois œufs entiers avec quatre cuillerées de sucre et six de farine, un peu de zeste de citron ou de vanille. Travaillez la pâte jusqu'à ce qu'elle soit bien homogène, en commençant par le sucre qui doit être liquéfié avant d'ajouter la farine. Versez dans un moule graissé, que vous ne remplirez qu'à moitié, et cuisez trois quarts d'heure à douce température. Il est permis d'y incorporer un peu de levure artificielle.

Biscuits de ménage. Prenez six œufs, séparez les jaunes des blancs. Délayez les jaunes avec la contenance de deux verres à boire de sucre et autant de farine et un peu de zeste. Triturez bien une demi-heure, puis ajoutez avec soin les blancs en neige.

Beurrez un moule, puis saupoudrez-le de farine et mettez-y la pâte que vous ferez cuire au four.

La cuisson étant presque à point, sortez le biscuit et pinceautez sa tête avec du blanc d'œuf battu avec sucre, remettez au four jusqu'à ce qu'il ait pris couleur. Démoulez-le et coupez-le horizontalement en tranches épaisses, soit en trois ou quatre parties, que vous remettrez à leurs places après avoir intercalé des confitures variées.

Votre biscuit étant reformé, remettez-le au four pour que les morceaux se recollent. Servez le lendemain.

Deux confitures qui se marient bien dans ce cas, sont la gelée de groseille et la marmelade d'abricots ou de reine Claude.

On peut aussi remplacer les confitures par une crème à la vanille et une autre au chocolat ; ou par une crème et une confiture.

Gaufres. La pâte se compose de 375 grammes farine

que l'on délaie avec 185 grammes sucre ; 15 eau de fleurs d'oranger ; et quatre œufs. Lorsque la pâte est bien battue, on y introduit 125 grammes de beurre fraîchement fondu.

Le moule étant bien chauffé, on le graisse avec un peu d'huile ou de beurre, on y verse deux ou trois cuillerées de pâte, puis on le remet au feu en le retournant de temps à autre. On les saupoudre de sucre avant de les servir chaudes.

Plaisir des dames. C'est la même pâte, que l'on cuit dans les moules sans cannelures. On les roule autour d'un bois en forme de cornet avant de les servir, et pendant qu'elles sont encore chaudes.

Gaufrettes à la vanille. On les fait dans des petits moules à très petites cannelures ; la pâte se fait comme celle des gaufres, et se compose de :

500 grammes farine ; 400 grammes sucre pilé avec de la vanille en suffisante quantité, environ 2 grammes ; 1 litre de lait et 40 grammes de beurre liquéfié.

On en fait aussi en superposant deux demi-gaufrettes et intercalant une couche de sucre vanillé que l'on pétrit avec un peu de blanc d'œuf.

Observation. En ajoutant à la pâte des gaufres un peu d'huiles d'olive et un peu d'eau-de-vie, kirsch ou rhum, elle en devient plus croquante. Il en est ainsi de presque toutes les pâtes. Un peu de vinaigre produit le même effet.

GATEAUX. Pour distinguer nos divers gâteaux, outre leurs noms, nous avons fait précéder chaque recette d'une des lettres de l'alphabet. Ces lettres n'ont pas d'autre but.

A. **Gâteau aglaé.**

250 grammes farine,		
250	»	beurre frais,
250	»	sucre en poudre,
125	»	raisins de Corinthe.

Cédrat ou citron en zeste rapé ou coupé

4 blancs d'œufs,

3 cuillerées de rhum.

Battez les blancs avec le sucre, ajoutez-y le beurre fondu que vous aurez délayé avec la farine et les autres ingrédients. Versez dans un moule beurré et saupoudré de chapelure.

Cuisez à douce chaleur une heure environ.

B. **Gâteau d'amandes.**

125 grammes amandes douces pillées,

15 » » amères pillées,

3 œufs, les blancs en neige,

140 grammes sucre vanillé,

1 cuillerée de farine.

Mêlez le tout, mettez-le dans une tourtière beurrée et saupoudrée de chapelure, et cuisez à petit feu.

On peut le glacer.

C. **Gâteau aux fraises.** Faites une tarte de bonne pâte brisée. Quand elle est presque cuite, recouvrez-la avec vos fraises, préalablement écrasées avec un peu de vin rouge et du sucre. Par-dessus les fraises, versez encore une couche plus épaisse de blancs d'œufs battus en neige avec du sucre pilé. Mettez au four à douce chaleur, de façon que le méringué prenne couleur.

Servez chaud ou froid à volonté.

D. **Gâteau de chapelure.** Pilez finement 150 grammes de chapelure, ajoutez six œufs, dont le blanc en neige, 125 grammes d'amandes douces pilées, 250 grammes de sucre, une petite cuillerée à café de cannelle en poudre, une dizaine de girofles pilés, quelques gouttes d'une essence de citron, vanille ou autre à volonté. Faites bien votre pâte, à laquelle vous pourrez incorporer des grains de raisin sec ou des fruits confits, un peu de rhum ou de kirsch, de l'angélique, etc.

Faites cuire en forme, au four à douce chaleur.

E. **Gâteaux d'orangeade**. Travaillez une demi-heure 250 grammes de sucre pilé avec quatre jaunes d'œufs et deux blancs, 50 grammes d'orangeade, autant de citronnade coupées très fin, un zeste de citron ou quatre gouttes d'essence. Ajoutez peu à peu 250 grammes de farine.

Graissez et saupoudrez de farine une plaque de tôle sur laquelle vous disposerez cette pâte à la cuillère, en petits tas gros comme des noix. Cuisez au four à chaleur moyenne.

F. **Gâteau de marrons**. Cuisez à l'eau et pelez avec soin cent cinquante marrons ou châtaignes ; pilez-les dans un mortier en leur incorporant 250 grammes de sucre fin, et un aromate tel que le zeste de citron ou d'orange, la vanille, la fleur d'oranger ou autre. Ajoutez un verre de lait ou de crème. Battez bien la pâte.

Beurrez un moule si vous voulez faire une grande pièce, ou des petites formes si vous préférez faire des petits gâteaux ; mettez-y votre pâte et posez dans le four à une température modérée.

La cuisson durera environ une demi-heure.

S'il s'agit d'une grande pièce, vous pouvez la servir, ornée d'un caramel blond assaisonné de jus et zeste de citron et d'un peu de rhum.

Vous pouvez aussi glacer ce gâteau, et le garnir de fruits confits.

G. **Gâteau d'amandes**. Mondez et pilez 100 grammes d'amandes douces avec 200 grammes de sucre, 200 grammes farine, deux œufs et six jaunes, une cuillerée d'eau-de-vie, un grain de sel. Mélangez bien, ajoutez 200 grammes beurre frais fondu, et un arôme approprié.

Fouettez deux blancs d'œufs, ajoutez cette neige, mettez la pâte en moule beurré. Cuisez au four doux et glacez. Servez froid.

H. Gâteau de riz au vin blanc. 250 grammes de bon riz.
1 litre d'eau.

Faites cuire doucement. Avant que le riz soit tout à fait ramolli, retirez du feu et faites-le égoutter.

Puis prenez d'autre part :

> 1/2 litre bon vin blanc ordinaire,
>
> 200 grammes sucre pulvérisé,
>
> le jus d'un citron et le zeste râpé.

Ajoutez-y le riz et cuisez doucement jusqu'à ramollissement parfait.

Laissez-le tiédir, puis versez-le dans un moule beurré et humecté de vin blanc pour y refroidir. On peut aussi le garnir avec des grains de raisins secs ou des fruits confits.

Démoulez au moment de servir.

I. Autre gâteau de riz. 125 grammes de riz que vous ferez cuire dans quantité suffisante de lait. Quand le riz sera ouvert, ajoutez quatre œufs entiers, sucre à volonté, eau de fleurs d'oranger ou sucre vanillé, un peu de beurre.

Enduisez un moule de caramel, placez-y la composition et faites cuire une heure au bain-marie.

On le sert tel qu'il sort du moule, ou bien on peut le garnir d'une couche de confitures.

J. Gâteau de pommes de terre. Malaxez six grosses pommes de terre cuites à la vapeur et râpées, avec 125 grammes de sucre, huit jaunes d'œufs, les blancs en neige.

Beurrez et saupoudrez un moule, versez-y votre pâte et cuisez-la au four trois quarts d'heure à température modérée.

Voy. *Amandes, riz, oignons*.

K. Gâteaux d'amandes frits. Connus en Alsace sous le nom de *Mandelkreutzlein*.

Pétrissez ensemble selon l'art :

2 kilos de farine,
1 » sucre pilé fin,
1/2 » amandes douces pilées avec
250 grammes eau de roses,
6 blancs d'œufs,
4 œufs entiers,
10 grammes cannelle,
250 » beurre frais.

Lorsque la pâte ne reste plus attachée à la table, aplatissez-la au rouleau, à un demi-centimètre d'épaisseur, et découpez-la en petits dessins à l'emporte-pièce ; puis vous les ferez frire au beurre ou à l'huile d'olive, à belle couleur.

Cette pâtisserie est ensuite saupoudrée de sucre et servie, en Alsace, comme accompagnement obligatoire de l'arbre de Noël. On peut la servir aussi avec le thé.

On peut y ajouter un peu de poudre de levure artificielle, la pâte deviendra plus légère.

L. **Gâteau de fécule soufflé.** Faites bouillir un demi-litre de lait ; ajoutez-y 90 grammes fécule ; un peu de vanilline ; 125 grammes de sucre et laissez refroidir. Ajoutez ensuite une douzaine jaunes d'œufs et les blancs en neige. Mettez en forme beurrée et saupoudrée de biscuits râpés. Cuisez au four à chaleur modérée.

M. **Gâteau composite.** Préparez un riz au lait ; placez-y une couche de marrons glacés ; de cédrat, d'orangeat et de citronat en menus morceaux ; couvrez avec une marmelade de pommes, puis avec deux blancs d'œufs en neige que l'on fait meringuer.

N. **Gâteau duchesse.** Faites réduire 2 litres de lait ; ajoutez six jaunes et un blanc d'œuf bien battus ensemble ; du sucre vanillé ; et cuisez au bain-marie dans un moule garni de caramel.

O. **Gâteau normand.** Battez 500 grammes sucre pilé avec seize jaunes d'œufs. Ajoutez 250 grammes amandes douces mondées et pilées ; 250 grammes farine ; 125 grammes fécule. Fouettez les seize blancs en neige, ajoutez-les avec précaution, ainsi que 250 grammes beurre frais fondu. Faites cuire au four en forme beurrée.

P. **Gâteau de chocolat.** 125 grammes de beurre frais fondu ; 125 grammes de sucre pilé ; 80 grammes farine ; 60 grammes chocolat râpé ; deux œufs, le blanc en neige. Cuire au four doux.

Q. **Gâteau alsacien dit Kougelhof.** Pétrissez 1 kilogramme de farine avec 375 grammes beurre frais fondu ; huit œufs ; trois quarts litre lait ; deux cuillerées eau de roses ; 125 grammes sucre et un peu de sel. Ajoutez la quantité voulue de levain de boulanger ou de levure de bière, ou même de poudre de levure factice. Le lendemain, si l'on a employé une levure, on met cette pâte molle dans des moules beurrés qu'on ne remplit qu'à moitié, et dont le fond est garni de raisins de caisse et d'amandes. On cuit à douce chaleur. Avec la levure artificielle, cuisez de suite.

R. **Gâteau breton.** 250 grammes de sucre ; autant de farine ; 125 grammes beurre ; six œufs, dont le blanc en neige ; après l'avoir mélangé, 125 grammes raisins secs de Malaga ; 125 grammes corinthe, 125 grammes pruneaux secs ; 1 litre de lait bouilli avec de la cannelle ; une feuille d'oranger, une de laurier-sauce. Ajoutez une cuillerée de rhum.

Beurrez un plat allant au feu, versez-y le mélange ; faites cuire deux heures et demie avec feu dessus et dessous.

On peut l'accompagner de la *sauce* suivante :

20 grammes beurre frais ; une petite cuillerée de farine ; un demi-verre vin blanc ; un quart verre rhum ; 100 grammes sucre. Faites cuire en agitant sans cesse, laissez bouillir un instant et servez avec le gâteau, dans une saucière.

S. **Gâteau plumkake.** Hachez menu 150 grammes de cédrat et autant d'orange confits. Mêlez-les avec autant de raisins secs de Malaga, et de Corinthe ; quatre clous de girofle, un peu de cannelle et muscade pilés très finement ; 250 grammes sucre pilé. Pétrissez ce mélange avec quatre jaunes d'œufs et 125 grammes de beurre frais fondu ; un demi-verre de rhum, et assez de farine pour lier la pâte. Battez les blancs d'œufs en neige, et ajoutez-les au moment d'enfourner.

Deux heures de cuisson.

T. **Gâteau de crème.** Quatre cuillerées de farine ; quatre œufs ; deux cuillerées sucre en poudre ; vingt amandes mondées pilées ; un peu de sel. Mélangez, ajoutez un demi-litre de crème douce.

Beurrez un moule ou plateau, et faites cuire pendant une demi-heure au four.

U. **Gâteau à la Reine.** Mêlez avec trois litres de lait, 375 grammes de sucre en morceaux et mettez-y un bâton de vanille, puis faites réduire jusqu'à ce qu'il commence à jaunir.

Enduisez un moule avec du caramel et versez-y ce lait que vous aurez incorporé à huit jaunes d'œufs. Faites cuire au bain-marie, quatre heures, avec braises sur le couvercle.

Laissez refroidir et servez le lendemain.

V. **Gâteau Linzertart.** Prenez en quantités égales, à raison de 150 grammes de chaque : beurre en crème ; sucre pilé ; amandes pilées ; et farine ; et trois œufs. Pétrissez et ajoutez du citronnat, cannelle en poudre, un peu de girofle.

Divisez la masse en deux portions, dont l'une servira à garnir le fond d'un moule beurré ; une couche de confiture interposée ; puis le reste de pâte.

Laissez cuire une bonne demi-heure.

W. Gâteau milanais. Choisissez un moule uni et garnissez le fond avec des biscuits de Reims coupés en long et rangés bien serrés ; recouvrez-les d'une couche de fruits confits assortis de diverses espèces, découpés en filets minces, ou de confitures. Arrosez de rhum coupé d'eau. Continuez à superposer des couches semblables jusqu'à ce que le moule soit plein. Couvrez et mettez au frais vingt-quatre heures. Démoulez au dernier moment, et versez une crème à la vanille à l'entour.

X. Gâteau de noix. Prenez 200 grammes de noix (cerneaux) sèches, hachées avec 250 grammes sucre ; trois grandes cuillerées de farine ; une cuillerée à café de cannelle et autant de girofles en poudre ; quatre blancs d'œufs en neige. Pétrissez ensemble, incorporez les blancs, cuisez au four à température moyenne.

Y. Gâteaux frits. 125 grammes farine ; 60 grammes sucre ; un œuf ; une cuillerée de kirsch ; un rien de lait. Travaillez bien la pâte, étendez-la au rouleau, et coupez-la en petits sujets à l'emporte-pièce ou à la roulette. Faites frire et saupoudrez de sucre avant de servir, avec ou sans cannelle. On peut y introduire un parfum au choix.

Z. Gâteau impérial. 125 grammes de beurre frais liquéfié comme une crème ; 500 grammes de pain trempé dans l'eau chaude, puis bien exprimé ; 125 grammes amandes pilées ; 200 grammes sucre pilé ; six jaunes d'œufs ; un zeste râpé ou un peu d'infusion alcoolique de zeste d'oranges. Mélangez et travaillez vingt minutes ; ajoutez les six blancs battus en neige, et 125 grammes raisins de Corinthe bien épluchés, et autant de raisins de Malaga. Mettez dans une forme beurrée au four doux, pendant une heure.

Z. A. Gâteau de Turin. 12 cuillerées de farine ; six de sucre ; trois œufs ; 125 grammes beurre ; citron, vanille ou

...re parfum. Mêlez, coupez avec des formes, cuisez au
...ur sans le laisser brunir.

Z. B. **Gâteau Savarin**. Délayez 12 grammes de levure
...c un peu de crème ; ajoutez trois œufs ; 125 grammes
...re ; 375 grammes beurre frais fondu ; un litre farine ;
... grammes sel fin et la quantité de crème nécessaire pour
...re une pâte bien molle. Beurrez un moule, garnissez-en
... fond avec des amandes mondées, réduites en menus
...rceaux, et achevez de le remplir aux trois quarts seule-
...nt avec la pâte. Tenez-le en un endroit chaud pour la
...re lever. Le lendemain, cuisez-le au four à douce chaleur.
...n le sortant du moule, pinceautez-le tout autour avec du
...rop de sucre, contenant un hachis d'avelines ou de pis-
...ches et du rhum.

...ous pouvez remplacer le rhum par le marasque, le
kirsch ou toute autre eau-de-vie à bouquet.

Z. C. **Gâteau Madeleine**. Faites une pâte avec
125 grammes beurre frais fondu ; 250 grammes farine ;
250 grammes sucre ; un zeste ou deux gouttes essence de
citron ; deux œufs et deux jaunes d'œufs. La pâte doit être
bien liée. Faites cuire dans des moules beurrés, sous le
four de campagne ; sortez des moules, frottez le dessous
avec du blanc d'œuf, saupoudrez de sucre et dorez avec
pelle rougie.

Z. D. **Gâteau au fromage.** Pétrissez sur le tour, avec
un trou au milieu de la farine, une pâte ferme, avec
500 grammes de farine, 375 grammes de beurre et du lait
en suffisante quantité. Ajoutez 50 grammes de sel, roulez la
pâte plusieurs fois, étendez dessus une couche de fromage
mou bien gras, repliez la pâte, étendez et repliez-la plusieurs
fois. Posez le gâteau sur un plateau beurré dont il prendra
la forme, pinceautez-le de jaune d'œuf et faites cuire sans
forcer la températrue.

Z. E. Gâteau de mousseline. Six jaunes d'œufs ; 8 cuillerées à bouche de sucre fin ; un jus et un zeste écrasé de citron. Mélangez et travaillez une demi-heure, puis ajoutez peu à peu quatre cuillerées de fécule et les six blancs d'œufs en neige. Versez en moule beurré et mettez au four à douce température.

Z. F. Gâteau dit biscuit Émilie. Prenez le nombre d'œufs que vous voudrez, ils vous serviront à peser leur même poids de farine, et de sucre en partie vanillé.

Dans une terrine, mettez une cuillerée de ce sucre et une de cette farine et cassez un œuf dont tout le contenu, blanc et jaune, sera pétri avec une spatule, jusqu'à ce qu'il ne reste plus un seul grain compacte. Ajoutez farine et sucre, avec un autre œuf et triturez. Continuez ainsi jusqu'à ce que vous ayez tout employé en pâte.

Préparez 125 grammes raisins de Smyrne sans pépins : 125 écorce d'orange confite et découpée, ceci pour cinq œufs. Huilez un plateau de tôle à l'huile d'olive, ajoutez à la pâte, vos raisins et orange, et étendez-la sur le plateau, à l'épaisseur d'un centimètre. Un quart d'heure de cuisson à douce chaleur suffit.

Pour en faire des biscuits, en retirant du four, on coupe la pâte en languettes de 1 à 2 centimètres de large ; on les remet au four pour sécher, puis on les conserve en boîtes de fer-blanc.

Z. G. Gâteau de semoule. Pour un litre de lait sucré, quatre cuillerées de semoule. Cuisez épais et ajoutez trois œufs entiers, un peu de parfum de fleur d'oranger et zeste, ou de vanille, des raisins de caisse, et mettez au four en forme beurrée, et à chaleur modérée.

Z. H. Gâteau de sable. Pétrissez ensemble 125 grammes de fécule ; 125 grammes sucre ; 125 grammes beurre frais ; trois jaunes et deux blancs d'œufs. Vous ferez revenir le beurre en crème, en le tournant sur de l'eau chaude, dans le vase même où vous voudrez faire le gâteau. Ajoutez ensuite successivement le sucre, la fécule et les œufs, battez pendant une bonne demi-heure. Graissez fortement un moule, saupoudrez-le de semoule et versez-y votre pâte.

Cuisez à douce chaleur.

Ce gâteau se sert avec une crème, avec le thé, etc., et remplacera un biscuit.

Z. I. Gâteaux Valérie. 375 grammes beurre frais tourné en crème ; deux œufs ; 625 grammes sucre ; autant de farine qu'il en faut pour former une pâte de moyenne consistance ; parfum à volonté.

Pétrir avec soin, étendre au rouleau, découper avec des formes et cuire à douce température.

Cet article aurait pu figurer aux petits fours, mais on peut aussi le traiter entier en forme beurrée.

Z. J. Tartelettes plates. Faites une pâte feuilletée avec parties égales de beurre et de farine, un peu de sel. Découpez-la en ronds avec un verre, en nombre pair de morceaux. Vous en disposerez la moitié, comme fond, sur des plaques beurrées ; les recouvrirez de confiture en tartine, puis vous les couvrirez des autres plaques de pâte, et donnerez une petite couche de jaune d'œuf dessus. Cuisez à douce chaleur.

Z. K. Tartelettes creuses. Disposez la pâte Z. J. en moules creux et la garnissez de confiture, sans la recouvrir autrement, ou en la recouvrant de petits fils de pâte formant dessin, et dorés au jaune d'œuf.

Pains d'épices. *a.* 300 grammes belle farine ; 200 grammes sucre pilé fin ; 6 grammes citron râpé ;

6 à 10 grammes écorce de citron confite et coupée fin ;

1 gramme 1/2 de chaque : girofle ; coriandre ; cannelle ; muscade ;

150 grammes amandes pralinées.

b. 225 grammes miel ordinaire, contenant un verre à bordeaux de rhum. Mettez tout ce qui est sous la lettre *a* dans une terrine.

Faites bouillir le miel, et dès le premier bouillon, versez-le dans la terrine et pétrissez avec une spatule pendant une heure. Mettez ensuite la pâte sur une table, coupez-la en lui donnant la ou les formes que vous voudrez. Placez sur des feuilles de papier saupoudrées de farine; cuisez au four à une douce chaleur, mais le lendemain seulement.

Retirez les morceaux quand ils seront froids, brossez-les pour les glacer, si vous voulez.

On peut remplacer le miel par le sirop de moût de raisin, bouilli à consistance sirupeuse, ou par la mélasse de sucre de canne, et même par le sirop de fécule, mais ce dernier ne sucre pas assez; il faut donc l'additionner de sirop de sucre.

Leckerlis de Bâle. C'est un très fin pain d'épices.

Préparez, dans une terrine, 250 grammes de sucre: 250 grammes d'amandes coupées en petits ronds minces, sans les peler; un peu de poudre de cannelle et de girofles: 60 grammes citronade.

Mettez 500 grammes miel fin dans une bassine de cuivre et faites-le bouillir. Lorsqu'il bout, versez-le rapidement dans la terrine, et pétrissez ensemble. Versez dessus un demi-verre de kirsch enflammé. Puis, pétrissez avec 625 grammes de belle farine, et laissez reposer la pâte pendant vingt-quatre heures, après l'avoir étendue au rouleau, et divisée en rectangles de la grandeur voulue; mais on ne les coupe pas entièrement de suite. On met cette pâte sur des tôles graissées, au four, à bonne température moyenne. Après cuisson, on les glace avec deux blancs d'œufs battus avec 125 grammes de sucre, et l'on fait sécher au four à peine tiède. Après cela seulement, on achève de séparer les morceaux pour les empaqueter par douzaines.

les ramollissent facilement à l'humidité ; on doit donc les conserver en boîtes de métal, lorsqu'on tient à les garder durs.

Pâte brisée. Disposez 500 à 600 grammes de farine en un tas arrondi, creusez un trou au milieu du tas, et faites les bords ou contours aussi égaux que possible.

Serrez les bords avec les mains. Versez, au milieu, deux œufs, jaune et blanc, et 150 grammes de beurre que vous aurez ramolli à l'état de crème. Ajoutez-y aussi de l'eau, contenant le sel nécessaire, froide en été, un peu tiède en hiver, enfin d'une température moyenne de 10 à 12 degrés. Il faut mettre toute la partie liquide à la fois, et mieux vaudrait supprimer de la farine que d'être obligé d'ajouter de l'eau.

Commencez par travailler le beurre et les œufs avec l'eau, en prenant peu à peu de la farine sur tout le contour, sans le rompre. Ajoutez toujours de la farine peu à peu, jusqu'à ce que le tout soit converti en pâte ferme. Pétrissez en ramenant sans cesse les bords au milieu, appuyant dessus avec la paume de la main, et saupoudrant sans cesse de farine la planche sur laquelle vous travaillez, jusqu'à ce que la pâte n'y reste plus collée.

La pâte étant bien homogène, vous l'achèverez en la mettant en boule, que vous écraserez avec le rouleau, ce qu'il faudra faire plusieurs fois. Finalement, vous lui donnerez, toujours avec l'aide du rouleau, d'un couteau ou d'une forme quelconque, l'épaisseur et le dessin qu'il vous faudra, selon l'usage auquel elle sera destinée.

Pour un pâté, il faudra réserver la partie du fond et celle du haut, et l'achever avec un moule de forme et dimension voulues.

Pâte feuilletée. Prenez les proportions de la pâte brisée, mais supprimez les œufs. Mettez la farine en tas comme pour la pâte brisée et pétrissez avec l'eau salée seulement. Lorsque la pâte sera travaillée, ce qui doit se faire très vite, disposez-la en une boule que vous laisserez un quart d'heure en repos.

Reprenez cette boule, aplatissez-la avec les mains, achevez de l'unir au rouleau en forme carrée. Ensuite étendez dessus le beurre ramolli et privé de toute humidité. Qu'il soit également réparti sur toute la surface, et jusqu'aux bords. Repliez la pâte en deux, puis de nouveau en deux, aplatissez au rouleau sans exagérer, pour ne pas crever la pâte. Repliez de même, aplatissez de nouveau, et laissez reposer une demi-heure.

Reprenez la pâte, repliez-la encore une fois et remettez-la au rouleau, puis repliez-la et donnez-lui ensuite, toujours au rouleau, la forme qu'elle doit avoir, en tenant compte qu'elle se gonfle beaucoup à la cuisson.

Elle cuit au four en vingt minutes et se dore au moyen du jaune d'œuf.

La pâte feuilletée exige des soins tout particuliers dans la manipulation, et tout le monde ne la réussit pas. Je ne conseillerais à personne de l'essayer avec des mains trop chaudes, elle raterait inévitablement. Il faut l'avoir vu faire plusieurs fois avec attention, par une personne experte, pour avoir quelque chance de la réussir du premier coup. Mais qu'on ne se décourage pas d'un premier insuccès, ce n'est que par la pratique, que l'on apprend à travailler.

Pâte pour les tartes à confitures. 250 grammes farine ; 185 grammes beurre frais ; un blanc d'œuf bien battu ; un peu de sel ; trois cuillerées de crème aigre ; trois cuillerées de sucre et deux cuillerées de kirsch ou de cognac.

Pâte pour recouvrir les tartes aux fruits. Après la cuisson de la tarte, on peut la recouvrir avec trois jaunes d'œufs bien travaillés avec une centaine de grammes de sucre et un peu de crème douce. On remet au four jusqu'à ce que cette couverte soit cuite.

Petits fours variés, sans noms et avec noms.

Ce sont des recettes tirées des cahiers de famille.

A. 125 grammes beurre frais ; 125 grammes sucre ; deux œufs entiers ; 125 grammes d'amandes coupées menu avec la pelure ; 125 grammes farine. Un peu de vanille ou de zeste de citron.

Ramollissez le beurre, pétrissez le tout. Beurrez une grande ou des petites formes ; versez-y une couche de cette pâte, puis une couche de confiture quelconque ; puis complétez avec la pâte. Enfournez à douce chaleur.

B. 250 grammes de sucre ; de beurre ; de farine ; trois jaunes d'œufs ; une cuillerée de kirsch et une de fleur d'oranger ; un zeste râpé ou deux gouttes d'essence ; une pincée de cannelle.

Beurrez les petites formes. Cuisez à douce chaleur.

C. 250 grammes farine ; 125 amandes pilées ; 250 sucre fin ; 2 œufs ; essence de citron, cannelle. Pétrissez, passez le rouleau, coupez en ronds ou en carrés pour enfourner sur des plaques graissées, à douce chaleur. Un peu de levure artificielle convient parfaitement, la pâte devient plus légère.

D. 125 grammes beurre frais ramolli ; 375 grammes sucre ; 125 grammes amandes douces pilées et pelées. Mélangez dans un saladier, ajoutez sept blancs d'œufs en neige, et pétris avec 250 grammes farine.

Beurrez les petites formes, et enfournez à douce chaleur.

E. **Pains fondants.** 250 grammes sucre ; sept blancs d'œufs ; 200 grammes farine tamisée ; 150 grammes beurre frais fondu ; un zeste râpé.

Pétrissez dans un saladier, répartissez en petits moules beurrés, et cuisez à chaleur modérée.

F. Douze cuillerées de farine ; six de sucre ; trois œufs ;

125 grammes beurre frais fondu ; zeste ou vanille. Travaillez, mettez en petits moules beurrés et cuisez modérément.

G. Inscrit sous le nom de **Baisers de nonnes**. Un blanc d'œuf battu en neige avec 125 grammes sucre fin et un peu de vanille.

Dressez sur feuilles de papier comme des meringues et cuisez au four doux.

H. **Gâteaux secs.** 500 grammes farine ; 250 grammes sucre ; 125 grammes beurre ; deux œufs ; un peu de vanille. Pétrissez et ajoutez un petit verre de rhum ou de kirsch. Étendez au rouleau, découpez en formes quelconques et enfournez sur plaque beurrée.

I. **Autres gâteaux secs.** Trois œufs avec leur même poids de farine et de sucre ; un peu d'anis ou de tout autre parfum.

Pétrissez bien et beurrez une plaque sur laquelle vous mettrez des petits tas de votre pâte avec une petite cuillère, en les distançant largement. Four modéré.

J. **Tauphés.** Prenez six œufs ; le poids de six œufs, de sucre pilé ; de quatre œufs, de farine ; de deux œufs, de beurre. Battez le beurre en neige, ajoutez successivement le sucre, la farine, les jaunes, puis le blanc en neige. Aromatisez à volonté. Graissez les formes.

K. **Tauphés aux amandes.** 250 grammes de sucre ; 250 amandes pilées ; cinq œufs entiers sans battre le blanc. Voir la façon J.

L. **Tauphés au chocolat.** 250 grammes amandes pilées avec la pelure ; 250 grammes chocolat râpé ; 375 grammes sucre fin ; 2 cuillerées farine ; 6 œufs dont le blanc en neige. Même façon.

M. **Brunes.** 250 grammes sucre ; 250 amandes pilées ; 200 grammes chocolat râpé ; huit girofles et 4 gr. cannelle pulvérisés ; trois blancs d'œufs.

Vous pouvez découper la pâte, ou la mettre à la cuillère sur des plaques beurrées.

N. **Croûtes aux fraises.** Fendez en long des petits pains au lait, faites-les frire en beurre frais ou huile d'olive.

Après refroidissement, et un quart d'heure avant de servir, mettez sur chaque tranche, une bonne couche de fraises des bois écrasées avec du sucre.

O. **Bonbons au sel.** Travaillez 125 grammes de beurre frais; 125 grammes de sucre; quatre cuillerées de lait; deux cuillerées à café de sel; autant de farine qu'il en faut pour étaler la pâte.

Coupez la pâte en ronds au moyen d'un verre et cuisez au four sur une tôle graissée.

P. **Caisses à l'italienne.** Battez cinq blancs d'œufs en neige avec 150 grammes sucre tamisé. Lorsque la neige est à point, ajoutez 250 grammes amandes douces coupées menu sans les peler. Remplissez à moitié vos caisses de papier et faites cuire au four à chaleur modérée.

Q. **Caisses au chocolat.** Aux caisses à l'italienne, ajoutez 250 grammes chocolat râpé, finissez de même.

R. **Macarons.** 200 grammes amandes douces mondées et pilées; 300 grammes sucre très fin; 50 grammes cédrat menu; la râpure d'un citron; cinq blancs d'œufs en neige. Battez les œufs avec le sucre, incorporez le reste sans faire tomber la mousse, dressez à la cuillère sur papier ou sur plaque beurrée, mettez au four à douce chaleur.

En les retirant, glacez-les avec la glace à biscuits et remettez au four un instant pour sécher. Laissez refroidir avant de les détacher.

On peut y introduire une idée de fécule. On pourrait aussi remplacer le citron par la vanille ou tout autre arôme.

S. S. **Macarons aux pistaches; aux avelines.** Faites

de même, en remplaçant les amandes par des pistaches ou des avelines.

Pour les parfumer à la fleur d'oranger, il ne faut pas employer l'eau ni l'essence, mais la fleur d'oranger pralinée. Éviter l'eau dans la pâte.

T. **Pains d'anis.**

> 500 grammes farine,
> 500   »   sucre en poudre,
> 4 œufs entiers,
> 60 à 70 grammes semence d'anis épurée.

Commencez par tamiser votre anis pour en sortir la poussière, puis versez-le sur la surface d'un bol d'eau fraîche. Les petits cailloux, s'il y en a, iront au fond. Ceci fait, séparez-le de l'eau et laissez-le sécher.

Pétrissez les œufs, la farine et le sucre, incorporez-y l'anis, et si vous le jugez bon, un peu de carbonate d'ammoniaque. Réduisez cette pâte au rouleau, en plaques d'un centimètre d'épaisseur, moulez-la en petites formes diverses ou à l'emporte-pièce et enfournez sur une plaque un peu graissée.

Nota. On peut supprimez le carbonate, mais alors il ne faut mettre au four que le lendemain, afin que la pâte ait le temps de fermenter un peu.

Cette pâtisserie est une spécialité alsacienne très appréciée soit pour servir avec le vin de dessert, ou le thé, ou comme les biscuits en général.

U. **Robes de chambre.** Quatre blancs d'œufs en neige, auxquels on ajoute successivement 150 grammes de sucre et 200 grammes d'amandes mondées et pilées, puis un peu d'essence de citron. On fait cuire sur plaques beurrées comme les macarons.

V. **Roses. Corbeilles de roses.** Battez en neige trois blancs d'œufs, en y incorporant peu à peu du sucre pilé tamisé jusqu'à ce que la pâte soit assez ferme. Mettez la pâte dans une seringue de confiseur, ayant l'ouverture de la grosseur d'un petit doigt ; et pressez-la, pour la sortir en un gros fil dont vous couperez des morceaux de grosseur voulue, que vous rangerez en rond sur des feuilles de papier.

Hachez des pistaches, amandes ou avelines finement et mettez-en sur chaque morceau, puis cuisez doucement. Lorsqu'ils seront à moitié cuits, sortez-les et donnez, avec un pinceau fin, une couche de carmin liquide, puis achevez la cuisson.

Pour faire les corbeilles, prenez deux poids rentrant l'un dans l'autre, de 50 et de 20 grammes, mettez un morceau de papier entre et pressez, égalisez les bords avec les ciseaux, puis mettez la pâte dans ces corbeilles, et cuisez sur des plaques de tôle.

X. **Croquets.** 500 grammes d'amandes douces mondées et coupées en gros morceaux, quelques-unes restant entières ; 300 grammes sucre ; 300 grammes farine et quatre œufs.

Cassez les œufs dans une terrine, mêlez-y les amandes et le sucre et battez bien. Ajoutez la farine et un peu d'aromate ; par exemple, de l'essence de citron.

Mêlez bien la pâte et faites-en des bâtons de la grosseur d'un doigt et de longueur à volonté ; dorez-les avec du jaune d'œuf battu et cuisez à four doux.

Y. **Nids.** Battez deux blancs presque en neige avec 350 grammes sucre tamisé ; 200 grammes amandes mondées hachées ; 15 grammes orangeat ou citronat haché. Dressez la pâte en rond sur des papiers, un trou au milieu, et faites cuire doucement.

Remplissez ensuite le trou avec de la glaçure d'œuf sucré sur laquelle vous placerez quelques non-pareilles variées.

Z. Presque toutes nos recettes de gâteaux peuvent être

traitées en petites formes, et donner ainsi une riche collection de petits fours des plus variés. On les rendra encore plus nombreux, en employant chaque fois un autre parfum et en y combinant des confitures ou fruits confits, lorsqu'ils s'y prêteront.

A. B. **Copeaux**. Battez ferme un blanc d'œuf en y mélangeant 400 grammes de sucre fin, un peu de cannelle, puis 330 grammes de farine, ce qui doit donner une pâte qui coule légèrement par un entonnoir de papier. Mettez au four après avoir passé au rouleau uni, et quand la pâte sera à moitié cuite, divisez-la en passant dessus un rouleau rayé. Détachez avec un couteau et achevez de cuire. Pendant qu'ils sont encore chauds, roulez les bandes autour d'un bâton rond, de l'épaisseur du doigt.

A. C. **Ronds de pâte dits Einerlei**. Trois œufs, leur poids de sucre, travaillez ferme une demi-heure, ajoutez même poids de farine. Étendez au rouleau, découpez en ronds avec un verre ou un emporte-pièce, et cuisez au four sur plaque beurrée. Lorsqu'ils sont cuits, on peut les laisser tels, ou les frotter d'une glaçure, soit au jaune d'œuf, soit au sucre. On les remet sécher au four.

A. D. **Petits fours Emma**. Tournez en crème 125 grammes de beurre et travaillez-le longtemps avec 375 grammes de sucre et 125 grammes d'amandes mondées pilées.

D'autre part, battez sept blancs d'œufs en neige et incorporez-leur 250 grammes farine. Mêlez les deux parties ; beurrez des petits moules et mettez au four doux.

A. E. **Colmariennes**. 250 grammes farine ; 175 grammes beurre ; 125 grammes sucre pilé ; 3 cuillerées vin blanc ; un jaune d'œuf. Mélangez et travaillez bien ; étendez la pâte, coupez-la en ronds et disposez-les sur une tôle beurrée. Pinceautez-les au jaune d'œuf et garnissez-les avec des amandes mondées, coupées en petits morceaux; saupoudrez de sucre et cuisez à douce chaleur.

A. **Pudding froid.** Les puddings sont des entremets sucrés.

> 125 grammes biscuits,
> 125 » macarons,
> 125 » raisins de caisse en grains,

brisez biscuits et macarons et mélangez les avec les grains de raisin. Jetez le tout dans le moule.

D'autre part, faites une bonne crème à la vanille avec six jaunes d'œufs, 1 litre de lait, sucre, une pincée de farine. Quand elle est épaissie, laissez tiédir, versez-y deux cuillerées de kirsch ou de rhum et une solution de quatre ou cinq feuilles de gélatine dans un peu d'eau.

Versez la crème par-dessus la première partie, dans le moule, et mettez en lieu frais pour y refroidir.

Au moment de servir, on l'accompagne d'un léger sirop au rhum ou au kirsch, selon ce qui se trouve déjà dans la crème; ou encore d'un sirop de framboises ou de groseilles.

B. **Pudding à l'orgeat.**

> 125 grammes amandes douces,
> 15 » amandes amères,
> 125 » sucre,
> 125 » raisins de Corinthe,
> 125 » belle semoule,
> 1 verre de lait,
> 3 cuillerées de kirsch.

Faites crever la semoule dans le lait, ajoutez-y le sucre que vous aurez pilé avec les amandes, puis les raisins et le kirsch.

Laissez bouillir un instant et versez dans un moule soigneusement beurré. Quand il est refroidi, démoulez.

Avec ce pudding, on peut servir la sauce N° 1.

C. **Plum-Pudding**. Mélangez quatre grandes cuillerées de bonne farine, 65 grammes de bon beurre frais, 1 litre de lait, faites bouillir ce mélange, et laissez-le refroidir jusqu'à tiède. Ajoutez alors quatre jaunes d'œufs, sucre à volonté, zeste de citron ou vanilline, puis les quatre blancs d'œufs en neige. Faites cuire au four dans un plat profond. Avant de servir chaud, on ajoute la sauce Nº 1 ou Nº 3.

D. **Pudding au rhum, au kirsch**, etc. Au sortir du four, on saupoudre le pudding ci-dessus avec du sucre pilé de manière à le bien recouvrir partout pour former mèche. On verse par-dessus le sucre, du rhum, cognac, kirsch ou autre eau-de-vie, on y met le feu au moment de servir.

E. **Pudding à la crème**. Trempez des biscuits dans du rhum sans les laisser trop s'imbiber, de crainte qu'ils se brisent. Rangez-les dans un moule, en laissant un peu de place entre eux. Battez de la crème douce en neige avec du sucre vanillé et deux tablettes de grenétine (gélatine) que vous aurez préalablement dissoutes dans très peu d'eau chaude. Versez cette crème sur les biscuits, et posez le moule sur la glace, jusqu'au moment de servir. Retournez sur un plat.

F. **Pudding de cabinet**. Cuisez un quart de litre lait avec un morceau de sucre ; cinq jaunes d'œufs battus seront mêlés au lait pendant qu'il bouillira ; un peu de vanille ou de fleur d'oranger. Frottez une forme avec beurre, garnissez le fond avec des raisins de caisse et de Corinthe, puis des biscuits, et alternez les couches de raisins et biscuits jusqu'à ce que la forme en soit garnie. Versez-y votre crème et faites cuire une demi-heure au four. Démoulez-le lorsqu'il sera froid, et versez autour, soit une crème, soit un sirop de fruits, ou une sauce de pudding.

G. **Pudding cru**. 250 grammes beurre frais à demi fondu ; deux jaunes d'œufs ; 125 grammes sucre fin ; travaillez bien cette pâte un quart d'heure, ajoutez deux cuillerées d'extrait de café bien fort et froid. Mettez dans une forme garnie de biscuits et laissez quelques heures sur la glace ou tout au moins en lieu frais. Si l'on n'a pas de glace, on le fait la veille, et le laisse la nuit à la cave.

H. **Pudding. Fantasia.** Rangez des biscuits dans un plat creux, deux par deux, en les tartinant de bonne confiture d'abricots ou de groseilles, et recouvrez-les de la sauce suivante :

Un quart litre vin blanc, six à sept œufs, sucre à volonté, zeste et jus d'un citron, un quart litre rhum.

Cassez les œufs, battez-les avec le vin et le sucre, chauffez en battant toujours jusqu'à ce que la mousse remonte. Retirez la verge, trempez-la dans la farine et battez encore. Quand la sauce commence à épaissir, ajoutez le rhum, battez bien et jetez-la chaude sur les biscuits.

Il faut préparer la fantasia plusieurs heures d'avance.

I. **Pudding d'Ems.** Cuisez en bouillie 125 grammes de farine avec trois quarts litre de lait. Tournez les jaunes de sept œufs avec 125 grammes sucre pilé, et mêlez avec la bouillie ; ajoutez encore les blancs battus en neige. Mettez en forme beurrée et garnie de chapelure et laissez une heure au bain-marie. Retournez froid et servez avec une crème ou une sauce de pudding.

J. **Pudding au chocolat.** Faites cuire six tablettes (raies) de chocolat avec du lait et deux cuillerées de sucre en caramel lisse. Faites cuire 125 grammes amandes douces mondées et pilées avec un quart litre de lait et passez au tamis. Mêlez au chocolat et ajoutez encore 12 grammes colle de poisson dissoute dans un peu d'eau. Sucrez, si vous ne le trouvez pas assez doux.

Mettez dans une forme et laissez figer jusqu'au lendemain.

K. **Pudding aux cerises.** Préparez un mélange de

150 grammes beurre frais ; 150 grammes sucre ; une râpure de zeste ; 1/2 litre lait bouillant. Trempez-y des tranches de pain de la miche, ou mieux de pain au lait, et placez-les dans un moule, en y mélangeant une bonne assiettée de cerises aigres mondées de leurs tiges et noyaux. Versez encore dessus le reste de la sauce, après y avoir mélangé cinq blancs d'œufs en neige. Le moule doit être beurré, et le fond garni de papier beurré.

On le sert avec une sauce composée de jus de cerises, de groseilles et de framboises cuit avec du vin rouge et sucré à volonté, puis tamisé.

Ce pudding se sert chaud.

L. Pudding aux pommes. Cuisez pendant une demi-heure des pommes coupées en tranches fort minces, avec sucre, raisins de Corinthe et de Malaga, et vin blanc.

Votre marmelade étant terminée, enduisez de beurre un plat profond, allant au feu ; foncez-le de biscuits à la cuillère émiettés, puis un lit de marmelade et alternez les lits en terminant par des biscuits.

Mélangez cinq œufs avec 1/4 litre de lait, une cuillerée de kirsch ou de rhum, et jetez cette sauce sur le gâteau dans le moule. Mettez le plat sur un trépied, dans un four à douce chaleur et laissez cuire une demi-heure. Ou cuisez-le au bain-marie, ce qui vaut autant.

Servez-chaud.

M. Bread-pudding. Prenez 150 grammes sucre pilé ; 150 grammes corinthe ; 150 grammes mie de pain ; 125 grammes beurre frais ; quatre jaunes d'œufs ; deux blancs en neige ; un demi verre de rhum ; deux cuillerées de crème ; une demi-orange et un demi-cédrat confits. Battez bien tout cela, ajoutez les blancs en neige, les fruits confits coupés menus et versez en moule beurré. Cuisez au bain-marie pendant cinq heures. Renversez chaud sur un plat, saupoudrez de sucre et arrosez de rhum que vous pouvez allumer, si cela vous fait plaisir.

On peut le garder plusieurs jours et le manger froid. Il est aussi bon que chaud.

O. **Pudding au riz.** Faites un riz au lait sucré et vanillé passablement épais. Lorsqu'il n'est plus trop chaud, versez-y de la crème battue en neige et une solution de gélatine. Mettez en moule sur la glace.

Au moment de servir, joignez-y un peu de sirop de framboises ou de groseilles.

Q. **Pudding à la semoule.** Faites comme au riz en le remplaçant par la semoule.

R. **Pudding russe.** Cuisez une livre de marrons à l'eau, épluchez-les et réduisez-les en purée tamisée. Cuisez-les avec un morceau de beurre, des raisins de Corinthe et de Malaga et du sucre. Laissez refroidir.

Battez en neige 1/2 litre de bonne crème douce avec du sucre et mêlez aux marrons avec précaution.

Mettez dans un moule sur la glace et laissez-le se prendre. Servez avec une crème à la vanille frappée, additionnée d'un peu de kirsch à volonté.

SAUCE de pudding. N° 1. Dissolvez du sucre en quantité suffisante dans 1/2 litre de lait bouillant, laissez refroidir et ajoutez deux jaunes d'œufs et un peu de kirsch. Remettez au feu et agitez sans cesse jusqu'à ce que la sauce épaississe.

Sauce de pudding. N° 2. Prenez un peu de beurre frais, ajoutez-y une petite cuillerée de fécule, quatre jaunes d'œufs, un peu d'écorce de citron râpée, 1/2 litre vin blanc, sucre pilé en quantité suffisante. Remuez toujours avec une cuillère de bois en mélangeant dans l'ordre susdit.

Chauffez doucement, puis battez avec deux fourchettes

superposées jusqu'à ce qu'il se forme une forte écume. Ajoutez à volonté le jus d'un citron.

Autre. N° 3. Trois blancs d'œufs en neige avec six cuillerées de sucre ; ajoutez avec précaution deux cuillerées de rhum ou de kirsch.

Sauce de pudding chaud. N° 4. 1/2 litre vin blanc ou rouge avec une petite cuillerée de fécule et un verre de gelée de groseilles ou de framboises. Donner un ou deux bouillons.

Tarte de Châtillon. 375 grammes farine; 250 beurre frais ; trois jaunes d'œufs et trois cuillerées de sucre. Pétrissez bien et rapidement et faites-en deux tartes que vous cuirez à douce chaleur. Couvrez une tarte avec de la gelée de groseilles, et recouvrez-la avec la seconde tarte.

Tarte aux fruits. *Groseilles.* Égrenez une livre de groseilles, mettez-les dans une terrine, et recouvrez-les avec 250 grammes sucre pilé, pour leur laisser passer la nuit ainsi.

Pelez et pilez 80 grammes d'amandes douces ; battez en neige quatre blancs d'œufs et mélangez-y vos amandes.

Mêlez avec les groseilles, étendez sur une pâte de tarte.

On peut aussi étendre une couche d'amandes et œufs, puis les groseilles, puis le reste des amandes.

En sortant du four, on verse le jus des groseilles, du fond de la terrine, par-dessus la tarte.

On fera de même avec des *framboises, fraises, prunes* et autres petits fruits ou baies. Lorsqu'on voudra la faire aux *pommes, coings* et autres fruits de cuisson plus dure, on pourra cuire les *fruits en marmelade* avant de les poser sur la pâte. D'ailleurs, cette façon est aussi applicable *à tous les fruits*, et c'est la seule que l'on puisse employer hors saison, *avec les conserves*, qui sont des marmelades, plus ou moins sucrées. Il faut donc tenir compte aussi du sucrage plus ou moins fort des fruits conservés.

Tarte aux fruits de la saison. Faites une tarte de pâte feuilletée ou de pâte brisée, selon votre caprice, et posez-la sur un plateau de tôle bien beurré.

Sur la pâte, vous rangerez les fruits coupés en tranches et épluchés, aussi serrés que possible ; saupoudrez amplement du sucre pilé par dessus les fruits, et faites cuire au four à une bonne température moyenne.

On peut employer, pour cette tarte, un grand nombre de fruits. Les fraises, groseilles, myrtilles, et autres petits fruits sans noyaux, s'y posent entiers et sans autre préparation.

Les fruits à noyau, seront privés des queues et noyaux, même les cerises, que l'on ouvrira le moins possible ; tandis que l'on coupera en deux, les abricots, les prunes, les pêches et autres gros fruits.

Les fruits à pépins, pommes et poires, s'y mettront en quartiers ou en tranches. Pour le coing, rarement employé d'ailleurs, il vaudra mieux le cuire en marmelade, avant de le poser sur la pâte.

Les grains de raisin seront mis sur la pâte, entiers et sans tiges, ainsi que les groseilles à maquereau, que l'on emploie avant leur entière maturité.

On peut aussi garnir sa pâte avec les tiges ou côtes des feuilles de rhubarbe potagère, qui donnent un agréable goût, et en général avec un grand nombre d'articles divers qui vous permettent de varier presque à l'infini, la couverte de ce très recommandable plat d'entremets sucré.

Tarte à la frangipane. Délayez, dans un 1/2 litre de lait, une cuillerée de fécule ; trois jaunes d'œufs ; 60 grammes sucre ; un peu de zeste râpé et de fleur d'oranger. Cuisez au bain-marie. Étendez cette crème sur une pâte de tarte.

Tarte aux oignons. Entremets. Cuisez trois petites cuillerées de farine délayées dans 1/2 litre de lait froid, avec un peu de sel ; tournez que cela ne s'attache pas. Lorsqu'elle

aura refroidi un peu, ajoutez-y deux œufs que vous travaillerez bien avec la bouillie sans faire cuire.

Coupez en tranches la quantité d'oignons que vous
voudrez employer, et faites-les étouffer dans la poêle avec
un peu de beurre et de sel. Lorsqu'ils seront tendres, vous
les mêlerez à la bouillie.

Étendez cette bouillie sur une pâte de tarte, et intro-
duisez-y, par places, des tranches minces d'une pomme aigre
(une reinette grise, de préférence).

Ensuite, garnissez la surface avec un dessin fait de
languettes de lard gras.

La pomme n'a d'autre but que de faciliter la digestion de
l'oignon. On peut la supprimer, à la condition d'en servir
au dessert, dans l'intérêt de la santé des convives.

Chaussons. Faites une pâte feuilletée avec 250 grammes
de beurre et autant de farine, une petite poignée de sel.
Étendez au rouleau, et coupez-y des ronds avec une grande
tasse ou un bol. Mettez une cuillerée de confiture ou de
marmelade d'un fruit quelconque sur la pâte, et repliez-la
par-dessus. Pinceautez avec du jaune d'œuf, et cuisez au
four sur des plaques beurrées.

Tourte. La tourte est une pâte feuilletée, dans laquelle
on enferme des viandes (au gras) garnies de godiveaux,
quenelles, champignons, truffes, olives tournées, crêtes de
coq, écrevisses et autres accessoires, le tout formant un
ragoût, ou pour mieux dire, une fricassée. Les viandes,
gibiers, volailles sont préalablement cuites au beurre,
avec épices appropriées, bouquet garni et bardes de lard,
soit à la poulette, en matelote, ou en sauce de même
famille.

On prépare ce ragoût d'une part, pendant que la pâte se
fait et se cuit d'autre part. Dans la composition de l'intérieur,
on peut donc agir selon ses ressources.

Au maigre, on emploie des poissons au lieu de viandes.

La *pâte feuilletée* se manie comme il est dit à ce mot. On en fait, au rouleau, une bande mince et étroite, dont la longueur doit égaler la circonférence de la tourte.

Dans le milieu de la bande, on coupe ce qui donnera le rebord ; elle aura de 16 à 25 millimètres de large. On continue d'ailleurs, comme à l'article *pâté*, en formant le couvercle, le fond, les côtés, à l'aide du moule. Pour le fond et les côtés, on détruit le feuilletage, en pétrissant la pâte, ce qui vaut mieux. On met cette pâte au four pour lui faire prendre couleur. Sortant de là, à moitié cuisson, on lui fait une cheminée, en perçant le milieu du couvercle, et y passant un petit cylindre de papier-carton.

On découpe le couvercle tout autour, après la cuisson complète, et l'on garnit avec son ragoût et les accessoires. Les écrevisses se posent par-dessus comme ornement. La sauce se met en dernier, et après que cela s'est encore terminé au four.

Bien entendu que les bardes de lard, bouquet garni et ingrédients de cet acabit, n'entrent pas dans la tourte.

Le **vol-au-vent** se fait de la même manière que la tourte, dont il n'est qu'une variété. La pâte feuilletée est de forme plus basse, parfaitement ronde. Il n'est garni qu'après parfaite cuisson d'un ragoût semblable à celui de la tourte, le couvercle bien feuilleté par-dessus le tout.

Les petits pâtés (hors-d'œuvre) sont des vol-au-vent de petites dimensions, ronds ou carrés. La pâte, très feuilletée, se cuit au four ; puis on découpe et sépare le couvercle, pour remplir l'intérieur avec une fricassée de volaille, gibier, godiveaux, etc., chaque pâté devant être garni de même. On remet le couvercle sur le tout, et l'on sert chaud, c'est l'important.

Les pâtissiers qui en envoient en ville, les expédient vides,

et le ragoût à part dans un pot. On les remplit à domicile, après s'être assuré que le ragoût a conservé sa chaleur.
Voy. *Pâtés petits.*

Parquets (*entretien*). Voy. *Cirage et vernis.*

Parfumerie. Les recettes sont comprises dans celles de *pharmacie.*

Peaux. Voy. *Lièvre et lapin, nettoyage et conservation des fourrures.*

Perdrix. On la plume, on la flambe, on la vide.
Rôtie. Piquer de lardons minces et mettre à la broche sans la cuire trop.

Un procédé, qui donne un résultat splendide, c'est d'habiller sa perdrix, en la tapissant de minces tranches de citron, que l'on recouvre de minces plaques de lard ; on ficelle le tout et l'on met à la broche. On peut encore la farcir de son foie haché avec jambon, persil, ciboules et oignons, et quelques débris de truffes. On recoud, on bride les pattes sur l'estomac.

Aux choux. Les perdrix nettoyées se mettent à la casserole avec des bardes de lard et des tranches de cervelas, oignons, carotte, bouquet garni, girofle. Ceci fait, on fait blanchir un chou de Milan pommé, en le cuisant à demi, puis on le met avec les perdrix, après l'avoir égoutté ; on recouvre de bardes de lard, et de papier beurré ; on ajoute du bouillon, de quoi recouvrir les perdrix, puis on cuit deux heures avec feu dessus et dessous.

Au moment de servir, on ôte le fil, on dresse les perdrix bien égouttées, ainsi que les choux, et l'on orne le plat, avec le lard et le cervelas. On les pose sur un roux mouillé avec jus. A la cuisson on peut ajouter du petit salé ou du jambon en tranches minces.

Au gratin. Les perdreaux, rôtis de la veille, sont découpés membre par membre. On les fait chauffer dans du bouillon avec persil, sel et poivre, jus de citron. Ensuite, on les met dans un plat allant au feu, avec beurre, échalottes hachées, chapelure, et l'on fait gratiner avec feu dessus et dessous.

Pendant ce temps, l'on réduit le bouillon pour en faire une sauce, qu'il est permis d'additionner de débris de truffes.

Pour **autres façons,** faites comme les pigeons.

PHARMACIE. Sous ce titre, nous allons donner la composition des remèdes usuels, faciles à faire, laissant à dessein de côté toutes les compositions magistrales délicates ou compliquées. Pour ces dernières, on s'approvisionnera chez un pharmacien, seul capable de les combiner dans son laboratoire.

Nous y intercalerons les produits hygiéniques pour la toilette, la désinfection, l'agrément même, puisqu'ils font un peu partie de la branche pharmaceutique.

A la campagne, nous recommandons à la ménagère de se créer une pharmacie toute primitive, mais dans laquelle on trouvera le nécessaire en cas d'urgence. Les services qu'elle rendra par cette petite installation, peuvent être inappréciables à un moment donné, tant pour sa famille, que pour les voisins.

Cependant, nous lui recommandons de ne jamais *vendre* aucun médicament, mais de les donner gratuitement. La loi est formelle et ne saurait être tournée ; pour une vente même très minime, elle sera condamnée à 500 francs d'amende, les frais du procès, et de plus, des dommages-intérêts envers le pharmacien voisin.

Par contre, personne ne peut défendre de donner quoi que ce soit.

Voici la composition d'une **pharmacie portative de ménage**, pour le début. On pourra toujours la compléter plus tard, selon les besoins, et y annexer un rayon de plantes médicinales à leur saison.

Alcool rectifié, un grand flacon ;

Laudanum de Sydenham, un petit flacon ;

Ether sulfurique, un petit flacon ;

Eau-de-vie camphrée, un moyen flacon ;

Huile d'amandes douces (l'huile d'olive la vaut presque);

Acétate de plomb liquide ou eau de saturne ;

Esprit de mélisse ou de menthe, ou les deux ;

Acide acétique de chacun un moyen flacon ;

»	sulfurique	»
»	azotique	»
»	phénique	»
»	tartrique	»
»	thymique	»

Deux ou trois crayons de nitrate d'argent ;

Un flacon de magnésie calcinée ;

Un paquet de sulfate de magnésie ;

    » bicarbonate de soude ;

    » tilleul, que le sureau remplace au besoin;

    » camomille ;

    » racine guimauve ;

    » quinquina gris ;

    » quinquina jaune ou rouge ;

    » gomme en poudre ;

    » rhubarbe en poudre ;

    » taffetas français ;

Un rouleau de sparadrap ;

    » toile vésicante ;

    » bandes, compresses et charpie ;

Un paquet d'amadou.

On y fera joindre un mortier en porcelaine, une paire de ciseaux, deux ou trois spatules, une lampe à alcool, à moins que l'on n'ait un petit réchaud à gaz ou à pétrole.

On y ajoutera soi-même, à mesure de leurs saisons, une série de plantes, herbes ou fleurs médicinales, que l'on prendra plaisir de cueillir et sécher soi-même, ce qui sera, pour la ménagère, un agréable passe-temps. Notons-en quelques-unes en passant : feuilles de *menthe*, *mélisse*, *hysope*, *thym*, *mauves*, centinode, plantain grand, *sauge*, *absinthe*, armoise, lierre terrestre, saponaire, chicorée ; les fleurs de *mauves*, *tilleul*, tussilage, bouillon blanc, violette, *guimauve*, coquelicot, camomille vulgaire ou *romaine*, centaurée.

Les herbes en caractères *italiques* se cultivent.

Voici maintenant les formules des médicaments les plus usuels que nous prenons, en grande partie, dans le *codex* :

ALCOOLATS. Ce sont des produits divers, distillés avec l'alcool. Ceux-ci étant du ressort du pharmacien, nous n'en dirons rien de plus. Nous noterons seulement des alcoolats sans distillation directe, que chacun peut faire par dissolution d'essences dans l'alcool. On prendra toujours l'alcool à 80 degrés centésimaux.

Alcoolat de citron, d'orange, de cédrat, de bergamotte. Dissolvez 50 grammes d'essence par litre d'alcool à 80 degrés, laissez reposer quarante-huit heures, décantez le clair, s'il y a dépôt. (On peut s'en servir pour frictions, tout autant que pour aromatiser des sauces, plats doux, confiseries.)

Alcoolat de citrons composée. Eau de Cologne. Le Codex prescrit ainsi : 100 grammes de chacune des essences de citron, bergamotte et cédrat ; 50 grammes de chacune romarin, néroli, lavande ; 25 essence de cannelle ; alcool à

90 degrés 12,000 grammes ; alcoolat de mélisse composé 1500 grammes ; alcoolat de romarin 1000 grammes. Mêlez, laissez huit jours en contact, distillez au bain-marie les 4/5 du mélange.

Notre formule donne un très bon produit avec beaucoup plus de simplicité ; la voici :

50 grammes de chaque essence de citron, portugal, bergamotte ;

10 grammes néroli ; 10 géranium rosat (ou 2 rose) ;

60   »   teinture de benjoin ; 40 éther acétique ;

Dissoudre le tout dans 2 litres alcool 90 degrés, et verser dans 18 litres alcool à 80 degrés. Ajouter dix gouttes teinture de musc. Laisser en repos huit jours avant de s'en servir. Produit 20 litres.

Alcoolat de vanille *ou mieux* **Solution de vanilline.** 5 grammes de vanilline cristallisée, dissoute dans 100 grammes d'alcool. (*On peut l'employer partout poids pour poids, au lieu de vanille en gousses.*)

ALCOOLATURES. On nomme ainsi le produit de l'infusion d'un végétal non séché, dans l'alcool ; tandis que les *teintures* sont préparées avec les produits séchés.

Alcoolature d'arnica ou de toute autre herbe ou fleur fraîche. Fleur ou herbe, ou racine fraîche d'une part ; alcool à 90 degrés d'autre part : poids égaux. Coupez en menus morceaux, ou pilez le végétal ; mettez-le tremper dans l'alcool pendant huit jours, en soutirant le liquide chaque jour, pour le reverser dessus.

Ensuite, soutirez, exprimez et filtrez.

Alcoolature de zestes de citrons ou d'oranges. À mesure que vous avez des pelures à votre disposition, pelez les zestes, et faites-les tremper dans l'alcool à 80 ou 90 degrés, de manière à les baigner. Vous aurez ainsi un excellente essence à parfumer des liqueurs, plats doux, etc., partout où le zeste frais du fruit pourrait servir. Il vaut mieux s'en servir ainsi que de les jeter ; on en a si souvent l'emploi.

BAINS. Pour un bon appareil chauffe-bains, voyez l'annonce de la maison Delaroche aîné, à la fin du volume.

Voici la composition de différents bains, que nous donnons, en prenant pour base 200 litres d'eau.

Bain alcalin. 100 grammes cristaux de soude, que l'on dissout dans 2 litres eau chaude à verser dans le bain.

Bain antirhumatismal. 100 grammes essence de térébenthine ; 10 d'essence de romarin ; 50 de cristaux de soude. Dissoudre à part, verser dans le bain ; y rester 15 à 20 minutes.

Bain aromatique. Feuilles sèches coupées de sauge, thym, serpolet, romarin, hysope, origan, absinthe, menthe, mélangées par poids égaux. Cela constitue les **espèces aromatiques,** dont on met l'infusion de 500 grammes d'herbes faite à l'eau bouillante, dans un bain, après l'avoir passée par une toile. On peut y ajouter, pour plus d'efficacité 50 grammes sel ammoniac, ou 200 grammes de sel marin.

Bain de Barèges artificiel. Faites dissoudre dans le bain 60 grammes hydrosulfate de soude ; 60 sel de cuisine ; 30 carbonate de soude desséché. Ajoutez, si vous voulez, un peu d'essence de romarin. On peut mélanger ces sels à sec et les conserver en flacons bouchés, chaque dose d'un bain à part.

Bain ioduré. Iode 10 grammes ; iodure de potassium 20 ; eau 250. Dissoudre et boucher. (*On ne doit s'en servir que dans une baignoire de bois, de même que le barège.*)

Bains de mer à domicile. Sel marin 8 kilos ; sulfate de soude 3^{kg},500 ; chlorure de calcium 700 ; chlorure de magnésium 3 kilos ; 6 grammes iodure de potassium. Cette dose est pour un bain de 300 litres ; on la réduira donc en proportion de l'eau employée.

Bain de sel ou salin. 5 kilos de sel par bain.

Bain de son. 2 kilos de son. Faites bouillir un quart d'heure avec 5 litres d'eau, passez dans le bain ; ou bien mettez le son dans un sac, dans le bain, et triturez-le un moment.

Bain de Vichy artificiel. 500 grammes bicarbonate de soude à dissoudre dans le bain.

BAINS DE PIEDS. Ils se composent ordinairement de 6 à 8 litres d'eau, dans lesquels on ajoute, selon le cas :

Bain acide ou irritant. 100 grammes acide muriatique.

Bain alcalin. 125 grammes cristaux de soude.

Bain de sel. 125 grammes sel de cuisine.

Bain sinapisé. 150 grammes farine de moutarde.

Bain sulfureux. 30 grammes sulfure de soude.

BAUMES. On les emploie en général pour frictions.

Baume acoustique. Pour humecter l'oreille, dans la surdité. 30 grammes suc d'oignons ; 30 baume tranquille ; 15 baume du Pérou. Mêlez.

B. Contre les engelures. Glycérine 100 grammes ; goudron de Norvège 30 ; chauffez à solution 1 ; lorsque c'est refroidi, ajoutez alcoolature d'arnica 50 grammes. Mêlez.

Autre. Dissolvez 5 grammes de camphre dans 15 de teinture de benjoin, ajoutez 15 iodure de potassium ; 80 acétate de plomb liquide (extrait de saturne) ; 60 alcool ; 30 eau de roses ; puis une solution de 30 de savon animal dans 60 d'alcool. Mêlez pendant que cette solution est encore chaude, et coulez dans des flacons que vous boucherez bien.

Baume de savon. (Frictions.) Savon blanc 10 grammes ; camphre 10 ; alcool à 90 degrés 80.

Baume **vulnéraire**. 45 grammes térébenthine de Venise ; 45 résine élémi ; 60 suif ; 30 baume de Tolu. Faites fondre tout cela ensemble.

CATAPLASMES. Le *cataplasme le plus simple*, qui s'emploie dans les cas de *panaris, d'abcès*, etc., où l'on n'a pas besoin d'une grande surface, se compose tout bonnement d'une **pomme de terre** *cuite à la vapeur*, ou d'un *gros oignon cuit à l'étouffé*. On y fait un trou, dans lequel on met le doigt malade, ou bien on les fait tenir par un bandage.

Le **cataplasme simple** des pharmaciens se compose de farine de lin cuite avec de l'eau jusqu'à la consistance d'un empois épais. Il faut remuer tout le temps, pour qu'il ne s'attache pas. Généralement, il faut un tiers de farine et deux tiers d'eau en poids. Il porte aussi le nom de **cataplasme émollient** et forme la base de presque tous les autres. Ainsi, l'on fera le

Cataplasme anodin en arrosant sa surface avec 2 grammes de laudanum de Sydenham.

Cataplasme sinapisé, en recouvrant la surface avec de la farine de moutarde.

Cataplasme camphré, idem, avec le camphre en poudre.

On emploie aussi pour *cataplasmes, la* **mie de pain** cuite à l'eau et les différentes farines et poudres végétales dont on ne devra se servir que sur ordonnance. On y incorpore, selon les cas, toutes sortes de drogues.

CÉRAT. Les cérats sont, par le fait, des pommades ou onguents, dont la base se compose d'huile et de cire. On peut combiner à cette base tous les éléments des pommades ou des onguents.

C. simple. Chauffez 300 grammes d'huile d'amandes douces avec 100 cire blanche, jusqu'à solution, remuez pendant le refroidissement et battez-le pour le rendre plus léger et plus blanc. L'huile d'olive peut remplacer celle d'amande.

C. contre les dartres. Incorporez un poids d'amidon dans 2 de cérat simple.

C. au beurre de cacao. Pommade contre les gerçures des lèvres *et des* **mamelles.** Faites comme le cérat simple en mêlant par poids égaux l'huile d'amandes avec le beurre de cacao.

C. contre les engelures ulcérées. 30 grammes huile de lin avec 16 de cire jaune. Lorsque le cérat est fait, ajoutez 8 teinture de benjoin ; 14 de glycérine ; et quelques gouttes d'une essence parfumée, lavande ou romarin.

Cérat *dit* **Cold-cream.** 215 grammes huile d'amandes douces ; 60 blanc de baleine ; 30 cire blanche ; 60 eau de roses ; six gouttes essence de rose ; 15 grammes teinture de benjoin. (Codex.)

La meilleure manière de manipuler est de chauffer l'huile avec la cire et l'eau. Lorsque tout est fondu, le verser dans un mortier de porcelaine et battre violemment. Enfin, lorsque la masse commence à épaissir, ajouter les autres substances et continuer à battre jusqu'à ce que le tout soit bien homogène. On peut remplacer l'eau de roses par le laurier-cerise et l'essence d'amandes amères ; c'est alors un calmant. Ou par le camphre et l'essence de romarin.

Cérat de Galien. 400 grammes huile d'amandes douces ; 100 cire blanche ; 300 eau de roses. Opérez comme il est dit au *cold-cream.*

Cérat jaune. 350 grammes huile d'amandes ; 100 cire jaune ; 250 eau. Opérez de même. On le dit meilleur, dans son action adoucissante, que le blanc. Il est en usage journalier dans les hôpitaux de Paris.

Cérat à la rose. Pommade pour les lèvres. 10

grammes huile d'amandes douces; 50 cire blanche ; 0ᵍʳ,50 essence de rose ; 0ᵍʳ,50 carmin. Fondre l'huile et la cire **en** le chauffant, les refroidir en battant, ajouter l'essence, et plus tard, le carmin délayé dans un peu d'huile, à l'aide du mortier.

Cérat de Saturne. Dans 90 grammes de cérat de Galien, délayer au mortier 10 eau blanche, ou sous acétate de plomb liquide. (Pour entretenir les plaies et blessures.)

CIGARETTES antiasthmatiques. On les fait en roulant, en forme de cigarettes, du **papier antiasthmatique** préparé. Pour ce papier, on prend 5 grammes de chaque herbe de belladone, digitale, stramoine, sauge; on en fait une décoction avec un litre d'eau, on la passe et l'on y ajoute 75 sel de nitre, et 40 teinture de benjoin. On trempe dans ce liquide une main de papier blanc sans colle, ou papier à filtre, feuille par feuille, on l'y laisse infuser vingt-quatre heures, puis on sèche. Ce papier est ensuite coupé en rectangles de 0ᵐ,10 sur 0ᵐ,07, et enroulé sur lui-même en forme de cigarettes. On peut aussi le laisser en feuilles, et le brûler sous cette forme, dans la chambre du malade.

Les **cigarettes camphrées** sont des petits tubes en plume, os, bois ou autres matériaux, remplis de camphre fragmenté. On aspire l'air qui traverse le tube et se charge d'une faible odeur.

COLLYRES. Il nous semble inutile de donner ici les formules de collyres compliqués qui sont du domaine du médecin.

Nous donnerons seulement celui que l'on emploie pour les yeux fatigués, c'est le **collyre astringent au sulfate de zinc.** Sulfate de zinc 0ᵍʳ,15 à dissoudre dans 100 grammes eau de roses simple. Souvent on remplace l'eau de roses par l'eau de plantain, de bleuet, de mélilot, de sureau, l'effet du collyre est le même.

Une autre variante : 0ᵍʳ,4 sulfate de zinc ; autant de sucre candi ; autant d'iris racine en poudre avec 250 grammes eau de roses. Laissez dissoudre, agitez au moment de s'en servir.

On ne doit pas frotter, mais baigner les yeux. Il existe à cet effet des verres de forme spéciale.

EAU camphrée. Triturez 10 grammes de camphre dans un mortier, avec un peu d'alcool, pour le pulvériser. Mêlez-le avec 1 litre d'eau distillée, et laissez macérer quarante-huit heures ; agitez de temps en temps ; filtrez.

Eau contre la migraine. Mélangez, à poids égaux, de l'essence de serpolet avec de l'ammoniaque liquide et de l'eau-de-vie camphrée. Pour compresses sur le front et aspirations.

Eau ferrée. Mettez une poignée de clous rouillés dans une carafe et remplissez-la d'eau ; laissez en contact vingt-quatre heures avant de vous en servir. Remplacez l'eau à mesure qu'elle se consomme. *Nota.* Il est bon de laver les clous avant de les mettre dans l'eau.

Eau cosmétique. Eaux de roses et de fleurs d'oranger 250 grammes de chaque ; amandes douces pilées 60. Délayez, passez, ajoutez 4 grammes de borax et 8 teinture de benjoin. Pour les soins de la peau et du teint.

Eau de Cologne. Voy. *Alcoolat de citrons composé.*

Eau dentifrice de Botot. Pour 1 litre, faites macérer huit jours 30 grammes d'anis vert ; 8 de girofle ; 8 de cannelle ; 5 essence de menthe anglaise et 875 alcool à 70 degrés. Ajoutez, pour la colorer, 4 grammes de cochenille, 4 crème de tartre pilés ensemble. Après macération et filtration, ajoutez encore 4 teinture d'ambre.

Eau dentifrice savonneuse. Teinture de pyrèthre 100 grammes; essence de savon 400; alcool 200. Mêlez.

Eau dentifrice à l'arnica. Recette originale.

Alcoolature d'arnica 200 grammes. Mélangez avec une dissolution de 1 gr. essence de menthe dans 100 grammes alcool 90 degrés, puis faites-y macérer 2 grammes de clous de girofles.

L'emploi journalier de quelques gouttes de cette eau, mêlée à celle qui sert à la toilette de la bouche, arrête les maux de dents. On peut aussi employer l'alcoolature seule, mais son goût ne plaît pas à tout le monde.

Eau de goudron. Lavez 100 grammes de goudron de Norwège, en le laissant en contact pendant vingt-quatre heures avec 3 litres d'eau distillée ou d'eau de pluie, et agitant de temps en temps. Jetez cette eau, puis versez sur le goudron de la nouvelle eau de même nature, agitez souvent. Si vous voulez l'avoir plus chargée, chauffez l'eau à 50 degrés environ et agitez-la vigoureusement avec le goudron, pendant un quart d'heure, laissez refroidir.

Un autre procédé consiste à faire une pâte sèche avec beaucoup de sable de rivière lavé et le goudron lavé. Ainsi, 10 grammes de goudron pour 300 de sable, et passant l'eau à travers ce filtre. Le goudron, mieux divisé, se dissout mieux.

On a encore proposé la sciure de bois de sapin pour remplacer le sable dans le même but.

Eau de Goulard. Eau blanche. Mêlez ensemble 20 grammes sous-acétate de plomb liquide ; 900 eau de rivière et 80 alcoolat vulnéraire.

Eau de Goulard camphrée. 20 grammes sous-acétate de plomb ; 900 eau de rivière ; 80 alcool camphré. Mêlez.

On les emploie en lotions, compresses, etc., pour dessécher et guérir les plaies.

Eau de lavande. Mêlez ensemble 1 litre d'alcool à 90 degrés ; 1/2 litre eau de Cologne ; 50 grammes essence de lavande et 20 teinture d'ambre gris.

Eau laxative dite **médecine de Napoléon.** Dissolvez 30 grammes crème de tartre soluble ; 25 milligrammes d'émétique ; 60 grammes de sucre, dans 1 litre d'eau. Prenez-en un verre en cas de constipation ou d'embarras gastriques.

Eau panée. Faites cuire 100 grammes pain blanc avec de l'eau, de façon à obtenir 1 litre de décoction. Pour l'avoir meilleure, faites griller la croûte de pain, avant de la cuire avec l'eau.

Eau phéniquée. Agitez violemment et longtemps une bouteille contenant 20 grammes d'acide phénique cristallisé et 1 litre eau commune.

On peut l'avoir plus forte en dissolvant l'acide dans l'alcool et ajoutant l'eau. Plus faible, en augmentant la quantité d'eau.

Eau sédative de Raspail. Il y a trois numéros, dont la base est toujours 60 grammes sel marin et 1000 d'eau, avec 10 d'alcool camphré. On ajoute de l'ammoniaque liquide, à raison de 60 grammes au n° 1 ; 80 au n° 2 ; 100 au n° 3. C'est le n° 1 qui est presque seul employé.

Eau de quinine, ou mieux **eau de quinquina** *pour la* **chevelure.** *Pour arrêter la chute des cheveux et faire la guerre aux pellicules.*

100 grammes quinquina gris concassé sont mis en infusion dans 2 litres eau-de-vie à 60 degrés, en même temps que 30 grammes de cochenille pulvérisée. On agite de temps en temps, et on laisse infuser trois jours.

On sépare le liquide par la filtration, puis on ajoute un parfum de son goût, par exemple 100 grammes eau de Cologne.

On en imbibe le cuir chevelu. Cela sèche vite.

On peut remplacer le quina gris seul par 50 grammes quinquina et 50 écorce de chêne. L'action sera plus tonique sur le cuir chevelu.

En y ajoutant 100 grammes herbe de jaborandi, *la chute des cheveux* sera non seulement enrayée, mais on aura probablement le plaisir de les voir *repousser touffus*, si l'on en fait un usage suivi. Pour que la dose des matières actives ne soit pas trop forte, et de crainte que cette dose exagérée ne produise des accidents, on augmentera un peu la dose d'eau-de-vie.

Si l'eau de quinine n'est destinée qu'à l'entretien de la propreté de la tête, il vaudra mieux supprimer la moitié des écorces, et n'employer l'eau-de-vie qu'à 40 ou 45 degrés.

On pourrait la préparer avec du quinquina ayant déjà servi à faire du vin de quina. Il est loin d'être épuisé, et bien assez riche encore en alcaloïdes et tannin pour cet usage. On en mettra un peu plus.

ESPÈCES. On leur donne aussi le nom de **Thés.** Ce sont des mélanges de végétaux, coupés en menus morceaux, que l'on emploie le plus souvent en **tisane.**

Cependant, les espèces aromatiques servent pour bains.

Toutes les fois que nous ne donnerons pas de proportions, le mélange sera fait à parties égales, toujours en poids.

Espèces amères. Feuilles sèches de germandrée; de chardon bénit et sommités fleuries de petite centaurée; feuilles de ményanthe.

Esp. anthelmintiques *ou* **vermifuges.** Tanaisie, absinthe, camomille, semen-contra.

Esp. antirachitiques pour sommiers. Feuilles mondées de fougère mâle 3 kilos; marjolaine, menthe, sauge 125 grammes de chaque; fleurs de mélilot, trèfle odorant, sureau, rose de Provins, camomille, 60 de chaque; mousse de Corse 125; camphre 30. Mêlez tout cela avec quantité suffisante de paille d'avoine ou d'orge et faites-en un matelas. Au milieu du matelas, vous mettrez une pelote de crin, pas trop serrée, dans laquelle vous enfermerez 60 grammes poivre noir entier. Ces matelas doivent être souvent aérés et exposés au soleil.

Esp. aromatiques. Feuilles de sauge, thym, serpolet, romarin, hysope, absinthe, origan, menthe. Pour *bains* et *compresses*

Esp. astringentes. Racines de bistorte et de tormentille, écorce de grenades. Pour *lavements, gargarismes,* etc.

Esp. béchiques ou **pectorales.** Feuilles sèches de capillaire, hysope, véronique, scolopendre, lierre terrestre, capsules de pavots cassées.

En Alsace, on a l'habitude d'y ajouter feuilles de guimauve et fleurs pieds de chat. *Pour thé.*

Esp. émollientes. Feuilles de mauve, guimauve, bouillon blanc et pariétaire. Pour *lavements, bains, cataplasmes.*

Esp. ou fruits pectoraux. Dattes et jujubes sans leurs noyaux, figues et raisins de Corinthe. Le tout en menus morceaux. *Tisane.*

Espèces fumigatoires. Benjoin, mastic, oliban et baies de genièvre. Concassez, mêlez. On *s'en sert en les brûlant sur des charbons ardents, pour changer l'odeur d'un appartement.* Il en existe d'autres formules; ainsi on peut y mettre encore la myrrhe, le storax, l'encens, le sassafras, la cannelle, les clous de girofle, les fleurs de lavande, de rose, la racine d'iris, le musc, un grand nombre d'essences, et varier ainsi le parfum à l'infini.

Les **Clous fumants** sont faits en pulvérisant les résines qui entrent dans les espèces fumigatoires, les mêlant avec de la poudre de charbon de bois et de salpêtre, et faisant de cette poudre une pâte épaisse avec un mucilage de gomme adragante. On donne à cette pâte, la forme voulue et on la sèche au soleil ou à l'étuve. (Storax, benjoin, encens, myrrhe.)

La **poudre fumigatoire de Berlin. Parfum de prince Kourakin,** est aussi une variante, très variable elle-même. On peut la préparer comme suit : encens, mastic, benjoin, roses de Provins, de chaque 30 grammes; iris, girofle, cannelle, sassafras, lavande, cascarille, de chaque 50 grammes; badiane 20 grammes; pour lui donner une belle couleur, ajoutez pétales de bleuet et safran d'Espagne ou du Gâtinais de chaque 10 grammes. Le tout sera pilé ou coupé aussi fin que possible.

On en met une pincée sur une plaque chaude, pour la laisser s'évaporer, mais on ne la laisse pas brûler, ce qui dégagerait une odeur peu agréable.

Les personnes qui n'aiment pas ces odeurs balsamiques, se contentent de chauffer une pelle et d'y verser un filet d'eau de Cologne, de vinaigre de toilette ou d'une autre de même famille. D'autres y brûlent un morceau de sucre. Voy. *Fièvre typhoïde dans médecine.*

Espèces pectorales ou quatre fleurs. Fleurs sèches de mauve, guimauve, pied de chat, tussilage, violette, bouillon-blanc. Très recommandé dans les *inflammations de la gorge,* à la dose de 50 grammes par litre d'eau bouillante, en infusion.

Esp. purgatives. Thé de Saint-Germain. 120 grammes séné dont on ôte toutes les tiges; 50 fleurs de sureau; 30 semence de fenouil; 50 anis vert; 30 crème de tartre. On le divise en paquets de 5 grammes, *chaque paquet pour une tasse.*

Autre thé purgatif. Séné, mercuriale, pariétaire, mélisse et sanicle, feuilles sèches en parties égales. Ornez-le avec pétales de souci, de bleuet, de coquelicot.

Semences chaudes. Anis, fenouil, coriandre, carvi, auxquelles on peut ajouter carotte, céleri. *En infusé bien chaud contre les coliques, les vents. C'est la base de la liqueur vespétro.*

Semences froides. Semences de calebasse, pastèque, melon et concombre.

Espèces sudorifiques. Bois de sassafras en copeaux ou râpé, fleurs de sureau, de coquelicot, feuilles de bourrache.

Espèces vulnéraires ou thé suisse. En parties égales : Feuilles et sommités : d'absinthe, bétoine, bugle, calament, chamædrys, hysope, lierre terrestre, mille-feuille, origan, pervenche, romarin, sanicle, sauge, scolopendre, scordium, thym, véronique. Fleurs d'arnica, pied de chat, tussilage. *On en fait du thé à la dose de 10 à 15 grammes par litre.*

Espèces vermifuges pour lavements. Herbe d'absinthe, racine de valériane, 30 grammes de chaque ; semence de tanaisie, écorce d'orange, 15 de chaque. Coupez et mêlez.

On verse 1/2 litre d'eau bouillante sur 20 grammes de ces espèces, et l'on en fait deux lavements, en mêlant dans chaque, une cuillerée d'huile empyreumatique. Sur l'ordre du docteur.

ESSENCES. Il ne s'agit pas ici des huiles volatiles simples, mais de compositions diverses, tant hygiéniques que de toilette. Voy. aussi *essences* à la lettre E.

Essence d'ambre. Ambre gris et musc de chacun 10 grammes ; faites-les dissoudre dans un mélange de 350 grammes alcool et autant d'éther. — On donne aussi ce nom à la **teinture d'ambre** composée de 10 grammes d'ambre gris dans 100 alcool à 80 degrés. Pour bien le dissoudre, il est bon de pulvériser ou porphyriser l'ambre avec du sable, et d'y ajouter un peu de carbonate de potasse, qui en développe le parfum.

Essence royale pour le mouchoir. En grammes, prenez: ambre gris 25; musc 12; civette 5; essence de roses 2; de cannelle 3; de bois de Rhodes 2; de néroli 2; carbonate de potasse 6; alcool 90 degrés 860; faites macérer dix à quinze jours et filtrez.

HUILES COMPOSÉES.

Huile camphrée. Camphre en poudre ou râpé 100 grammes; huile d'olives 900. Dissolvez peu à peu et filtrez.

Huile de camomilles camphrée. Remplacez l'huile d'olives par l'huile de camomilles. On la prépare avec 100 grammes de camomilles vulgaires et 1000 huile d'olives que l'on tient chaud au bain-marie pendant deux heures. On filtre et on presse.

Huile de fourmis. (*S'emploie en frictions dans la paralysie.*) Faites digérer pendant un mois des fourmis rouges dans quatre fois leur poids d'huile d'olives, filtrez.

Huile iodée. (*Remplace l'huile de foie de morue sans en avoir le goût détestable.*) Dissolvez, avec l'aide du mortier, 5 grammes d'iode dans l'huile d'amandes douces. Complétez le poids de 1 kilogramme avec huile, et chauffez au bain-marie jusqu'à ce qu'elle soit décolorée.

Huile de Macassar. (*Pour adoucir la peau et la chevelure.*) Mélangez, en les faisant liquéfier au bain-marie, en grammes: huile de tournesol 90; graisse d'oie ou de porc 30; beurre de cacao 10; styrax 10; baume du Pérou 0gr,5; huile de jaune d'œuf 10; essences de néroli 1; de thym 0gr,5; de roses 0gr,05.

Huile philocome. Pour la chevelure. Moelle de bœuf, huile d'amandes douces, huile de noisettes par parties égales. Faites fondre, et aromatisez à volonté.

Il est reconnu que **l'huile de ricin** est encore la meilleure graisse pour la chevelure, aussi bien que pour le graissage des serrures et des portes. Je conseille donc de l'employer, à cet usage, à la place des autres huiles liquides, partout où elles sont prescrites. Elle aide à la croissance des cheveux.

LIMONADES. Boissons tempérantes, rafraîchissantes.

Limonades aux fruits. *Cerises, épine vinette, grenadine, groseilles, framboises, vinaigre, oranges, citrons, etc., etc.*

Dans une bouteille d'un litre, mettez 60 à 80 grammes de sirop du fruit que vous voudrez et remplissez avec de l'eau ordinaire. Autant vaut la préparer dans le verre.

Si vous la voulez **gazeuse**, vous vous servirez *d'eau de Seltz* ou bien vous emploierez les poudres d'acide tartrique et bicarbonate de soude. Voy. *Eau gazeuse.*

Les **limonades de citron et d'orange** se font le plus souvent avec le fruit directement. Dans une carafe ou dans un saladier, on coupe en tranches minces un ou deux fruits, dont il est bon de sortir les pépins, à cause de leur désagréable amertume ; on ajoute du sucre en morceaux, et la dose voulue d'eau ordinaire ou gazeuse. Cette agréable boisson acidule est très rafraîchissante. Rien n'empêche d'agir de même avec les autres fruits ou leurs sucs. Rien n'empêche non plus de faire des limonades à base de fleurs ou d'herbes aromatiques, menthe, mélisse et autres ; ce serait même une façon agréable de s'en servir.

La **limonade purgative** au **citrate de magnésie** peut se faire de deux façons. Dans les deux cas, la base sera de 100 grammes sirop de sucre aromatisé par un peu d'infusion alcoolique d'écorces d'oranges ou de citrons, et la dose d'eau nécessaire pour remplir la bouteille. On y ajoutera dans la *première façon* 50 grammes citrate de magnésie.

Dans la *deuxième façon* on ajoutera 18 carbonate de

...ésie et 30 acide citrique ; on laissera reposer une bonne demi-heure, et le résultat sera le même.

Cette limonade n'est pas *gazeuse*. Pour l'obtenir ainsi, il faudrait supprimer 4 grammes de carbonate de magnésie, et les remplacer par la même quantité de bicarbonate de soude.

Il serait tout aussi agréable d'employer le *citrate de magnésie granulé effervescent*. On pèse la dose de ce sel que l'on veut administrer, on en dissout une cuillerée à la fois par verre d'eau, et l'on absorbe le liquide pendant qu'il mousse fort. C'est la *limonade purgative gazeuse à la minute*.

LINIMENTS ou **FRICTIONS.** Voyez aussi les *Baumes* et les *Alcoolats, Onguents, Pommades*.

Liniment anglais, très en vogue contre les névralgies et les douleurs musculaires : ammoniaque liquide 15 grammes ; chloroforme 10 ; camphre 15 ; teinture d'opium 5 ; alcool 50. Mêlez et dissolvez. Bouchez bien.

Liniment calcaire, contre les brûlures. Mélangez un lait de chaux clair avec de l'huile d'amandes douces à poids égaux. Agitez fort et longtemps, décantez l'eau, et servez-vous de ce qui reste.

LOOCH blanc ou **amygdalin,** d'après le codex. Pilez 30 grammes amandes douces et 2 amandes amères avec un peu de sucre, et faites-en une pâte homogène que vous délaierez dans 120 grammes d'eau. Passez l'émulsion. Triturez 0gr,5 de gomme adragante avec le reste du sucre, en tout 30 grammes sucre, délayez cette poudre avec un peu de l'émulsion, battez vivement et longtemps. Ajoutez le reste de l'émulsion et 10 grammes eau de fleurs d'oranger.

En examinant bien cette formule, nous voyons que c'est tout simplement le *sirop d'orgeat* coupé d'eau et moins sucré.

Les *autres loochs* médicaux ne sont pas de notre ressort.

LOTIONS. Pour appliquer en compresses.

Lotion á l'acide thymique *pour panser les plaies.* 1 gramme acide thymique, dissoudre dans 4 alcool, et verser dans eau pour 1 litre.

Lotion contre les taches de rousseur. 20 grammes eau de roses ; 20 eau de fleurs d'oranger ; 2 borax ; dissoudre, mêler.

Lotion contre la teigne. 8 grammes sulfure de soude; 10 savon blanc ; 8 alcool ; 220 eau de chaux.

On en imbibe un linge, tous les deux jours, et l'on s'en sert pour envelopper la tête du malade.

Lotion contre les gerçures. 120 grammes eau, 30 glycérine ; 4 borax.

Lotion de Gowland. *Très renommée en Angleterre, contre les boutons du visage, taches de la peau, etc. Pour la toilette, on l'étend d'eau, elle assouplit la peau et lui donne de l'éclat. Pour les rousseurs, boutons, on l'emploie pure en compresses.*

90 grammes amandes douces. Pilez avec un peu d'eau et faites-en une émulsion. En tout 500 grammes d'eau. D'autre part, dissolvez 8 décigrammes de sublimé corrosif et 1^{gr},8 de chlorhydrate d'ammoniaque, dans 15 grammes d'alcool coupé de 15 eau de laurier-cerise. Mêlez les deux liquides.

Lotion savonneuse, *contre les dartres.* Dissolvez à chaud 60 grammes savon blanc dans 1 kilogramme eau.

Lotion sulfureuse. Trisulfure de potasse 20 grammes dans eau distillée 100. Dissolvez et filtrez. (*Codex.*)

LOTION contre la calvitie. Faites dissoudre 3 grammes de carbonate de potasse et 3 carbonate d'ammoniaque dans 75 eau distillée. D'autre part, mélangez 3 grammes teinture de cantharides avec 500 de rhum et 75 d'alcool. Mêlez les deux solutions. *Imbibez le cuir chevelu de cette eau, tous les matins, pendant quelques minutes.*

ONGUENTS. Voyez aussi *baumes, emplâtres, pommades.*

Onguent basilicum, suppuratif, royal, de poix.
Faites fondre ensemble 100 grammes de chaque : poix noire, colophane, cire jaune et 400 huile d'olive.

Onguent de la Mère. 100 grammes huile d'olive ; 50 de chaque : axonge (saindoux) ; beurre ; suif ; cire jaune ; litharge en poudre ; 10 poix noire purifiée. Mettez les matières grasses dans une grande bassine, et chauffez jusqu'à ce qu'elles commencent à fumer. Ajoutez alors la litharge peu à peu en agitant continuellement, jusqu'à ce que la masse ait pris la couleur brun foncé. Ajoutez la poix noire purifiée, et quand la masse sera à demi refroidie, coulez-la dans un pot, ou sur des capsules en papier.

La manipulation exige des précautions pour éviter que le liquide ne prenne feu, ce qui arrive facilement.

On l'emploie comme maturatif et suppuratif.

Pâtes pectorales. Toutes les pâtes pectorales des pharmacies se réduisent à la pâte de gomme plus ou moins variée de goût et d'aspect.

La **pâte** *dite* **de guimauve.** Le *codex* la prescrit ainsi :

Gomme arabique blanche	1000 grammes	
Sucre.	1000	»
Eau commune	1000	»
Eau de fleurs d'oranger .	100	»
Blancs d'œufs	n° 12	

Concassez la gomme, faites-la dissoudre au bain-marie dans l'eau, passez ; remettez la solution gommeuse sur le feu, dans une bassine plate, toujours au bain-marie, ajoutez le sucre en remuant continuellement jusqu'à consistance de miel épais.

D'autre part, battez les blancs d'œufs en neige, ajoutez-les par portions à la pâte, que vous agiterez vivement, continuez à battre la pâte, jusqu'à ce qu'en l'appliquant avec la spatule sur le dos de la main, elle n'y adhère plus, alors coulez sur une table de marbre ou dans des boîtes couvertes d'amidon. Conservez dans un mélange d'amidon 3, sucre 1.

La **pâte de jujubes** *du codex* contient des jujubes. En voici la recette :

       Gomme arabique   .   .   .   3000 grammes
       Infusé (de 500 gr.) jujubes 3500   »

Concassez la gomme, faites-la dissoudre à froid, passez.

Mettez le soluté dans le bain-marie d'un alambic avec
       sucre concassé   2000 grammes.

Faites fondre le sucre en agitant, et faites évaporer en consistance de sirop très épais, en ajoutant vers la fin :

       Eau de fleurs d'oranger 200 grammes.

Maintenez au bain-marie bouillant pendant douze heures, enlevez la croûte qui se sera formée à la surface, et coulez la pâte dans des moules en fer-blanc que vous porterez à l'étuve pour achever la concentration de la pâte.

On est obligé de graisser ces moules pour que la pâte n'y adhère pas trop, et qu'on puisse la retourner.

Ce graissage se fait le mieux avec la vaseline blanche qui ne rancit jamais.

La plupart des pâtes de jujubes du commerce ne contiennent pas de jujubes, et ne sont que de la pâte de gomme transparente, aromatisée avec de l'eau de roses.

Pâte de lichen *du Codex.*

       Lichen d'Islande   500 grammes
       Gomme arabique 2500   »
       Sucre   2000   »
       Extrait d'opium .   1,5 »
       Eau (quantité suffisante).

Pour priver le lichen d'amertume, lavez-le dans de l'eau bouillante, rejetez cette eau ; faites bouillir ensuite le lichen pendant une heure dans une nouvelle quantité d'eau, de manière à obtenir 3000 de décocté ; passez avec expression ; ajoutez à la liqueur la gomme et le sucre, puis l'extrait dans un peu d'eau, et évaporez à une doucé chaleur, en battant fortement avec une spatule de bois, jusqu'à ce que la pâte n'adhère plus au dos de la main ; coulez alors sur un marbre huilé. Cette pâte contient environ 0^{gr},03 d'extrait d'opium sur cent.

On y ajoute souvent un peu de fleur d'oranger.

Pâte de réglisse brune du *codex*.

Suc de réglisse. . .	100 grammes
Eau	2500 »

Faites dissoudre, passez et ajoutez

Gomme arabique . .	1500 »
Sucre	1000 »
Extrait d'opium . .	1 »

Opérez comme pour la pàte de lichen.

Pâte de réglisse blanche.

Remplacez le suc de réglisse par un infusé de bois de réglisse.

Pâte de réglisse noire :

Suc de réglisse . .	500 grammes
Gomme.	1000 »
Sucre	500 »
Eau	3000 »

Opérez comme pour la brune. Pas d'opium.

On peut y introduire un peu d'essence d'anis et elle porte le nom de réglisse anisée ; ou de poudre d'iris, c'est alors la réglisse à la violette.

Pâte *dite* grains de cachou. Pétrissez 100 grammes de cachou avec 400 de sucre et 45 de mucilage de gomme adragante. Incorporez-y, selon le goût que vous voudrez lui donner, un peu d'essence de menthe, d'anis, de rose, ou de

Pommade vulnéraire des anciens. *Très recommandée contre les plaies, chutes, contusions*. 50 grammes fleurs d'arnica ; 25 sommités fleuries d'hypéricum ; 25 sommités fleuries de verveine.

Les cuire avec 800 grammes d'axonge jusqu'à ce que toute l'eau des plantes soit évaporée. Passer, exprimer.

POUDRES DENTIFRICES. *On les emploie, avec une brosse à dents, après les avoir délayées dans un peu d'eau. Ou bien on humecte la brosse, puis on la trempe dans la poudre, pour en frotter les dents.*

Le codex en donne plusieurs :

Poudre dentifrice absorbante. Carbonates de chaux, de magnésie, poudre de quinquina gris, 100 grammes de chaque. Essence menthe 1 gramme.

Mélangez intimement dans un mortier.

Poudre dentifrice acide. Crème de tartre, sucre de lait, de chaque 200 grammes ; laque carminée 20. Essence menthe 1 gramme.

Poudre dentifrice de l'ancien codex. Poudre d'Ar-ménie, corail, os de seiche, de chaque 90 grammes ; sang dragon 45 ; cochenille 12 ; crème de tartre 140 ; cannelle 24 ; girofle 4.

Faites une poudre fine.

En dehors du codex, nous trouvons d'autres poudres :

Poudre dentifrice alcaline. Talc de Venise 120 grammes ; bicarbonate de soude 30 ; carmin 0^{gr},3 ; essence menthe 1.

Autre. Charbon de tilleul ou de peuplier pulvérisé, quinquina gris pulvérisé 20 grammes de chaque ; magnésie calcinée 10 ; essence menthe 6 gouttes.

Autre *très recommandée*. Cendres de cigares, poudre de quinquina gris, de chaque 50 grammes. Essence menthe 7 à 8 gouttes.

Poudre dentifrice au corail. 125 grammes corail rouge pulvérisé ; 30 sang dragon ; 0gr,30 carmin ; 20 sucre ; 10 gouttes essence de citron.

Poudre dentifrice au charbon. 200 grammes poudre de charbon de bois ; 100 quinquina gris ; 1 essence menthe.

Poudre dentifrice savonneuse. Poudres de savon et de racine d'iris 60 grammes de chaque ; de seiche et de craie, 90 grammes de chaque ; essences de citron et de girofle 1 gramme de chaque.

Poudre desinfectante. Coaltar gypseux. 100 grammes de plâtre fin à mouler ; 2 goudron de houille. Mêler. *Pour le pansement des plaies.*

Poudres fumigatoires. Voy. *Espèces.*

Poudre pour eau gazeuse ou **gazogène.** Voy. *Eau.*

4 grammes bicarbonate de soude. Faire un paquet bleu.

4 » acide tartrique. Faire un paquet blanc.

Pour s'en servir, remplir une bouteille renforcée, avec de l'eau, ajuster un bouchon, jeter le contenu de deux paquets, l'un blanc, l'autre bleu, dans la bouteille, boucher et ficeler. La bouteille doit avoir un vide de la valeur d'un verre à bordeaux.

SACHETS. *Ceux dont nous parlons ici sont destinés à parfumer le linge dans les armoires ou les tiroirs.*

On fait un petit sac, en forme de coussin, on le remplit avec une substance parfumée, en poudre plus ou moins fine, puis on le ferme par une couture.

Les parfums employés le plus ordinairement sont : la *poudre d'iris de Florence,* les *fleurs de lavande,* l'*herbe de patchouli,* le *bois de Rhodes.* On peut aussi les remplir d'une poudre inerte, telle que la craie, la sciure de bois, à laquelle on communique une odeur au moyen d'un *triple extrait de fleurs.* Ce procédé a le défaut de donner des odeurs trop fortes, et qui s'évaporent vite. Le meilleur et le plus durable des sachets, est celui à l'iris. Il laisse une délicieuse odeur de violettes et dure longtemps.

SIROPS. Voyez le mot *Sirops*, dans le dictionnaire, à sa place normale.

Sucs. Voyez de même le mot *Suc* et *framboise* dans *fruits*.

TEINTURES. Voyez l'explication à *Alcoolatures*.

Teintures de benjoin et de **tous les baumes, résines, gommes-résines** et **térébenthines**. 100 grammes de matière aussi divisée que possible; 500 alcool à 80 degrés. Faites macérer dix jours en agitant le plus souvent possible, et filtrez.

Teintures de cannelle, girofles, et de **toutes** les **épices et aromates de ce genre**, y compris les **zestes d'oranges et de citrons**. 100 grammes de matière pilée, dans 500 d'alcool à 80 degrés; macérer dix jours, filtrer.

Teintures de gentiane et en général des **plantes, herbes, fleurs, racines, écorces, quinquinas, noix** de **galles**, etc.

Matière 100 grammes; alcool à 60 degrés 500 ; macérer dix jours, filtrer et presser le résidu sur le filtre.

Teintures de musc, civette, ambre, vanille, castoréum, cochenille, safran.

100 grammes de matière divisée autant que possible, et 1000 d'alcool à 80 degrés. Dix jours de macération, filtrez, pressez comme ci-dessus.

VINS médicinaux et hygiéniques.
Vin d'absinthe, amer, tonique, vermifuge.
30 grammes herbe d'absinthe ; 60 alcool à 60 degrés.
Laissez en contact vingt-quatre heures, ajoutez 1000

grammes d'un bon vin généreux. Laissez en contact dix jours en agitant de temps en temps, passez, exprimez, filtrez.

Les vins de **coca**, **d'aunée racine**, de **colombo**, de **quassia amer**, de **valériane**, de **guaco**, **d'eucalyptus** se préparent de même.

Vin de cachou. Teinture de cachou 80 grammes, dans vin rouge 1000.

Vin cordial de cannelle. 30 grammes de cannelle cassée, en macération six jours dans 500 de malaga.

Vins de Cascarille, genièvre, gingembre, se préparent de même, avec ces aromates au lieu de cannelle.

Il est toujours utile de les concasser.

Vin de gentiane (*apéritif*). Comme le vin d'absinthe, en remplaçant cette herbe par la racine sèche de gentiane coupée menu.

Vin de salsepareille (*dépuratif*). Extrait alcoolique de salsepareille 100 grammes. Vin de Malaga 300. Dissolvez et filtrez.

Chaque gramme représente deux grammes de racine de salsepareille. (*Prendre le matin à jeûn de 10 à 15 gr.*)

Vin de quina jaune ou rouge. Se fait absolument comme celui d'absinthe, en remplaçant cette dernière par le quinquina calisaya ou le succirubra (*fébrifuge, se prend avant le repas*).

Vin de quina gris. Mettez 60 grammes de quinquina gris au lieu de 30, et le reste comme ci-dessus (*fortifiant et apéritif*).

Ces mêmes vins de quinquina à base *de Malaga, Xérès, Madère*, se font sans alcool, en mettant le quina directement dans le vin. (*Ces vins se prennent par petit verre, avant le repas.*)

Vin de présure. (*Remplace la pepsine, contre les digestions difficiles.*)

Prenez un estomac de veau ; ôtez le cardia ; lavez-le avec soin, essuyez bien l'intérieur ; coupez-le en menus morceaux, et faites infuser ces morceaux, pendant trois semaines, dans un bon vin de Xérès ou de Madère. Filtrez. (*On en prend une cuillerée à soupe, dans un demi-verre d'eau, après le repas.*)

Vin de rhubarbe (*purgatif*). Infusez 30 grammes rhubarbe en poudre, dans 500 de vin de Malaga. (*Dose selon le tempérament et l'effet désiré. Un verre avant le repas.*)

Vin rosat (*pour pansements astringents*). 2 grammes de pétales de roses rouges de Provins, infusés dans 30 de vin rouge.

Vin de centinode. 100 grammes centinode herbe sèche, coupée menu, infusée dans 1 litre de vin de Malaga. (*Bon remède populaire contre la diarrhée, la dysenterie.*) *La tisane de centinode vaut peut-être mieux.*

VINAIGRES hygiéniques et médicamenteux.
Vinaigre framboisé. Framboises fraîches, bien épluchées 3 kilogrammes ; vinaigre blanc 2. Macérez dix jours, et passez sans exprimer.

Vinaigre de fraises, de cerises, de groseilles, de même.
Vinaigre de toilette. (*Formule particulière.*)

50 grammes de chaque : essences citron et bergamotte ;
10   »   de chaque : essences néroli et géranium rosat ;
5   »   essence de romarin ;
100   »   de chaque : teinture de benjoin, de storax ;
100   »   éther acétique ;
200   »   caramel dissous dans 500 d'eau chaude ;
15 litres alcool à 90 degrés ;
3   »   eau. Mêler le tout, ajouter 400 grammes acide acétique cristallisable.

Complétez les 20 litres avec de l'alcool 90 degrés.

Laisser en contact huit jours, et filtrer.

Vinaigre virginal. (*Pour la peau*.) Parties égales en poids, d'alcool, vinaigre fort, teinture de benjoin.

Mélangez dans l'ordre indiqué.

Vinaigre dentifrice. Racine de pyrèthre 60 grammes, cannelle et girofle 8 de chaque; esprit de cochléaria 60; résine de gaïac 8; eau vulnéraire rouge 125; vinaigre blanc 2000.

On dissout la résine dans l'eau vulnéraire, on infuse le reste dans le vinaigre. Le mélange devient laiteux, mais après quelques jours, il se clarifie tout seul; alors on le décante, ou l'on filtre.

PICKLES. Voy. *Vinaigre factice.*

Prenez 1 litre de bon vinaigre fort et dissolvez-y 80 grammes de sel, vous y infuserez un petit bouquet d'estragon, ciboule, échalote, fenouil, thym et autres aromates en petite quantité de chaque.

Lorsque votre vinaigre sera chargé du parfum de vos plantes, versez-le dans un bocal de 2 litres de capacité, ou dans plusieurs bocaux plus petits, ce qui vous sera peut-être plus agréable pour l'emploi.

A mesure que la saison vous apportera vos légumes ou vos petits fruits, vous en mettrez dans le bocal en leur faisant subir d'abord un blanchiment, si c'est nécessaire, ou au naturel dans l'autre cas. Le seul soin à observer est de les essuyer proprement avec un linge doux après les avoir bien lavés à l'eau fraîche. *On sert les pickles comme hors-d'œuvre.*

Voici une liste des articles que nous avons ainsi traités pour notre usage et qui nous ont donné toute satisfaction.

Chou-fleur. Divisez en petites branches, blanchissez.

Carottes jeunes, coupées en tranches, au naturel.

Maïs, les jeunes épis au naturel.

Oignons petits, au naturel, bien pelés.

Haricots verts, prenez-les tout petits, jaunissent facilement.

Persil, la racine en tranches, au naturel.

Pois verts sans aucun apprêt, mais écossés.

Cornichons. Essuyez-les, imprégnez de sel, laissez fondre ce sel naturellement pendant vingt-quatre heures, puis essuyez-les bien et mettez au vinaigre froid.

Petit melon, comme le cornichon ; on emploie à cela les jeunes melons qu'on est obligé de pincer dans les cultures pour faire grossir les autres.

Piment vert ou rouge, au naturel.

Groseilles rouges et blanches, en les coupant une à une de leurs grappes, et leur laissant un petit bout de leurs tiges ; au naturel.

Groseille à maquereau, un peu avant maturité.

Capucines, les graines avant maturité et les boutons de fleurs. Elles remplacent les câpres.

Culs d'Artichauts en rondelles ; au naturel ou blanchis.

Asperges, les pointes vertes coupées court.

Champignon, au naturel. Un chimiste alsacien, qui a long-temps habité la Russie, raconte que, dans ce pays, on met au vinaigre toutes les variétés de champignons vénéneux. On les coupe en tranches, qu'on infuse vingt-quatre heures dans de l'eau contenant 20 pour cent de vinaigre, on égoutte les champignons, et on change l'eau vinaigrée ; de même trois ou quatre fois. Ce vinaigre faible dissout tout le venin du champignon ; on doit donc le jeter. Après ces lavages, on met les champignons au vinaigre de la même façon que nos pickles et on les mange sans inconvénient comme hors-d'œuvre. Je donne cette manière de faire sans ma garantie, ne l'ayant pas essayée moi-même.

Céleri rave, rondelles de racines au naturel.

Choux de Bruxelles. Les plus petites têtes bien dures.

Navets bien jeunes, en tranches minces, au naturel.

Salsifis. Les racines après cuisson, joliment découpées.

PIGEONS en compote. Videz et flambez, bridez-les, les pattes en dedans, remettez le foie dans le corps. Faites-les revenir dans le beurre, et retirez-les. Dans ce même beurre faites prendre couleur à de petits dés de lard dessalé, que vous retirez, pour faire un roux, toujours du même beurre.

Remettez le lard et les pigeons et du bouillon coupé de vin, bouquet garni, sel et poivre, quatre épices, échalote, et petits oignons sautés au beurre. Laissez mijoter.

Pigeons à la crapaudine. Videz et flambez, fendez-les par le dos, sans les séparer, pressez-les pour les aplatir. Arrosez-les d'huile et couvrez-les d'un hachis de champignons, persil et ciboules, sel et poivre, chapelure. Grillez-les à feu doux. Servez avec sauce piquante.

Rôtis. Garnissez-les de lard et d'une feuille de vigne, ou comme les perdrix, tranches de citron et de lard. A la broche.

Farcis. Fendez le dos, remplissez-les d'une farce faite avec leur foie, chair à saucisses, lard, mie de pain, champignons ou truffes et jaune d'œuf, épicez. Faites cuire en tourtière beurrée feu dessus et dessous. Faites une sauce avec leur jus et ajoutez-y un peu de vinaigre ou jus de citron.

A la casserole. Fendez-les comme *à la crapaudine*, cuisez-les avec beurre, dés de lard, sel, poivre ; dressez-les en les entourant de leur lard avec croûtons frits, et leur jus.

A la tartare. Fendez-les de même. Imbibez-les de beurre et de chapelure mêlée de fines herbes hachées, assaisonnez, grillez à petit feu. Servez avec sauce tartare.

Aux petits pois. Faites-les *en compote* ou *à la casserole* et servez-les sur des petits pois, que vous arroserez de leur jus.

En fricassée. Coupez-les en quatre et faites comme un poulet.

Pintade. Voy. *Volailles.*
Pluvier. Se traite comme les *bécasses.*
Piquer. Voy. *Larder.*

Plumes. Dans les maisons où l'on consomme une certaine quantité de volailles, que ce soient des poulets, ou des oies, dindes, canards, pigeons, même oiseaux de moindres dimensions, on a la mauvaise habitude de jeter les plumes. Il y a cependant en elles une certaine valeur qui n'est pas à dédaigner.

Laissez entières toutes les menues plumes ou duvets qui n'ont pas la corne trop dure ; à moments perdus, coupez, aux plumes dures, le duvet des deux côtés, ce qui se fait très bien avec des ciseaux, et assez vite.

Lorsque vous aurez une certaine quantité de ces plumes, mettez-les dans un grand tamis, ou une caisse, un baril, un sac selon ce dont vous pourrez disposer, et passez-y un bon courant de vapeur pendant une bonne demi heure ou davantage.

La vapeur a pour but, sans mouiller les plumes, de tuer tous les germes, microbes, qui pourraient s'y trouver, et de gonfler le duvet. On laisse les plumes se ressuyer à l'air, puis on peut les employer dans la literie aussi bien que celles que l'on fait venir des pays du Nord, et qui sont assez chères.

Si l'on en possède une trop grande provision, c'est un article facile à vendre, et qui trouve toujours des amateurs. L'argent qui en provient, et qui ne coûte qu'un peu de travail assez amusant pendant les longues soirées d'hiver, peut former la base de livrets de caisse d'épargne pour les enfants de la maison. En y joignant le profit d'économies semblables, on arrivera sans embarras à leur créer un petit capital pour leur majorité.

Pointe. Vient de pointe de couteau, considérée comme mesure. C'est une pincée. Une *pointe* de sel, d'ail, de poivre, etc.

Poiré. Voy. *Cidre.*

Poireau. Ne s'emploie guère qu'en bouquets ou au pot au feu.

Pois. Les **pois secs** ne servent qu'à faire une purée qui peut être présentée comme légume chargé, ou comme potage. Voy. *Soupe aux pois,* aux *potages. ; légumes secs.*

Les **Pois verts** sont de deux sortes : les *pois avec parchemin,* que l'on *écosse* ; et les *pois sans parchemin* ou *mange tout,* qui ne s'écossent pas, mais que l'on cueille avant que le grain soit entièrement formé.

Les deux espèces s'apprêtent de même ; cependant le mange-tout supporte un blanchiment préalable.

Les uns salent, les autres sucrent les pois verts.

Au naturel. Ne les lavez pas. Mettez-les dans une casserole avec du beurre frais et laissez-les bien s'imprégner, sur un feu doux. Ajoutez quelques oignons coupés, un bouquet de persil, sel ou sucre. Cuisez lentement et retirez le persil avant de servir.

A la crème. Le précédent avec sucre. Mouillez de crème.

A l'anglaise. Cuisez-les à l'eau bouillante avec sel et poivre, égouttez, dressez-les peu cuits avec un gros morceau de beurre frais.

Au lard. Faites revenir dans le beurre du lard coupé en gros dés. Quand il est bien roux, mettez-y vos pois ; sautez plusieurs fois, ajoutez bouquet de persil et sel et poivre, laisser mijoter jusqu'à cuisson, ôtez le bouquet et servez.

A la bourgeoise. Mettez-les au beurre avec une laitue pommée ou une romaine, ajoutez bouquet de persil, ciboule, oignons, sel ou sucre. Mijotez bien doucement et lorsqu'ils seront cuits, ôtez le persil, et la laitue si vous voulez, liez avec beurre et jaune d'œuf.

Ils ne doivent pas être trop cuits, mais juste assez pour ne pas jaunir.

Les **cosses séchées** des pois verts donnent un fin goût au pot au feu. On les sèche au four en les torréfiant légèrement.

POISSONS d'eau douce.

Ablette. Petit poisson aux écailles brillantes, dont on a fait des têtes d'épingles imitant la nacre. On le mange en friture.

L'ablette se tient à la surface des eaux courantes, et chasse les insectes qui voltigent sur l'eau. La meilleure façon de la prendre à la ligne est de pêcher avec un long fil, auquel on attache une série de très petits hameçons tenant à des crins de Florence. Chaque hameçon est garni d'une mouche d'appartement. Lorsque ces hameçons se tiennent à la surface et en plein courant, on prend des quantités considérables d'ablettes.

Anguille. Poisson en forme de serpent et sans écailles. Sa peau est très visqueuse. La peau est le meilleur fil pour coudre les courroies de transmission, et le cuir en général. Je l'ai vu appliquer pour comprimer des varices.

L'anguille se tient le jour dans les trous, le long des berges des rivières. Avec une baguette de noisetier à laquelle vous attachez un hameçon muni d'un beau lombric, et que vous enfoncerez dans lesdits trous, vous en prendrez certainement. Mais il faut descendre dans la rivière.

Barbot, Lotte, Meunier. Variétés de poissons blancs, base des matelotes, qui n'ont que le défaut d'avoir des arêtes jusque dans la chair. Poissons à bas prix. On les pêche au ver rouge, à la mouche artificielle, au fromage, même au pain, selon la saison.

Brème, Carpe, Tanche. Poissons herbivores. La carpe peut atteindre jusqu'à 8 ou 10 kilogrammes, elle vit plusieurs siècles. La brème lui ressemble beaucoup.

La tanche, plus petite, habite les fonds vaseux. On les prend à la ligne, en garnissant l'hameçon avec des morceaux de pain, ou des gros vers rouges.

Lorsque ces poissons ont un goût de vase, ce qui arrive souvent, on les en débarrasse en les mettant, vivants si c'est possible, pendant une ou deux heures, dans un baquet d'eau contenant un verre de vinaigre.

Perche. Un des meilleurs poissons de rivière ; chasseur et vorace, il se pêche au ver de terre, mais il est très méfiant ; tout l'hameçon doit être invisible, et le pêcheur doit se cacher avec soin.

Sa chair, d'une excellente saveur, est blanche et fine. Sa peau est rayée comme celle du zèbre.

Brochet. Le plus vorace de tous. On prétend qu'il est capable d'avaler un poisson presque de sa taille. On le pêche au vif, c'est-à-dire avec un poisson comme appât. Comme il couperait le fil le plus solide avec ses dents tranchantes, on attache l'appât avec un fil de laiton.

Chair blanche, ferme, très estimée. Il atteint des proportions énormes.

Goujon. On le pêche avec toutes sortes d'appâts, vers de vase, de terre et de viande, etc. Il faut mettre un plomb, et laisser traîner l'appât sur le fond qu'il habite toujours.

On le mange en friture, et c'est lui qui fait les délices des parties de campagne aux environs de Paris.

Tous les traiteurs, le long de la Seine, ont la réputation de la friture de goujons. Plus il est petit, meilleur il est puisqu'on peut le frire plus dur.

Vairon ou **Véron**. Plus petit que le goujon, il voyage en troupes de quelques centaines et remonte les chutes d'eau les plus raides. On le prend dans des bouteilles spéciales que l'on pose au fond de l'eau. Le véron y entre par le fond, ouvert en forme d'entonnoir, comme dans une souricière, et n'en peut plus sortir.

On prétend qu'il ne faut pas vider le véron pour le frire. C'est tout simplement une paresse de cuisinière. Je soutiens qu'il n'a rien de propre dans le ventre, mais il est si petit!

Truite, Ombre chevalier. L'*ombre* est une truite toute blanche et allongée, spéciale au lac de Genève. Cependant, la pisciculture a tenté de l'acclimater ailleurs et de le propager dans diverses rivières. Je ne connais pas les résultats actuels de ces essais intéressants.

La *truite* habite les rivières dont l'eau est pure et courante, sur un fond de sable ou gravier. Vous ne la rencontrerez pas dans les eaux dormantes ou vaseuses. C'est le plus délicat des poissons d'eau douce, le plus estimé et le plus cher aussi.

Il y a la *truite noire*, à chair blanche, habitant les torrents des montagnes, la meilleure de toutes, qui se pêche à la mouche artificielle. Elle arrive rarement au poids du kilogramme.

La *truite saumonée* habite les rivières plus larges, à courant plus calme; elle atteint une dimension très respectable, jusqu'à 10 kilogrammes et même plus. On peut la prendre parfois à la mouche artificielle, mais les grosses se pêchent au vif comme le brochet.

La *truite des lacs*, dont j'ai vu quelques exemplaires du lac *blanc d'Orbey*, est très courte, très épaisse et bossue. Ses yeux sont très petits. Elle habite les profondeurs des lacs des Vosges qui vont jusqu'à 100 mètres et plus.

POISSONS de mer. Commençons par les *poissons plats*.

Barbue. Variété du turbot. N'a pas d'aiguillons, sa chair est moins ferme. Il est inférieur au turbot.

Carrelet. Ressemble à la plie ; forme de losange.

Limande. Variété de plie ; tête plus pointue.

Plie. Presque carré ; les yeux du côté droit de la tête.

On confond souvent la plie, la limande, le carrelet.

Sole. Forme oblongue, chair infiniment plus ferme et plus délicate que ses congénères ci-dessus.

Turbot. Forme losange, beaucoup plus épais que la sole et sa famille. Il arrive parfois à de très grandes dimensions. Chair feuilletée, blanche. Poisson de luxe.

Raie. Poisson très commun, ce qui n'ôte rien à sa qualité. Frais, il est coriace ; il a besoin de voyager ou de reposer trois jours au moins pour s'attendrir.

Il est presque rond. Avant de le cuire, il est bon de le tremper une bonne heure dans l'eau fraîche que l'on renouvelle, sans quoi il aurait un goût assez prononcé d'ammoniaque.

Passons à la famille des truites :

Saumon. Tacon. Le *tacon* est un *jeune saumon*, ou *saumonneau*. Le saumon remonte les fleuves, et c'est dans leurs eaux qu'on le pêche au printemps et à l'automne. En été, sa chair est plus ferme. Il atteint des dimensions considérables.

La chair du saumon, fort estimée, est très indigeste.

Mulet, Surmulet, Rouget. Paraissent en hiver, chair délicate. Dans la Méditerranée, on pêche une sorte de rouget plus gros que celui de l'Océan et d'une nuance grise, sous le nom de **griset**.

Nous avons encore à parler de :

Alose. Poisson blanc qui ressemble à une carpe et qui remonte les fleuves comme le saumon. Il devient aussi gros que lui. Il n'a pas de dents, tête large, dos épais, arrondi, ventre tranchant.

Bar. Poisson à grosse tête, chair très délicate. Il remonte également les fleuves au printemps.

Colin. Peu estimé à cause de la fadeur de sa chair. On peut cependant y remédier en augmentant la dose de sel et d'aromates au court-bouillon.

Congre ou **Anguille de mer.** Qui arrive à des dimensions fort respectables. Sa chair délicate et ferme se débite en tranches. Après sa cuisson, le court-bouillon peut servir de base à un *délicieux potage maigre*, qui a toute l'apparence et le goût du bouillon de viande. On le traitera de même.

Esturgeon. Très gros. Il remonte les fleuves, mais se pêche surtout dans la mer Caspienne. C'est avec ses œufs que se fabrique le fameux *caviar* dont les Russes et les Allemands font grand cas. La chair de l'esturgeon a de l'analogie avec celle du veau.

Cabillaud, Morue. C'est le même poisson, cabillaud quand il est frais, morue quand il est salé.

Merluche est une variété de morue qu'on sale et qu'on sèche comme elle.

Thon. Habite la Méditerranée, où il atteint le poids de 500 kilogrammes. On le sale et on le conserve en boîtes à l'huile.

Maquereau. Poisson sans écailles, de passage au printemps et en été. Sa chair est indigeste.

Merlan. Blanc argenté sous le ventre, verdâtre sur le dos. Sa chair est blanche, légère, facile à digérer.

Hareng. Très abondant, car il ne voyage qu'en troupes innombrables, couvrant des lieues carrées. Il paraît sur les côtes de France entre octobre et janvier. On en sale, on en fume et on en mange frais.

Salé et fumé, il prend le nom de *hareng saur*.

Parmi les petits poissons, nommons encore :

La **Sardine.** Ressemblant beaucoup au hareng, mais de beaucoup plus petite. Ne se conserve pas fraîche. On la sale, puis on la confit à l'huile et on la met en boîtes de conserves. C'est une immense industrie des côtes de Bretagne.

Anchois. Petit, long, étroit. On le sale après en avoir séparé la tête et l'avoir vidé.

Eperlan. Forme intermédiaire entre le goujon et l'ablette, blanc de perle, fort délicat et très estimé. A frire.

Préparation des poissons.

Le **court-bouillon** se prépare avec une base variable. Ainsi, on peut le faire avec du vin rouge ou blanc plus ou moins coupé d'eau, ou avec de l'eau tout simplement vinaigrée plus ou moins, selon que le poisson à cuire à une tendance à la fadeur.

On y ajoute sel, poivre, oignons coupés, ciboule, persil, thym, marjolaine, laurier, girofles et en général toutes les épices et tous les aromates applicables en pareil cas· On fait cuire le court-bouillon seul, puis on le passe au tamis, ce qui donne un bon résultat. On peut aussi le cuire de suite avec le poisson.

Le court bouillon au vin rouge prend le nom de **bleu.** C'est alors un poisson au bleu. Il est préféré surtout pour certains poissons d'eau douce, notamment la *truite* et le *brochet.*

Le même court-bouillon peut servir plusieurs fois en remplaçant la partie usée par du nouveau vin. Le poisson à cuire ainsi doit être soigneusement vidé et épluché, les nageoires coupées, chacun selon sa forme et son espèce.

Pour les *écrevisses*, il est d'usage d'augmenter la dose de poivre considérablement et de se servir de préférence de vin blanc. On leur ôte une sorte de boyau qui se trouve sous la queue et on les jette vivantes dans le court-bouillon bouillant. On reconnaît qu'elles ont subi cette douleur lorsqu'elles ont la queue violemment contractée sous le ventre. Celles dont la queue est tendue n'ont de beaucoup pas autant de finesse.

C'est avec le court-bouillon que l'on fera cuire tous les poissons de grosse ou moyenne taille, destinés à être servis avec une *sauce blanche*, ou bien avec *une sauce aux câpres, une sauce mayonnaise, vinaigrette*, etc.

Le *bar*, le *cabillaud*, l'*esturgeon*, les *mulets*, la *raie*, le *rouget*, le *turbot*, le *barbeau*, le *brochet*, la *perche*, seront traités au vin blanc.

La *carpe* et la *tanche* au vinaigre ou plutôt à l'eau vinaigrée.

Le *saumon*, la *truite*, au bleu, c'est-à-dire au vin rouge.

Les poissons d'une taille un peu grande se mettront dans une forme en osier, ou dans un double fond percé de trous, pour ne pas se casser pendant la cuisson. Voy. *Turbotière*.

Le *congre*, si l'on veut employer son court-bouillon comme *bouillon maigre*, sera mis dans l'eau salée comme pour le pot au feu. Ce bouillon a toute l'apparence, et presque le goût de celui de la viande, au point de tromper les convives. La chair du congre n'est d'ailleurs pas fade, et se trouve fort bien de ce traitement.

Pour les *homards, langoustes, crevettes, crabes*, le meilleur court-bouillon est de l'eau salée aussi semblable que possible à l'eau de mer, à laquelle on ajoute les épices et le bouquet comme il est dit ci-dessus.

Les viandes peuvent se traiter aussi au court-bouillon. Le

pot au feu n'est pas autre chose, et sa composition variera selon le but proposé et selon l'espèce de viande à traiter.

Façons et traitements des divers poissons. Voy. *Court-bouillon, Poissons.*

Pour le **turbot,** on le vide, on le nettoie, on lui fait une incision dans le dos, pour retirer une partie de l'épine dorsale. On le bride de la tête au-dessous de l'estomac en serrant suffisamment la ficelle pour qu'il ne se brise pas. Après l'avoir frotté de jus de citron, on le met à la cuisson, soit à l'eau salée, soit au court bouillon. On le sert avec une sauce quelconque, ou bien on le dresse sur des pommes de terre tournées, avec une sauce au beurre.

Le **saumon** sera vidé sans lui ouvrir le ventre. On le cuit généralement au bleu et on le sert sur une serviette, entouré de persil, et avec une sauce mayonnaise ou à l'huile.

On peut aussi préparer le **saumon** en papillotes ou en fricandeau à la manière du veau. On le fait aussi griller et rôtir à la broche; mais c'est toujours une sauce à l'huile qui lui convient le mieux.

L'**esturgeon,** le **bar,** l'**alose,** comme le saumon.

Le **cabillaud** se met dans l'eau froide salée et légèrement vinaigrée et se cuit en même temps que des pommes de terre, qui lui serviront ensuite d'ornement, avec une sauce au beurre frais.

La **morue salée,** après avoir été dessalée pendant au moins 24 heures, sera mise au feu avec une eau froide, et retirée du feu au premier bouillon. Après cela, on la traitera comme le cabillaud.

A la provençale, on la cuit de même, ensuite on l'égoutte et on la pose sur un plat par-dessus un assaisonnement d'ail, ciboule, persil, citron, gros poivre ou piment et de l'huile d'olive. On la recouvre du même assaisonnement et on termine par de la chapelure. Puis on pose le plat sur un feu doux pour le laisser mijoter. On la dore avec une pelle rougie avant de servir, ou bien en la plaçant sous le four de campagne.

On sert aussi la *morue en tourte* en intercalant entre les feuillets, du beurre frais bien pétri avec une sauce à la crème.

La raie, après l'avoir vidée et lavée, se met à l'eau vinaigrée. Après quelques bouillons, on peut déjà la retirer lorsqu'on veut la mettre au beurre noir. On ôte la peau, les bords, les nageoires. Dans la poêle on fait frire du persil avec un morceau de beurre, poivre et sel, on ajoute une bonne cuillerée de vinaigre, au moment où cela cuit bien, et l'on verse cette sauce sur la raie qu'on a bien disposée sur le plat.

Après l'avoir cuite et épluchée comme ci-dessus, on peut encore l'assaisonner de diverses façons. *A la sauce blanche* en la versant par-dessus la raie au lieu de beurre noir. Avec une *sauce aux champignons* de la même manière. On peut aussi la *frire* en la saupoudrant préalablement de farine.

Les soles, plies et **carrelets** sont vidés, nettoyés, fendus par le dos avant d'être cuits d'une des façons qui suivent :

Friture. On les trempe dans la farine, on les frit et on les sert avec du persil frit et des quartiers de citrons.

Au gratin. Sur un plat de cuivre étamé (à défaut de plat d'argent), on étend un morceau de beurre pétri avec farine et fines herbes ; on peut aussi y combiner champignons hachés ou morilles ; on assaisonne de sel et poivre, on met la sole par-dessus, puis on recouvre de chapelure arrosée de beurre fondu. On mouille avec vin blanc, bouillon ou jus. On fait cuire sous le four de campagne ou entre deux plats, feu dessous et dessus.

La sole normande. Après avoir préparé une très belle sole comme il a été dit, on la dispose sur un plat comme pour — *au gratin* — avec un fort morceau de beurre, fines herbes, champignons et échalote hachés finement, du poivre, sel, vin blanc, un roux fait avec soin, et un bon jus de rôti de mouton. Faute de jus, on le remplace par un bouillon. Rangez avec art sur votre plat une douzaine d'huîtres sorties de leurs coquilles, une douzaine de moules de même, quelques petits poissons, tels que des goujons, sardines fraîches, éperlans, que vous arroserez de beurre. Faites cuire doucement au four de campagne.

Dans une casserole, faites cuire des champignons avec du beurre, puis ajoutez des croûtons de pain. Lorsque la sole sera cuite à point, vous y ajouterez ces champignons par-dessus, et vous l'ornerez encore de quelques écrevisses.

Les *filets de sole* à la normande se font de même, sauf que l'on n'y met que les filets enlevés sans arêtes.

On peut aussi *frire les filets* trempés dans la farine, et servir comme la sole frite. On les sert aussi *en mayonnaise*.

Sole frite à la Colbert. Préparez la sole, comme pour la friture ordinaire ; faites une ouverture le long de l'arête où était la peau noire ; passez la sole à la farine, et faites frire.

Égouttez-la sur un linge, sortez l'arête, et remplacez-la par une sauce maître d'hôtel. Servez-la sur un plat chaud, et saupoudrez de sel, avec un jus de citron.

Sole de Coutances. Faites-la frire, ouvrez le dos pour sortir toute l'arête, que vous remplacerez par une farce d'oignons hachés fin avec beurre, sel, poivre, muscade.

Placez le poisson sur un plat allant au feu, et faites-le gratiner au four. Vous pouvez aussi garnir l'intérieur avec un hachis ou des godiveaux au lieu de farce d'oignons.

Filets de soles au vin. Roulez les filets, placez-les sur du beurre frais dans la casserole, arrosez-les avec jus de citron, ce qui les maintient d'un beau blanc. Cuisez avec vin blanc, persil, sel, poivre, petits oignons, bouquet.

Les filets seront cuits en vingt minutes. Liez la sauce avec un peu de farine. Garnissez le plat avec champignons, écrevisses et petits morceaux de pâte à l'emporte-pièces, ou des croûtons frits.

Maquereaux. On les vide, on les essuie, on les fend par le dos.

Sur le gril; on les enveloppe dans un papier beurré et on les met sur le gril. Quand ils sont à point, on les farcit de beurre aux fines herbes. On sert avec quartiers de citron.

Au beurre noir. On les grille de même, et l'on verse par-dessus la sauce au beurre noir. Voy. *Raie.*

Aux champignons. On les met à l'eau salée froide, et l'on fait jeter un bouillon. On les retire et les essuie bien, on les range sur un plat, et cela se termine comme pour la sole.

A l'huile. Après les avoir grillés, on les sert avec une sauce à l'huile. On peut les servir de même avec une sauce *mayonnaise* ou une *sauce tomate* ou autre.

Le maquereau à la tartare se met d'abord mariner dans l'huile avec persil et fines herbes. Pour cela, on le nettoie, on le dépèce, et les filets seuls se mettent en marinade. Après un ou deux jours, on les grille, et les sert avec sauce tartare.

Les **mulets, surmulets,** se traitent comme le maquereau.

Les **harengs frais;** on les vide, on leur gratte les écailles, on les essuie bien, avant de les mettre sur le gril. Pour le reste, on les traite comme les maquereaux et comme les merlans, à la maître d'hôtel, au gratin, avec toutes sortes de sauces. Ce poisson s'accommode de tout, il est bon avec tout.

Les **harengs salés** sont un très fin hors-d'œuvre *marinés.*

Pour cela, on les trempe le soir à l'eau fraîche que l'on

doit renouveler une heure après. On les y laisse la nuit. Le matin, on les nettoie, lave, essuie, on enlève les filets, les œufs ou la laitance. Dans une terrine à couvercle, on range ces morceaux, en intercalant des tranches de gros oignons et quelque peu de poivre entier, puis persil, échalote, estragon hachés ou coupés. Lorsque la terrine est bien garnie, on y verse une sauce d'huile et vinaigre battus ensemble à parties égales; on en recouvre les harengs; on pose le couvercle. Ils sont bons à prendre dès le lendemain, et peuvent se garder une quinzaine de jours.

On peut traiter de même le **hareng saur** ou fumé, mais il vaut mieux le faire blanchir avant de mariner, il s'épluche mieux et perd de son goût.

On le fait aussi *griller au four*, dans des caisses de papier, où les filets se rangent avec des couches de fines herbes et de champignons hachés. On recouvre d'herbes, et l'on pose un petit morceau de beurre par-dessus, avec un peu de chapelure.

Les **merlans**. Ratissez, coupez la queue et les nageoires. Videz, remettez le foie dans le corps.

Pour *les frire*, on leur fait quelques entailles sur les côtés, on les trempe à la farine. Après la friture et l'égouttage, on les sert saupoudrés de sel fin, sur un plat recouvert d'une serviette.

Sur le gril la préparation est la même.

Au gratin. Voy. *Soles.*

Aux fines herbes. Supprimez tête et queue; enduisez une tourtière avec du beurre et des fines herbes hachées, rangez les merlans dessus, arrosez-les de beurre, mouillez avec vin blanc et faites cuire. Retournez-les lorsqu'ils sont cuits d'un côté. Liez la sauce avec farine et servez avec quartiers de citron.

Les **vives**. Coupez les arêtes et piquants aux ouïes et sur le dos, videz, faites des entailles sur les côtés, faites mariner un quart d'heure à l'huile avec sel et fines herbes, au moins persil. Faites griller un quart d'heure et servez avec une sauce appropriée, blanche, piquante, aux câpres, mayonnaise, etc., etc.

Le **rouget** se traite de même en supprimant la tête, mais on le préfère, vu sa taille, au court-bouillon.

Les **sardines, éperlans** et autres poissons de petite taille sont essuyés, vidés, farinés, et frits au beurre ou à l'huile. C'est à peu près la seule façon de les manger.

Les **sardines, anchois**, etc., sont aussi *confits* à l'huile, au beurre ou au sel pour être expédiés au loin. On les sert ainsi sans apprêts subséquents. Les anchois confits entrent comme assaisonnement ou garniture dans nombre de compositions.

Le **brochet**, que vous voudrez cuire au court-bouillon, sera d'un goût plus fin, si vous ajoutez un peu de vinaigre.

On peut aussi le servir à *la maître d'hôtel, aux câpres* et avec *toutes les autres sauces* applicables aux poissons.

Il faut supprimer les œufs, qui sont malfaisants.

La **carpe** est un bon poisson à frire. On l'écaille, on lui coupe la tête, les nageoires et le bout de la queue, on la fend en long, on sort tout l'intérieur, on la coupe en morceaux que l'on trempe dans la farine et que l'on frit au beurre.

Les œufs et la laitance se mettent dans la friture après la chair et se servent aussi. Garniture de persil frit.

La *carpe* se fait aussi en *fricassée,* comme *le poulet.*

Au *bleu* comme la *truite.* On l'écaille, on la vide sans l'estropier, on ôte les ouïes.

A la chambord. Écaillez et videz, enlevez la peau seulement d'un côté, piquez ce côté de lardons, ficelez un linge autour. Faites cuire au court-bouillon.

En la servant, on l'orne d'une garniture de quenelles, ris

de veau, écrevisses, fonds d'artichauts, citron en tranches, croûtons frits, on ajoute le court-bouillon qu'on réduit fortement.

A la marseillaise: On met dans la casserole un bon verre d'huile, un demi-litre vin, farine, persil, oignons, ail, ciboule, sel, poivre, champignons hachés. On y fait mijoter les quartiers de carpe, on lie la sauce et sert chaud.

Ce que nous en avons dit suffira au lecteur pour imaginer quelques variantes sur les mêmes préparations.

Le **brême**, le **barbeau**, le **barbillon**, la **tanche**, le **meunier** se traitent comme la carpe.

Les *œufs de barbeau* doivent être rejetés, comme ceux du brochet.

Anguille *à la tartare*.

Après l'avoir tuée, suspendez-la par la tête à une forte ficelle, coupez la peau près de la tête, tout autour, détachez-la un peu, puis en la retournant, tirez-la vers le bas d'un seul trait. Coupez la barbe, videz-la, enfin coupez-la en morceaux égaux.

Préparez un court-bouillon au vin blanc, cuisez-y les morceaux d'anguille, sortez-les et laissez-les refroidir.

Battez deux jaunes d'œufs, trempez-y les quartiers d'anguille l'un après l'autre, puis dans de la mie de pain rassis bien fine; posez-les sur le gril et laisser-leur prendre une belle couleur.

Dressez-les sur une sauce tartare, que vous pouvez remplacer d'ailleurs par une autre sauce appropriée, mais très épicée.

Anguille marinée, grillée.

Dépouillez, videz, coupez comme ci-dessus, faites-la sauter au beurre. Mettez-la ensuite dans une terrine avec de l'huile d'olive à laquelle vous ajouterez tous les aromates disponibles et des champignons hachés, sel et poivre. Après trois ou quatre heures de marinade, retirez les morceaux, panez-les, et faites griller.

On peut aussi mariner l'anguille au vinaigre au lieu d'huile.

Anguille piquée. Après l'avoir traitée comme ci-dessus, et coupé la tête, piquez-la de lardons fins, roulez-la, les lardons en dehors, et liez-la avec une ficelle et des brochettes de bois.

Dans la casserole, vous mettrez du beurre avec carottes coupées, persil entier, petits oignons, ail, aromates et épices.

Lorsque les carottes seront un peu attendries, ajoutez vin ou bouillon. Laissez mijoter doucement une bonne heure. Pendant ce temps, vous ferez cuire l'anguille au four, et lorsqu'elle sera cuite, vous la servirez, recouverte de cette marinade passée au tamis. On l'accompagne d'une sauce tomate ou d'une sauce à la moutarde, tartare, ravigotte, etc.

A l'italienne. Coupez l'anguille en tronçons de 5-6 centimètres. Faites les cuire au vin blanc. Dans une casserole, mettez du beurre frais avec échalotes et champignons hachés, sel et poivre. Lorsque c'est chaud, ajoutez le vin de l'anguille, et laissez réduire. Dressez les tronçons sur un plat et versez la sauce par-dessus.

A la poulette. Coupez de même. Cuisez dans l'eau vinaigrée pendant quelques minutes seulement, égouttez.

Pour la sauce, fondez du beurre avec farine sans faire roussir, mouillez avec vin blanc et bouillon par moitié, ajoutez sel, poivre, épices, bouquet et champignons, jus de citron. Cuisez votre anguille dans cette sauce pendant une demi-heure. Liez avec jaunes d'œufs.

A la broche. Dépouillez, videz, piquez-la de lard et faites mariner trois heures dans du vinaigre coupé de bouillon, avec sel, poivre, laurier, et l'assaisonnement ordinaire d'aromates. Essuyez votre anguille, tournez-la en rond, embrochez-la et cuisez à feu vif.

Vous l'accompagnerez d'une sauce ravigotte ou d'une remoulade.

La **perche**. On lui gratte les écailles, on ôte les ouïes et les arêtes piquantes, on vide, on cuit au court-bouillon de vin et on sert avec une sauce quelconque.

La **perche** peut aussi se traiter comme *la carpe*.

La **lotte**, la **barbotte**, comme l'anguille.

La **tanche**, la **lotte**, la **barbotte** ne sont pas faciles à écailler. On y arrive après leur avoir donné quelques bouillons dans l'eau. De même la **lamproie** qui se traite ensuite comme l'anguille .

Les **goujons** ou **ablettes**, ainsi que les autres petits poissons ne se font guère qu'en friture. On les roule dans la farine, ou on les trempe dans la pâte à frire.

La **truite**, l'**ombre chevalier** et le **ferra** ou **verra** sont de la même famille et se traitent de même.

Videz sans ouvrir le ventre, grattez les écailles, lavez et essuyez bien. Faites cuire au court-bouillon de vin rouge, c'est-à-dire *au bleu*, et servez avec une sauce aux câpres, une vinaigrette, ou autre sauce appropriée.

A la bourgeoise. Nettoyez de même, liez la tête, couvrez-les de sel pendant une demi-heure avec vin blanc, beurre manié de farine, oignons, bouquet, échalotte, thym, girofle. Lorsqu'elles sont cuites, dressez-les sur le plat, tamisez la sauce que vous verserez dessus, et ornez avec quelques branches de persil blanchi.

Truites frites. On les vide, on les roule dans la farine, on les sert saupoudrées de sel. On ne prépare ainsi que les petites truites noires de montagne.

Matelotte. Tous les poissons d'eau douce peuvent être traités en matelotte. Cependant, il semble presque qu'une matelotte sans anguille ne soit pas complète. Elle y est à peu près indispensable.

Tous les poissons disponibles seront vidés et nettoyés chacun à sa façon, puis coupés en morceaux, aussi égaux que possible. Ceci fait, on prend une casserole dans laquelle on fait un roux avec beurre, farine et une vingtaine de petits oignons. Lorsqu'ils commencent à se ramollir, on y ajoute les poissons, un bouquet garni, sel et poivre et des champignons, si on peut ; on mouille avec vin rouge. On laisse cuire une heure fortement.

Les poissons s'introduisent dans la casserole selon leur plus ou moins de dureté à cuire, et non tous à la fois.

L'anguille s'y met la première.

Au moment d'enlever du feu, on ajoute quelques croûtons de pain dans la sauce.

Pour dresser la matelotte, on pose tous les poissons en une pyramide artistiquement montée, les laitances et les œufs au sommet, les champignons et oignons à l'entour, et on l'orne de quelques écrevisses.

Bouillabaisse. Inutile de dire l'origine marseillaise de ce mets renommé. La recette ci-dessous nous vient d'une personne bien renseignée et nous pouvons la recommander en toute confiance.

Pour huit à dix personnes, il faut environ 3 kilogrammes de poissons de mer, parmi lesquels on préfère le merlan, le loup, les mulets et surmulets, le rouget et autres de mêmes tailles. On peut d'ailleurs y ajouter des morceaux de poissons plus gros. On les coupe tous en tranches un peu grosses, pour qu'elles restent entières, on y ajoute des morceaux de chair de homard, six oignons, deux tomates hachées, quelques gousses d'ail entières, et seulement deux ou trois hachées, un peu de persil, zeste d'orange, quatre girofles et une pincée de safran qu'il ne faut pas oublier.

Comme ornement, on y met encore quelques moules et huîtres sans leurs coquilles.

Le tout nettoyé, épluché, assaisonné de sel et poivre, est mis dans une casserole avec un bon verre d'huile d'olive surfine et de l'eau ou du vin blanc pour le recouvrir en entier ; puis on le fait cuire à bon feu pendant environ quarante minutes.

On passe alors la sauce au tamis, en la recevant sur des tranches de pain rassis grillé, et l'on sert les poissons à part sur un autre plat, en les dressant en pyramide.

On pourrait servir les poissons recouverts de la sauce, mais il serait alors plus difficile de les partager d'une façon convenable entre les convives. Puis la grande question est la mode qui le veut ainsi.

Croquettes de poissons. Pour utiliser les restes d'un poisson de la veille, détachez les filets, sortez les arêtes.

Hachez la chair avec beurre, mie de pain trempée au lait, un ou deux œufs, sel, poivre, échalote, persil.

Faites-en des boulettes, saupoudrez-les de farine et faites frire au beurre.

Poissons à la bretonne. *Façon qui remplace la friture sans en donner l'embarras.* Elle s'applique aux harengs frais, merlans, maquereaux et autres poissons de ces tailles.

Nettoyez, salez, poivrez et farinez vos poissons. Dans un plat long, allant au feu, chauffez un morceau de beurre ; lorsqu'il sera d'un beau blond, placez les poissons dessus et cuisez d'un feu vif. Retournez pour cuire l'autre côté, et servez-les sur leur beurre, avec jus de citron.

Poissonnière. Vase de cuivre étamé, garni d'un double fond percé de trous et muni de deux anses. On y met le poisson pour le cuire au court-bouillon, lorsqu'il s'agit d'une grosse pièce. Voy. *Turbotière.*

Poivrade. Sauce composée de vinaigre, huile, sel et poivre avec moutarde, c'est une *remoulade.*

Pommade. Voyez dans l'article *Pharmacie*.

POMMES DE TERRE. Toutes les pommes de terre peuvent se diviser en trois grandes classes, et chaque variété se rapportera à l'une de ces classes, au point de vue des mets pour lesquels il faudra la choisir.

1re classe : les rondes, très farineuses, dont le type est une variété rouge violet, nommée *pomme de terre ronde bleue* et la *pomme de terre rouge de Strasbourg*.

2e classe. Les longues, à chair plus ferme, mais moins farineuses. Types : Early rose et toutes les jaunes. Elles sont, en général, plus hâtives que les premières.

3e classe : Les pommes de terre les plus hâtives, que l'on emploie comme primeurs. Type, *le marjolin*.

Les premières sont à recommander pour cuire à la vapeur, à l'étouffé, en purée, en salade. Elles s'émiettent avec la plus grande facilité.

Les secondes sont à préférer partout où l'on a besoin de les couper en tranches ou quartiers qui doivent rester entiers après la cuisson.

Les troisièmes sont employées comme les secondes, mais, comme elles sont longues et de petites dimensions, on les laisse entières. Recommandées pour friture, par quartiers, et pour sauce blanche et poulette, en les laissant entières.

Ces recommandations n'empêcheront pas de pouvoir employer chaque variété, à peu près, à toutes sauces.

Lorsque les pommes de terre sont lavées, on les pèle, mais on ne doit plus les laver après. Pour éviter qu'elles s'écrasent, il faut les couper en petits morceaux qui resteront mieux entiers que le tubercule intact, et les manier le moins possible.

A la vapeur. C'est la manière la plus simple et la plus pratique de les cuire, mais il ne faut pas les baigner dans l'eau. On a une chaudière à double fond, l'eau est séparée des pommes de terre, par une cloison percée de trous. Si l'on n'avait pas cette chaudière, on pourrait la remplacer par une marmite en fonte, au fond de laquelle on poserait un petit trépied en métal ou fil de fer, recouvert d'une planchette. L'eau étant au fond, les pommes de terre à sec au-dessus, on couvre et l'on fait cuire à l'étouffé.

Une fois cuites de cette façon, on peut les *servir telles*, sans les peler, avec beurre ou fromage gras, ce qui n'est pas à dédaigner. On peut aussi les couper en tranches et les recouvrir d'une *sauce blanche* avec ou sans champignons, verdure, etc., ou les faire *sauter au beurre*, ou encore les assaisonner *en salade*. Voy. *Salade*.

Elles sont aussi très bonnes, lorsqu'on les fait cuire en quartiers dans *un roux avec addition de vinaigre;* ou bien au *bouillon* avec beurre; *avec lard* et beurre, puis mouillant au bouillon; en *sauce matelotte,* avec beurre, bouquet de persil, ciboule, poivre et sel, mouiller de bouillon, lier avec un peu de farine. Enfin, on peut en varier la façon à l'infini, et selon le caprice de l'artiste.

Purée. Choisissez une variété bien farineuse. Cuisez à la vapeur. Pelez, écrasez avec soin et passez-les. Mettez la pulpe avec beurre, poivre et sel, faites cuire, mouillez avec du lait, donnez un bouillon, puis battez bien la purée avec une spatule, ce qui lui donne de la blancheur et de la légèreté.

Quelques personnes la font au sucre.

Boulettes. Pour utiliser un reste de purée, mêlez-y quelques jaunes d'œufs et battez ensemble. Puis tournez la pâte en boulettes entre les mains, ou faites-en des petits bâtons allongés, que vous mettrez frire au beurre ou à l'huile, après les avoir roulés dans un peu de farine.

Frites. Choisissez une variété qui ne se brise pas trop.

La Vitelotte et la Marjolin sont les meilleures. Pelez, coupez en tranches, en quartiers ou en filets que vous jetterez dans une friture abondante et très chaude. Egouttez, saupoudrez de sel ou même de sucre pour les amateurs.

Frites soufflées. Une façon très jolie et nouvelle, consiste à les couper en tranches rondes d'un demi-centimètre d'épaisseur, et les faire frire à moitié, en friture tiède; puis égoutter et refroidir un peu. Les rejeter ensuite dans la friture très chaude, et achever la cuisson. Cette méthode fait souffler la tranche et lui donne un meilleur aspect et plus de croquant.

Au lait. Très farineuses si vous les voulez écrasées; moins farineuses si vous les voulez en quartiers intacts.

Pelez, coupez en morceaux, baignez-les dans le lait avec sel et poivre; faites cuire et servez.

Au lait soufflées. Faites cuire de même, et passez.

Remettez au feu avec beurre, sucre et un peu de lait, qu'elles ne soient pas trop épaisses. Ajoutez un peu de vanille ou d'essence de citron. Pendant qu'elles bouillent, versez-y trois jaunes d'œufs délayés dans un peu de lait et mêlez bien. Retirez du feu et ajoutez les blancs en neige. Avant de servir froid, on saupoudre la surface avec du sucre pilé et l'on glace avec un fer rougi au feu. C'est un entremets sucré très présentable.

Pommes de terre farcies. Les plus grosses sont les meilleures. Faites-les cuire, pelées, à l'eau de sel. Lorsqu'elles seront à demi-cuites, sortez-les et creusez adroitement pour enlever la chair et faire un trou au centre. Garnissez ce creux avec une farce dans laquelle vous ferez entrer de la chair à saucisses, mie de pain trempée au lait, jaunes d'œuf, beurre et assaisonnement. Posez ces pommes garnies sur un plat beurré, l'ouverture en haut, arrosez-les de bouillon ou de jus, et faites cuire au four de campagne

Au lard. Faites un roux, passez-y des petits dés de lard et mettez-y cuire des tranches de pommes de terre crues avec assaisonnement, persil et ciboules et quelques petits oignons ou gros oignons coupés. Mouillez au besoin avec du bouillon ou du jus.

Sautées au beurre. Choisissez des petites rondes, ou encore des petites marjolin. Pelez et mettez à la casserole avec beurre jusqu'à belle couleur. Saupoudrez de sel fin et servez comme garniture d'un rôti.

Croquettes. Faites comme les boulettes, mais sucrez et aromatisez à la fleur d'oranger, vanille ou citron.

A la lyonnaise. Prenez des pommes de terre cuites à la vapeur, émincez-les. Faites sauter des oignons dans le beurre ; quand ils seront cuits, ajoutez les pommes et laissez rissoler.

A la flamande. Les cuire au four, puis réduire en purée. Ajouter un bon morceau de beurre, sel et poivre, jaunes d'œufs, les blancs en neige. Cuire au four à douce chaleur.

Les pommes de terre entières, **cuites au four** ou **sous la cendre**, gardent mieux leur fin bouquet et leur farine qu'à la vapeur. Elles sont préférables pour servir telles.

Boulettes de pommes de terre à la moelle. Pelez des pommes de terre toutes chaudes, cuites à la vapeur. Écrasez-les avec de la moelle de bœuf, un quart de leur poids environ, et faites-en une pâte serrée avec trois œufs. Roulez-en des boulettes que vous passerez dans la chapelure avant de les frire à feu doux.

Pommes de terre à la maître d'hôtel. Choisissez-les parmi celles de la 2e classe. Cuisez-les à la vapeur, puis pelez-les avec soin, et coupez-les en tranches. Garnissez une casserole avec du beurre, sel et poivre, un peu de persil et de ciboulette hachés, et un peu de farine. Cuisez cela en tournant, et mouillez avec un mélange de vin rouge et de bouillon. Ajoutez les pommes de terre dans cette sauce et laissez-les mijoter une demi-heure.

Pommes sèches, Poires sèches. Voy. *Fruits séchés.*

PORC. Nous savons que du porc tout est bon, il ne faut donc rien perdre de cet animal.

Lorsqu'on veut *sacrifier* un porc, le mieux est de s'adresser à un homme du métier, j'allais dire de l'art, ce qui ne serait qu'un mauvais calembourg. Après avoir pris son heure, on laisse l'animal trente-six heures sans manger, à seule fin que l'estomac et les intestins se vident.

Lorsqu'on le **saigne**, on en recueille le sang, on le pose en lieu frais en l'agitant pour qu'il ne se coagule pas, et on le met à l'abri des mouches. Puis on flambe le corps avec de la paille pour en brûler le poil; d'autres l'enlèvent à l'aide de l'eau bouillante. Ensuite on sort les *intestins* et on les lave avec le plus grand soin, après les avoir dégraissés. On évite de les couper, afin de profiter de leur longueur, lorsqu'on s'en servira pour faire le boudin. On les met tremper dans un baquet d'eau claire.

En vidant le porc, on met de côté le *foie* et les *rognons*, qui sont de fins morceaux, les *poumons*, le *cœur* et la *rate* qui sont de deuxième ordre.

Le lendemain seulement, on *découpe* le corps, mais il vaudrait mieux attendre que la viande s'attendrisse davantage, si la température le permettait.

On le fend d'abord dans toute sa longueur, pour le partager en deux moitiés. Ensuite on coupe chaque moitié en deux, pour séparer les quartiers de devant et de derrière. On sépare du devant, les morceaux de **panne de lard**, que l'on met au sel.

Puis on dépèce la viande en morceaux de grosseurs différentes, selon leurs formes naturelles.

Des quartiers de derrière, on coupe les *jambons*, en y laissant la peau qui doit les recouvrir en entier.

Lorsque tout est divisé, on met le sel sur une table, puis on en frotte isolément chaque morceau dans tous les sens, et sur toute sa surface ; on les range dans le baril, dit **saloir**, par-dessus une couche de sel, mêlé d'un peu de poivre. On ne laisse aucun vide entre les morceaux, en les serrant, et intercalant toujours du sel mélangé avec poivre, laurier, thym et genièvre. On réserve pour le dessus les morceaux de plus difficile conservation, tels que la saignée, le collet, les jambes du devant, puis on recouvre le tout avec une bonne couche de sel, et on ferme le couvercle, que l'on charge de quelques poids lourds.

Le **lard** se traite de la même façon dans un autre baril ; on en réserve une partie, parmi les morceaux les plus gras, pour faire le saindoux. On y emploie de préférence les débris et déchets, et toutes les parties très imprégnées de graisse de l'intérieur.

Quelques jours après la salaison, il convient de visiter le saloir, de tasser les morceaux et de remplir les petits intervalles avec de l'eau salée saturée. Saturée veut dire, contenant autant de sel que l'eau peut en dissoudre à froid.

Lorsque tout est au sel, on s'occupe de la fabrication du **saindoux** (axonge). On réunit tout ce que l'on destine à la fusion, et l'on introduit cela dans un chaudron qu'on place sur un feu doux. On agite avec une spatule pour que rien ne s'attache et l'on ajoute, si tel est votre bon plaisir, quelques aromates appropriés. J'aime mieux n'en pas mettre, vu qu'il est toujours facile d'en ajouter plus tard à ses sauces. On n'y met pas de sel.

Dès que la graisse commence à fondre, elle garnit le

fond ; il devient donc inutile de remuer plus longtemps la masse, et cela permet d'activer le feu, sans exagération toutefois. Lorsque la graisse est bien fondue, que les parties infusibles ont pris la teinte dorée d'une viande frite, on verse le tout sur une étamine ou un tamis fin, et l'on reçoit son saindoux dans des pots de grès que l'on remplit au ras. Si l'on veut avoir le saindoux bien blanc, on le bat pendant qu'il refroidit ; mais cela n'est bon que lorsqu'on le destine à la vente, car il rancit plus vite par l'action de l'air intercalé.

Les **grattons** ou résidus de la graisse, bien égouttés, sont mis à part et donnent un plat dont nous parlerons plus loin.

Les **intestins** étant bien trempés, comme il est dit, on en choisit les plus longs pour y mettre le **boudin**. On s'assure qu'ils ne sont pas percés, en soufflant dedans pour les gonfler. S'ils le sont, on les coupe à la place où se trouve le trou. On les ferme à un bout par un nœud de ficelle, et on les met dans l'eau, en tenant le bout opposé ouvert sur le bord du plat ou du baquet. Lorsque la préparation de boudin est terminée, on les en remplit l'un après l'autre.

La préparation se fait ainsi : Pour le sang d'un seul porc, prenez une quinzaine de gros oignons, pelez et coupez-les en tranches minces, et faites-les cuire avec un peu de beurre, jusqu'à ce qu'ils soient en purée.

D'autre part, faites un riz au lait avec 500 grammes de riz et 2 litres de lait, ce qui devra le rendre très épais. On le remplace parfois par une bouillie de farine. D'autre part encore, dans un très grand chaudron, vous mettrez les joues, les bajoues et du lard, hachés menus comme chair à saucisse, en tout environ 2 kilogrammes, après en avoir enlevé les peaux. Cuisez cela en remuant souvent, de peur que cela ne s'attache. Lorsque c'est cuit, ajoutez la purée d'oignons.

laissez mijoter un moment, puis retirez du feu. Incorporez-y le riz ; laissez refroidir, et lorsque c'est tiède, versez-y le sang en agitant vivement, en lui faisant traverser une passoire. Ceci terminé, ajoutez encore, en poudre fine, le sel, poivre, girofle, cannelle, piment, muscade, de façon à l'épicer un peu fortement.

La préparation terminée, il n'y a plus qu'à la verser dans les boyaux, ce qui se fait au moyen d'un petit entonnoir à douille très longue et d'un bâton. Dès qu'un boyau est rempli, on le lie avec une ficelle, en laissant un petit vide, et on l'enroule sur lui-même dans un plat ou une terrine. Il faut avoir soin d'agiter sans cesse la préparation, chaque fois qu'on en prend.

Lorsque les boudins sont tous pleins, on les divise en les liant avec des ficelles à distance voulue, et l'on fait ces ligatures au-dessus d'une terrine pour ne pas perdre le contenu de ceux qui pourraient crever pendant le travail.

Pour cuire les boudins, on les met tous ensemble dans un grand chaudron d'eau bouillante, qui doit les baigner en entier, et on les y laisse mijoter, jusqu'à ce qu'ils soient bien cuits. On reconnaît cela, lorsqu'on les pique et qu'il n'en sort plus de sang. On les retire alors, et on laisse refroidir.

Au moment de les servir, on les met un moment sur le gril ou dans la poêle.

Pour faire les **andouilles,** on trie les gros boyaux que l'on a bien lavés sans les racler. D'une part on place ceux qui sont sans défauts ni déchirures, et qui serviront d'enveloppes, on les lave à l'eau chaude, en les laissant tremper avec assaisonnement de sel, poivre et aromates divers.

On hache alors les autres avec du lard et on en remplit les premiers comme à l'article **boudin.** On les fait cuire ensuite avec de l'eau assaisonnée de sel, poivre, ail, oignons, thym, laurier, etc., pendant trois ou quatre heures; puis on les égoutte et on les laisse refroidir, en les rangeant entre deux planches, dont la supérieure est chargée d'un poids de 1 à 2 kilogrammes.

On les met un moment sur le gril ou dans la poêle, lorsqu'on veut les servir.

Les saucisses s'enferment, de la même façon, dans des intestins de mouton bien nettoyés, qui sont plus étroits que ceux du porc. Leur chair est composée avec des morceaux de lard entrelardés non salés, bien hachés, en y ajoutant sel, poivre et épices. Dans certains pays, on y ajoute de la mie de pain, de la purée de légumes secs, des farines et d'autres viandes, ce qui n'est que falsifications.

Pour le reste, on les traite comme les boudins.

On conçoit qu'en variant la composition de la chair, on puisse varier à l'infini les saucisses. On y met de toutes les sortes possibles de viandes hachées, selon le goût qu'on veut leur donner, ou la mode du pays.

Pour employer les **grattons,** ou résidus du saindoux, on fait une purée d'*oignons* (voyez cet article) et lorsqu'elle est cuite, on y mélange des grattons.

Cette composition se pose, comme une marmelade de fruits, sur une pâte feuilletée, puis on met au four. On peut servir ce gâteau comme entrée, il est très fin, mais un peu indigeste.

On peut aussi s'en servir autrement. Hachez-les menu, avec ou sans le foie, assaisonnez et chauffez dans une casserole à feu doux en remuant constamment. Versez ensuite dans un saladier ou autre forme, pour y refroidir, et agitez jusqu'à ce que la masse commence à se prendre. Retournez sur un plat et servez froid. C'est passablement indigeste.

Cervelas. Saucissons. On hache grossièrement de la chair de porc frais, gras et maigre, et du lard; on y mêle sel et poivre, ail haché, muscade, épices diverses et souvent de la graine de cumin des prés. On fourre ce hachis dans de gros boyaux, comme on le fait aux saucisses. On suspend cela dans la cheminée pendant trois jours, puis on les cuit à l'eau salée avec bouquet garni, thym, laurier et autres aromates.

Les *cervelas* sont divisés par des nœuds de ficelle, à égale distance. Les *saucissons* sont divisés en plus grandes longueurs et le hachis qui les compose est d'une qualité plus fine. On les garnit parfois de foie gras truffé ou de volailles.

Voy. *Salade de cervelas*, à l'article *Salade*.

Fromage d'Italie. Hachez finement 1 kilogramme de foie de porc avec autant de panne, échalotte, oignon, ail, un peu de thym ou de marjolaine et quelques champignons, sel et épices.

Graissez un moule avec du saindoux, versez-y le hachis et recouvrez-le d'une coiffe de porc, pressez-le fortement et cuisez deux heures sous le four de campagne.

Boudin blanc. Dans du saindoux, faites cuire des oignons coupés menu pour les ramollir, ajoutez mie de pain gonflée au lait. Pilez du veau rôti ou de la chair de volaille rôtie avec autant de panne et réunissez à vos oignons. Mêlez bien et pilez-le au besoin ; ajoutez 1/2 litre de bonne crème, six jaunes d'œufs frais, sel et quatre épices. Versez ce mélange dans les boyaux et achevez comme les autres saucisses.

Faites-les cuire à l'eau bouillante. Grillez-les avant de les servir.

Boudin blanc maigre. Remplacez les viandes par de la chair de poissons, et le reste sans changement.

Jambons. En coupant les jambons, il est important d'y laisser la molette. On les coupera donc au-dessous du jarret. On ne les salera, s'il fait un temps frais ou froid, qu'après un intervalle de quatre à cinq jours depuis la mort de l'animal, ce qui les rendra plus tendres.

Si le temps était chaud, il faudrait se hâter davantage, pour que la viande ne puisse pas se corrompre.

On commence par les arrondir, en enlevant tous les morceaux qui nuisent à la forme, puis on les frotte fortement partout avec le sel, auquel on a mélangé d'avance du poivre, des épices en poudre fine, et dix pour cent de salpêtre. On les traite, pour le surplus, comme les autres morceaux de viande du porc, mais on les met d'ordinaire séparément. On les charge de planches supportant des poids de 25 à 30 kilogrammes. On les y laisse une quinzaine.

Après cela, on les retire et on les suspend à l'air. Lorsque, après trois ou quatre jours, ils se sont séchés suffisamment, on les suspend au fumoir, ou à défaut, dans une cheminée où il ne circule que de la fumée de bois. On y brûle un peu de bois de genévrier parmi les fagots ou bûches, ce qui ne peut qu'améliorer le bouquet des jambons. On les y laisse plusieurs jours d'une seule traite, ou ce qui vaut mieux, on les fume en plusieurs fois, mais fortement chaque fois pendant une ou deux heures. On les suspend alors pendant huit jours au moins dans un courant d'air pour les bien sécher (à l'abri des rats et des grosses mouches).

Après ce temps, on pourra **cuire un jambon**, ce qui exige certaines précautions pour qu'il soit parfait. Il faut le mettre tremper douze heures dans l'eau fraîche. Cela se fait donc le soir. Le lendemain matin, on jette cette eau, et l'on met le jambon dans une nouvelle *eau froide*, avec un verre de vinaigre, un bon bouquet de poireaux ou quelques oignons, bouquet de fines herbes, et on laisse mijoter pendant quatre bonnes heures. On retire le chaudron du feu, avec son contenu, qu'on y laisse refroidir lentement jusqu'au lendemain.

De cette façon, on obtient un jambon tendre et de parfaite saveur.

Avec le *bouillon du jambon*, on peut, à la rigueur, faire une soupe, par exemple aux choux ou au riz, mais, malgré le dessalage de douze heures, il est à craindre que la salaison ne soit exagérée. C'est à la ménagère de s'en assurer.

Pendant qu'on fume les jambons, on traite de la même façon, et en même temps, d'autres parties du porc. Ainsi la **poitrine**, quelques **bandes de lard** choisies parmi les moins grasses, sont d'excellents morceaux à cet usage. On les réserve pour servir avec des purées, ce qui est une bonne ressource pour l'hiver. Ces morceaux doivent être traités aussi gros que possible.

La **hure** ne se sale d'ordinaire pas. On en fait le **fromage de cochon**. Pour cela, il faut la dépecer en cassant le museau, dont on sort les os et les dents. On fend la gorge, on enlève les chairs des mâchoires et de toutes les parties de la tête. On lave tout cela avec de l'eau tiède, bien proprement, puis on le remet ensemble et on le lie avec des ficelles pour le faire cuire au court-bouillon bien assaisonné et avec force légumes, pendant au moins huit heures. On entretient le niveau de l'eau en y ajoutant de l'eau *bouillante* pour remplacer celle qui s'évapore.

La cuisson terminée, on retire du feu et l'on pose la tête dans un très grand plat. On garnit un grand saladier d'une serviette blanche mouillée; on coupe les ficelles, puis on enlève avec soin la couenne, en la laissant aussi entière que possible. On la pose sur la serviette, en rond.

Dans un autre plat creux, on range la viande, enlevée par morceaux, sans aucun os, la cervelle, et tout ce qui est tendre. On sale et on épice à mesure. Alors on range le tout autour et par-dessus la couenne, on replie la serviette par-dessus, on recouvre d'une assiette que l'on charge d'un poids de 1 kilogramme, et on laisse refroidir. Le lendemain, on retire le fromage qui, en refroidissant, a pris la forme du saladier, et qui est bon à servir tel.

Pour faire un fromage de cochon plus raffiné, on peut y combiner de la chair de poulet, des truffes, des pistaches, et toutes sortes d'autres matériaux, du foie gras entre autres, mais il faut les cuire avant de les y incorporer, et les diviser dans la masse, de façon qu'il y en ait dans toutes ses parties.

Le bouillon où l'on a cuit la hure donne une gelée très appétissante, que l'on peut rendre plus ferme, en y cuisant en même temps un pied de veau ou de porc, ou les deux ensemble. Elle se sert avec le fromage, qui devient alors un *aspic*. Si elle devenait trouble, on la clarifierait avec du blanc d'œuf, comme il est dit à *gelée de viande*.

Si l'on veut encore **utiliser le sel** qui a servi au salage du porc, il suffit de le faire dissoudre dans l'eau bouillante, le moins d'eau possible, filtrer et faire évaporer au four ou au soleil. Il n'aura d'autre goût étranger que celui des épices et des aromates dont il est mélangé, et cela ne peut nuire à l'emploi culinaire, mais il faudra en tenir compte. Comme il en faut une forte quantité pour saler un porc, ce ne sera pas une petite économie. On peut d'ailleurs le mettre de côté pour une autre salaison semblable, ce qui vaut peut-être mieux, à cause du salpêtre dont il est mélangé, et qui n'a que faire dans l'usage ordinaire et journalier.

La viande fraîche de porc se traite des mêmes façons que les autres viandes de boucherie. Pour *rôtir* à la broche ou à la casserole, on choisit de préférence le *filet* et *les côtes*, il est bon de les saler à l'avance et de les assaisonner assez fortement. La cuisson doit durer assez longtemps, pour bien pénétrer la pièce. On doit dégraisser le jus avant de le servir.

Les *côtelettes* sont à traiter comme celles du veau, mais

il est bon de les arroser d'un petit filet de vinaigre ou d'un jus de citron.

L'oreille et *la joue* sont un accompagnement de choix du bouilli, pour le pot au feu. On les sert, dans ce cas, avec une sauce piquante ou tomate. C'est un manger dans le genre de la tête de veau au naturel, mais d'une plus grande finesse. On les sert aussi sur des légumes secs; dans ce cas, un bon morceau de lard fumé leur est préférable.

Les rognons se préparent comme ceux du veau.

Les pieds de cochon peuvent se traiter comme les oreilles. On les fend en longueur, on les désosse.

On peut aussi, après les avoir désossés, les hacher avec persil, oignon, sel et poivre, un peu de truffes et de la mie de pain. Ce hachis s'enferme dans une coiffe de porc, en forme d'andouilles plates, que l'on met sur le gril avant de les servir.

Les tranches de jambon bien minces, sautées dans la poêle avec un peu de beurre, mais pas plus de dix ou quinze minutes, constituent un bon petit plat pour le déjeuner. On lie la sauce avec du bouillon ou du vin, en donnant la préférence au madère.

Porcelaine. Voy. *Nettoyage de vaisselle.* Il peut arriver que l'on casse un vase ou objet d'art en porcelaine, et que l'on voudrait bien raccommoder. A cet usage, il existe une colle très solide, et qui résiste même au lavage lorsqu'elle a séché et pris.

Pulvérisez finement un peu de chaux vive, et formez-en une pâte de consistance presque liquide, en la délayant avec du blanc d'œuf frais. Mettez de cette pâte entre les morceaux de *porcelaine, faïence, verre opaque, marbres, pierres,* etc., etc., à raccommoder, et ajustez les débris dans leur position définitive. Lorsque la colle aura séché, il est probable que la pièce ne se cassera plus à cet endroit, car la colle même est plus dure que la plupart des pierres.

On peut s'en servir pour construire des édifices, des rochers artistiques, mais il faut la préparer à mesure du besoin, et l'employer fraîche.

Les *flacons jumeaux*, que l'on trouve chez les papetiers pour recoller la porcelaine, contiennent l'un du silicate de potasse, l'autre de l'oxyde de baryum ou baryte. En pétrissant un peu de baryte avec le silicate, on obtient une pâte liquide, facile à manier et qui durcit en peu de temps, entre les morceaux à recoller. Nous ne pouvons que recommander cette méthode.

Nous ne recommanderons pas la *gomme laque* en bâtons ou en écailles. Outre qu'il faut chauffer les morceaux à recoller, pour l'appliquer, elle ne tient pas et fond à la moindre chaleur; tout se défait alors.

POTAGES et SOUPES. Voy. *Légumes ;* aussi *Pot au feu, Soupe, Poissons (Congre).*

Consommé. Il y a plusieurs manières de le faire. La plus courante consiste à cuire du bouillon en le concentrant au tiers ou au quart de son volume.

Une méthode, pour le faire directement, est de prendre de la viande de bœuf et de la hacher fin, y joindre une vieille poule également hachée (un corbeau est très bon dans ce cas), chair et os, et de les mettre à l'eau froide, avec sel. On laisse en contact en agitant pendant une dizaine de minutes, puis on chauffe lentement à l'ébullition. On écume, on continue à mijoter deux heures, et l'on passe. Il est bien entendu qu'il faut y mettre les légumes d'un pot au feu. Selon la quantité respective des viandes et de l'eau, on obtiendra ainsi un consommé plus ou moins concentré.

On peut souvent remplacer le bouillon par du jus de rôti

coupé d'eau, mais c'est plutôt un article pour les sauces que pour les potages.

Bouillon maigre. Garnissez la marmite avec une dizaine de carottes et autant de navets et d'oignons coupés en rondelles. Ajoutez du céleri, du cerfeuil, un demi-chou, une laitue, un panais, un poireau, 1 litre d'eau et 200 grammes de beurre. Faites bouillir presque à sec ; remettez de l'eau à remplir la marmite et ajoutez sel et poivre, girofles et des pois ; laissez mijoter trois heures et passez.

Bouillon de malade, au veau. Remplacez le bœuf par de la rouelle de veau, et faites-en un *pot au feu*.

Bouillon aux herbes. Une poignée de chaque ; cerfeuil, laitue, poirée ; deux d'oseille ; hachez et faites bouillir avec 1 litre d'eau, peu de beurre, presque pas de sel.

Abréviations : G. *Signifie au gras ;* M. *au maigre ;* M. G. *on peut le préparer des deux façons.*

G. **Potage aux pointes d'asperges.** On le prépare lorsqu'on a des asperges qui sont déjà vertes, avec leur partie tendre, coupée à 1 ou 2 centimètres de longueur. Les blanchir dans l'eau bouillante, bouillir dans le bouillon dix minutes, et verser sur des croûtons rôtis. Saler à point.

M. G. **Potage au blé de Turquie.** Délayez la farine de maïs avec le bouillon, faites cuire une heure en remuant.

M. **Potage aux carottes.** Faites roussir deux oignons ; mettez-les dans l'eau et ajoutez des carottes et des pommes de terre, en égale quantité et coupées en tranches, une feuille de laurier, un peu de girofle. Passez lorsque c'est cuit. Vous pouvez y mettre quelques tranches de pain.

G. **Le même.** Remplacez l'eau par le bouillon.

G. **Potage aux choux. Soupe aux choux.** Faites comme un pot au feu, en remplaçant le bœuf, au moins en grande partie, par un bon morceau de lard ou de petit salé. Après une heure de cuisson, ajoutez les légumes ordinaires, parmi lesquels un beau chou pommé. Cuisez encore quatre heures. Parfois, on y met encore quelques pommes de terre une heure avant de terminer. On peut aussi y mettre des haricots verts ou écossés, des fèves, des pointes d'asperges, des pois.

M. G. **Autre soupe aux choux.** Mettez l'eau dans la marmite, et lorsqu'elle bout, mettez-y les légumes (voir le précédent article) en sortant le cœur et la tige du chou. Lorsque les légumes sont presque cuits, ajoutez-y (au gras) un bon morceau de graisse ou (au maigre) de beurre. Cuisez encore doucement une heure. Versez sur du pain grillé et les légumes par-dessus. Les pommes de terre s'écrasent. On peut aussi la servir avec *fromage râpé*, dont chacun prend à volonté. Il faut alors la servir très chaude.

Cette soupe est meilleure réchauffée que le premier jour.

M. G. **Soupe aux choux, au lait.** En trempant la soupe, vous couperez G. le bouillon avec du lait bouilli et chaud ; M. avec du lait seul sans bouillon.

M. **Soupe aux choux-fleurs.** L'eau, qui a servi à cuire des choux-fleurs en fournit le bouillon. Ajoutez-y un peu de beurre et de persil haché, une ou deux cuillerées de crème, et versez sur le pain grillé, après avoir cuit un moment.

M. **Autre.** Faites un roux avec des oignons et de la farine, salez-le, mouillez avec le bouillon des choux-fleurs, et versez sur le pain.

On peut toujours y oublier quelques branches de choux-fleurs.

M. G. **Potage à la Crécy.** Faites une purée de carottes très rouges en y mêlant un navet, un oignon, un poireau. Passez-la en la mouillant de bouillon ; réchauffez sans bouillir, et versez sur les croûtons grillés ou frits.

M. G. **Soupe à l'endive.** Faites étouffer une poignée d'endive dans le beurre frais. Tournez un peu de farine avec ce beurre, mouillez de bouillon gras ou maigre, même d'eau faute de mieux, remettez-y l'endive et laissez mijoter une heure. Passez, liez avec jaune d'œuf et versez sur des croûtons de pain grillé.

Au gras, il est toujours bon d'y faire cuire un os de rôti, ou d'y ajouter un peu d'extrait de viande.

M. G. Potage à la fécule. Faites bouillir votre bouillon. Pendant qu'il chauffe, délayez dans un verre une cuillerée de fécule par assiettée, avec un peu de bouillon froid. Dès qu'il bout, retirez-le, versez-y la fécule lentement et en tournant, remettez au feu, et continuez à tourner jusqu'à ce qu'il ait épaissi. Servez tel.

M. Soupe au fromage. Faites un roux avec des oignons sans farine, mouillez-le de bouillon maigre ou d'eau peu salée, et poivrée à point, et versez très bouillant dans la soupière où vous aurez préparé le pain.

Le pain étant grillé en tranches minces, vous en mettrez au fond de la soupière ; une couche de fromage râpé par-dessus ; puis du pain et du fromage, enfin du fromage en tranches fines sur le tout. La soupière est tenue dans le four jusqu'au moment de servir.

M. G. Potage au gruau. On trempe le gruau d'avoine ou de froment dans l'eau, dès la veille. Avant de l'employer, on le fait égoutter, puis on le cuit avec le bouillon maigre ou gras, comme le riz.

M. Potage aux herbes. Passez au beurre une poignée de chacune des herbes ci-après, bien lavées et hachées : laitue, pourpier, oseille, persil, cerfeuil et poirée.

Lorsqu'elles seront en purée, ajoutez de l'eau et du sel, faites bouillir vingt minutes, liez au jaune d'œuf, et versez sur le pain grillé ou des croûtons frits. Ajoutez, si vous voulez, un peu de ciboulette hachée, ou de persil.

M. G. Julienne. Réunissez une poignée de chacun des

légumes de la saison, y compris des pommes de terre. Hachez grossièrement les herbes, coupez les racines en dés ou en filets (il existe pour cela des instruments spéciaux); ne manquez pas d'y mettre quelques petits pois et des oignons, et joignez-y, pour assaisonnement, un peu de persil, céleri, cerfeuil. Les légumes sont légèrement sautés au beurre, puis on mouille avec du bouillon gras, ou de l'eau salée, et l'on cuit jusqu'à ce qu'ils soient attendris.

Le plus souvent on sert la julienne *au pain*, soit qu'on la verse bouillante dans la soupière garnie de tranches de pain, soit qu'on la verse sur des croûtons grillés ou frits.

M. G. Printanier. Ce n'est qu'un autre nom donné à la julienne. On n'y met pas de pommes de terre, et c'est toute la différence. Les petits pois verts doivent dominer.

M. Soupe au lait. Potage au lait. Il nous semble tout à fait inutile de donner les recettes d'une foule de potages au lait, puisque nous les donnons avec le bouillon. En effet, en remplaçant le bouillon par le lait, mettant un peu de sel, ou sucrant si l'on préfère, on pourra faire toute la série de nos potages *au naturel*, *au* **riz, vermicelles, semoules, pâtes d'Auvergne et d'Italie, salep, sagou, orge, gruau, nouilles, macaroni, pommes de terre.** *On peut* les lier au jaune d'œuf ou à la farine. *On peut aussi*, lorsqu'on les sucre, ajouter un arôme de fleur d'oranger, de vanille, citron, orange, etc.

Cependant, les potages dans lesquels il entre un certain nombre de légumes, comme la julienne, ne s'accordent pas aussi bien avec le lait, qu'ils font cailler. Il vaut mieux n'en pas mettre, mais on peut les améliorer par une petite quantité de **crème douce**, qu'on y ajoute dans la soupière même, au moment de servir.

Cela fait bien dans tous les potages, quelle qu'en soit la

nature, et cela remplace avantageusement la liaison aux jaunes d'œufs.

M. G. **Potage au macaroni.** Faites la soupe au fromage, en remplaçant le pain par des macaronis concassés cuits à l'eau salée. Au gras, vous y mettrez du bouillon ; au maigre, de l'eau ou du bouillon maigre, ou du lait pur ou coupé d'eau.

G. **Au naturel.** On verse le bouillon bouillant sur des tranches de pain émincées, grillées si l'on veut ; ou sur des croûtons frits. On laisse tremper cinq minutes.

M. **Aux navets.** On roussit des oignons au beurre, on ajoute des navets et des pommes de terre coupées menu, en mouillant d'eau ou de bouillon maigre ; on assaisonne. Ces légumes cuits sont passés à la passoire et versés sur des croûtons.

G. **Soupe aux nouilles.** Vous jetez peu à peu des nouilles brisés dans le bouillon à l'ébullition, et les traitez comme une autre pâte. M. de même avec du lait ou du bouillon maigre.

M. **La même.** Les nouilles, ayant cuit dans une eau salée, vous emploierez cette eau comme bouillon maigre, en y oubliant quelques nouilles. Ajoutez un morceau de beurre et une tasse de crème, et ce sera très bon.

M. G. **Soupe à l'oignon.** Coupez les oignons en filets, et faites-les roussir dans le beurre très chaud. Ajoutez une cuillerée de farine, pour la faire également roussir un peu, et mouillez G. avec du bouillon, M. avec une eau dans laquelle on a cuit des légumes (pois, haricots, lentilles), ce qui lui donne un meilleur goût que l'eau seule. Salez.

Après une ébullition suffisante, versez sur des tranches de pain au naturel, ou grillées.

M. **Soupe à l'oignon au lait.** Remplacez le bouillon par le lait pur ou coupé d'eau, ou mieux coupé d'eau de cuisson de légumes verts ou secs.

M. G. Potage à l'orge perlée. Faites tremper l'orge, dès le soir, dans l'eau froide, égouttez-la le matin, et traitez-la ensuite exactement comme le riz.

M. G. Soupe à l'oseille. Epluchez une ou deux poignées de feuilles d'oseille, et sortez les côtes. Faites-en une purée, en la cuisant avec du beurre et un peu d'eau, et remuant souvent.

Donnez quelques bouillons, après y avoir ajouté le bouillon maigre ou gras; ajoutez, si vous voulez, quelques petits pois, ou tranches de pommes de terre qui y cuiront; salez à moitié cuisson, et ajoutez quelques tranches de pain qui devront mijoter un moment avec la soupe.

M. Panade. Brisez, plutôt que de couper du pain en morceaux que vous mettrez cuire avec de l'eau, un peu de sel et de poivre, jusqu'à ce qu'il soit devenu transparent. Ajoutez alors un morceau de beurre, et remuez, en le retirant du feu. Vous pouvez à ce moment y ajouter un peu de crème ou de jaune d'œuf. Si votre panade est destinée à un estomac faible, passez-la par la passoire.

G. Potages aux pâtes d'Auvergne *et d'*Italie, vermicelles, tapioca, sagou, salep.

On calcule la dose à raison d'une petite cuillerée à bouche par personne. Pour les vermicelles, il en faut moins, et il est nécessaire de les briser. On verse la dose dans le bouillon en ébullition, et l'on mijote jusqu'à ce que les pâtes soient molles, très gonflées, presque transparentes. Le tapioca se met comme en gelée.

M. Les mêmes, avec du lait pur ou coupé d'eau, au lieu de bouillon. On peut aussi se servir du *bouillon maigre* provenant de la cuisson du *congre* ou *anguille de mer.* Ce court-bouillon prend, à s'y tromper, le goût du bouillon de viande et peut le suppléer en tout.

M. Potage aux poireaux et pommes de terre.

Coupez plusieurs poireaux en menus morceaux, ainsi que des pommes de terre. Cuisez-les avec de l'eau, sel et poivre, jusqu'à ce que les pommes de terre soient molles. Écrasez-les en remuant beaucoup la masse, tout en y jetant un morceau de beurre et un peu de crème. Versez sur des croûtons grillés.

M. **Soupe au potiron.** Pelez une tranche de potiron et sortez les pépins, puis coupez-la en dés de la grosseur d'un œuf de pigeon ou d'une noix, que vous ferez cuire avec de l'eau jusqu'à réduction en marmelade. Ajoutez alors un peu de sel et 60 grammes de beurre, et donnez encore deux minutes d'ébullition. Passez.

Faites bouillir un litre de lait, auquel vous ajouterez sucre ou sel, selon votre bon plaisir ; mêlez-y la purée ci-dessus, et versez bouillant sur des tranches de pain. Si vous sucrez, vous pouvez ajouter un peu d'eau de fleurs d'oranger ou d'autre parfum.

M. **Potiron à la Julienne.** Dans une soupe au potiron, comme ci-dessus, et salée, ajoutez une cuisson à part de légumes, comme pour une julienne, et servez.

M. **Potiron au riz.** Faites crever du riz, à raison d'une demi-cuillerée par tête, dans le lait, juste la quantité né-cessaire. Ajoutez ensuite le reste du lait froid, et sucrez, puis continuez à le cuire.

D'autre part, faites la purée de potiron, telle qu'elle est expliquée ci-dessus, avec un peu de sel ; égouttez-la et passez-la, avant d'y ajouter le beurre. Faites alors cuire une seconde fois pour y incorporer le beurre ; puis mettez-la dans la soupière et versez le riz au lait dedans en tournant. Servez de suite, car cette préparation tourne facilement, et l'on ne pourrait la garder longtemps au chaud.

M. **Melon.** Dans ces diverses soupes au potiron, on peut le remplacer par du melon, le mets en sera de beaucoup plus délicat et plus savoureux.

Le bonnet turc remplace également le potiron, mais il en faut moitié moins, parce qu'il est moins aqueux et plus farineux. Son goût est aussi plus agréable que celui du potiron quintal, et sa chair est en tout préférable.

M. **Potage à la provençale**. Faites cuire huit à dix gousses d'ail avec eau et sel. Disposez des tranches de pain dans la soupière, et imbibez-les d'huile d'olive, puis versez dessus votre eau d'ail en la passant par la passoire. On ajoute à l'ail un bouquet de sariette, de thym ou d'hysope, comme aromate.

M. G. **Potage purée-croûtons**. C'est une purée de pois secs coupée de moitié eau ou bouillon, et que l'on orne de quelques petits croûtons frits de belle forme. On peut préparer de même des potages avec la **purée de haricots, de lentilles, de pommes de terre, de marrons** ou de **châtaignes.**

M. **Potage à la reine**. Faites cuire du lait avec un sucrage moyen, et mettez-y trois amandes amères pilées par litre, en sortant du feu, ainsi qu'un peu d'eau de fleurs d'oranger. Liez avec jaunes d'œufs et versez sur des croûtons rôtis, ou nature.

M. G. **Potages au riz**. Le riz, crevé à l'eau, peut remplacer le pain dans presque tous les potages. Le riz constitue, à lui presque seul, la nourriture des centaines de millions d'habitants de la Chine, de l'Inde et des pays voisins. Cela prouve au moins que c'est un aliment sain et nourrissant, que l'on peut recommander sans crainte. D'ailleurs, il améliore le goût de presque tous les potages, et ne saurait jamais nuire dans aucun. On le calcule à raison de deux fortes cuillerées pour quatre personnes ; on le fait cuire avec assez d'eau ou de bouillon pour le recouvrir, puis l'on complète la dose de liquide avec du bouillon, de l'eau ou du lait, lorsque le riz est crevé. On achève la cuisson à petit feu, et l'on assaisonne selon son goût avec sel et poivre, ou avec sucre.

G. **Soupe à la tortue.** Il n'y entre pas trace de tortue. Voici la recette anglaise. D'un bon morceau de tête de veau, retirez tout ce qui est gras, et faites cuire le maigre avec de l'eau et du sel. Coupez ensuite la chair en petits cubes semblables à des dés tout petits, et faites-les revenir dans le beurre avec un assaisonnement énergique. Il y entre sel et poivre ou piment, champignons et petits oignons, laurier, thym, basilic, persil, girofle, muscade, gingembre, et du jambon haché, ou coupé fort petit. — Lorsque c'est cuit, on retire la tête de veau et l'on fait un roux avec la graisse qui reste, puis on y remet la tête avec tout le reste, et l'eau nécessaire au potage.

Alors, on y joint encore une masse de choses, des quenelles, ou des boulettes de viande, du jus, du jus de citron et l'on complète l'assaisonnement de sel et poivre ou autres épices, s'il y a lieu. On cuit ensemble deux heures, on écume, et finalement on le sert très épais, avec tous les accessoires nageant dans le potage, sauf les herbes qui en ont été retirées.

POT AU FEU. Lorsqu'on se livre à la confection d'un pot au feu, il faut savoir à quel point de vue on doit travailler. En effet, il n'est plus de mode de servir le bouilli, dans un dîner, chez un bourgeois qui se respecte. On peut donc sacrifier le bœuf pour avoir un meilleur bouillon lorsque ce cas se présente.

Brillat-Savarin n'aimait pas le bouilli, c'était son droit, mais je connais des personnes très comme il faut, qui le mangent volontiers, pourvu qu'il soit tendre et savoureux, c'est-à-dire que le bouillon n'ait pas enlevé toute sa force ; et ce leur est un prétexte pour l'accompagner de hors-

d'œuvre piquants qui ont bien leur charme. Chez ces bour-
geois-là, il ne faut donc pas sacrifier la viande, mais il ne
faut pas non plus, sous prétexte de bon bouilli, servir un
mauvais potage.

Or il y a parfaitement moyen de concilier ces deux
choses, si compliquée que la question semble se poser.

Mettez la viande, un beau morceau bien arrondi de
tranche ou d'aloyau, dans l'*eau froide*, le double de son
poids, ajoutez-y une poignée de gros sel, et menez lentement à l'ébullition. Vous pouvez y ajouter, et ce sera meilleur, des os de rôti que vous casserez au marteau pour augmenter leur surface ; ajoutez encore une oreille de porc,
une vieille poule si vous voulez, mais pas de veau, c'est bon
pour un bouillon de malade, ou pour faire de la gelée.

Lorsque votre eau bouillira, écumez-la avec soin, laissez
mijoter doucement pendant deux heures, puis ajoutez les
légumes soigneusement lavés. Gardez-vous de faire bouillir
trop fort, et fermez bien la marmite.

Ces légumes se composent de carottes, oignons frais, poireaux, panais, navets, choux, du céleri rave. Dans l'oignon,
piquez deux ou trois clous de girofles. Ajoutez encore une
ou deux boulettes à bouillon, que vous pouvez remplacer par
des carottes et oignons torréfiés ou même des cosses de pois
verts séchées au four. Continuez la cuisson modérée et tranquille qui doit durer au moins cinq heures.

Il y a des gens qui ajoutent un peu de laurier, muscade,
persil, une demi-heure avant d'enlever du feu. Le persil
passe, mais les autres aromates ne sont pas de tous les
goûts.

Vous aurez de cette façon un très bon bouillon ; et si votre
viande était de bonne qualité, si vous l'avez bien battue avant
de la mettre au pot, vous aurez un bouilli aussi succulent
que possible.

Pour fignoller, vous pouvez sortir le bouilli une demi-heure avant le dîner, et le rôtir à la surface. Il ne sera plus reconnaissable. Voy. *Bœuf*.

Le bouillon se verse à travers une passoire à petits trous, pour le séparer des débris de légumes qui y nagent.

Les gros légumes, et principalement le poireau, se lient en un bouquet à la ficelle. On ne les sert pas, ou l'on ôte la ficelle lorsqu'on doit les mettre autour du bouilli comme garniture. Cela dépend des ordres de la maîtresse de maison.

Bouillon (tablettes de). La dose suivante donne à peu près 4 kilogrammes et demi de tablettes. Une tablette suffit pour faire deux tasses d'excellent bouillon, en la dissolvant dans l'eau bouillante légèrement salée.

Bonne viande de bœuf en menus morceaux	$40^{kg},000$
Carottes, navets, poireaux, de chaque	$1^{kg},000$
Céleri, oignons frais »	$0^{kg},500$
Persil, oignon brûlé »	$0^{kg},250$
Clous de girofles, poivre »	$0^{kg},005$

La viande est dégraissée et désossée, avant de la peser ; on la met avec deux fois son poids d'eau, dans une grande marmite étamée, dont le couvercle ferme bien ; on fait bouillir, on écume, on ajoute les légumes et le reste, puis on laisse mijoter pendant huit heures. On retire du feu et on passe bouillant à la chausse.

La viande et tout ce qui reste sur la chausse se remet dans la marmite avec une trentaine de litres d'eau, et la cuisson, conduite de même, doit durer encore trois ou quatre heures. On reverse alors sur la même chausse, on exprime forte-ment le résidu, et l'on mêle les deux liquides, qu'on laisse refroidir à la cave.

Le lendemain matin, on les dégraisse avec soin, et on les fait ensuite bouillir à gros bouillons. On clarifie avec cinq ou six blancs d'œufs battus en neige, on écume, on passe, à l'étamine. Si le liquide en sort limpide, on le concentre jusqu'à ce qu'il soit réduit à 4 kilogrammes. Alors, on y dissout 1 kilogramme de belle grenétine et on coule dans des moules, de manière que chaque tablette ait 30 grammes.

Lorsque les tablettes sont refroidies, elles sont dures, cassantes, entièrement solubles à l'eau bouillante, et donnent un très succulent bouillon à la minute, capable de remplacer celui du pot au feu.

Ces tablettes sont principalement à recommander pour la chasse, les voyages, etc., et sont aussi une bonne ressource à la cuisine, lorsqu'il y a disette de bouillon, pour les potages ou les sauces.

Extrait de viande selon Liebig. Il se prépare avec de la viande de bœuf hachée menu, après l'avoir bien désossée et dégraissée, débarrassée des nerfs et tendons. On la laisse digérer à froid, pendant une demi-heure, avec 8 à 10 fois son poids d'eau. On la sépare par un tamis, puis on donne un bouillon pour écumer. Ensuite, on concentre au bain-marie et dans le vide, jusqu'à consistance d'extrait. Cette concentration se fait, par précaution, dans des vases de porcelaine.

Si cette préparation peut se faire dans tous les pays, elle n'est vraiment pratique que dans ceux ou la viande de boucherie est à très bas prix. Aussi les immenses fabriques d'extrait de viande se sont-elles toutes installées dans les pays de l'Amérique peu peuplés et qui vivent de l'élève du bétail, l'Uruguay, la Plata, la Podolie. En Australie, il s'en est aussi créé depuis peu de temps.

Le caractère de cet extrait de viande, est qu'il ne doit contenir ni graisse, ni gélatine, afin que sa conservation soit aisée, et que toutes ses parties constituent une nourriture facile à digérer et fortifiante.

Poulet. Voy. *Volailles*.

Poudre **fumigatoire**. Voy. *Pharmacie, espèces*.

Purée. C'est la pulpe des légumes ou des fruits écrasée. On en fait avec les pommes de terre, les légumes secs, les oignons, carottes, marrons, etc. On en fait aussi avec des viandes, du gibier, du homard, des fruits pulpeux tels que la pomme, le potiron, etc.

Les purées de légumes secs se chargent ordinairement d'une saucisse ou d'autres charcuteries, viandes ou poissons.

Présure. Voy. *Lait* et dans *Pharmacie, vin de présure*.

Pruneaux secs. Ils se vendent, à des prix d'autant plus élevés qu'il y en a moins au kilogramme. En France, on les prépare dans les environs d'Agen et de Bordeaux. On en sèche d'immenses quantités aussi en Serbie, en Turquie, en Bavière et en Autriche.

On ne les emploie qu'en compote, en les faisant cuire dans l'eau pure ou coupée de vin rouge, ou même dans le vin pur. Ils sont assez doux pour qu'il soit inutile d'ajouter du sucre, mais on a l'habitude de leur adjoindre un morceau de cannelle, que l'on retire avant de les servir. Parfois on y met un peu de vinaigre.

On sert cette compote seule en France.

En Alsace, on la sert la plupart du temps avec un farinage. En Allemagne, la compote de pruneaux est presque toujours chargée d'une viande avec ou sans sauce, et ce mélange de salé-poivré et de sucré fait un singulier effet sur les personnes qui n'en ont pas l'habitude. C'est souvent une tranche de gigot ou de jambon qui a l'honneur de jouir de cette compagnie.

La compote de pruneaux est un léger laxatif très sain au

corps, lorsqu'on n'en abuse pas. Si on en use trop souvent, elle produit un effet débilitant.

Les **fruits secs** *ou mieux* séchés, comme **quartiers de poires** et de **pommes, myrtilles, raisins secs,** peuvent être traités comme les pruneaux en compotes. Selon qu'ils sont plus ou moins doux par eux-mêmes, on y mettra moins ou plus de sucre.

Ainsi, la pomme a besoin de sucre, et la poire n'en a pas besoin. Chaque opérateur trouvera cela tout seul.

Q

Quatre épices. On se sert de ce mélange, préparé à l'avance, pour s'éviter la peine de puiser dans différents paquets ou tiroirs, chaque fois que l'on veut assaisonner un mets. On y trouve encore l'avantage des proportions, toujours les mêmes, ce qui évite des dosages par à peu près.

Les quatres épices se composent de :

  125 grammes de poivre blanc ;
   10 » de girofles ;
  10 à 15 » de muscade ;
  25 à 30 » de gingembre.

Chaque ingrédient étant pilé ou moulu séparément, on les mélange ensuite.

La *poudre de kari* est une variété du quatre épices et se fait de la même façon en mélangeant :

  125 grammes piment ;
   90 » curcuma racines ;
   15 » poivre blanc ;
   15 » girofles ;
   10 » muscade.

C'est une épice d'assaisonnement qui n'est guère appréciée que par les personnes qui ont vécu longtemps dans les pays chauds.

Il vaut mieux préparer ces deux articles soi-même lorsqu'on tient à les avoir bien purs. Si l'on veut s'en éviter la peine, on peut se les procurer tout faits chez tous les marchands de comestibles, et dans les bonnes épiceries.

Quatre fleurs Voyez dans l'article *Pharmacie*, à *espèces*.

Quenelles, Boulettes, Godiveau. Servent le plus souvent à orner un vol-au-vent, les petits pâtés, les fricassées. On en prépare aussi dans lesquelles on fait entrer du foie ou d'autres viandes hachées.

Écrasez de la moelle de bœuf avec du sel, ajoutez-y de l'oignon et du persil hachés et d'autres fines herbes si vous le trouvez bon. Travaillez bien votre pâte et incorporez-y un petit pain au lait râpé et un œuf frais entier.

Lorsque votre pâte est terminée, faites-en des boulettes de la grosseur d'une petite noix, en prenant un peu de farine en mains.

Quelques minutes avant de servir le potage, faites-les cuire dans le bouillon et retirez-les dès qu'elles viennent surnager.

Ceci sont les quenelles de moelle que l'on sert dans le potage pour l'améliorer.

Pour orner et améliorer le vol-au-vent, les petits pâtés chauds, etc., et même pour servir seul comme entrée, on peut faire les mêmes quenelles en y incorporant du fin hachis de volaille, de veau, de gibier, de poisson. On met alors la dose d'œufs en proportion. Ces quenelles se font rondes ou ovales.

En Alsace on goûte beaucoup les **quenelles de foie de**

veau qui peuvent se faire de la même façon en y incorporant oignons, foie haché, persil à haute dose, et cuisant un moment dans le bouillon.

Comme on le voit, on peut varier les quenelles à l'infini et l'on ajoute à ce mot le nom de la viande ou autre base que l'on y a incorporée.

On peut remplacer la moelle par le beurre frais, la graisse d'oie, le saindoux, ou toute autre bonne graisse.

R

RAGOUTS composés divers. Voy. *Mouton.*

Salpicon. Il y entre tous les restes de viandes de toutes espèces, volailles, gibier, auxquels on ajoute pour assaisonnement du jambon, champignons, truffes et petits oignons. Toutes les viandes sont coupées en dés, de façon qu'on n'en reconnaisse aucune ; de même les truffes et champignons sont en petits morceaux. Chaque viande et chaque chose ayant été cuite séparément, on réunit le tout dans une casserole, on l'arrose de bon jus ou de bouillon, on assaisonne de sel et poivre, et l'on chauffe doucement sans bouillir.

Ragoût ou matelote de poulet et d'anguille. Nettoyez et coupez un poulet, comme pour une fricassée ; faites-le cuire entre des bardes de lard, avec bouillon, beaucoup de petits oignons, sel et poivre.

Dans une autre casserole, cuisez une anguille coupée en tronçons, avec une demi-bouteille de vin, bouquet garni, et le mouillement du poulet. Faites réduire la sauce.

Dressez le poulet sur un plat, avec l'anguille, les petits

oignons, des croûtons passés au beurre et versez la sauce sur le tout. Si vous avez quelques écrevisses, rangez-les à l'entour.

Ragoût de bœuf à la Salomé. Marinez trois à quatre jours un beau morceau de bœuf, dans le vinaigre avec sel et poivre. Piquez-le de lardons et de verdure hachée ; posez-le dans la casserole avec du beurre, et laissez jaunir. Ajoutez alors de petites pommes de terre et mouillez de bouillon ou de jus.

Il faut deux heures de cuisson, et les pommes s'ajoutent une heure avant de servir (feu dessus et dessous).

Cassoulet de Carcassonne. Commencez par désosser deux épaules de mouton et les couper en morceaux, comme pour un ragoût. Faites revenir au beurre, égouttez la graisse. Saupoudrez de très peu de farine et faites roussir au four. Mouillez de bouillon avec un peu de coulis, sel, poivre, un peu de muscade et d'ail broyé, puis six grosses belles tomates pressées et hachées, bouquet garni, un peu de débris ou dés de lard, 125 grammes de couennes blanchies et coupées en dés et 1 kilogramme de haricots blancs blanchis à l'eau de sel une vingtaine de minutes, après avoir gonflé à l'eau froide depuis la veille. Ajoutez un petit saucisson à l'ail coupé en tranches.

Tous ces ingrédients variés sont mis dans une marmite à couvercle, sous lequel on les couvre d'un papier beurré, et l'on cuit très doucement au four pendant environ trois heures. On dégraisse alors, puis on les range dans un plat allant au feu ; on couvre de sauce et d'un peu de chapelure, persil, beurre, et l'on fait cuire sous le four de campagne, de manière à gratiner dessus et dessous.

Gulasch. C'est un *ragoût hongrois*, composé de viandes de bœuf, mouton et porc, en tranches, le bœuf dominant ; en sauce brune. Ce qui distingue ce ragoût, fort en faveur dans les brasseries allemandes et autrichiennes, c'est la dose de **paprica** ou piment en poudre qu'il contient, et qui pousse à boire. Certains amateurs vont en manger une portion à 11 heures, avec 1 ou 2 litres de bière, pour se mettre en appétit. Ils vont ensuite dîner à midi, en famille.

Raiponce. La racine se traite comme les *salsifis*.

Râle de genets. Traitez-le comme la *bécasse*.

Ramier. Comme le *pigeon*, ou la *perdrix*, s'il est jeune.

Ratafias. Liqueurs faites par l'action directe de l'alcool sur les fruits ou leurs sucs, par macération. Voy. *liqueurs*.

Refaire une volaille ou du gibier, c'est la retourner sur le feu, dans une casserole, jusqu'à ce que les chairs renflent.

Relevé. Le plat qui se sert immédiatement après le potage.

Rémoulade. Voy. *Poivrade, sauces*.

Repas. Voy. *Aliments, menus*.
L'heure des repas et leur nombre varient selon les pays.
Dans le Nord, on éprouve, plus que dans le Midi, le besoin de manger, et le nombre des repas y est plus grand. De même, l'air des champs et des montagnes donne de l'appétit, tandis que l'air des grandes villes ne s'y prête pas. On ne peut donc pas fixer une loi hygiénique inflexible là-dessus et l'on fera mieux de suivre partout la mode du pays.
On peut cependant, d'une manière invariable, donner aux repas les noms suivants :
Le *déjeuner* est un léger repas du matin, qui permet d'attendre une dose plus sérieuse de nourriture. Il se com-

pose d'une soupe, ou de chocolat au lait ou à l'eau, ou de café au lait, ou d'œufs frais, ou de toute autre préparation légère.

Le *second déjeuner*, que l'on nomme *dîner* dans nombre de pays, prend dans ce dernier cas plus d'importance.

Le déjeuner à la fourchette des français se compose d'un hors-d'œuvre, d'un ou deux plats de viande, un légume, un entremets, un dessert. L'une des viandes est souvent remplacée par un poisson.

Lorsqu'on le nomme *dîner*, on le fait commencer par un potage, on augmente la quantité ou la grandeur des plats, et l'on donne à ce repas l'importance qu'il mérite, aux dépens du repas du soir qui est le vrai *dîner* en France. Ce dernier varie donc comme le déjeuner, et selon le déjeuner, d'après ce que nous venons d'en dire, chacun gagnant ce que l'autre perd. A Paris, on dîne de six à huit heures du soir. En Alsace, nous appelons cela *souper*, et comme on s'y couche de bonne heure, on ne mange pas autant qu'à midi, si l'on veut passer une bonne nuit de sommeil.

Le *souper* à Paris n'est pris que par le public noctambule, qui fréquente les théâtres, bals ou concerts. Au sortir de la séance, on va prendre une soupe au fromage, ou une choucroûte garnie, ce qui permet de prolonger la soirée, et de se mettre au lit presqu'au moment où les autres vont en sortir pour se rendre à leur travail. Je ne vous dirai pas que cette vie soit saine, ni qu'elle prolonge l'existence, bien au contraire.

Les joyeux soupers de société, dans les grands restaurants de Paris, sont plus compliqués, mais comme nous n'écrivons que pour les vraies ménagères, nous n'avons pas à en parler ici.

Retrousser une volaille, c'est lui ficeler les pattes et les ailes au-dessus. Il faut toujours retirer ces ficelles avant de servir.

Revenir. Faire passer quelque chose dans le beurre très chaud, sans l'y laisser longtemps.

Rhubarbe. La rhubarbe de nos jardins n'est qu'un rhapontic d'Europe, et ne possède pas les qualités purgatives de la rhubarbe de Chine, ou du moins les possède à un degré infiniment moindre.

Ses *feuilles larges*, privées de leurs côtes, sont un très fin légume à la **façon des épinards** et de l'oseille, dont il représente le mélange. Voy. *Oseille.*

Les *grosses côtes des feuilles*, et leurs *longues tiges*, découpées en tronçons de 8 à 10 centimètres et fendues en longueur, blanchies à l'eau bouillante, enfin cuites en *compote* avec du sucre, se mettent sur une pâte feuilletée pour faire une **tarte à la rhubarbe** dont le goût rappelle un mélange de pommes et d'abricots. Voy. *Pâtisserie.*

Je dois cependant rendre les amateurs attentifs à l'*action laxative* très légère et très saine de chacun de ces mets, lorsqu'on en use.

Lorsqu'on en abuse, cette action devient très désagréable, et *fortement purgative*. On fera donc sagement en ne servant jamais, au même repas, le légume et la tarte.

Rissoler. Donner à une viande une cuisson qui la rende dorée et croquante.

RIZ. Il existe de nombreuses variétés de riz, qui nous sont fournies par le Piémont, la Chine et les pays d'Amérique et d'extrême d'Orient. Cette graminée ne croît bien que dans des pays chauds et marécageux. On en fait deux récoltes par an.

Les grains doivent être entiers, translucides, gros, sans odeur désagréable.

Le riz est une excellente base de potages, d'un prix fort économique, puisqu'il constitue la seule nourriture à peu près des Hindous et des Chinois. On le fait cuire à l'eau salée, au bouillon, au lait.

Enfin, il sert à faire des *gâteaux*, des *beignets* et des *puddings* de très bon goût.

Riz au lait. Pour 250 grammes de riz, prenez 2 à 3 litres de lait. Faites y crever le riz par coction.

Ajoutez 200 grammes de sucre cassé, de la vanille ou un autre aromate.

Avant de le servir, vous pouvez caraméliser la surface du riz refroidi, en la saupoudrant d'une épaisse couche de sucre pilé, sur laquelle vous promènerez le fer rougi au feu. Mais ce mets se sert habituellement chaud, et sans cette caramélisation. Entremets.

Au gras. Faites de même, en remplaçant le lait par un bon bouillon que vous pouvez renforcer par du coulis. Salez, et servez comme légume ou comme entremets. En le faisant moins épais, vous pouvez le servir comme potage; il est admis d'y mettre quelques oignons et un bouquet de persil que l'on retire.

Riz à la Trautmansdorf.

250 grammes de riz bonne qualité;

1 litre de lait;

200 grammes de sucre cassé;

1 bâton de vanille coupé menu.

Faites cuire jusqu'à ce que le riz soit bien ramolli, ajoutez pendant qu'il est encore sur le feu:

30 grammes gélatine, et laissez-la dissoudre.

Retirez du feu, puis ajoutez encore quatre jaunes d'œufs que vous y incorporerez avec soin.

Laissez refroidir dans un grand saladier de porcelaine.

Après refroidissement, ajoutez 1 litre de crème fouettée ; puis prenez un moule à côtes, remplissez-le à moitié avec ce riz, posez-le sur la glace. Une heure après, recouvrez la surface avec une bonne confiture, telle que la marmelade d'abricots, la gelée de groseille ; complétez le moule avec le reste du riz par-dessus la confiture ; laissez sur la glace jusqu'au moment de démouler.

Pour démouler, il suffit de passer sur le moule avec un linge imbilé d'eau bouillante sans secouer le moule.

Riz aux pommes. Faites un riz au lait avec vanille.

Pour chaque demi-litre de lait, employez deux œufs dont les jaunes seront délayés dans le riz sans bouillir.

Mettez ce riz dans un plat allant au feu, recouvrez-le d'une marmelade de pommes, et les blancs d'œufs en neige sucrée par-dessus. Mettez au four pour faire prendre couleur. Servez chaud ou froid, à volonté.

Vous pouvez remplacer les pommes par tout autre fruit pour varier.

Autre manière. Faites crever 125 grammes de riz dans du lait, avec sucre et zeste haché ; ajoutez du lait à mesure qu'il crève. Pelez six pommes, sortez-en les cœurs, mettez-les mijoter dans un sirop de sucre avec jus de citron. Quand la fourchette y entre aisément, retirez-les et faites égoutter.

Employez votre même sirop à faire une marmelade avec quatre autres pommes, et mêlez-la au riz lié de trois jaunes d'œufs.

Remplissez le creux des six pommes avec de la gelée de groseilles ou de la confiture d'abricots ; posez les pommes sur une tourtière, et versez le riz autour, de façon qu'on ne voie plus que le dessus des pommes.

Faites prendre couleur au four de campagne, ou dans un four doux.

Riz brûlé. Cuisez 200 grammes riz avec un peu d'eau. Ajoutez un litre de lait peu à peu, puis deux jaunes d'œufs et du sucre à volonté, un peu de vanille. Lorsqu'il est cuit, mettez les blancs en neige par-dessus, saupoudrez épais de sucre fin que vous caraméliserez avec un fer rougi au feu.

Riz au lait. Faites absolument de même, mais ne brûlez pas, et n'y mettez pas d'œufs.

Riz catalan garni. Faites cuire ensemble un peu de graisse avec des petits dés de lard ou de jambon. Mettez-y un lapin ou un poulet découpé en morceaux, et cuisez avec accompagnement de sel, poivre, oignons, fines herbes hachées et quelques tomates et champignons.

Lorsque la préparation aura mijoté cinq quarts d'heure, couvrez amplement avec du bouillon et ajoutez une quantité suffisante de riz cru, mais bien lavé, pour que la cuisson lui donne une certaine consistance. Ajoutez encore une pincée de safran. Cuisez alors vigoureusement et à découvert, jusqu'à ce que le riz ait crevé.

Rouelles. Tranches arrondies. La *rouelle* est une partie du bœuf ou du · veau qu'on emploie de préférence pour couper en tranches et pour fricassée.

Rouleau. Instrument en bois dont les pâtissiers se servent pour pétrir et aplatir la pâte.

Roulette. Instrument de pâtisserie, pour découper la pâte en la festonnant.

Roux. Beurre et farine cuits ensemble jusqu'à ce que cela devienne blond, en agitant sans cesse. Pour lier les *sauces*.

S

Sagou. Pâte féculente à potages, en petits grains ronds, gros comme une tête d'épingle, blanchâtres, quelquefois rosés, très durs, sans odeur et d'une saveur fade. Il se gonfle à l'eau bouillante à la manière du tapioca avec lequel il a d'ailleurs beaucoup d'analogie.

Il vient des îles Moluques, où on le retire de la moelle d'un palmier, qu'on lave et lessive de la même façon que les pommes de terre pour en retirer la fécule. Après l'avoir séchée, on la torréfie légèrement, dit-on.

Sert aux mêmes usages que le tapioca, et est imité comme lui au moyen de la fécule du pays.

Saindoux. Voy. *Graisse, porc.*

SALADES. Plantes potagères que l'on mange crues et assaisonnées de sel, poivre, huile, vinaigre et quelques fines herbes. On fait des salades de viandes froides, en ajoutant de la moutarde ; des salades de légumes cuits, etc., etc.

Nous recommandons ici tout spécialement quelques articles très goûtés en Alsace :

Salade de cervelas. Divisez vos cervelas en deux parts égales dans le sens de la longueur, pelez-les, et coupez-les en travers en tranches minces que vous laisserez attachées un peu ensemble du côté plat. Rangez vos demi-cervelas, ainsi préparés, sur un plat long ou rond ; sur chacun, vous placerez un anchois sans arêtes, enroulé sur lui-même, et quelques tranches minces de cornichons et de betteraves rouges confits au vinaigre. Agrémentez le plat en y rangeant avec art des pickles variés, de l'oignon haché et quelques fines herbes, jaune et blanc d'œuf durcis, le tout en petits tas, artistement combinés. Au milieu de tout cela, vous ménagerez un espace libre pour y verser une sauce rémoulade bien battue avec un jaune d'œuf.

Pour peu que vous fassiez accompagner ce plat élégant et multicolore d'un bon vin blanc ou d'une bonne bière, vous verrez vos convives émerveillés et enchantés.

Salade de pommes de terre. Vous les faites cuire à la vapeur, pelez, coupez en tranches et mettez-les chaudes dans le saladier. Ornez la surface d'une jolie mosaïque composée avec jaunes d'œufs durcis, blanc des mêmes œufs, oignon, ciboulette, hareng salé, cornichons, betteraves rouges au vinaigre, fines herbes, le tout haché séparément, etc., etc. et posez ainsi sur la table.

Au moment de la faire passer, versez-y une vinaigrette additionnée de vin ou bouillon et mélangez.

La salade de pommes de terre peut être servie seule, mais le plus souvent on l'accompagne de saucisses chaudes; c'est alors le plat traditionnel des vendanges. On la sert aussi avec des viandes en sauce, ou comme hors-d'œuvre.

Salade à la cosaque. Coupez en quartiers assez gros quelques tomates prises avant leur entière maturité; elles doivent être à peines roses. Ajoutez des quartiers d'oignon crû, d'œuf dur, quelques fines herbes hachées; assaisonnez d'une bonne sauce vinaigrette ou rémoulade. Vous pourrez y incorporer du cresson alénois ou autre, des feuilles de laitue, ou d'autres salades en petites quantités. Se sert comme hors-d'œuvre.

Nota. **Les fleurs de capucine** font un très bel *ornement* pour les salades et leur communiquent un bouquet agréable. Elles sont de plus très saines au corps, cette plante ayant toutes les vertus des cressons.

Salade de radis, de concombres. Coupez-les en tranches minces à l'aide du rabot, ajoutez de suite du sel et terminez votre vinaigrette au moment de servir. Hors-d'œuvre.

Salade d'oranges. Ceci est un plat de dessert. Coupez-les en tranches, sortez les pépins, assaisonnez de sucre et de kirsch ou de rhum. Vous pouvez remplacer le spiritueux par du meilleur champagne et ce n'en sera que meilleur.

Salade de fraises. Se fait de même, mais en les laissant entières. Elles s'accommodent très bien d'un bon vin rouge de Bordeaux ou de Bourgogne auquel elles communiquent tout leur parfum qui réside uniquement dans la peau du fruit. Leur chair est généralement blanche et insipide.

Salep. Sert dans les potages et dans les bouillies pour convalescents. C'est une fécule obtenue par la cuisson dans l'eau, des bulbes de plusieurs variétés d'orchis indigènes ou exotiques. Après cuisson, on sèche et on conserve tel, en forme de petites olives. Pour s'en servir, on le pulvérise ; on le cuit avec lait ou bouillon.

Salmis. Viande rôtie préalablement, puis coupée en tranches et cuite dans une sauce, avec ou sans accompagnement de légumes. *Salmis de canards aux navets.* Voy. *Sauces, volailles.*

Salsifis et Scorsonères. Ces racines sont à traiter de la même façon. Ratissez-les, et jetez-les dans une eau légèrement vinaigrée. Faites-les cuire aussi dans l'eau vinaigrée salée, avec un bouquet garni, à la façon du court-bouillon.

Lorsqu'elles sont suffisamment molles, dressez-les sur un plat, et recouvrez d'une **sauce blanche,** *ou* **blonde,** *ou* **poulette.**

Au jus. On les sert avec un jus de viande, soit en le versant sur les racines bouillies, soit en leur donnant encore un bouillon avec le jus.

Frits. Bouillis, on les trempe dans la pâte à frire ou dans la farine, avant de les mettre à la friture.

La **racine noire de consoude** a été préconisée pour légume à la façon des salsifis. Elle croît le long des fossés et dans les lieux humides, à l'état sauvage, et n'est pas rare en France. La médecine l'emploie fraîche ou séchée à cause de ses propriétés astringentes.

Le **chervis**, le **scolyme** d'Espagne remplacent aussi le salsifis et se traitent de même.

Les jeunes feuilles de toutes ces herbes peuvent se manger en **salade**. C'est surtout en hiver, lorsqu'on les conserve en cave, que les jeunes pousses blanchies sont tendres et délicates.

Sanglier. Le sanglier, qui n'est qu'un cochon sauvage, se traite en général comme son parent domestique.

Voyez donc à *porc* pour la généralité des préparations.

Cependant, le sanglier doit avoir un goût de gibier que le porc ne possède pas. On le fait mariner dans le vin, ou le vinaigre garni d'aromates et d'oignons coupés. La marinade ne durerait-elle que vingt-quatre heures, la viande devient plus tendre, et prend un bouquet tout particulier, sans lequel elle n'aurait aucun charme.

En marinant les chairs du porc, on arrive tout aussi bien à le faire manger pour du sanglier, mais il faut y ajouter du brou de noix, pour teindre la chair qui serait trop blanche et ne tromperait pas un œil un peu exercé.

Sarcelle. Variété du canard sauvage, qui se traite comme lui. Seulement, la sarcelle doit être dégraissée avec le plus grand soin, sa graisse ayant un goût très désagréable d'huile de poissons. Dans ce but, on la fait rôtir à grand feu, et l'on retire la graisse à mesure qu'elle tombe dans la lèchefrite. De même, on retire toutes les parties grasses de l'intérieur, auxquelles on peut toucher, avant de la rôtir. Dans ces conditions, la sarcelle est mangeable, mais non agréable à manger.

SAUCES. La bonne sauce fait la bonne cuisine; sans bonne sauce, pas de cuisine mangeable. C'est à la sauce qu'incombe le devoir de faire passer pour bon, un mets inférieur ou fade. Aussi entre-t-il dans les sauces de tout ce qu'il est permis à l'imagination la plus vaste de supposer. Toutefois leur base est toujours à peu près la même. Ainsi, une sauce piquante sera toujours basée sur le vinaigre et la moutarde à laquelle il sera permis d'ajouter des aromates variés, des épices assorties, selon la nature du mets.

Une sauce blonde, blanche ou brune, aura toujours pour base la farine avec le beurre, plus ou moins cuits ensemble, et mouillés avec vin, eau, lait, bouillon, jus, vinaigre, selon le cas. Ici encore, le cuisinier fera voir sa science, en choisissant les autres ingrédients, qui sont les plus importants : morilles, champignons, truffes, fines herbes et autres accessoires.

Nous n'indiquerons donc, à chaque espèce de sauce, que les choses principales, laissant à l'artiste le soin de varier au jour le jour, selon ses talents et surtout selon ses ressources disponibles.

La plupart des mets comportent la façon de la sauce en même temps que leur cuisson même; mais on a souvent besoin d'une sauce séparée, et d'ailleurs, en donnant ces indications, nous compléterons ce que l'on doit entendre par le nom de chacune de ces sauces, lorsqu'il vient s'accoler à celui d'un plat quelconque.

Dans une cuisine sérieuse, il est bon d'avoir toujours sa provision de bouillon, jus et autres matières premières; on peut d'ailleurs remplacer le jus ou le bouillon, lorsqu'on en manque, par un extrait de viande, ou par des tablettes de bouillon.

Sauce allemande. Faites cuire des champignons hachés, avec un peu de beurre; mouillez avec du consommé, réduisez à consistance de sauce; ajoutez une nouvelle dose de beurre, et un hachis de persil, thym, girofles, ail. Passez après deux bouillons, ajoutez un peu de mignonnette et un jus de citron.

Sauce aux anchois. Ayant pilé la chair d'un anchois, mettez-la dans une sauce blanche avec poivre, muscade, girofle; bouillez un quart d'heure, ajoutez jus de citron.

Autre. Faites un roux blond, mouillé de bouillon et convenablement épicé. Lorsqu'il sera cuit, ajoutez la chair pilée d'un ou deux anchois.

Sauce anglaise froide. Pour servir avec le poisson. Mettez quelques feuilles fraîches de menthe poivrée hachée, dans une saucière, avec sel, vinaigre et un morceau de sucre.

Sauce Béchamel. Faites une bouillie claire avec de la farine et du lait. Laissez bouillir une demi-heure avec son assaisonnement de sel, poivre, muscade et persil haché. Ôtez du feu pour y délayer un morceau de beurre, et tournez jusqu'à ce qu'il ait disparu.

Si vous le jugez mieux, ajoutez une liaison de jaunes d'œufs.

Sauce au beurre noir. Prenez la poêle ou une casserole en fer battu. Faites-y fondre un morceau de beurre, et laissez-le se colorer. Faites-y frire quelques branches de persil, et jetez-y brusquement une ou deux cuillerées de vinaigre. Retirez avant qu'il soit devenu trop noir.

Sauce blanche. Délayez ensemble du beurre très frais,

de la farine, un verre d'eau, sel, gros poivre, et tenez-les sur le feu en remuant, jusqu'au premier bouillon. Liez avec jaunes d'œufs, mouillez de bouillon ou vin blanc, et ajoutez un jus de citron ou filet de vinaigre.

Sauce blonde. Faites un roux mouillé de bouillon très chaud et cuisez-le une demi-heure. Finissez comme la sauce blanche. Mêmes usages.

Sauce aux câpres. Dans une sauce blanche, au lieu du filet de vinaigre, ajoutez des câpres, que vous pouvez remplacer par des boutons ou jeunes graines de capucines au vinaigre.

Sauce pour côtelettes panées. Cuisez six gros oignons dans l'eau salée, jusqu'à ce qu'ils soient tendres. Faites-les alors sauter au beurre, ajoutez sel, poivre, un peu de farine ou de fécule, et laissez étouffer un bon moment. Mouillez de bouillon et de quelques cuillerées de crème douce.

Servez les côtelettes sur cette sauce, bien chaud.

Sauce aux échalotes. Hachez fin quelques échalotes, mettez-les dans un nouet de toile, et faites-les cuire avec du bon vinaigre, à réduction des deux tiers. Retirez le nouet, mouillez de bouillon ou de jus.

Sauce aux écrevisses. Dans une sauce blanche, mêlez la chair d'écrevisses cuites pilée, ainsi que les œufs. Ajoutez un jus de citron.

Sauce de gibier. Salmis. Faites roussir une cuillerée de farine dans le beurre frais ; ajoutez-y un peu de lard, une bonne poignée de chapelure, et un hachis de persil, échalote et fines herbes. Lorsqu'il aura pris belle couleur, ajoutez du bouillon et le jus du gibier, un peu de vin, un anchois pilé et quelques câpres ou boutons de capucine. Presque au moment de retirer du feu, mettez-y le foie haché du gibier, s'il y en a, et ne le laissez pas trop cuire, afin qu'il ne durcisse pas.

Laissez épaissir et servez.

On peut toujours y ajouter des champignons, des truffes ou des olives tournées, selon les ressources disponibles.

Sauce aux groseilles à maquereau. Accompagne le poisson.

Faites blanchir les groseilles, puis coupez-les en deux et sortez les pépins. Cuisez-les avec un bon jus ou bouillon, ou avec un roux mouillé de bouillon.

Sauce hachée. Hachez champignons, truffes, persil, échalotes et oignons, faites cuire avec du vinaigre, poivre et sel, jusqu'à forte réduction. Mouillez de bouillon et laissez mijoter un moment. En retirant du feu, ajoutez un hachis de câpres, capucines, cornichons ou pickles, des anchois ou du hareng salé, les laitances de préférence.

Sauce hollandaise. Fondez du beurre au bain-marie, et laissez-le déposer. Mêlez-y un jus de citron et fouettez ; salez, passez à la passoire fine.

La sauce hollandaise se nomme aussi **sauce au beurre.**

Sauce de kari. Chauffez 125 grammes de beurre avec une pincée de safran pilé, cinq gousses de piment hachées ; deux cuillerées de farine, un peu de sel. Mouillez de bouillon et faites cuire un bon quart d'heure. Ajoutez une poudre de muscade et girofle et servez chaud sans passer.

Sauce macédoine. Cuisez un peu de beurre avec trois cuillerées de vinaigre, sel, poivre, échalote et réduisez de moitié. Ajoutez un roux foncé, les filets de deux anchois écrasés, une carotte coupée menue et cuite; deux ou trois cornichons et deux œufs durs également hachés. Chauffez sans bouillir. On la sert avec des viandes froides ou réchauffées.

Sauce à la maître d'hôtel. Fondez du beurre frais sans vinaigre bouillir et incorporez sel, poivre, persil haché et le jus d'un citron ou un filet de vinaigre.

Sauce de matelote. Faites jaunir une vingtaine de petits oignons dans le beurre ou la graisse de porc, et retirez-les. Faites un roux, que vous mouillerez de bouillon coupé de vin ; laissez cuire une heure, ajoutez un verre de vin rouge, sel, poivre, bouquet garni, et un peu plus tard, les oignons.

Si vous voulez faire la sauce *au maigre*, ne mouillez pas avec l'eau, mais usez d'un bouillon de poissons ou de légumes verts ou secs.

La sauce faite, vous y ferez cuire les viandes ou les poissons à ce destinés.

Sauce mayonnaise. Dans une terrine, délayez deux ou trois jaunes d'œufs frais avec un peu de sel et tournez-les pendant quelques minutes. Ensuite, tournant toujours dans le même sens, ajoutez-y peu à peu de bonne huile d'olive, et de temps en temps, un petit filet de vinaigre, ou de jus de citron.

La mayonnaise doit être passablement salée, peu vinaigrée et épaisse. On la sert, dans une saucière, ou sur le plat même, avec poissons, viandes froides, homards. Lorsqu'on la sert sur le plat, il est d'usage de l'orner d'une laitue et de quartiers d'œufs durs.

On peut y ajouter des câpres, des œufs de poisson (non ceux du brochet, qui sont nuisibles) ou dè homard, des anchois hachés, etc., etc. Ces ajoutages rendent la façon plus difficile et plus longue.

Sauce au pauvre homme. Pour accompagner un reste de viande. Hachez persil et échalotes, oignons si vous voulez, mouillez de vin ou bouillon, un peu de vinaigre, sel et poivre. Cuisez un instant et mettez-y la viande, pour la réchauffer seulement.

Sauce piquante. Cuisez, à réduction de moitié, un verre de vinaigre avec laurier, échalote, thym, ail, poivre et sel et piment. Mouillez avec du bouillon et du jus.

Autre. Faites un roux, dans lequel vous ferez revenir quelques morceaux de lard ou de jambon; mouillez de bouillon et ajoutez des échalotes, une tête d'ail hachés, sel et piment, girofles et bouquet garni. Cuisez une heure, et au moment de le retirer du feu, ajoutez du vinaigre et des cornichons hachés.

Sauce provençale. Hachez fin deux gousses d'ail et deux échalotes, et mettez-les sauter dans deux cuillerées d'huile, avec champignons coupés menus. Ajoutez un peu de farine et de bouillon coupé de vin blanc, sel, poivre, muscade, bouquet garni. Mijotez une demi-heure.

Autre. Dans une mayonnaise, incorporez de la moutarde et quelques fines herbes hachées, notamment cerfeuil, estragon, ciboulette, oignon, et surtout de l'ail.

Sauce de Pudding. Voy. *Pudding* dans l'article *pâtisserie*.

Sauce rémoulade à la cosaque. Faites blanchir une échalote et pilez-la dans un mortier de porcelaine avec deux jaunes d'œufs durcis, et quelques fines herbes hachées, parmi lesquelles le cerfeuil, persil, estragon, pimprenelle, ciboulette, oignon, ajoutez sel et poivre ou piment, moutarde, huile et vinaigre. Travaillez-la et passez par l'étamine.

On peut l'enjoliver de câpres, anchois, capucines, pickles.

Sauce rémoulade à la tartare. Hachez trois jaunes d'œufs durs avec fines herbes, quatre cuillerées de moutarde, deux d'huile et quatre de fort vinaigre, quatre de bouillon. Tournez comme pour une mayonnaise.

Sauce Robert. Coupez quelques gros oignons, et cuisez-les avec beurre frais, en les couvrant, sur feu vif. Lorsque les oignons se fondent et se colorent, découvrez et ajoutez une bonne cuillerée de farine, tournez; mouillez avec bouillon, salez et poivrez. Au moment de servir, ajoutez une bonne cuillerée de moutarde et un filet de vinaigre.

Roux. Chauffez du beurre jusqu'à ce qu'il commence à jaunir ; jetez-y quelques cuillerées de farine et faites-en une pâte épaisse, sans cesser de tourner. Lorsqu'il a pris une teinte blonde ou brune, suivant l'usage auquel vous le destinez, mouillez de bouillon, vin, jus ou autre liquide, et laissez bouillir en le surveillant de près, et agitant presque continuellement.

Selon les cas, on peut remplacer le beurre par une bonne graisse de porc, d'oie ou autre, ou par de petits dés de lard gras.

Le roux est la base de beaucoup de sauces, par les additions diverses qu'on lui fait subir.

Sauce aux tomates. Prenez les tomates bien mûres, coupez-les en quartiers, sortez-en tout l'intérieur, que vous mettrez dans une casserole avec thym, laurier, poivre, oignon, sel et poivre, quelques fragments de jambon maigre. Couvrez et cuisez doucement pendant vingt minutes. Ajoutez quelques cuillerées de roux fait avec un bon jus, et réduisez en consistance de bouillie claire. Passez au tamis avec pression, goûtez-la, corrigez le sel ou poivre au besoin et servez.

Autre façon. Faites cuire les tomates entières, pour les rendre molles, et passez-les. Faites un roux blond avec beurre et farine, ajoutez des oignons coupés en filets et réduisez-les en purée. Épicez avec sel et poivre et, si vous voulez, un rien de muscade et girofle, ajoutez la pulpe des tomates, et faites cuire à consistance voulue. Vous pouvez l'améliorer par un peu de jus.

La *sauce tomates*, se sert avec toutes les viandes, tous les poissons. tous les légumes. Elle convient à tout.

Sauce aux truffes. Hachez une truffe, ou de la pelure de truffes, passez ce hachis dans le beurre fondu, mouillez de consommé, ajoutez un roux et réduisez à consistance.

Sauce au verjus. Cuisez ensemble trois cuillerées de jus de raisin vert, une échalote hachée, du bon coulis ou du bouillon, avec un peu de sel et poivre. On la sert avec le poisson ou la viande grillée.

Sauce vinaigrette. Pilez ou hachez fin deux jaunes d'œufs durs, persil, estragon, pimprenelle, ciboulette et cresson. Mêlez-y intimement quatre cuillerées de bonne huile et deux ou trois de vinaigre, selon sa force, sel et poivre. Si la sauce doit accompagner une viande froide, vous pouvez y ajouter une cuillerée de moutarde.

Sauce sans beurre. Trois jaunes d'œufs frais, six cuillerées d'huile, sel et poivre. Chauffez au bain-marie en tournant.

Sauce italienne. Grosseur d'une noix de beurre. Faites-y sauter quelques champignons hachés, une échalote, un peu de persil, sans le laisser noircir. Mouillez avec un demi-verre de vin blanc, et ajoutez deux cuillerées d'huile en agitant pour empêcher qu'elle ne tourne.

Sauté. Sorte de ragoût qu'on fait revenir dans une casserole et qu'on fait sauter de temps en temps jusqu'à ce qu'on le mouille.

Savoir-vivre. Toutes les règles de la politesse et du savoir-vivre se bornent à l'observation stricte des deux maximes que voici :

Ne faites pas à autrui ce que vous n'aimeriez pas qu'on vous fît.

Faites toujours aux autres ce que vous désireriez qu'on vous fît.

En appliquant à tout propos ces deux règles, vous serez cité partout comme un modèle de savoir-vivre, et cette réputation en vaut bien une autre.

Savon. Le savon n'est qu'une combinaison des acides gras avec une base, ou mieux un alcali, lorsqu'il s'agit d'un savon soluble à l'eau, tel que ceux qui servent dans les ménages. Pour fabriquer du savon, il faut donc une graisse saponifiable ; et les fonds d'huiles végétales, les résidus de graisses des ménages peuvent fort bien servir, pour être utilisés. On les fera, avant tout, cuire avec une quantité suffisante d'eau pour les nettoyer, puis on les laissera figer et on les repêchera ou décantera.

Pour faire le savon avec ces graisses, on les fait cuire avec une lessive de *soude caustique*, qui se nomme *lessive des savonniers*, et qu'on peut se procurer chez les droguistes. Voici les proportions moyennes, car elles dépendent aussi de la composition des corps gras que l'on emploie.

Huile nettoyée comme ci-dessus	1^{kg},000
Lessive des savonniers à 36 degrés Baumé	0^{kg},600
Eau	2^{kg},000

Faites cuire à l'ébullition que vous maintiendrez environ une heure, en agitant sans cesse avec une solide spatule. Lorsque vous verrez que la masse liquide épaissie est bien homogène, vous pourrez y ajouter une dizaine de grammes d'essence d'aspic ou de romarin, pour lui donner bonne odeur ; puis vous la coulerez dans une caisse bien rabotée et joignant bien, pour l'y laisser refroidir.

Le savon ne se coupe pas au couteau, mais avec un fil de laiton, ce que chaque épicier vous montrera.

Parmi les savons du commerce, les meilleurs à l'emploi sont ceux de Marseille, puis ceux à l'oléine.

Les savons mous ou verts sont corrosifs. Ils sont à base de potasse au lieu de soude.

Savons à détacher. Mettez sur le feu une bassine de cuivre contenant 1 litre d'eau de pluie, additionnée de 10 grammes cristaux de soude. Coupez menu 500 grammes de savon blanc de Marseille, et faites-le dissoudre dans cette eau à [é]bullition, remuez sans cesse. Aussitôt que ce sera fondu, [mê]lez-y six jaunes d'œufs, tout en remuant ; laissez donner [en]core quelques bouillons.

Retirez du feu et versez-y, si vous voulez le parfumer un [p]eu, quelques grammes d'essence de citron ou de lavande. [Ve]rsez alors dans un ou plusieurs moules pour y refroidir.

Savon au fiel de bœuf. Mettez un fiel sur le feu, dans [u]ne bassine de cuivre, faites bouillir et écumez. Lorsqu'il ne [vie]ndra plus d'écume, jetez-y 30 grammes d'alun en poudre [et] versez-le à froid dans une bouteille que vous ne bouche-[re]z pas hermétiquement.

Vous pouvez remplacez l'alun par du sel.

On décante au bout d'un mois, et l'on bouche bien la bou-[te]ille.

On peut alors s'en servir pour faire :

L'*essence à détacher*. Mêlez dans une bouteille 125 [gr]ammes de savon blanc râpé, avec de l'alcool pour le [di]ssoudre ; ajoutez 125 grammes de fiel dépuré, 10 essence [de] citron, ou de lavande, complétez le litre avec alcool et [fi]ltrez.

Essence à détacher remplaçant la benzine. Mêlez à [fr]oid 200 grammes essence de térébenthine avec 20 essence [de] citron, 50 éther, 100 alcool pur.

Très bonne pour enlever rapidement les taches de graisse.

Scolyme. Scorsonère. Voy. *Salsifis*.

Sel de cuisine. Sel gemme, sel marin, chlorure de sodium. C'est le sel le plus répandu dans la nature. Il [fo]rme des mines abondantes dans beaucoup de contrées, [no]tamment tout près de nous, en Lorraine. Il se trouve en [q]uantités inépuisables dans l'eau de mer, dont on le retire [pa]r évaporation. Mais comme le sel de mer est en mélange avec d'autres chlorures, de magnésium, de calcium, il faut l'en séparer. Il suffit de le mettre en tas, et de l'entourer de quelques rigoles, pour que le premier temps d'humidité fasse liquéfier les sels magnésiques et calciques qui s'écoulent d'eux-mêmes. Le sel existe aussi dans presque tous les végétaux, dans le sang des animaux, enfin par toute la nature.

C'est donc un produit des plus importants pour la nourriture de tout ce qui vit ; et c'est lui encore qui donne une saveur salée agréable à nos aliments et qui aide à leur digestibilité.

Le *sel gemme* ou *de mines* est naturellement pur et blanc. Il cristallise en cubes qui atteignent parfois de très grandes dimensions. Le commerce le livre sous forme de *gros sel* et de *sel fin*.

Le *sel marin*, bien que débarrassé des chlorures étrangers, est grisâtre ou jaunâtre par suite de la présence d'une infinie quantité de petits débris végétaux qui le souillent. Il serait facile de le raffiner, pour les personnes qui n'aiment pas ces saletés dans leur cuisine. Il n'y a qu'à le dissoudre à chaud dans le moins d'eau possible et filtrer ; évaporer sans ébullition, et laisser cristalliser dans un vase en terre ou émaillé, pour l'avoir sous forme de *gros sel*. Pour *sel fin*, évaporer avec une ébullition continue qui trouble la cristallisation, et qui empêche ainsi les cristaux de s'agglomérer.

On peut de même faire du sel fin avec le sel gemme ; la filtration ne nuira jamais ; si beau que paraisse le gros sel, il contient toujours quelques matières étrangères insolubles.

Pendant la cristallisation du sel, il s'intercale des particules d'eau salée entre les cristaux. Lorsqu'on met du sel à sécher dans un four, ou sur une plaque chauffée, cette eau,

... se vaporisant, fait crépiter le sel qui saute en parcelles dans tous les sens.

La chaleur rouge le fait fondre, ce qui permet de le couler en plaques. La chaleur blanche l'évapore. Ainsi, en dissolvant certains produits dans le sel fondu au rouge, et sans eau, on peut en peindre des poteries; puis, en les chauffant à blanc, le sel s'évapore et la matière mélangée reste seule sous forme de vernis. Le *vernissage des poteries* communes ne se fait pas d'une autre façon.

Le sel de mer, et les cendres des plantes marines, qui sont très sodiques, servent de matière première à la grande industrie de la fabrication de la soude. Il en existe aussi d'importantes fabriques à proximité des mines de l'Est, mais nous n'avons pas à entrer dans les détails d'une fabrication si étrangère à notre sujet.

Le bain contenant du sel est fortifiant. En bain de pieds très salé et très chaud, il est irritant.

A l'intérieur, une dose de 15 à 30 grammes, selon la constitution de chaque individu, devient vomitive ou purgative.

Semoule. Ce n'est rien autre que la farine de blé dur qui n'a pas subi la mouture en poudre, mais en grains. On s'en sert dans les potages, mais elle est d'un emploi très important pour la fabrication des pâtes alimentaires telles que *vermicelles, macaronis,* qui ne sont que de la semoule triturée en pâte et passée à l'étirage au moyen de puissantes presses hydrauliques. On les sèche ensuite à l'étuve, on les coupe à longueur, ou on leur donne la forme voulue et on les expédie.

Service. Ensemble de la vaisselle et du linge qu'on emploie pour la table.

Services. Le repas se compose de plusieurs services. Chaque service peut se composer de plusieurs plats que l'on sert à la suite. Voici comment se divisent les services :

Premier service : Potage, relevé, hors-d'œuvre, entrées.

Deuxième service : Rôtis, salades, entremets.

Troisième service : Desserts assortis.

On débarrasse chaque fois la table du service précédent, avant de présenter le suivant, mais on n'apporte les plats d'un service que successivement, tant pour ne pas les exposer à refroidir que pour faire régner l'ordre dans leur distribution.

Le dessert est souvent placé sur la table dès la pose du couvert, pour l'orner, et on l'agrémente de quelques bouquets de fleurs. Voy. *Menus.*

A chaque service doit correspondre un vin différent, outre l'ordinaire, selon l'importance donnée au repas.

Service à table. Chacun des services, dont se compose un repas, se présente plat après plat, mais chaque plat doit rester sur la table jusqu'à ce que le service, auquel il appartient, soit terminé. On les enlève alors tous à la fois, pour passer au service suivant.

La table doit être absolument débarrassée de tous les autres plats, lorsqu'on passe au dessert.

Les domestiques se tiennent derrière les convives, mais à distance respectueuse, veillant à ce que rien ne leur manque, et prêts à prévenir le désir de chacun. Ils présentent les plats à la gauche de la personne, et jamais à la droite. De même pour changer les assiettes, c'est toujours par le côté gauche qu'ils les passent.

Les maîtres de la maison doivent éviter de se lever de table à propos du service, et laisser faire leurs domestiques qui sont là pour cela. Leur rôle consiste à être aimables, à pousser un peu, mais avec art, à la consommation, tout

... évitant de devenir importuns. Rien, en effet, n'est plus désagréable que les maîtresses de maison qui insistent d'une façon impitoyable pour vous faire manger encore, lorsqu'on est rassasié.

On change les assiettes après chaque plat ; les couverts après le poisson ou le homard.

Les verres sont placés en mettant le couvert, et restent en place pendant tout le repas.

Avant le dessert, on enlève les couverts, on débarrasse absolument tout ce qui n'a plus d'emploi sur la table.

Voy. *Aliments ; menus.*

Silo. Dans la culture des légumes, nous avons parlé de leur conservation en silos. Voici la méthode alsacienne de faire les silos pour la conservation en hiver des betteraves, pommes de terre et autres racines.

Dans un morceau de champ, à proximité d'un chemin, on creuse une fosse large en proportion de la quantité de produits à conserver. On lui donne une profondeur de 1/2 à 2 mètres, et on rejette la terre sur les trois bords, en laissant abordable celui qui se trouve vers le chemin. Évidemment, on choisit un terrain sain et naturellement sec.

Ceci fait, on garnit le fond et les bords de la fosse avec de la belle paille longue, sur laquelle on dépose les racines en tas, comme elles viennent, mais après en avoir ôté toutes les feuilles. On n'y met que des racines saines et non blessées ni entamées, on les recouvre de paille, puis on recharge la terre par-dessus, de manière à former monticule. Au sommet du monticule, on ménage une petite ouverture à air, qu'on garnit de paille. C'est une cheminée, par laquelle s'échappera la chaleur produite dans le silo, par l'amoncellement des racines.

On conserve ainsi les racines depuis octobre ou novembre

jusqu'à mars, et l'on entame un silo après l'autre à mesure des besoins. On ne les ouvre jamais que par un temps deux et sec, et on les referme aussitôt qu'on y a prélevé une charge.

Sirop simple. Il constitue une matière première que nous nommons aussi **sirop de sucre** et dont il sera souvent question dans nos articles, surtout à la fabrication des liqueurs.

Le sirop simple se conserve fort longtemps, s'il a été bien préparé et avec des proportions exactes. On le met froid en bouteilles bien sèches que l'on bouche hermétiquement avec des bouchons mouillés à l'eau-de-vie. Les bouteilles sont posées debout sur un rayon, dans un endroit quelconque dont la température soit à peu près uniforme et tempérée.

Mettez dans une bassine en cuivre non étamé :

16 kilogrammes de sucre cristallisé ou en pains ;

10 litres ou kilogrammes d'eau pure ;

Chauffez à l'ébullition, donnez deux ou trois bouillons, écumez, ôtez du feu et passez à l'étamine. Laissez-le refroidir en terrine ou baril, mais hors du cuivre.

Pour l'avoir absolument blanc, on y mêle le blanc de quatre œufs avec les coquilles, battu en neige, et en plusieurs fractions, et une poignée de noir animal en grains ; on bout juste assez pour écumer, on passe, etc., comme plus haut.

Lorsqu'une bouteille de sirop simple est entamée, et que l'on voudrait conserver le reste, la meilleure précaution consiste à brûler une allumette soufrée dans le vide de la bouteille, et boucher de suite. On évitera ainsi la fermentation.

Un sirop simple, dans les proportions ci-dessus, marque 31 degrés bouillant, ou 36 degrés à froid au pèse-sirop (aréomètre de Baumé). Mais on est obligé en confiserie de entre souvent son sucre dans des proportions tout autres, selon le but qu'on se propose, et l'on donne à ces sirops plus ou moins concentrés, c'est-à-dire plus ou moins cuits, des noms qui indiquent leur degré.

Le *sirop à la pellicule* est ainsi nommé lorsqu'il s'y forme une pellicule mince pendant qu'on souffle à sa surface. Elle disparaît dès qu'on cesse de souffler.

Le *sirop à la perle* ou *au perlé*, lorsqu'on en prend un peu dans une cuillère, on la balance un instant, puis on le laisse retomber par gouttes qui prennent la forme d'une perle.

Sirop à la nappe, lorsqu'en faisant la même manœuvre avec l'écumoire, il retombe en forme d'une petite nappe et d'un bloc. *C'est notre sirop simple.*

Sirop au petit filet. Lorsqu'on en verse une goutte entre le pouce et l'index, et qu'on écarte ces deux doigts, le sucre se tend comme un fil qui se rompt lorsqu'on veut l'étirer par trop.

Sirop au petit soufflé. On y trempe l'écumoire, puis on souffle à travers les trous. Il se forme du côté opposé des petites bulles persistantes qui s'envolent si l'on souffle assez fort. — *Sirop petit boulé* — *petite plume* exprime le même état.

Sirop au grand soufflé, à la grande plume. On fouette l'air avec l'écumoire, et il en part des filets déliés à demi secs.

Sirop au cassé ; lorsque, projeté dans l'eau froide, il se prend en une masse dure et cassante.

Après cela, il devient *caramel.*

Sirops composés. Ce sont des sirops, au même degré de sucrage, afin qu'ils se conservent, que le sirop simple ; seulement l'eau pure y est remplacée par les sucs des fruits ;

ou bien elle est chargée de substances aromatiques ou autres. La pharmacie adopte cette forme pour une quantité de médicaments qui seraient de trop mauvais goût sans le sucre. L'action même du sucre en facilite l'assimilation, et vient s'ajouter à celle du médicament.

Dans les soirées, les sirops se présentent tout préparés dans les verres, avec eau fraîche. L'orgeat se sert par exception avec du lait chaud, ou de l'eau froide ou chaude, selon le goût des consommateurs.

Sirop d'acide tartrique. Sirop d'acide citrique. 20 grammes d'acide, dissoudre dans 40 eau pure, distillée si possible, et mêler *à froid* avec 950 sirop simple. On peut, sans inconvénient, remplir la bouteille de litre avec le sirop simple.

Sirop apéritif ou des cinq racines. Prenez 100 grammes de chaque, des racines sèches de persil, ache ou céleri sauvage, fenouil, asperges, fragon ; coupez-les en menus morceaux ; faites-les infuser douze heures dans 1500 grammes eau bouillante ; passez l'infusion au blanchet. Reversez, sur les racines, encore une fois 1500 grammes eau bouillante et laissez quelques heures ; passez au blanchet, ajoutez à la première eau. Cuisez cette eau avec 2 kilogrammes de sucre raffiné, clarifiez au blanc d'œuf, écumez, faites cuire et évaporer jusqu'à consistance sirupeuse. Il doit marquer 31 degrés *bouillant* au pèse-sirop, ou encore, en tarant d'avance la bassine, il doit rester un poids de sirop de 3^{kg},300, sauf vérification du degré *à froid* qui doit être 36 degrés pour tous les sirops que l'on doit conserver un certain temps.

Sirop balsamique ; au baume de tolu. Baume de tolu sec, 100 grammes, eau 1000. Faites digérer au bain-marie couvert, avec moitié d'eau, pendant deux heures, en agitant de temps en temps, décantez le digesté et faites un nouvous traitement avec le reste de l'eau. Réunissez les liqueurs, laissez refroidir et filtrez. Ajoutez-y, par chaque 100 grammes; 190 de sucre. Faites dissoudre au bain-marie couvert et filtrez au papier. (*Codex.*) C'est un bon sirop contre la toux.

Sirop de café. Prenez 100 grammes café torréfié et moulu, d'un bon mélange, traitez-le par le moins d'eau possible, pour en faire une essence concentrée de café. Vous arriverez ainsi à ne pas dépasser le poids de 200 grammes, que vous additionnerez de sirop simple pour compléter le litre. Il faut le boire assez rapidement, puisque, à ce degré, il ne se conserverait pas.

Autre méthode. Pour le conserver, faites l'extrait de café avec 500 grammes d'eau, et complétez l'infusion filtrée à ce poids. Pendant qu'elle est encore bouillante, ajoutez 800 grammes de sucre cassé en morceaux.

Laissez dissoudre seul, en agitant de temps à autre, et achevez la solution, *au besoin*, au bain-marie couvert, mais ne chauffez pas plus qu'il ne faut, afin de ne pas perdre le parfum du café.

Sirop de Calabre ou de réglisse. Faites infuser 240 grammes de racine de réglisse coupée menu, avec 2 litres d'eau bouillante, passez au tamis, ou à la flanelle, complétez le poids de l'infusé à 2 kilogrammes. Ajoutez-y 3^{kg},200 de sucre cassé ou cristallisé et faites un sirop. Vous pourrez lui donner un goût plus agréable, en y ajoutant 20 grammes d'acide tartrique ou citrique, et quelques gouttes d'infusé alcoolique d'écorces fraîches d'oranges ou de citrons.

Sirops d'absinthe, armoise, capillaire, chamaedrys, chèvrefeuille, coquelicot, frêne, gentiane, houblon, hysope, lierre terrestre, narcisse, nénuphar, œillet rouge, phellandre, pivoine, polygala, primevère, saponaire, sassafras, scabieuse, semen-contra, tussilage.

Il se font de la même façon, et leur recette collective est tirée du codex.

Fleurs ou feuilles, ou racines sèches coupées 100 grammes. Versez dessus dix fois leur poids d'eau bouillante. Après six heures d'infusion, passez avec expression à travers un linge; laissez déposer la liqueur, décantez-la, ajoutez-y 190 grammes de sucre par 100 de colature, et faites un sirop par simple solution au bain-marie couvert.

Sirop d'écorces d'oranges, de citrons. Si vous suivez mon avis, de ne jamais jeter les écorces des fruits que vous consommez, mais de les zester de suite, et de les recouvrir de trois-six, vous aurez le moyen de préparer cet excellent sirop. Il est en même temps rafraîchissant et stomachique.

Pour un litre sirop simple, mêlez 10 à 20 grammes de votre infusion, selon sa force, à froid, et agitez jusqu'à mélange parfait. Ajoutez 10 grammes acide citrique dissous dans 20 d'eau.

Sirops d'anis, de cannelle, de fenouil, de fleurs d'oranger, de laitue, de laurier-cerise, de menthe poivrée, de mélisse, de roses. Dissolvez à froid 950 grammes de sucre bien blanc, dans 500 eau distillée avec la plante, base du sirop. Ces eaux se trouvent toutes faites chez les droguistes et pharmaciens. On ne pourrait les préparer dans un ménage, puisqu'il faut avoir un alambic. Elles sont ici considérées comme eaux simples et non doubles ou triples. Elles représentent donc le parfum de 500 grammes de fleurs ou feuilles fraîches par litre d'eau.

Sirops de fruits. Cassis, cerises, citrons, coings, fraises, framboises, grenades, groseilles, mûres, oranges, sorbes, verjus. Voy. *Framboise, groseille* à l'article *Fruits.* Voyez aussi *Suc.*

Tous ces sirops se font, par ébullition la moins prolongée possible, de suc et sucre. La bonne proportion pour conserver les sirops longtemps est toujours 31 degrés bouillant au pèse-sirop, ce qui équivaut à 36 degrés à froid. Les sucs doivent être fermentés pour que leur pectine soit éliminée, sans quoi vous auriez de la gelée. La proportion moyenne est toujours de 1 kilogramme suc de fruit pour 1600 grammes sucre raffiné cassé en morceaux, ou sucre cristallisé.

Les **sirops de vinaigre, de vinaigre framboisé,** se font de la même façon.

Sirop de gomme. Prenez cent grammes de belle gomme arabique ou Sénégal, choisie parmi les morceaux les plus blancs et les plus transparents. Lavez cette gomme, deux ou trois fois, avec de l'eau froide que vous jetterez, puis dissolvez-la *à froid* dans 150 grammes d'eau distillée si possible. Agitez souvent, en la délayant, pour activer la solution. Lorsqu'elle est tout à fait dissoute, mêlez-la avec 1 kilogramme de sirop simple.

Pour parfumer le sirop de gomme, on peut remplacer l'eau simple par l'eau de fleurs d'oranger. Filtrez à la flanelle.

Sirop de grenadine. Il se fabrique avec un extrait dit *grenadine* que l'on trouve chez tous les droguistes spéciaux pour distillateurs.

Il n'est pas fait avec le suc des grenades ; c'est un *sirop d'acide tartrique,* additionné d'un peu de vanille, et teint au moyen d'une forte dose de cochenille en grains. Il contient en outre un éther de fruit qui lui donne un parfum très agréable et rafraîchissant.

Sirop de guimauve. Racine de guimauve coupée 50 grammes, infusez à froid avec eau 300. Après douze heures, passez et mêlez avec sirop simple 1500 grammes. Cuire jusqu'à ce qu'il marque 31 degrés bouillant. (Le codex dit 33 degrés.) Adoucissant béchique.

Les **sirops** de **racines** de **consoude, colombo** et **cyno-**

glosse se préparent de la même façon. Ce sont des médicaments.

Sirop pectoral de jujubes ; sirop de dattes ; de carouges ; de raisins de Corinthe. Faites bouillir 180 grammes de fruit sec avec de l'eau, de façon à la charger de tout le principe du fruit, concentrez la décoction passée, jusqu'à 1000 grammes, ajoutez autant de sucre, et faites un sirop, d'après les principes de tous les sirops par coction.

Sirop de miel. Ce sirop sert de *sirop simple de miel*, pour préparer tous les *mellites,* ou sirops dont le miel fait la base.

Ce sont, en général, des médicaments préparés à l'instar des sirops au sucre. Le sirop de miel peut souvent servir dans l'art culinaire. Il nous représentera le *miel dépuré*, ou purifié, par la cuisson, des principes qni hâteraient sa fermentation.

Miel blanc 4 kilogrammes ; eau de rivière 1 kilogramme. Faites fondre et cuire jusqu'à consistance de sirop (31 degrés); n'enlevez que les premières écumes, délayez-y de la pâte de papier à filtre, et passez à travers une étoffe de laine. (*Codex.*)

Contre les aphtes, le **mellite de borax** se prépare en dissolvant 4 grammes de borax, dans 30 de sirop de miel.

Dans le même cas, et *dans les inflammations de la gorge,* on se gargarise avec le **miel rosat,** qui se prépare avec des roses de Provins, infusées à l'eau bouillante. Cette infusion remplace l'eau dans la préparation du sirop de miel. On la prépare avec 100 grammes roses pour 400 eau bouillante.

Sirop de nerprun. *Employé comme purgatif, surtout pour les chiens,* dose de 15 à 50 grammes, selon leur taille.

Suc de nerprun, sucre, poids égaux. Cuire jusqu'à 31 degrés bouillant.

Sirop d'orgeat. Amandes douces 500 grammes, amères 150 grammes, sucre 3000 grammes, eau 1625 grammes, eau de fleurs d'oranger 250 grammes. Mondez les amandes de leur pellicule, et réduisez-les en une pâte fine dans un mortier, ou sur une pierre à chocolat, en y ajoutant 125 grammes de l'eau et 750 du sucre prescrit; délayez cette pâte dans le reste de l'eau, passez avec forte expression; ajoutez à l'émulsion le reste du sucre, faites-le fondre au bain-marie, ajoutez l'eau de fleurs d'oranger et passez par une étoffe de laine. (*Codex.*) Il faut remarquer que ce sirop ne doit pas cuire, il ne doit même pas être chauffé au delà de 50 degrés, pour que l'émulsion ne soit pas détruite. D'ailleurs, il vaut mieux encore y introduire un peu de gomme, qui maintient le sirop, et lui donner 30 degrés de sucre seulement. On supplée à la différence, en ajoutant du sirop de glucose (de fécule) jusqu'à 38 degrés à froid. De cette façon, l'on pourra conserver le sirop d'orgeat aussi bien que les autres. Il n'aura pas assez de sucre pour que la cristallisation s'y mette, et cependant assez de degré pour que la fermentation n'arrive pas, et sera assez épais pour que l'émulsion persiste sans se séparer. Lorsque l'orgeat n'est pas assez épais, il se forme, à sa surface, une couche grise huileuse, qui n'a rien d'appétissant. C'est l'huile des amandes qui se sépare. Il faut mélanger cette sorte d'écume avec le sirop, avant de servir. On l'évite par le moyen que je viens d'indiquer, et qui m'a toujours réussi, même sur de grandes quantités.

Le **sirop d'orgeat au lait** se prépare de même, en remplaçant l'eau par le lait. C'est un luxe inutile, et mieux vaut servir l'orgeat avec du lait chaud au lieu d'eau.

Le **sirop de pistaches** se prépare de même que l'orgeat.

Sirop de punch au cognac. Cuisez 3ᵏᵍ,500 de sucre brut de canne (surtout pas de betterave, ou alors prenez du raffiné) avec 2 litres d'eau; écumez, clarifiez au blanc d'œufs et retirez du feu. Ajoutez alors 5 grammes acide citrique dissous dans peu d'eau, agitez; ajoutez vivement 2 litres de bon cognac fine champagne et quelques gouttes d'esprit de citron, ou mieux de votre infusé d'écorces d'oranges fraîches. Couvrez le vase hermétiquement, agitez bien et laissez refroidir. *Pour le servir, on le coupe avec deux ou trois fois son volume d'eau bien bouillante.*

Sirop de punch au kirsch. Faites de même, mais avec du sucre raffiné bien blanc, et remplacez le cognac par du kirsch. Si vous voulez augmenter le goût de noyau, ajoutez un peu d'esprit de noyau, ou tout simplement une cuillerée d'eau de laurier-cerise bon goût. Se sert de même.

Sirop de punch au rhum surfin. Cuisez du sucre brut de canne dans les proportions du punch au cognac, et remplacez le cognac par du fin rhum Martinique, pour les Français, par du Jamaïque, pour les Anglais ou les Allemands, qui le préfèrent. Lorsque votre sirop sera préparé, et avant d'ajouter le rhum, mêlez-y une infusion de 30 grammes de fin thé noir, faite à chaud avec le moins d'eau possible. Infusé d'oranges comme au cognac, et la dose d'acide citrique de même. *Se sert de même.*

Sirop de thé. Prenez 200 grammes de thé mélangé noir et vert, d'un bon arôme. Ne ménagez pas la qualité. Infusez-le avec 5 litres d'eau bien bouillante, passez à travers une étoffe. Achevez en faisant un sirop au bain-marie couvert avec vos 5 litres d'infusion et 8 kilogrammes de sucre. Ne le chauffez pas jusqu'à l'ébullition, afin de conserver le parfum. *Se sert avec eau bouillante en place de thé.*

Le **sirop de capillaire** pourrait se préparer de même, ainsi que tous les **sirops de plantes aromatiques** quelconques.

Sirop de vanille. Dissolvez du sucre vanillé dans l'eau bouillante, dans les proportions du sirop simple.

Maintenant que l'on a de la vanilline artificielle, bien plus commode et plus parfumée que la vanille, on peut préparer son sirop ainsi : dissoudre 1 à 2 grammes vanilline dans 50 grammes cognac ; verser cette solution dans un litre sirop simple, et mélanger. Il sera très parfumé.

Sirop de violettes. *Pectoral très agréable.* Ce sirop est très délicat à fabriquer. Pour qu'il garde bien sa couleur bleue naturelle, il faut toujours le maintenir dans l'étain, ou des vases étamés avec soin. Il ne doit toucher ni le fer ni le cuivre, l'opérateur doit avoir les mains sèches, propres, bien rincées sans trace de savon ni de transpiration. Ceci posé, épluchez, avec le plus grand soin, 500 grammes de pétales frais de violettes, et lavez-les avec grande eau froide bien pure, non calcaire, puis infusez-les, dans un vase étamé avec 1500 grammes d'eau pure bouillante, au bain-marie. Après douze heures (et même deux heures suffiraient), passez avec pression à travers une toile rincée, et achevez le sirop avec 1600 grammes sucre raffiné par 1000 grammes d'infusé, au bain-marie couvert.

Soieries. Voy. *Taches.*

Soufflé au pain. Faites cuire 1/2 litre lait avec sucre et vanille, que vous sortirez après cuisson. Trempez, dans ce lait, la mie de trois petits pains, et quand elle en sera bien imbibée, ajoutez six jaunes d'œufs que vous mêlerez à la masse. Ajoutez les blancs battus en neige avec sucre, et mettez au four. Saupoudrez de sucre avant de servir.

Soufflé polonais. Faites une pâte de tarte avec 125 grammes beurre et 250 grammes farine, et garnissez-en une forme.

Vous verserez dedans une crème à la vanille composée de deux cuillerées farine ; quatre œufs entiers ; 1/4 litre lait chaud ; un bon morceau de beurre ; eau de fleurs d'oranger et vanille ; sucre à volonté. Travaillez-la bien, passez au tamis sur la pâte. Mettez au four. Lorsque c'est un peu cuit, versez dessus quatre blancs d'œufs battus en neige avec du sucre, et remettez au four bien chaud pour meringuer la couverte.

Soufflé royal. Deux cuillerées à bouche de gruau ; 1/4 litre bonne crème ; 60 grammes amandes pilées ; quatre jaunes et deux blancs d'œufs ; deux grosses cuillerées de sucre et un arôme au choix. Battez bien fortement le mélange pendant quelque temps, et placez-le sous le four de campagne, sur un plat creux ou dans une forme beurrée. Laissez prendre belle couleur.

Soufflé au café. Deux cuillerées à bouche de fécule ou de farine ; 1/4 litre lait ; sucre, suffisante quantité. Faites cuire en bouillie ; retirez du feu pour y mettre quatre jaunes d'œufs ; un verre d'essence de café ; puis les blancs en neige, sans laisser tout à fait refroidir. Cuisez un quart d'heure sous le four de campagne, ou en four très chaud.

Soufflé au riz. Faites un riz au lait avec 100 grammes de beau riz bien lavé. Mettez-le dans une casserole avec suffisante quantité de sucre ; une douzaine de petits biscuits ou de macarons écrasés ; six jaunes d'œufs et huit blancs en neige ; un parfum de vanille ou autre.

Soufflé au chocolat. Opérez comme pour le soufflé au café, en remplaçant l'essence de café par 125 grammes chocolat râpé. On peut aussi le dissoudre dans un peu d'eau bouillante, le moins possible.

Soufflé à la semoule. C'est le soufflé au riz, que vous remplacerez par la même quantité de semoule.

Soufflé aux marrons. Faites comme le soufflé au pain, en remplaçant le pain trempé au lait par une purée de marrons sucrée. Parfumez à la vanille, dont le parfum se marie fort bien avec les marrons.

Soupes. Elles sont réunies sous la rubrique *potages*. Ce dernier mot est plus distingué que l'autre et figure seul sur les menus. Cependant, on dira soupe au pain, soupe à l'oignon, et l'on ne dira pas soupe au tapioca. Pourquoi ? parce que le mot soupe s'applique précisément aux potages qui contiennent du pain coupé. Mais dans l'usage, le mot soupe ne doit pas figurer, il est trop populaire. N'importe, j'aime mieux une bonne soupe qu'un mauvais potage, et je suppose que vous êtes de mon avis.

Spatule. Ustensile ordinairement en bois, mais que l'on peut faire aussi en verre, porcelaine, métaux, et qui sert à agiter un liquide, à mélanger les divers éléments d'une préparation. On la remplace souvent par une cuillère en bois. Les spatules sont plates du côté qui doit travailler.

Stachys tubéreux. La racine se traite comme le *cerfeuil bulbeux*.

Sucre. On nomme ainsi toute substance neutre, très soluble à l'eau, que la fermentation peut transformer en alcool.

La saveur sucrée est un caractère des sucres, mais ce n'est pas un caractère indispensable. *Il y a des sucres qui ne sont pas sucrés.*

Il en existe de différentes sortes : Le *sucre cristallisable*, type le plus parfait, est aussi le plus employé.

On l'extrait de la *canne à sucre* ou de la *betterave*, mais il existe encore dans un grand nombre de végétaux, le chiendent, la carotte, le sorgho, la châtaigne, le navet, etc.

Le commerce nous le livre sous diverses formes : en *pains* ; en petits cristaux, sous le nom de *cristallisé* ; en cristaux durs et réguliers déposés autour d'une ficelle, et plus ou moins colorés, sous le nom de *sucre candi*. Ce ne

sont que des formes diverses d'un même produit, le *sucre
raffiné* ou purifié de ses impuretés, mélasses, etc.

Le *sucre s'extrait de la canne* au moyen d'une presse
qui en fait sortir le suc qu'on nomme *vesou*. Les cannes
exprimées prennent le nom de *bagasse*. On traite le vesou
par un lait de chaux ; on élimine la chaux par l'acide carbonique ; on décante ; on filtre au noir animal ; on concentre
le liquide par ébullition ; on le verse dans des barriques, et
on laisse s'écouler la mélasse après la cristallisation. C'est
ainsi que l'on obtient la *cassonade, moscouade, vergeoise,*
ou *sucre brut.*

Le *sucre de betterave* est chimiquement identique à
celui de la canne, et s'extrait par des moyens à peu près
semblables, sauf la perfection de l'outillage ; mais le sucre
brut de betterave entraîne toujours un goût spécial à la racine, goût qui se trouve dans sa mélasse et qui y persiste.
C'est ce qui empêche ce sucre brut de remplacer la *vergeoise
de canne* dans toutes ses applications. Ce goût disparaît dans
le sucre raffiné.

Pour *raffiner le sucre* de canne ou de betterave, on en
fait un sirop marquant 30 degrés bouillant, on le clarifie
avec du sang de bœuf défibriné, du noir animal en poudre,
des phosphates alcalins et autres produits chimiques. Ce
sirop, blanchi par ces diverses opérations, est concentré dans
le vide, puis versé dans des moules ou formes, où il cristallise. On laisse alors égoutter le liquide incristallisable, ce
qu'on aide encore par une aspiration mécanique. On passe
les pains de sucre à l'étuve, et on les obtient secs et blancs.

Pour obtenir *le sucre candi*, on concentre le sirop raffiné
un peu plus, on le verse dans des cristallisoirs, grandes cuves
où il refroidit, et dans lesquels on laisse traîner une série de
ficelles. Le sucre se dépose en cristaux sur les ficelles et le
long des parois. Il n'y a plus qu'à l'en retirer et faire sécher

les cristaux. Ceux-ci peuvent se colorer en jaune par la présence de plus ou moins de sucre brut, en rose par le carmin que l'on ajoute au sirop. Le sucre candi passe pour plus sucré que celui en pains ; il est simplement plus dense, et à poids égaux, je doute qu'il y ait une différence sous ce rapport.

Le *sucre cristallisé* en grains est un sucre raffiné de premier jet. On le retire habituellement du sucre de betterave. Il est aussi pur et aussi bon à l'emploi que le sucre en pains ; la forme seule diffère.

Les *mélasses*, sirops épais, résidus de la raffinerie, servent à la fabrication de l'alcool. L'alcool de mélasse de canne à sucre est le *tafia* des colonies, tandis que le *rhum* se fait avec la bagasse. La mélasse de betteraves donne un alcool d'un fort goût de fruit. Il ne peut servir à la consommation qu'après avoir été rectifié.

Le *sucre de fruits* incristallisable se trouve dans les fruits acides, groseilles, épine vinette, etc. Il est identique au *sucre interverti*. Voyez ce mot.

Le *sucre de raisin* ou *glucose* existe dans le raisin, la figue, etc ; on l'obtient artificiellement par la réaction de l'acide sulfurique sur l'amidon et la fécule. Voy. *Glucose*. On l'obtient aussi, mais impur, par la réaction du même acide sur le ligneux, le bois, le coton, etc., par un procédé analogue.

Enfin il y a encore des variétés de sucre diverses qui sont extraites du *bouleau* et autres plantes, ou qui sont fabriquées dans les laboratoires sous les noms de *lévulose, chylariose*, etc.

Le *sucre de lait* ou *lactose* s'extrait du lait. Après l'avoir caillé et filtré, on sépare le petit lait, on le concentre, on le clarifie au noir et on le fait cristalliser.

On l'emploie beaucoup comme matière première des poudres de la pharmacie homéopathique.

Voyez encore *Miel, caramel, sirops, glucose, interverti, trois-six, liqueurs, confitures.*

Sucre vanillé. C'est du sucre en poudre, obtenu en pilant de la vanille en petits morceaux au contact du sucre, qui est ainsi chargé de toute la matière de la vanille.

Aujourd'hui que la chimie nous a gratifiés de la *vanilline cristallisée* ou *givre de vanille artificiel*, on fait mieux de s'en servir. Dissolvez de la *vanilline* 3 grammes, dans une dizaine de grammes de bon trois-six; versez cette solution sur 100 de sucre pilé, travaillez-le pour que le parfum soit bien divisé dans la masse du sucre; puis mettez-le, sur une assiette, dans un four à peine chaud, pour évaporer l'alcool.

Le sucre, ainsi chargé de *vanilline*, équivaut à son poids de *vanille en gousse*, à cela près, que son emploi est beaucoup plus commode. De plus, la vanille en gousses contient un produit vénéneux qui a déjà souvent occasionné des accidents lorsqu'on a abusé de ce parfum; tandis que la *vanilline* ne renferme rien de nuisible.

La vanilline s'extrait de la balle d'avoine, ou pellicule du grain. Il existe encore d'autres procédés de fabrication plus compliqués. Voyez les traités de chimie, si cela vous intéresse.

SUCS de fruits. Voy. *Framboise, fraise* dans l'article *Fruits.*

Les sucs de fruits s'extraient de diverses façons, selon leur nature et celle du fruit.

A *framboise*, nous avons indiqué l'emploi de la presse seule, mais ce moyen ne donne pas le meilleur rendement avec tous les fruits.

La *groseille* donne un suc plus abondant et plus vite clarifié, plus doux en même temps, lorsqu'on la fait préalablement crever en la cuisant. On garnit le fond de la bassine de cuivre avec un peu d'eau pour qu'elle ne s'y attache pas.

La *pomme*, le *coing* doivent être réduits en pulpe, pelés ou non, mais séparés des pépins et même de leurs enveloppes cornées. Ensuite, on y ajoute un peu d'eau et on les cuit pour former et séparer le suc, qu'il est alors très facile d'isoler. De même la *groseille à maquereau*.

Le *cassis*, la *fraise* ne doivent pas être pressurés ou écrasés, mais traités entiers par un dissolvant, vin ou spiritueux.

L'*orange*, le *citron*, renferment des pépins très amers qu'il faut en retirer. On presse ensuite ces fruits pelés.

L'*épine vinette* (les baies) ne donne bien son suc que lorsque la gelée a passé dessus. Autrement, il faudrait la cuire.

Pour la corroierie, on la fait digérer avec de la bière aigrie, et l'on exprime ensuite.

Voyez pour le surplus à l'article *Fruits*.

T

TACHES. Toutes les taches sont loin d'être de même nature, et pour les enlever, il faut savoir avant tout de quelle substance elles sont faites. S'il s'agit d'une étoffe que l'on puisse, sans inconvénient, mouiller à son aise, il faudra commencer par là. Si la tache est grande, ou qu'il y en ait beaucoup de petites, lavez à l'*eau froide*, frottez bien, trempez un moment, frottez de nouveau, puis rincez. Ce lavage enlève les *taches de* **boue**, *de* **sucre**, *de* **sauces**, *de* sang et toutes celles qui sont solubles à l'eau. Après l'eau froide, l'*eau chaude*, le *savon à détacher* ou même *la les-*

sive s'il s'agit de linge ; mais l'eau froide doit s'essayer en premier, car l'eau chaude cuit l'albumine, et beaucoup de taches en contiennent.

Les taches dont on connaît la provenance ou la nature sont en général faciles à enlever, puisqu'il suffit de connaître un dissolvant approprié, qui ne fasse pas de tort à l'étoffe.

Taches de graisse. Si elles sont récentes, on les fait disparaître facilement avec la benzine rectifiée, la neufaline, l'essence de térébenthine. On peut y mêler de l'essence de lavande, dont la bonne odeur persiste, en neutralisant l'infection des essences. Le sulfure de carbone est plus énergique, mais comme il s'évapore très vite, il exige un travail rapide, qui n'est pas toujours possible.

Si les taches de graisse sont anciennes, rancies sur place, il devient plus difficile de les enlever. On est obligé de les rajeunir, en les humectant d'un peu d'huile d'olive ou d'autre huile neutre. Un quart d'heure après, on traite à la benzine, et la tache s'en va aisément. De même pour les *taches de* **cambouis,** *de* **peinture,** *de* **vernis.**

Est-il utile de recommander des précautions ? toutes ces essences, benzine, etc., sont des matières très inflammables, et de plus, mauvaises à respirer. Il faut donc absolument travailler de jour, loin du feu, et au grand air autant que possible, ou du moins, la fenêtre ouverte.

Taches d'encre, *de* **rouille.** Les taches d'encre s'enlèvent quelquefois, en les lavant avec du lait chaud ou froid. Si ce procédé ne réussit pas, on fait un petit nouet de toile, on y met quelques morceaux de sel d'oseille (pas en poudre), on le trempe à l'eau bouillante ou très chaude, sans l'y laisser, seulement pour le mouiller. et on laisse couler quelques gouttes de cette solution chaude sur la tache. On lave à l'eau simple un moment après. Les taches d'encre et de rouille très anciennes ne partent pas si aisément. Il est bon de les humecter, saupoudrer de sucre, et laisser agir une bonne demi-heure ce sirop, qui a pour mission de désoxyder un peu la rouille, en la rendant soluble. Alors on peut employer le nouet de sel d'oseille, dont l'efficacité est certaine. On peut aussi le remplacer par l'acide chlorhydrique étendu d'eau, le fort vinaigre, l'acide sulfurique affaibli, mais ces acides rongent volontiers le tissu, et le sel d'oseille n'a pas cet inconvénient.

Les **taches d'acides**, qui se marquent en rouge sur les couleurs des tissus, se neutralisent par l'ammoniaque, qu'il suffit de versez dessus, ou d'y promener un linge humecté d'ammoniaque. On ne lave pas ensuite ; s'il y a trop d'alcali, il sèche tout seul.

Les **taches de nitrate d'argent**, qui peuvent se trouver sur le linge à la suite de cautérisations, ou sur la peau, s'enlèvent avec l'iodure de potassium, qui les fait jaunir. On lave ensuite avec hyposulfite de soude, qui les blanchit.

Sur tissus, on les enlève du premier coup, en imbibant la tache avec une solution de cyanure de potassium, et lavant à l'eau. Le cyanure, étant un violent poison, il faut prendre de grandes précautions, et n'en pas mettre sur les mains.

Taches de **cire**, *de* **bougie**. Plier un papier brouillard en trois ou quatre doubles ; le poser sur la tache, dont on a préalablement gratté l'excédent avec un canif ; passer un fer bien chaud dessus ; ou quelques braises allumées tenues dans une cuillère, et maintenues en ignition en soufflant dessus. La cire fond, et monte dans le papier que l'on change de place à mesure qu'il l'absorbe.

On peut aussi les traiter comme les taches de graisse.

Taches de **fruits rouges**, **noix et autres**. Si elles sont sur une étoffe blanche, de fil ou de coton, on les enlève aisément avec l'eau de javelle ou de chlore ; laver de suite après. Si elles sont sur d'autres étoffes, ou sur les mains, humecter la place, brûler un peu de mèche soufrée au-dessous, et la tache est partie.

Taches **enlevées à sec.** Les taches de sauces, graisses, huiles, cambouis, peuvent s'enlever à sec, en les frottant de terre à foulon, ou à briques un peu humide, laisser sécher tout à fait la terre sur l'étoffe, la secouer et la brosser. La terre absorbe toutes les substances grasses par capillarité. Si la tache est sur un plancher, délayer de la terre de pipe ou autre glaise avec de l'eau et du vinaigre, en mettre un petit tas sur chaque tache, laisser sécher jusqu'au lendemain, les enlever et laver le plancher avec de l'eau de savon, plutôt à chaud qu'à froid.

Tamis. Ustensile servant à passer (tamiser) les sauces, le bouillon, les produits pulvérisés. Il y en a de toutes grandeurs, et leurs toiles de toutes finesses. Le plus grossier est le tamis de crin ; on en fait aussi avec des toiles métalliques, de la soie, ce sont les plus fins.

Tapioca. Cette pâte à potages est la farine, ou mieux la fécule de la racine de manioc du Brésil. Elle se présente en grains arrondis blancs, très durs. Elle est inodore et presque sans goût. Dans l'eau chaude, elle se gonfle et se change en grains mous comme un empois, mais qui ne s'agglomèrent point.

La *racine de manioc* contient de l'acide prussique et une substance très âcre, mais on les sépare facilement du tapioca par le lavage. C'est en effet par le grand lavage à l'eau que l'on obtient le tapioca, comme les autres *fécules* (voyez ce mot) ; puis on le torréfie un peu.

Le tapioca, desséché sans chaleur, porte au Brésil le nom

de *Cipipa*. C'est le même produit que nous connaissons sous le nom d'**Arrowroot** *du Brésil*. La **farine de manioc** n'est que la pulpe de la racine desséchée. Cuite en pains ronds sur des plaques de tôle, elle devient le **pain de cassave**.

Enfin, le suc concentré de cette même racine sert à la Guyane, sous le nom de *Casaripe*, à l'assaisonnement des sauces.

Le tapioca à l'eau, au lait, au bouillon, est un aliment de convalescents, tant il est facile à digérer. On l'imite aujourd'hui très bien avec la fécule de pommes de terre, mais il est à reconnaître par la forme des grains gonflés à l'eau chaude et traités par la teinture d'iode. De plus, l'imitation a presque toujours un certain goût de tiroir d'épicerie assez désagréable, mais ce n'est pas un caractère suffisant pour accuser la fraude.

Tapis. Voy. *Nettoyage, taches.*

Tarte. Voy. *Pâtisserie.*

Terrine de ménage. Prenez du bœuf, filet ou aloyau, du veau, du filet de porc ou du jambon, de chaque 1/2 kilogramme sans aucun os. Coupez-les en tranches minces. Faites une farce crue avec des anchois, des oignons, câpres, quelques fines herbes, un peu de beurre, sel et poivre, et très peu de coriandre et girofles pilés fin. Rangez dans la terrine, toujours dans le même ordre, vos viandes, en les intercalant de farce et serrez bien. Arrosez avec un verre de vin blanc, un demi-verre de vinaigre et couvrez avec la chair d'un pied de veau ou de porc, coupée menu. Lutez le couvercle avec des bandes de papier blanc, et cuisez au four pendant deux à trois heures.

Autre terrine. Pour utiliser des restes de viandes diverses, coupez-les en tranches. Plus elles seront minces, mieux cela vaudra. Rangez ces tranches dans la terrine, avec d'autres tranches minces de jambon, cervelas, saucissons ou autres sortes de charcuteries variées. Toutes vos viandes étant cuites d'avance, il n'y aura pas lieu de les laisser longtemps au four; il faudra donc garnir les vides avec une gelée toute faite, telle que celle des charcutiers, ou une gelée de gélatine; et pour la farce, il ne faudra prendre que des viandes cuites, soit les débris du découpage de vos tranches, que vous combinerez avec beurre frais, mie de pain, truffes hachées, et autres ingrédients disponibles. Je m'en rapporte pour cela à votre intelligence, et à votre pratique. Ajoutez un verre de vin blanc, ou mieux, de madère, et laissez au four le temps de donner trois ou quatre bouillons.

Le foie gras d'oie ou de canard, exigeant très peu de cuisson, se combine très bien à cette composition. On l'y met cru, en tranches, puis on cuit une demi-heure au four, au *bain-marie*.

Terrine de foie gras. Voyez aussi après *Pâté*.

Les oies ou les canards tenus enfermés pour éviter le mouvement, et engraissés en les bourrant de grains de maïs cuit, prennent une sorte de gonflement du foie qui en cause un excès de production. C'est avec ces foies que se font les terrines; il y a des foies d'oie qui arrivent jusqu'au poids de 800 grammes.

Graissez légèrement le fond et les contours de la terrine avec la graisse d'oie ou le saindoux. Garnissez tout le tour et un peu le fond avec une couche de farce, puis remplissez avec des tranches de foie gras, dans lesquelles vous piquerez des tranches de truffes préparées, et que vous alternerez avec des couches minces de farce. Ne laissez aucun vide. Saupoudrez de temps en temps d'un peu de sel fin.

Enfin pressez fort le tout et par-dessus la légère couverte de farce, mettez une petite couche de graisse. Fermez la terrine et lutez le couvercle avec des bandes de papier, puis cuisez une demi-heure au four à douce température, ou même au bain-marie d'eau, dans le four.

Les *truffes* se préparent en les sautant un moment dans le beurre avec un peu de persil haché.

La *farce* se compose de viande de porc frais combinée avec du jambon ou de la langue, ou bien de chair à saucisses. On la lie avec un peu de mie de pain et de moelle. Enfin, on y ajoute le beurre qui a servi à sauter les truffes, et la pelure hachée des truffes.

Ainsi préparées, et couvertes d'une couche de graisse qui les protège de l'action de l'air, les terrines de foie gras constituent une conserve exquise à mettre en réserve.

On peut les garder quelques mois pour les servir dans une grande occasion.

Thé. L'usage du thé de Chine, qui nous est venu d'Angleterre, se répand de plus en plus en France.

Certains ménages ont même adopté l'usage du thé pour remplacer le vin à table, et le fait est qu'il s'accorde assez bien avec un souper de viandes froides.

Le meilleur thé noir est celui qui nous arrive par la voie de terre, par la Russie. Cependant, on en trouve aussi de bon d'autres origines, et les nouveaux pays français de l'Orient, Tonkin, Cochinchine, etc., tendent à prendre leur place parmi nos fournisseurs de thé.

Pour faire une bonne infusion, il vaut mieux payer peut-être un peu plus cher (ce qui n'est pas certain), s'adresser aux maisons spéciales qui ne s'occupent que de thé et chocolat. On sera toujours mieux servi qu'en s'adressant à l'épicerie, et en faisant son mélange soi-même, car il faut mélanger plusieurs sortes, comme pour le café, si l'on veut obtenir un arôme fin et complet.

On se servira de préférence d'une théière en porcelaine, ou, à défaut, en métal anglais si l'on n'en a pas en argent. On la rincera à l'eau bouillante que l'on jettera, puis de suite on y mettra la dose de thé et d'eau bien bouillante par-dessus. On fermera le couvercle, et cinq minutes après, le thé sera bon à servir.

On sert, avec le thé, du lait ou mieux de la crème, du rhum, des petits fours variés, dont chaque personne use à sa guise et selon son goût ; ceci pour le goûter.

Au déjeuner, selon la mode anglaise, on l'accompagne de rôties au beurre frais, ce qui est très bon. Voy. *Espèces* à l'article *Pharmacie.*

Timbale. Mets servi dans une pâte et cuit au four dans cette enveloppe. Timbale de macaroni.

Tisanes. Voy. *Espèces* à l'article *Pharmacie.*

Tomates farcies. Choisissez les plus grosses et bien rouges. Ouvrez-les en dessus, sortez les graines à l'aide d'une petite cuillère, et jetez-les. Enlevez une partie de la pulpe, faites-la cuire à réduction au quart, ajoutez-y du lard haché ou du jambon, mie de pain trempée au lait, sel, poivre, quelques fines herbes, et faites-en une farce dont vous remplirez vos tomates. Faites cuire sous le four de campagne.

Au maigre. Remplacez le lard par des œufs.

La *tomate* s'emploie principalement pour la sauce dont elle est la base. Cette sauce s'accorde avec tout et trouve de chauds partisans. En dehors de la saison du fruit, on emploie la **conserve** de tomates, qui se fait ainsi : Cuisez les tomates à réduction d'un tiers. Ajoutez quelques oignons coupés en tranches, sel, poivre, girofle, muscade.

Passez au tamis. Réduisez encore à moitié. Laissez refroidir dans une terrine (pas dans le cuivre), mettez en bouteilles à col un peu large, recouvrez avec un peu d'huile, bouchez, cuisez au bain-marie, et conservez. On peut aussi les conserver par le *procédé au soufre*. Voy. *Conserves*.

Les **aubergines farcies** se font absolument commes les tomates. Il faut seulement les prendre avant leur parfait développement. Lorsqu'elles sont bien mûres, les graines deviennent dures et l'intérieur du fruit coriace. Il n'y a donc rien à en faire.

Les *tomates* entrent dans un grand nombre de composés. Voy. *Salade à la cosaque*.

Le **topinambour** est une plante vivace, dont les tubercules ont un goût analogue à celui des culs d'artichauts, mais ils sont peu employés. On s'en sert pour engraisser les bestiaux, et pour la fabrication de l'alcool. Traitez-les comme le cul d'artichaut.

Tourner une racine de navet, carotte, etc., c'est les peler en leur donnant une forme ronde élégante. Il existe pour cela des couteaux particuliers.

Tourte. Voy. à *Pâtisserie*.
Tourterelle. Préparez-les comme les pigeons.

Trois-six. Le trois-six est l'alcool raffiné pesant 90 degrés centigrades. On le nomme ainsi parce qu'avec 3 litres, on peut faire 6 litres d'eau-de-vie en le mouillant. Par extension on a donné ce nom à tous les alcools raffinés concentrés, et maintenant les rectificateurs le livrent à 96 degrés, le plus souvent.

D'ailleurs, plus le degré est élevé, plus l'alcool est exempt d'huiles empyreumatiques et de produits nuisibles à la santé, pourvu que ce degré dépasse 92 ou 93 degrés.

Outre les trois-six de vin, les seuls connus il n'y a que peu d'années, le commerce livre aujourd'hui des trois-six d'industrie, parfaitement raffinés, lorsqu'on y met le prix, et qui peuvent très bien remplacer ceux de vin, quoi qu'en disent les gens qui ont la prétention de tout savoir sans l'avoir jamais appris. On les retire des mélasses, des grains, des betteraves, enfin de toutes les matières sucrées ou farineuses. C'est avec ces trois-six d'industrie que se fabriquent à peu près toutes les liqueurs et les eaux-de-vie à bon marché. La parfumerie et la pharmacie en emploient des quantités énormes.

Le nom d'*alcool* s'applique plus particulièrement au produit non rectifié. C'est avec l'alcool de cette sorte que le fisc permet de produire l'esprit à brûler, en le mélangeant avec du *méthylène (alcool de bois)* et quelques essences dont l'odeur reste et ne permet plus la rectification pour boisson.

Trou. Terme de table. En Normandie, un bon dîner ne se passe pas sans *trou*. Il se compose d'un verre de madère ou de cognac que l'on sert de suite après le rôti. Cet usage a du bon, il facilite singulièrement les fonctions de l'estomac.

Trousser. Voy. *Habiller*.

Truffes. Ce légume est-il un tubercule ou une variété de champignons? Nous n'avons pas à trancher cette question d'histoire naturelle, sur laquelle les savants ne sont pas encore parvenus à se mettre d'accord. On rencontre des truffes, sous terre, dans les forêts de chênes, et leur recherche, avec l'aide de chiens dressés, ou de porcs, est une industrie spéciale, qui fait vivre un certain nombre de personnes.

La **truffe noire** est la plus parfumée. Elle vient surtout du Périgord, mais elle existe aussi dans les forêts des autres parties de la France. En Alsace, on la cherche dans les forêts de la plaine, la Harth, où l'on trouve aussi, et en plus grandes quantités, la **truffe blanche**. Elle est noire ou brune en dehors, c'est la chair qui est blanche. La truffe blanche est bien moins parfumée que la noire, et ne se conserve pas aussi longtemps.

Les truffes servent à l'assaisonnement des farces, de grand nombre de sauces, aspics, volailles, pâtés. Elles exercent une action stimulante énergique.

Voy. *Dinde truffée, aspic de foie gras, terrine.*

On commence par les laver à plusieurs eaux, en les brossant bien pour en sortir la terre et le sable. Ensuite, on les pèle, aussi mince que possible, mais on se garde de jeter la pelure, qui est plus parfumée que la chair ; on la met en réserve pour s'en servir dans des sauces, des ragoûts, des farces. C'est dans cet état, entières ou mieux en tranches, que les truffes sont employées dans la haute cuisine. C'est un assaisonnement de grand luxe.

Truffes au naturel. Saupoudrez de sel et poivre, enveloppez-les dans plusieurs doubles de papier, garnis de bandes de lard. Mouillez-les légèrement et faites cuire une bonne heure sous la cendre ou dans un bon four. Ôtez le papier, essuyez les truffes et servez dans une serviette.

Au vin. Lavées, etc. Mettez-les dans un court-bouillon de trois quarts bon vin et un quart bouillon, quelque peu de lard ou jambon, sel et poivre. Cuisez une heure et laissez refroidir dans sa cuisson. On les sert ensuite comme les précédentes.

Le court-bouillon, très parfumé, peut s'employer à mouiller toutes sortes de sauces.

En ragoût. En tranches, cuisez-les dans un bon jus.

A moitié cuisson, mouillez de bon vin, liez avec fécule, et servez avec n'importe quelle viande, volaille ou gibier.

Liqueur de truffes. Faites infuser la pelure dans du bon cognac, de façon à la recouvrir seulement. Au bout de quelques jours, le cognac s'étant chargé de tout l'arôme, décantez-le, et conservez pour l'usage.

Ce parfum pourra s'employer à la cuisine pour ajouter aux sauces au besoin ; il se conserve longtemps, pourvu que le flacon soit bouché.

Pour en faire une liqueur sucrée, versez-en une quantité suffisante dans un litre de *liqueur simple* et traitez comme les *ratafias*. Voy. *Liqueurs.*

On peut la colorer au caramel ou autrement, et l'épicer avec un peu de girofles et cannelle.

Si la liqueur est destinée à ragaillardir un homme épuisé, ajoutez un rien d'*ambre gris*, dont l'action parallèle à celle de la truffe, sur le système nerveux, en augmentera considérablement l'effet. Voy. *Liqueur réconfortante.*

Turbotière. C'est la même chose que *poissonnière.*

V

Vaisselle. Voy. *Nettoyage.*

Vanneau. Traitez-le comme la *bécasse.* Je conseille de le vider, c'est toujours plus propre, car il se nourrit de vers, comme la bécasse d'ailleurs, et le gésier contient du sable.

VEAU. Viande blanche, qui doit cuire longtemps.

Tête de veau. Dans les grandes villes, la tête de veau s'achète toute cuite, chez les tripiers. Il est cependant préférable de la préparer soi-même, lorsqu'on peut en employer une entière, dans son ménage. A la campagne, on y est bien forcé. On doit, avant tout, la laisser baigner dans l'eau froide plusieurs fois renouvelée, pendant une douzaine d'heures ; on la blanchit ensuite dans l'eau bouillante, puis on la remet dans l'eau froide. On l'égoutte sur un linge. Ceci fait, on retire les gros os des mâchoires et du mufle, on coupe le museau, on enlève la langue sans l'endommager, et l'on ôte sa peau dure. Après avoir frotté la tête avec du jus de citron, on l'enveloppe dans une toile, et on la plonge dans de l'eau bouillante contenant un peu de farine, assaisonnement de sel et poivre, bouquet garni. On laisse mijoter quatre heures en la tenant toujours entièrement submergée. Après cette cuisson, on la retire, et l'on peut achever le désossement du crâne.

On la sert ainsi **au naturel** avec sauce vinaigrette ou rémoulade que l'on met dans une saucière, ou que chacun prépare sur son assiette.

Frite. Les restes peuvent se réchauffer et se servir de nouveau au naturel ; pour varier, on peut les mariner au vinaigre assaisonné et les frire après avoir trempé les morceaux dans la farine.

Farcie. Après avoir blanchi la tête, on en ôte la peau avec précaution, pour ne pas l'endommager. On fait une farce avec la cervelle hachée, oignons, ciboules, persil, on l'assaisonne avec sel, poivre, laurier, thym, basilic ou marjolaine en poudre, et deux cuillerées de cognac ; on lie avec trois ou quatre jaunes d'œufs et les blancs fouettés. La langue, les yeux, les bajoues, bien nettoyés et coupés en filets, sont mêlés à la farce.

Prenez alors la peau, les oreilles en dessous, et mettez-la dans un vase, casserole ou saladier, de forme arrondie, pour lui servir d'assiette ; remplissez-la de votre farce, et cousez-la en tâchant de lui rendre son aspect naturel de tête de veau. Mettez-la, bien ficelée, dans une casserole de grandeur suffisante, mais juste, et faites cuire avec un mélange de bouillon, 1/2 litre ; vin blanc, un quart ; persil, ciboules, carottes, navets, sel et poivre. Mijotez trois heures. Ensuite égouttez la graisse ; ôtez la ficelle ; essuyez la tête avec un linge et dressez-la pour être servie chaude ou froide à volonté.

Pour la sauce, passez de la cuisson ce qu'il vous faudra, faites réduire, ajoutez du jus, un peu de vinaigre, et servez sur le plat, ou mieux dans une saucière.

Tête de veau à la poulette. Cuisez la tête au naturel, ou servez-vous des restes de la veille.

Dans une casserole assez grande, délayez trois cuillerées de farine avec 120 grammes de beurre, pour faire un blanc, que vous assaisonnerez avec sel et poivre ; mouillerez avec du vin blanc. Ajoutez-y 250 grammes de lard, ou plus, pour une tête de veau entière, un bouquet garni, des oignons et deux ou trois clous de girofles.

Comme garnitures indispensables, il faudra préparer des quenelles de veau, des crêtes et des rognons de coq, des ris de veau, des noix de veau, des tranches de langue, des champignons ou, à défaut, des morilles. Ces garnitures se mettent d'abord dans la sauce, pour y cuire, puis on retire le bouquet ; on y met la tête entière pour faire quelques bouillons seulement. On la dresse avec la sauce dessus, et les fournitures que l'on complète par des tranches de cornichons, des câpres ou capucines, des écrevisses.

On pose autour du plat des petits gâteaux de pâte feuilletée, des croûtons frits.

Ordinairement, au lieu de dresser la tête entière, ce qui donne un plat formidable, on n'emploie qu'une partie de tête. Alors, on la coupe en morceaux, que l'on dresse en pyramide au centre du plat, en rangeant les garnitures à l'entour.

2° Tête de veau à la poulette. Préparez la tête comme au naturel, ou servez-vous des restes de la veille, que vous couperez en morceaux de formes convenables.

Commencez par faire une sauce à la poulette, avec beurre, fines herbes, farine, bouillon, sel et poivre ; faites-la cuire un moment, et mettez-y vos morceaux de tête de veau. Lorsqu'ils seront réchauffés suffisamment, liez la sauce avec jaune d'œuf, retirez immédiatement du feu, et ajoutez un filet de vinaigre.

Dans ce plat, quelques champignons font bien, mais il faut les cuire séparément, et les mettre alors dans la sauce.

Cette façon simplifiée suffit pour servir en famille.

Langue de veau. On la laisse le plus souvent avec la tête. Pour la servir seule, on la traitera comme celle du bœuf. Elle est plus tendre et plus délicate.

Rognons de veau. Même observation. Plus tendres que ceux du bœuf, mais s'apprêtent de même.

Galantine, aspic, chaud-froid, *voir volailles* et faire de même. Il est toujours bon d'y joindre des tranches de jambon minces, intercalées dans celles du veau. La saveur du mets en est sensiblement rehaussée.

Voyez aussi **Pâté de veau et jambon, ou de Strasbourg,** *terrine.*

Le **mou de veau** peut se traiter comme les *cervelles.*

Cervelles de veau. Les cervelles de veau sont plus délicates que celles de bœuf ; tout ce que nous en dirons s'appliquera aux cervelles de bœuf, qui se traitent absolument de la même façon.

Les **amourettes** de veau et de bœuf se traiteront aussi des mêmes façons que les cervelles. On ôtera la membrane qui les enveloppe.

Pour **dégorger** les cervelles, on les trempe à l'eau froide, dans laquelle on les laisse un moment. Ensuite on les blanchit à l'eau salée bouillante, puis on ôte la peau très mince qui les recouvre, les veines et les caillots qui ont pu rester. C'est après ces opérations indispensables que nous prendrons les cervelles pour les apprêter.

Cervelles à la maître d'hôtel. Faites-les cuire une demi-heure dans un blanc, égouttez et dressez. Couvrez-les d'une sauce que vous ferez en délayant un peu de farine dans du beurre, ajoutant sel et poivre, jus de citron, eau et un jaune d'œuf. Vous pourrez y ajouter un peu de persil haché.

Cervelles frites. Faites-les mariner avec du vinaigre assaisonné de sel et poivre, après les avoir cuites, au lieu de les blanchir simplement à l'eau salée. Égouttez-les et coupez-les en morceaux de la grandeur voulue. Passez-les dans la pâte à frire et faites frire, lorsque le moment est presque venu de les servir. Ornez de persil frit.

En mayonnaise. Cuisez-les avec tranches de lard minces, un bouquet garni, vinaigre coupé de bouillon, sel, poivre, oignons. Lorsqu'elles seront cuites, dressez-les sur une salade de laitue ornée d'œufs durs, et arrosez d'une sauce mayonnaise.

Au beurre noir. Cuisez comme à l'article précédent, servez arrosé de beurre noir, avec persil frit. Voy. *Sauce au beurre noir.*

Cervelles au blanc. Faites un court-bouillon de vin blanc coupé de moitié eau. Ajoutez-y tout ce que peut comporter cette préparation et faites-y cuire vos cervelles de veau ou de bœuf après les avoir lavées et nettoyées avec soin ; cuisez une heure.

Prenez de ce court-bouillon pour la sauce blanche que vous verserez sur les cervelles après les avoir égouttées.

Cervelles à la poulette. Délayez une cuillerée de farine dans quantité suffisante de beurre frais, ajoutez-y un peu de bouillon ou de vin blanc, faites-y cuire des petits oignons, morilles ou champignons ; laissez une heure à petit feu en ajoutant, entre deux, un peu de ciboule et persil hachés, un débri de muscade, poivre et sel, un jus de citron ou du vinaigre. Versez cette sauce sur les cervelles que vous aurez d'abord traitées au blanc, et couvrez-les-en de façon à les masquer entièrement.

Observation sur les cervelles. Vous pourrez changer l'aspect des cervelles en les traitant *au blanc*, et les accompagnant d'une sauce différente, et ceci à l'infini.

Les cervelles se trouvent toujours bien d'un filet de vinaigre ou de jus de citron.

Côtelettes de veau au naturel. Aplatissez les côtelettes au couperet, arrondissez-les en enlevant les nerfs ; saupoudrez-les des deux côtés avec sel et poivre ; humectez-les avec un peu de beurre frais ou de bonne huile et faites-les griller sur un bon feu, quelques minutes seulement de chaque côté.

Servez sur un peu de jus ou une sauce piquante.

Côtelettes panées. Après les avoir préparées comme il est dit ci-dessus, garnissez-les de chapelure et grillez de même.

Côtelettes glacées. Après les avoir piquées de lardons, mettez-les dans la casserole avec bouillon ou vin blanc, oignons, carottes, échalotes, jarret de veau et l'assaisonnement de sel et poivre et faites cuire à petit feu.

La cuisson achevée, faites réduire le jus et glacez-en les côtelettes que vous servirez froides.

Côtelettes farcies. La farce se compose de lard haché

avec des débris de veau et de jambon, mie de pain, oignon et échalote, ail, sel et poivre, muscade ou girofles. Couvrez-en les côtelettes sur les deux faces, imbibez d'œuf battu, mettez-les dans la tourtière beurrée, sous le four de campagne. Arrosez-les avec le jus que vous aurez fait, en ajoutant du bouillon.

Côtelettes sautées. Mettez-les dans la poêle avec l'assaisonnement obligé de sel, poivre, oignon, etc., et du beurre frais ou fondu, sur un feu bien ardent. Retournez-les.

Liez votre jus avec farine, bouillon ou vin et versez ce jus sur les côtelettes.

Côtelettes en papillottes. Garnissez-les de farce comme à l'article **côtelettes farcies**, ajoutez à la farce des truffes ou champignons hachés, recouvrez le tout avec des bandes minces de lard gras, enveloppez ensuite dans un papier beurré et laissez-les griller à feu assez faible pendant près de trois quarts d'heure.

Servez tel avec jus de citron, ou mieux, mettez quelques tranches de citron entre les côtelettes sur le plat, afin que chacun s'en serve à volonté.

Côtelettes à la jardinière. Dans un bon bouillon, faites cuire toutes sortes de légumes, pois, haricots, carottes, choux, navets et des champignons.

Préparez un roux, jetez-y vos légumes cuits et laissez réduire convenablement.

D'autre part, cuisez vos côtelettes dans un autre bouillon, et du beurre, puis rangez-les sur un plat chauffé et versez vos légumes au milieu.

Côtelettes au fromage. Après avoir préparé les côtelettes panées comme il a été dit à cet article, et lorsqu'elles sont cuites, saupoudrez les deux faces avec du gruyère râpé et remettez au feu juste assez longtemps pour que le fromage fonde et forme une glaçure.

Côtelettes à l'italienne. Faites-les revenir dans le beurre, ajoutez vin blanc ou bouillon, puis un peu de fécule, oignon haché, ail et champignons, un peu de persil, sel et poivre.

Cuisez trois quarts d'heure et ajoutez un filet de vinaigre, puis un jaune d'œuf.

Servez chaud et recouvert de sa sauce.

Observation sur les côtelettes. Tout ce que nous avons dit des côtelettes s'applique également aux côtelettes de veau, de mouton et de porc. Ces recettes pourront aussi s'appliquer à des tranches de viande de ces divers animaux et même de bœuf à choisir dans la culotte, le filet, etc. Nous nous en rapportons à l'intelligence de la cuisinière pour leur application raisonnée.

Le **carré**, la **rouelle**, la **poitrine**, la **noix**, la **longe** sont les pièces les plus employées pour rôti. On les pique de lardons et l'on fait rôtir au naturel, ou après une marinade au vinaigre, de un à trois jours. D'autres font mariner au vin blanc. L'essentiel est de rôtir assez longtemps ; le veau peu cuit étant toujours filandreux, on ne saurait le laisser trop longtemps, à moins de le dessécher. Cette observation s'applique également à la cuisson en casserole.

Tous ces morceaux peuvent être mis *en blanquette*.

A la provençale. Les mêmes morceaux, plus les **tendrons**, qui se mettent à la casserole comme eux, étant rôtis de la veille, on peut utiliser les restes à diverses sauces, dont celle-ci :

Un peu de beurre et farine, un demi-verre d'huile, persil, échalotes hachées, gousse d'ail, sel et poivre. Liez la sauce, et chauffez-y les tranches de veau. Filet de vinaigre, ou jus de citron.

En braisolles. Faites la sauce avec beurre, fines herbes hachées, ciboules, persil, échalotes, oignons, champignons.

Rangez vos herbes et vos tranches de veau alternativement dans la casserole, avec sel et poivre répartis partout. Couvrez avec des bardes de lard, ajoutez un verre de vin et posez le couvercle. Laissez mijoter une heure et demie à deux heures si vous employez la viande crue, et une heure si c'est du rôti de la veille, pour qu'il se pénètre bien du parfum des herbes.

En matelote. Faites un roux mouillé de vin blanc, sel et poivre, bouquet garni, ail, petits oignons roussis au beurre.

Mettez-y vos tranches de la veille à chauffer seulement.

Quelques champignons s'accordent très bien, des truffes aussi.

Aux petits pois. Sauce composée de beurre et farine, bouillon, sel, poivre, persil. Mettez-y vos tranches de veau et cuisez-les à point, si elles ne le sont pas encore. Ajoutez les pois une demi-heure avant de servir.

Noix de veau à la bourgeoise. Hachez fin des ciboules, oignons, fines herbes, assaisonnez-les de sel et poivre, et trempez-y des lardons assez gros, qui vous serviront à piquer la noix. Poussez même un peu de ces herbes avec les lardons, dans la viande.

Arrondissez la pièce, ficelez et mettez à la casserole avec du beurre. Laissez-la prendre une belle couleur, puis ajoutez deux verres de bouillon, carottes, oignons en quartiers, une feuille de laurier et deux clous de girofles. Faites mijoter deux heures, avec un peu de braise sur le couvercle.

Retirez la viande cuite, ôtez la ficelle, et liez la sauce en la réduisant, ajoutant un peu de farine. Servez avec sauce tomate ou un légume du genre épinards.

Escalopes à la provençale. Prenez des tranches carrées de rouelle, aplaties avec le couperet.

Mettez dans la casserole un bon verre d'huile d'olive sur un bon feu, et faites-la chauffer. Mettez-y vos tranches pour les saisir bien des deux côtés, assaisonnez de sel et poivre, ajoutez une sauce tomates et laissez mijoter un quart d'heure. Servez avec la sauce.

Longe à l'étouffé. La longe doit avoir la forme d'un carré alongé et être désossée. L'intérieur est garni de sel et poivre. Ceci fait, on la ficelle et on la traite comme la *rouelle braisée*. On sert après l'avoir arrosée d'un filet de vinaigre ou d'un jus de citron.

Veau à la Colmar. Prenez un beau carré de veau sans os, battez-le, lardez-le, garnissez-le de sel et poivre, et faites mariner un à deux jours dans l'huile d'olive.

Roulez-le dans la mie de pain, puis dans un hachis d'oignons et de persil. Mettez, dans la casserole, deux belles tranches de lard, et les os du veau, avec votre pièce; faites cuire deux heures avec feu dessus et dessous.

Blanquette de veau. Pour utiliser le veau rôti de la veille, on le sert ordinairement froid avec sauce à la vinaigrette ou rémoulade. On peut aussi le faire en blanquette. On le coupe en tranches minces et étroites, en le nettoyant des peaux, nerfs, graisses.

Dans la casserole, on fait un blanc avec beurre, farine, sel, poivre, persil, et si l'on veut, quelques petits oignons.

La sauce étant cuite, on y chauffe le veau, puis on achève en mouillant de bouillon, liant au jaune d'œuf.

On peut faire la blanquette avec de la viande fraîche de *poitrine de veau*, de préférence. Il faut seulement la cuire assez longtemps. On y ajoutera quelques champignons coupés, et ce n'en sera que mieux.

Poitrine de veau. C'est un fin morceau *à la broche*. Cette cuisson se fait comme toute autre viande de veau.

Farcie. Coupez le bout des os des côtes; séparez les chairs de dessus et de dessous, remplissez les vides avec une farce composée de rouelle de veau, jambon haché ou chair à saucisses, sel, poivre, échalote, oignons, persil, trois jaunes d'œufs crus. Recousez avec ficelle.

Mettez à la casserole bardée de lard, avec bouillon et persil assaisonné de sel et de poivre. Cuisez trois heures doucement, ajoutez un peu de farine, réduisez la sauce et servez.

Veau mariné. Prenez une tranche de rouelle de veau. Rangez-la dans une terrine avec oignons coupés, poivre, sel, quatre épices et autres assaisonnements convenables. Arrosez-la avec du vinaigre. Retournez la viande soir et matin pendant six ou huit jours si la température le permet, et laissez votre terrine en un endroit frais.

Après ce marinage, faites cuire dans ce même jus, auquel vous ajouterez du vin blanc et un pied de veau.

La cuisson terminée à point, vous sortez la viande, vous la posez dans une terrine ou un saladier, vous passez le jus au tamis et le versez par-dessus. Retournez sur un plat après refroidissement, et servez comme un *aspic*.

Veau rôti saumoné. Prenez un morceau de derrière que vous faites désosser.

Après l'avoir frotté de salpêtre, mettez-le huit jours dans le sel. Ajoutez-y des feuilles de céleri, oignons, poireaux, poivre, girofle, laurier ; retournez le morceau chaque jour.

Ensuite, roulez et ficelez et faites cuire dans sa saumure avec 1 litre de vin, 1/2 litre vinaigre et 1/2 litre d'eau.

Prenez 200 grammes de sardines ou d'anchois hachés, rangez-les tout autour, ainsi que persil et oignons hachés et des câpres.

Laissez en contact à froid pendant deux jours, en l'arrosant souvent avec de bonne huile d'olive.

Servez froid avec une sauce vinaigrette ou rémoulade.

Fricandeau de veau. *Entrée.* Désossez une belle noix de veau, donnez-lui une forme ronde, enlevez la peau du dessus, battez-la avec le couperet, piquez le dessus de lard serré.

Préparez dans la casserole un peu de beurre frais avec un oignon coupé, carottes, bouquet garni, les restes du lard des piqûres. Posez le veau par-dessus ; ajoutez sel, poivre, etc., et faites partir sur un bon feu pour que tout cela prenne couleur. Mouillez de bouillon, que la viande baigne à moitié et mettez au four, couvert de papier beurré, ou sur le feu avec un couvercle garni de braise. Pendant la cuisson, arrosez souvent votre viande pour qu'elle dore bien. Une heure et demie de cuisson devra suffire.

Le jus doit être réduit au tiers ; passez-le au tamis sur le fricandeau.

Le fricandeau de veau se sert sur un légume dont il prend le nom. On fait ainsi le *fricandeau à l'oseille, aux carottes, aux petits pois, à la chicorée, à la purée,* etc.

Grillades de veau. Des tranches de rouelle de veau, de la largeur de la main, sont cuites à la façon des côtelettes en papillotes. Pour cet usage, on peut les prendre directement de la boucherie, mais il est préférable de les mettre seulement une heure en marinade dans le vinaigre.

On peut aussi les préparer à la façon **côtelette farcie,** à la **beefsteak.**

Gigot de veau salé. Désossez-le et salez-le avec 250 grammes de gros sel et un peu de salpêtre dans suffisante quantité de vin pour le recouvrir à moitié. Tournez-le tous les jours matin et soir pendant trois semaines.

Retirez du sel, enveloppez-le dans une serviette et cuisez-le ainsi trois ou quatre heures dans du vin coupé de moitié eau. Sortez-le du linge et mettez-le sous presse.

Si vous avez eu soin d'ajouter un pied de veau à la cuisson, le jus se formera en gelée.

Ris de veau. On les fait dégorger dans plusieurs eaux tièdes pour en sortir le sang, puis on les laisse bouillir dans l'eau avec sel, un quart d'heure pour les blanchir.

On peut alors les accommoder d'une des façons dont les recettes suivent.

Ris de veau en fricandeau. Piquez-les de lard, donnez-leur une cuisson à la casserole avec beurre, en mettant le lard en dessous, ajoutez du bouillon, sel et poivre, oignon haché et fines herbes.

Quand le jus est réduit suffisamment et qu'ils ont pris une belle couleur, on les dresse sur un légume, tel que haricots, oseille, purée, salade cuite, etc., ou sur une sauce aux tomates, et l'on verse la sauce par-dessus.

Ris de veau en marinade. Coupez les ris en petites tranches, faites-les mariner au vinaigre une ou deux heures. Mettez-les ensuite dans de petites caisses en papier blanc beurré ou huilé avec leur marinade, et faites cuire doucement pendant une demi-heure sur des cendres chaudes ou dans un four modérément chauffé.

Ris de veau aux fines herbes. Entourez les ris avec des tranches très minces de lard et ficelez. Entre les ris et les lards, vous intercalerez une purée de fines herbes hachées, bien mélangées, telles que persil, oignon, ail, échalotes, morilles, champignons, truffes. Arrosez de bon vin blanc avec sel et poivre et cuisez doucement.

Après coction, retirez-les, dégraissez la sauce à laquelle vous ajouterez du jus de viande ou du bouillon et vous la verserez par-dessus votre plat dressé.

Ris de veau à la poulette. Mettez-les entiers à la casserole et cuisez-les avec des champignons cuits d'avance et du bouillon.

Après cuisson, liez votre sauce avec des jaunes d'œufs et un peu de farine au besoin, un peu de fines herbes hachées et un filet de vinaigre ou de jus de citron.

Foie de veau à la broche. Lardez-le de gros lard, et faites-le mariner dans le vinaigre avec sel et poivre, oignon, et des herbes aromatiques selon vos moyens. Laissez quelques heures. Nettoyez le foie de la marinade, sans le laver ni le mouiller d'eau et mettez-le à la broche, enveloppé d'un papier beurré. Poussez le feu de manière que la cuisson soit le plus rapide possible. Piquez-le d'une aiguille, pour vous assurer qu'il n'en sort plus de goutte de sang, et retirez à ce moment le papier beurré. Donnez seulement quelques tours de broche pour dorer le foie que vous servirez avec sauce piquante ou rémoulade.

Foie à l'italienne. Hachez menu des champignons, persil, ciboules, un oignon, une gousse d'ail et une échalote. Ajoutez-y en poudre un peu de feuille de laurier, de basilic et marjolaine, poivre et sel. Beurrez une casserole et mettez-y, couche par couche, le foie en tranches minces, et vos herbes, et faites mijoter ensemble une heure. Lorsqu'il sera cuit, retirez le foie avec l'écumoire pour faire la sauce. Vous ajouterez un peu d'huile ou de beurre manié de farine, et un filet de vinaigre. Cuisez en tournant, ajoutez au besoin un peu de bouillon. Réchauffez le foie dans la sauce, pour servir le tout ensemble sur un plat.

Foie à la maître d'hôtel. Faites cuire le foie en tranches, dans le beurre avec sel et poivre, oignons, etc., et servez-le avec une sauce à la maître d'hôtel.

Foie de veau sauté. *Entrée.*

Coupez le foie en tranches d'un centimètre d'épaisseur, assaisonnez-les de sel et poivre, tournez-les dans la farine et posez-les dans la poêle, dans du beurre chaud, avec un peu de persil et d'oignon finement hachés.

Cuisez les deux côtés sur un feu vif, mais quelques minutes seulement ; trop cuit, il durcirait.

Dressez les tranches en couronne sur un plat chaud. Pendant ce temps, versez dans la poêle une cuillerée de jus de viande ou de bouillon, un peu de madère ou de bon vin, ou même un filet de vinaigre, faites bouillir un moment et versez sur vos tranches.

Servez immédiatement.

On peut ajouter à l'assaisonnement, des champignons, morilles, cornichons en tranches minces, etc.

Foie de veau en papillotes. *Entrée.*

Coupez en tranches comme ci-dessus, faites mariner au vinaigre avec oignons, sel, poivre, etc. Puis placez vos tranches dans des papillotes beurrées ou huilées entre de minces tranches de lard, ajoutez-y des fines herbes hachées menu. Faites rôtir vos papillotes sur le gril ou dans la poêle jusqu'à ce qu'elles se soient agréablement dorées.

On peut traiter de même des *tranches de veau préalablement rôties* ou *d'autres viandes rôties* pour utiliser les restes.

Fraise de veau. Lavez, faites cuire à l'eau salée avec poivre et oignons, quelques aromates habituels, bouquet garni. Egouttez et servez avec une sauce vinaigrette.

Frite. Cuisez de même, coupez en morceaux que vous tremperez dans la pâte à frire avant de les frire au beurre ou à l'huile.

Les **pieds de veau** ont pour principal usage d'être cuits dans un bouillon pour le faire figer en gelée. C'est par leur moyen que l'on obtient ces belles gelées pour les aspics; que l'on fige les galantines, etc., etc. Voy. *Gelée.*

Lorsqu'ils ont servi à cet usage, ils peuvent être présentés, *désossés*, comme accompagnement du bouilli. Ils peuvent aussi s'apprêter, comme la tête de veau, au *naturel* avec vinaigrette; *frits* en les trempant dans la pâte à frire; *à la sauce poulette*; en *matelote*. De toutes ces façons, il est rare que l'on serve les pieds de veau seuls : ils sont presque toujours en compagnie avec des viandes de bœuf, de porc, ou autres, avec lesquelles ils ont cuit. Ils en ont besoin, car c'est un mets assez fade et tant soit peu gluant.

On les combine aussi avec les *tripes de bœuf*. Ils font même assez bien dans ce mets.

Le **cœur de veau** et celui du bœuf s'apprêtent de même. On peut le *rôtir* tout simplement, ou le faire *farci*, avec la même farce que la poitrine, et le cuire de la même façon. On peut aussi le couper en tranches, mariner au vin ou au vinaigre, le *griller* et servir avec une rémoulade. Il lui faut moins de cuisson qu'aux viandes de veau.

La **queue de veau** est très bonne, cuite à la façon du bouilli, dans de l'eau salée, fortement chargée de légumes. On la sert au naturel, avec vinaigrette ou hors-d'œuvre.

A la poulette. La couper en tronçons, dégorger à l'eau tiède, blanchir à l'eau bouillante, traiter ensuite comme une autre partie du veau.

En grillades. On la cuit à l'eau salée vinaigrée jusqu'à ce qu'elle soit à moitié cuite seulement. On l'égoutte et on la termine en la grillant dans la poêle avec beurre, après l'avoir panée. Se sert avec sauce rémoulade.

Ventilation. Voy. *Chauffage.*

Vernis. En voici quelques-uns qui peuvent parfois servir dans un ménage :

Vernis des menuisiers. Dissoudre à froid 80 grammes de gomme laque blonde en écailles par litre d'alcool à 90 degrés, en agitant souvent. Bien boucher.

Vernis d'or. Laque en écailles 190 grammes; succin 60 ; safran 2; sang-dragon 4; extrait de santal rouge 2; alcool 125. Dissoudre à froid ou à tiède au bain-marie. Filtrer.

Vernis au copal. Fondre 500 grammes copal; lorsqu'il est liquéfié, ajouter en remuant 250 grammes huile de lin cuite bouillante ; retirer du feu et ajouter avec précaution 500 grammes essence térébenthine, loin du feu.

Vernis blanc pour étiquettes. Sandaraque 500 grammes ; térébenthine 90 ; essence de térébenthine 10 ; alcool 90 degrés 1000. Dissolvez à froid, filtrez.

Vernis noir. Faites fondre 40 grammes asphalte avec 20 huile de lin et ajoutez 70 essence térébenthine, à la façon du vernis copal. Pour vernir des grillages.

Vernis au caoutchouc. Dissoudre le caoutchouc dans le sulfure de carbone, en vase bien bouché, et à froid. Ajouter de la benzine pour le liquéfier, et pour qu'il sèche moins vite.

Vernis à la cire, pour statues de plâtre ou de marbre. 20 de cire dissoute à froid dans 100 essence térébenthine. On l'applique à chaud. C'est le **vernis pour le marbre.**

Vernis pour les planchers d'appartement. Faites dissoudre 1500 grammes résine laque dans 9000 grammes alcool dénaturé.

Faites dissoudre 250 grammes résine élémi dans 2000 grammes essence térébenthine. Mélangez les deux solutions.

Pour l'application, on donne au plancher une couche de colle, ou de couleur à la colle. Lorsqu'elle est sèche, on donne une couche d'huile de lin siccative. Puis on recouvre de deux couches de ce vernis. On peut alors nettoyer les planchers à l'eau ou à sec. S'ils perdent le brillant, on le leur rend en les frottant d'un linge à peine humecté d'huile de lin.

Vernis pour l'entretien des meubles. Cire jaune 50 grammes ; racine d'orcanette en poudre 10 grammes ; essence d'aspic 200 grammes. Dissoudre en chauffant un peu au bain-marie, laisser en repos huit jours, réchauffer pour filtrer chaud à travers un linge serré. S'emploie à froid avec un linge doux.

Vernis mordoré pour chaussures et autres usages.
C'est tout simplement une dissolution de violet d'aniline en
quantité assez forte, dans l'alcool ou l'esprit de bois. Le
liquide est violet ; en séchant, il prend un reflet doré. Le
rouge d'aniline produit le même effet, et donne même un
doré plus éclatant. Rien de plus facile que de l'enlever sur
un objet imperméable, en lavant avec de l'alcool ; seulement l'objet reste teint en violet.

Pour rendre ce vernis plus solide aux intempéries, il
suffit d'y ajouter un peu de gomme laque ou de vernis des
menuisiers, mais très peu.

Viandes de boucherie. Voy. *Bœuf, mouton, porc, veau.*

Le **bœuf** est la plus importante de toutes. Pour le bouilli,
on emploie ordinairement la *tranche*, la *culotte*, la *côte* et
la *poitrine*. Pour rôtis ou beefsteaks, on prend le *filet*, mais
on y supplée, quand on n'en trouve pas, avec l'*aloyau*.
L'*entrecôte* est un assez bon morceau à mettre sur le gril,
ou à la casserole. La *langue* et le *rognon* sont de fins morceaux que l'on peut apprêter de diverses façons.

Le **veau** nous fournit de bons morceaux à rôtir, les *cuis-
sots*, la *rouelle*, le *filet*, les *côtelettes*, le *rognon*. La *tête* de
veau à la vinaigrette ou à la poulette n'est pas à dédaigner.

Enfin toutes ses parties à peu près sont bonnes à mettre
en fricassée. La viande de veau ne convient pas pour le pot-
au-feu, elle n'est pas assez faite et donne par la cuisson
une trop grande quantité de gélatine.

Elle est parfaite pour faire les gelées. Il faut alors donner
la préférence aux parties nerveuses, *jarret, pied*, etc., qui
rendent davantage.

Le **mouton** nous donne, *sauf la tête*, autant de ressources
que le veau. Sa chair noire est plus faite et contient plus
de principes délicats et nourrissants. L'*agneau* d'un an,

dit *présalé*, dont les côtes normandes et bretonnes ont la spécialité, est une viande de toute première qualité. Quant au vieux mouton, *son odeur* particulière n'est pas de tous les goûts, surtout lorsqu'on lui substitue une vieille chèvre maigre et coriace. C'est alors une viande de dernière catégorie, bonne à donner aux chiens.

Un petit morceau de viande de mouton, ajouté au bœuf, ne fait pas mal du tout dans le pot-au-feu, mais il ne faut pas en abuser.

Le **porc** n'est pas tant du ressort du boucher que du charcutier. C'est une viande échauffante, mais très agréable. Toutes les parties du porc sont bonnes à manger. Il constitue une des ressources les plus avantageuses à la campagne, où les boucheries sont clairsemées ; son usage est assez différent de celui des autres viandes.

Le **chevreau** et le jeune **agneau** ou *agnelet* ne sont pas des viandes fermes ; elles sont flasques et l'on ne saurait les recommander qu'à raison de la variété qu'elles procurent à l'alimentation.

On ne devrait les servir qu'après les avoir nourris de lait, au moins cinq à six semaines, au lieu de les prendre presque à leur naissance.

Cette observation peut s'appliquer également au *veau* que l'on tue bien souvent dès le jour ou le lendemain de sa naissance. Si l'on pouvait attendre cinq ou six semaines, on y gagnerait beaucoup sur le poids de l'animal et sur la qualité de la viande.

Le *petit* **cochon de lait** est un mets tendre et délicat, lorsqu'il est rôti en entier. Il est digne de figurer sur les meilleures tables. Il faut que la peau soit croquante.

La viande de **cheval** a ses boucheries spéciales. Lorsqu'elle provient d'un jeune animal, abattu par suite d'un accident, elle est bonne et saine. On la traite comme le *bœuf*.

Vin. Le jus de raisin fermenté devrait seul porter le nom de vin, mais on a aussi donné ce nom à des jus fermentés de toutes espèces de fruits. On en fait avec la groseille, la ronce, la mûre, l'orge et beaucoup d'autres substances. A ce compte, le cidre et le poiré sont des vins de pommes et de poires.

Peu importe d'ailleurs; pourvu que l'on donne au vin le nom de la matière première dont on l'a extrait, on ne trompera personne.

Le vin de raisins est bien la boisson la plus variable dans sa composition, qui dépend de la maturité, du climat, du sol, du cépage, des soins qu'on lui a donnés, et d'une infinité d'autres circonstances. Il y a mieux ; si vous soutirez le vin d'un foudre dans plusieurs barriques, et si vous conservez ces barriques un an ou deux, l'une à côté de l'autre, le vin de chacune sera différent, tout en conservant *peut-être* un air de famille.

Dans ces conditions, il est bien difficile à un chimiste expert de constater une fabrication factice de vin, lorsqu'il contient tout ce qu'il doit contenir. Mais voilà justement ce qui ne peut arriver. Voulez-vous, par curiosité, la liste de ce que diverses analyses ont trouvé dans les vins? c'est assez compliqué, jugez-en :

Eau, alcool vinique, alcools butyrique et amylique, plusieurs aldéhydes divers, acides acétique, tartrique, sulfurique, carbonique, citrique, malique, azotique, phosphorique, racémique, silicique, propionique, tannique, chlore, brome, iode, fluor, chaux, soude, potasse, magnésie, alumine, oxyde de fer, ammoniaque, matière grasse, gomme, ferment, éthers acétique, caprique, caprylique, œnanthique, huile essentielle, glycérine, mannite, matière colorante, etc.

Nous avons oublié le manganèse, la triméthylamine

et encore d'autres. Et une telle composition est saine au corps !

Le degré de spiritueux varie beaucoup d'un cru à l'autre, comme d'une année à l'autre, mais on peut encore y remédier en ajoutant du sucre à sa vendange, pour remonter le degré. Il est admis que cela ne gâte rien, pourvu que l'on emploie un sucre de bonne qualité.

Les vins de liqueur doux marquent de	16 à 20	degrés centigrades.	
Les vins de liqueur secs	»	15 à 18	»
Le collioure, le roussillon	»	13 à 15	»
Les bordeaux ordinaires	»	8 à 10	»
Les bordeaux moyens	»	9 à 11	»
Les bordeaux supérieurs	»	10 à 13	»
Les bourgognes moyens	»	10 à 13	»
Les vins ordinaires de table	»	6 à 10	»
Les vins du Rhin	»	7 à 12	»
Cidre, poiré, hydromel	»	6 à 8	»

Ces chiffres n'ont absolument rien de certain, puisqu'ils sont on ne peut plus variables. Ce sont des moyennes.

La manière de traiter le raisin et d'en faire du vin, varie selon les pays. En Alsace, on pressure sa vendange de suite; et sans autre préambule, on met en fûts et on laisse fermenter son moût. C'est très simple, mais cela ne peut donner qu'un vin ordinaire. Les gens soucieux de la qualité égrènent le raisin pour le séparer des rafles.

D'autres vont plus loin, et trient les grains selon leurs degrés de maturité, et mettent chaque lot à part. Ils font ainsi des vins de qualités très diverses en même temps.

Enfin, il en est qui ajoutent du sucre lorsque le raisin n'a pas atteint une maturité suffisante, pour y suppléer. D'autres, très nombreux, après avoir passé le raisin au pressoir, pour en faire un bon vin ordinaire pur, reprennent le marc et le tout une seconde fois infuser et fermenter avec addition d'eau et de sucre pour en faire *une piquette* ou deuxième vin, destiné à leurs ouvriers, et même à leur ménage.

En présence des exigences des vignerons journaliers, qui ne travaillent plus en Alsace qu'avec un baril de 6 et même plus de litres par jour, on comprend cette précaution de leur préparer de la piquette incapable de les griser, mais très bonne à les désaltérer, et réunissant à ces avantages celui de coûter peu d'argent.

Pour cette fabrication, on prend pour base qu'*un* kilogramme de sucre par hectolitre d'eau, donne *un* degré alcoolique. Il est facile, d'après cela, de faire le compte de l'opération.

D'ordinaire on met 4 à 5 kilogrammes de sucre à l'hectolitre d'eau, ce qui produit une piquette de 4 à 5 degrés de spiritueux.

Souvent on peut soupçonner qu'un *vin rouge est coloré artificiellement.* C'est en effet sur la couleur que se porte la première tentative des falsificateurs. Il existe un moyen bien simple de vérifier la chose.

Prenez un morceau de blanc d'Espagne ou un bâton de craie, égalisez la surface avec un canif, puis versez dessus une goutte du vin soupçonné. A côté de cette goutte, versez-en une de vin naturel certain, et comparez les deux nuances. Elles doivent être plus ou moins foncées, mais du même ton gris bien net.

S'il y avait une différence de nuance, plus rouge ou plus violet, vous pourriez admettre la coloration artificielle sans crainte de vous tromper. Ce procédé n'indique pas avec quelle matière colorante on a teint le vin, mais il prouve que ce n'est pas la couleur pure du raisin.

Les **vins de liqueur** se font de diverses façons.

Le *vin de paille* s'obtient en séchant à demi le raisin, que l'on couche pour cela dans des séchoirs, sur un lit de paille.

Le *Malaga* se fait en cuisant du moût sucré jusqu'à la consistance sirupeuse, puis on le mêle à d'autre moût non cuit et ils fermentent ensemble. C'est donc aussi par le moyen de l'évaporation de l'eau ; mais la cuisson a caramélisé une partie du sucre, ce qui lui donne cette couleur brune et ce goût brûlé.

Les *Marsalas*, *Madères*, *Xérès* se font aussi par dessiccation de la grappe, dont on tord la tige pour laisser sécher sur pied.

On peut faire partout un *vin de liqueur du pays* en mettant de côté une quantité quelconque de moût sucré, et en le remontant par le trois-six jusqu'à 17 degrés. Il ne fermente pas à ce degré, et prend, au bout d'un an, un bon bouquet.

On peut d'ailleurs remplacer le trois-six par du bon sucre en excès et faire fermenter. Le résultat sera à peu près le même.

La fabrication des **vins mousseux** se fait en Champagne et dans quelques autres pays. On remplit suffisamment des bouteilles de verre renforcé, on bouche et on laisse la fermentation faire son œuvre. Quand le vin est arrivé à son degré de clarification, on amène lentement et graduellement la bouteille à se trouver debout sur le goulot et la lie se colle au bouchon, comme un pain à cacheter. Il faut alors dégorger, c'est-à-dire sortir ce bouchon, ajouter la liqueur, composée de sucre candi et de fin cognac, remettre un bouchon neuf, reficeler et laisser s'établir une nouvelle fermentation.

On peut fabriquer du *vin mousseux à la machine* en le sucrant convenablement, et en le rendant gazeux dans un appareil à eau gazeuse de table. Ce vin n'est pas désagréable, mais il perd facilement son gaz dans le verre.

Un moyen plus conforme aux traditions de la Champagne, consiste à prendre du moût fermenté, le clarifier lestement au moyen d'un filtre, et même d'un collage au besoin, y ajouter 5 à 6 % de sucre candi cuit en sirop, puis mettre de suite en bouteilles à champagne que l'on bouche à la machine, ficeler, coucher à la cave, et laisser en repos quelques mois. On aura ainsi un *vin de Champagne de ménage* qui, pourvu que le vin employé soit bon, ne sera pas désagréable.

Enfin le *champagne à la minute* (un peu laxatif peut-être) se fait avec du vin édulcoré et additionné d'un peu de fin cognac.

On en remplit convenablement les bouteilles, on verse ensuite dans chacune 1 gr. acide tartrique et 1 gr. acide citrique, ensuite il faut être à deux. Pendant que l'un verse dans la bouteille 2 grammes bicarbonate de soude, l'autre enlève celle-ci et se hâte de la boucher et ficeler, puis la couche dans un coin.

On peut le boire un quart d'heure après.

Vin chaud. Chauffez 1 litre de vin rouge de bonne qualité, avec du sucre cassé à volonté, deux bâtons de cannelle concassée, et trois clous de girofles. Mettez une tranche mince de citron par verre. Lorsqu'il sera sur le point de bouillir, retirez du feu et servez sans tarder, dans des verres à pied.

Bischof chaud. Faites de même avec vin blanc, mais mettez moins de cannelle. Servez de même.

Bischof froid. Pour 1 litre de vin blanc, mettez 200 grammes sucre cassé, deux oranges en tranches, sans les pépins, un siphon d'eau de Seltz. Laissez fondre le sucre dans le vin froid, avec les tranches d'orange ou de citron, et ne versez l'eau gazeuse qu'au moment de servir dans des verres à pied.

Vin de mai. *Maitrank des Allemands.* C'est le bischof

froid ci-dessus. L'orange y est remplacée par une bonne
poignée d'herbe fraîche d'aspérule odorante (Reine des bois).
cueillie avant floraison. Les délicats, ou, pour mieux dire,
ceux qui en ont le moyen, remplacent le vin et l'eau de Selz
par du champagne mousseux.

On peut d'ailleurs aromatiser *le bischof* avec tout ce que
l'on veut, avec du cassis, de la framboise, de la fraise, de la
vanille, et beaucoup d'autres choses. Chacun le fera d'après
son goût et ses moyens de préparation, et surtout selon la
saison, et les ressources qu'elle procure.

Vins de pharmacie. Voy. à l'article *Pharmacie.*

Vins de fruits, et eau-de-vie de ménage.

Abricots et pêches. Prenez les fruits bien mûrs et savoureux. Essuyez-les, et jetez-les dans une cuve, après les
avoir coupés en deux pour sortir les noyaux. Ecrasez les
fruits et les réduisez en pulpe à laquelle vous ajouterez
2 kilogrammes de cassonade de canne à sucre par 100 kilogrammes de fruits. Laissez fermenter naturellement ; ensuite passez par une toile pour mettre en baril et le laisser
en repos. Ce vin est délicieux un an après.

Si les fruits n'avaient pas atteint toute la maturité, on la
leur donnerait en les faisant cuire en compote sans sucre.
La cuisson change l'àpreté en sucre. Il faudrait alors de la
levure pour faire fermenter.

Cerise. On peut prendre n'importe quelle cerise, mais il
vaut mieux mélanger de belles grosses cerises noires avec
quelques Montmorency pour avoir un vin de belle couleur.
On les écrase, on les pulpe, on laisse fermenter un peu la
chair pour mettre les pellicules en contact avec le suc auquel
elles cèdent beaucoup de parfum. On passe alors à la presse
et l'on ajoute un peu de sucre au jus si on le juge utile,
mais la cerise noire mûre n'en a pas besoin. On laisse donc
fermenter le suc en baril que l'on ne bouche que lorsque

l'opération est terminée. On laisse quatre à cinq mois en repos, puis on peut tirer en bouteilles, si on le désire. Ce vin de cerises est délicieux. Il a un bouquet tout particulier, et peu de personnes reconnaîtront son origine en le dégustant. On le prendra toujours pour un vin exotique de haut prix.

Coings. On en tire le suc comme pour la gelée, et l'on y ajoute 5 à 6 kilogrammes de bon sucre par hectolitre, un peu de levure de bière, et la fermentation fait le reste. On peut en relever le goût par quelques clous de girofle. Pour le reste, faites comme pour tous les autres vins.

Groseilles. Le suc de groseilles se fait comme pour la gelée ; on y ajoute 5 à 6 kilogrammes de sucre par hectolitre, ou ce qui vaudrait mieux, on y fait cuire 8 kilogrammes de bons raisins secs gonflés à l'eau bouillante, et dont on presse le jus avec celui des groseilles. (Il faut donc presser dans ce cas, à cause des raisins.) On aide à la fermentation par un peu de levure, puis l'on se conduit comme pour les autres vins.

Prunes, mûres, ronces, myrtilles. Pressez les fruits crus ou cuits et traitez le suc comme la groseille.

Poires et pommes. On les traite comme les coings, pour en faire un vin qui ne ressemble pas au cidre ni au poiré.

Eau-de-vie. Lorsqu'on a un jardin, on trouve pendant tout l'été des fruits tombés de toutes sortes. Ce sont d'ordinaire des fruits véreux ou non mûrs, que le vent a jetés à terre, et qui ne sont pas mangeables. La seule façon de les utiliser, est de mettre en permanence une futaille sous un abri, en la garnissant d'une bonde carrée assez grande, facile à poser dessus sans la boucher trop hermétiquement. Tous ces fruits quelconques seront jetés dans la barrique, où ils fermenteront à leur aise, et lorsque la saison sera terminée, on les fera distiller à façon. On aura ainsi une *très bonne* *eau-de-vie* pour le ménage. On peut y mettre tout ce qui est fruits et résidus de sucre allongés d'eau.

Soins à donner aux vins et aux barriques.

Les *barriques* se rangent, à la cave, sur des madriers convenablement espacés, et placés à une hauteur telle, que l'on puisse poser une bouteille sous le robinet, lorsqu'on veut tirer du vin pour les besoins journaliers.

Le *sol de la cave* sera, autant que possible, sec et sablé. On n'y laissera séjourner aucune ordure, balayure ou débris de légumes. On tiendra même à ce que les légumes à conserver ne soient pas dans le même compartiment que le vin, et qu'aucun produit à forte odeur ne se trouve dans la même cave. Il arrive, en effet, que les odeurs fortes pénètrent dans le vin par les pores des douves de tonneaux. Il en est ainsi de l'odeur du cuir, des fromages, et de beaucoup d'autres. Ce vin-là devient d'un goût atroce.

Les barriques seront assez écartées du mur, pour que l'on puisse en faire la visite, aussi bien derrière que devant, pour voir si rien n'y manque.

Aussitôt qu'un fût est vide, on doit le rincer avec les plus grands soins, le sécher un jour ou deux, puis le soufrer en y brûlant une mèche proportionnée à sa contenance.

Pour *tirer le vin de conserve en bouteilles*, on ne doit se servir que de bouteilles bien propres, lavées d'avance et égouttées complètement. Si elles ne l'étaient pas assez, on passerait d'une bouteille à l'autre un peu d'eau-de-vie, sans y en laisser séjourner.

On soutirera par un temps sec et beau, en évitant de fermer et d'ouvrir constamment le robinet. Il suffit d'avoir les bouteilles à portée de la main, et de se servir de deux entonnoirs en fer-blanc. On les alterne sur les bouteilles, et on les passe sous le robinet, à tour de rôle, sans jamais le fermer.

Les *bouchons* seront trempés un moment dans l'eau-de-vie, avant de s'en servir. On peut les enfoncer avec une tapette plate, ou au moyen d'une machine à boucher grande ou petite. Tous les systèmes sont bons, lorsqu'on sait les employer.

Lorsque les bouchons sont en place, il est bon de les niveler au ras du goulot, par un coup de couteau qui enlève tout ce qui dépasse ; ensuite on peut les *goudronner* ou les *capsuler*, ce qui est tout aussi facile, beaucoup plus propre, et guère plus cher.

Ceci fait, on *les couche* sur les rayons, ou dans les armoires de fer spéciales, qui sont plus commodes.

Il n'y a plus qu'à leur mettre une étiquette collective au rayon, si l'on n'en a pas collé une à chaque bouteille. Ce dernier luxe est rare chez le bourgeois, et ne se fait plus que dans les hôtels ou chez les marchands.

Les bouteilles de vin ne doivent jamais être posées debout à la cave, tandis que les liqueurs, sirops, spiritueux, ne doivent jamais être couchés.

Lorsqu'une barrique prend le **goût de moisi** ou **d'aigre,** on la répare, en la lavant avec un lait de chaux à 1 kilogramme de chaux pour 25 litres d'eau. Il faut d'abord éteindre la chaux avec de l'eau versée dessus peu à peu, et l'allonger d'eau lorsqu'elle s'est réduite en poudre toute seule. Après cela, on rince à plusieurs eaux, on égoutte, et l'on y brûle une mèche soufrée.

Si le **vin** a pris un **goût de moisi,** il faut le soutirer, par un beau temps, dans une barrique bien propre ou neuve, dans laquelle on brûle auparavant une mèche soufrée.

On ajoute alors de la lie de vin nouveau au vin gâté, et quelques amandes amères pilées, et l'on secoue tous les jours la barrique, pendant une quinzaine. Après cela, on laisse déposer un mois, puis on soutire dans une autre barrique propre et soufrée.

Le **vin aigri** se corrige en y ajoutant une décoction de cendre de bois filtrée, après l'avoir soutiré. Il est bon de le consommer rapidement, pour que l'aigre ne le reprenne pas.

La **pousse de vin** se guérit par le soutirage en fût très soufré, ou par l'addition d'alcool, ou encore en y jetant 250 grammes semence de moutarde par barrique.

Le **vin amer** ou **absinthé** n'est pas facile à corriger. Le mieux est de le soutirer en fût soufré, puis quelques jours après, de le mêler avec trois ou quatre fois autant d'un vin semblable, mais bon.

Le **vin blanc devenu gras** doit être soutiré dans une barrique fortement soufrée, et battu solidement pendant ce soutirage.

Ensuite, on fera cuire, pour une barique, 100 grammes de tartre brut, et 100 grammes de tannin, avec 2 litres d'eau, pour verser cette solution bouillante dans le vin, en l'agitant vigoureusement. Le lendemain, on collera avec trois blancs d'œufs battus avec un verre d'eau, et le vin se remettra en se clarifiant.

Pour ôter une **mauvaise odeur au vin**, il suffit d'y mettre quelques feuilles de céleri enfermées dans un nouet que l'on retire quelques jours après.

Vinaigre. Au point de vue purement théorique, le vinaigre n'est que de l'*acide acétique* affaibli, et cet acide lui-même n'est qu'un produit de l'oxydation de l'alcool.

Au point de vue pratique, il n'en est pas tout à fait de même, car c'est par une fermentation que l'on peut changer en vinaigre, n'importe quel liquide contenant du sucre ou du spiritueux.

L'*ancien procédé* consiste à faire couler lentement un

liquide, tel que vin, bière, moût quelconque, à travers une série de copeaux de hêtre, ficelles et obstacles formant ensemble une grande surface à l'air. L'atelier est chauffé aux environs de 30 degrés. Le liquide, en faisant ce voyage, trouve partout dans les copeaux, une petite plante, la mère du vinaigre, qui s'y est formée par l'opération même, et qui lui sert de ferment oxydant. Aussi, lorsqu'il arrive dans la barrique, ouverte du haut, au terme de son voyage, lui faut-il seulement encore un peu de temps pour se transformer en entier.

M. Pasteur, à la suite de ses études sur l'acétification, a imaginé une *autre méthode*. Dans des cuves en bois, rondes ou carrées, fermées par un couvercle, de 1 mètre carré de surface et de 20 centimètres de profondeur, il verse de l'eau contenant 2 % d'alcool, 1 % d'acide acétique, dix millièmes de phosphates d'ammoniaque, de potasse et de magnésie. A la surface de ce liquide, il sème de la fleur du vinaigre prise à sa surface (*mycoderma aceti*). La petite plante se développe et recouvre bientôt toute la cuve, en même temps que l'acool s'acétifie. Lorsque la moitié environ est transformée, on ajoute peu à peu et par fractions, de l'alcool coupé d'eau, ou du vin, de la bière, du cidre alcoolisés. Par ce procédé on n'a pas besoin de chauffer, et par conséquent, on ne perd pas par une évaporation continuelle, une partie notable du spiritueux qu'on veut acétifier.

Dans les ménages, on peut faire son vinaigre soi-même en y consacrant un baril spécial. On commence par mettre du bon vinaigre dans le baril, et l'on y ajoute un quart de vin de la quantité de vinaigre. Si l'on peut se procurer des fleurs de vieux vinaigre, ou une mère de vinaigre, on les y mettra aussi pour accélérer la mise en train. Le baril doit être débondé pour que l'air y accède, ce qui n'empêche pas de le recouvrir de façon que la poussière ou les insectes n'y entrent pas. On le dépose dans un coin de la cave.

Quand la transformation du vin en vinaigre est bien en train, on peut en tirer au robinet, selon ses besoins, et le remplacer chaque fois par quantité égale de vin que l'on y verse par la bonde. Il n'y aucune autre surveillance à exercer.

Le vinaigre blanc est préféré pour l'usage culinaire.

Vinaigre factice. Le chou-fleur et plusieurs autres légumes noircissent facilement dans le vinaigre, même dans le plus pur Bourgogne. On évite cet inconvénient en faisant un vinaigre factice de la façon que voici :

200 grammes acide citrique cristallisé ;
200 » acide acétique cristallisable ;
300 » sel de cuisine ;

7 à 8 litres d'eau, selon la force qu'on veut lui donner. Dissolvez, filtrez.

Ce vinaigre n'a absolumènt rien de malsain ; il est même plus pur que ceux du commerce et nous le recommandons absolument. Son prix de revient n'est pas non plus plus élevé que celui d'un bon vinaigre courant.

Vitres. Voyez à l'article *Nettoyage*.

VOLAILLE. Nous rangeons sous ce nom les *poulets, chapons, pintades* et *autres oiseaux de basse-cour*, même le *dindon* et le *canard*, qui peuvent souvent s'accommoder comme eux.

Une **vieille poule** ne pourra servir qu'*au riz*, autrement, elle serait dure. Traitez-la en *pot-au-feu*, avec un morceau de bœuf et l'accompagnement de légumes, etc. Avec le délicieux bouillon que cela donne, on fait un riz au gras.

La poule, étant retirée *presque* cuite, on l'achève en la rôtissant à la casserole, ou en la mettant en *fricassée*.

Elle est encore très présentable, mais en famille seulement.

Les **poulets gras** et les **poulets à la reine** peuvent se servir rôtis. On les enveloppe de bardes de lard. On les dresse sur du cresson de fontaine, ou au naturel avec une salade.

Les **poulets communs** sont maigres et ne se mettent pas à la broche. On les met à la casserole, ou en fricassée.

Fricassée de poulets. Videz, flambez, épluchez, découpez-les et trempez les morceaux à l'eau froide pour les dégorger. Mettez le foie, retirez l'amer. Nettoyez le gésier, pelez les pattes en les passant sur la braise. Égouttez vos morceaux pour les cuire.

Dans la casserole, maniez de farine, un bon morceau de beurre frais jusqu'à ce qu'il soit liquéfié, mouillez de bouillon.

Assaisonnez de sel, poivre, petits oignons, bouquet garni, girofle et champignons. Mettez-y les morceaux de volaille, et cuisez doucement, mais que toute la chair soit couverte. A la fin, vous réduirez la sauce, si c'est nécessaire. Liez-la avec jaune d'œuf; un filet de vinaigre ou de jus de citron.

Poulet à l'estragon. Garnissez l'intérieur avec un hachis d'estragon manié de beurre, et cousez. Cuisez-le dans le bouillon garni de carottes, oignons, lard et fines herbes. Après cuisson, réduisez la sauce, liez à la fécule et mettez-y des feuilles d'estragon hachées. Garnissez aussi le plat avec estragon.

Poulet à la Marengo. Coupez-le comme pour fricassée.

Garnissez la casserole avec de l'huile et du sel, et mettez-y les morceaux, les cuisses un peu avant les autres pièces.

Faites prendre couleur. Ajoutez alors bouquet garni, champignons et achevez la cuisson. Dressez-le et servez-le avec une *sauce italienne*, à laquelle vous incorporerez l'huile du poulet.

Poulet sauté. Il faut le choisir jeune, par suite bi n tendre.

Coupez le membre par membre, passez à l'eau froide, égouttez.

Préparez, dans la casserole, un bon morceau de beurre avec sel, poivre, champignons ou truffes, bouquet garni ; faites sauter vos morceaux à grand feu, dans cette sauce, une dizaine de minutes en les surveillant tout le temps. Ajoutez une cuillerée de farine, un verre de bouillon, faites bouillir un seul mouvement, liez au jaune d'œuf et servez. Un jus de citron le complète fort bien.

A la sauce tomates. On les prend *rôtis et farcis* et on les sert avec sauce tomates. On peut aussi les faire *sautés* et compléter la sauce par l'addition de conserve de tomates.

A la Villeneuve. Farcissez-le, en composant la farce avec son foie, chair à saucisses, lard, champignons ou truffes, le tout convenablement haché et épicé. Enveloppez-le de tranches de lard, sous lesquelles vous pouvez mettre des tranches minces de citron. Servez sur une sauce macédoine piquante.

Aux truffes. Voy. *Dinde truffée.*

A la tartare. Voy. *Pigeons.*

Aux choux. Voy. *Perdrix.*

Aux petits pois. Voy. *Pigeons.*

Poulet à la crème. Prenez un jeune poulet tout rôti. Maniez un peu de beurre avec une cuillerée de farine jusqu'à ce qu'elle soit entièrement absorbée, ajoutez de la bonne crème douce, sel, poivre, persil haché, et mettez-y mijoter votre poulet coupé en morceaux.

Chaud-froid de volailles. Nettoyez, flambez, videz deux poulets, ôtez les gésiers et les foies. Dans une casserole, mettez 1 1/2 litre de bon bouillon, bien dégraissé et non coloré, additionnez-le de laurier, thym, persil, beurre, un gnon coupé en deux et garni de quatre clous de girofle. Lorsque ce bouillon est en ébullition, mettez-y vos poulets, l'estomac en haut; ajoutez abattis, sauf gésiers et foies, couvrez et laissez cuire à petit feu trois quarts d'heure.

Retirez les poulets, si l'extrémité des cuisses est tendre; égouttez-les.

Le bouillon doit en sortir blanc, s'ils sont assez cuits. Laissez-les alors refroidir un peu dans leur bouillon, puis sortez-les et refroidissez complètement. Disposez-les sur la table, découpez-les en tranches aussi longues et minces que possible, en les désossant. Mettez les chairs dans une terrine avec poivre, sel, jus de citron, huile d'olive et laissez mariner.

Passez le bouillon; mettez dans une casserole une cuillerée de farine avec beurre frais, et mouillez avec ce bouillon à consistance de bouillie. Faites cuire une dizaine de minutes et laissez tiédir; ajoutez-y quatre jaunes d'œufs, remettez au feu, et chauffez sans bouillir. Si la sauce devenait trop épaisse, on allongerait avec le même bouillon. Ajoutez huile, jus de citron, un peu de piment.

Dressez les morceaux de volailles en rocher, recouvrez-les de cette sauce chaude, mais d'un peu seulement. Laissez refroidir le reste pour le servir à part. Décorez le plat avec pickles, cornichons en tranches, et autres enjolivements. Voy. *Plumes.*

Vol-au-vent. Voy. *Pâtisserie.*

Z

Zeste. Pellicule jaune extérieure des fruits hespéridés, tels que le cédrat, le citron, l'orange. Il faut le séparer avec soin de la peau blanche qui accompagne le zeste et qui n'a aucune propriété utile. Il existe une petite machine, à visser sur une table, pour zester les fruits. Elle travaille fort bien.

C'est dans le *zeste* que se trouve toute l'essence de citron, d'orange, de cédrat, de bergamotte. On peut donc au besoin remplacer *le zeste* par un peu de l'essence correspondante.

Voy. *Alcoolatures* dans l'article *Pharmacie*.

ADDITIONS

Langue de bœuf salée. On peut supprimer le vin, dont il est question page 37, et la traiter à sec, comme à l'article *Langue fumée ;* elle formera sa saumure elle-même.

Lentilles. Pour apprêter les lentilles, il faut commencer par les trier à la main, pour en sortir les graviers et les corps étrangers. On les fait cuire un moment avec de l'eau, puis on la jette pour la remplacer par une autre eau propre que l'on sale. On y ajoute uu bouquet d'herbes, dont un poireau, un peu de poivre si l'on veut. Après cette cuisson, les lentilles se dressent dans un plat profond, et l'on verse par-dessus quelques oignons en tranches ou en filets que l'on a fait roussir dans le beurre.

La petite lentille a plus de goût que les grosses, mais c'est la moyenne qui se maintient le mieux entière.

Avec le reste des lentilles, on peut préparer un très bon **potage** *gras* ou *maigre*, en les cuisant un moment avec le bouillon et versant sur des croûtons frits.

Amandes. Pour les *monder*, il suffit de les infuser un moment dans l'eau bouillante, et la peau gonflée s'en retire par simple pression. Une fois mondées, on doit les recevoir dans l'eau froide.

STRASBOURG, TYPOGRAPHIE DE G. FISCHBACH. — 3029.

50

S

S

S

is

ER

rg).